Notebooks on Military Archaeology and Architecture 5
Edited by Roberto Sconfienza

La fatica del bello

Tecniche decorative dell'acciaio e del ferro su armi e armature in Europa tra Basso Medioevo ed Età Moderna

Giorgio Dondi

BAR International Series 2282
2011

Published in 2016 by
BAR Publishing, Oxford

BAR International Series 2282

Notebooks on Military Archaeology and Architecture 5
Series Editor: Roberto Sconfienza

La fatica del bello

ISBN 978 1 4073 0859 3

BAR Publishing is the trading name of British Archaeological Reports (Oxford) Ltd. British Archaeological Reports was first incorporated in 1974 to publish the BAR Series, International and British. In 1992 Hadrian Books Ltd became part of the BAR group. This volume was originally published by Archaeopress in conjunction with British Archaeological Reports (Oxford) Ltd / Hadrian Books Ltd, the Series principal publisher, in 2011. This present volume is published by BAR Publishing, 2016.

Printed in England

BAR
PUBLISHING

BAR titles are available from:

BAR Publishing
122 Banbury Rd, Oxford, OX2 7BP, UK
EMAIL info@barpublishing.com
PHONE +44 (0)1865 310431
FAX +44 (0)1865 316916
www.barpublishing.com

A Luisa, senza altre parole

Notebooks on Military Archaeology and Architecture

Edited by Roberto Sconfienza

La collana pubblicato all'interno della serie British Archaeological Reports, di cui questo libro costituisce il quinto volume, nasce in seguito al desiderio di poter aprire uno spazio autonomo per le pubblicazioni di un settore specialistico degli studi archeologici e storico-architettonici, che è quello relativo al più ampio tema della storia militare. Non si danno perciò fin d'ora limiti cronologici o spaziali, volendo fornire al maggior numero di studiosi la possibilità di pubblicare studi inerenti il tema della collana. Per comunicazioni e proposte di pubblicazioni fare riferimento al responsabile:
ROBERTO SCONFIENZA

* * * * *

La collection publié dans la série British Archaeological Reports, dont la présente édition constitue le cinquième exemplaire, remonte au désir de faire place aux publications concernant le secteur de l'histoire militaire, un secteur très spécialisé dans le panorama des études d'archéologie et d'histoire de l'architecture. Dans le but d'offrir au plus grand nombre d'auteurs la possibilité de publier leurs ouvrages, on n'a donné aucune limite spatio-temporelle aux sujets traités.
Pour tout renseignement et proposition de publication s'adresser au responsable:
ROBERTO SCONFIENZA

* * * * *

The sub-series, published within British Archaeological Reports, of which the present volume is the fifth issue, originates from the desire to open a new, autonomous ground for specialized publications concerning archaeological and historical studies, in particular relating to the wider field of military studies. No boundaries are set, concerning time and space, since the aim is to offer the most scholars the possibility to publish their works relating to the topic of the series. For any further suggestions and proposals of publications please contact the editor:
ROBERTO SCONFIENZA

* * * * *

Der vorliegende Band stellt die fünfte Nummer veröffentlich in der British Archaeological Reports Reihe. Diese Serie entsteht infolge des Wunsches einen selbständigen Platz zu schaffen, der für die Ausgaben eines fachmännischen Gebietes von der archäologischen und architektonisch-geschichtlichen Untersuchungen bestimmt ist. Von jetzt an, setzt man keine chronologischen oder räumlichen Grenzen; auf diese Weise hat ein größer Teil der Gelehrten die Gelegenheit die Untersuchung über den Gegenstand dieser Bücherreihe zu veröffentlichen. Für die Mitteilungen und Veröffentlichungs-vorschlage darf man sich auf den Verantwortliche beziehen:
ROBERTO SCONFIENZA

Roberto Sconfienza,
- via Claudio Beaumont n. 28, 10138, Torino, Italia
- via per Agliè n. 12, 10090, Cuceglio, (Torino), Italia
n. tel. 0033-011-4345944; 0033-0124-492237; 0039-333-4265619
mail: robertosconfienza@libero.it
sito internet: http://www.archeofortificazioni.org

NOTEBOOKS ON MILITARY ARCHAEOLOGY AND ARCHITECTURE

Edited by Roberto Sconfienza
e-mail: robertosconfienza@libero.it

No 1	ROBERTO SCONFIENZA, *Fortificazioni tardo classiche e ellenistiche in Magna Grecia. I casi esemplari nell'Italia del Sud*, **Oxford 2005**	**BAR International Series 1341 2005**
No 2	GIOVANNI CERINO BADONE, *La guerra contro Dolcino "perfido eresiarca" (1305-1307). Descrizione e studio di un assedio medioevale*, **Oxford 2005**	**BAR International Series 1387 2005**
No 3	PAOLA GREPPI, *Provincia Maritima Italorum. Fortificazioni altomedievali in Liguria*, **Oxford 2007**	**BAR International Series 1839 2007**
No 4	ROBERTO SCONFIENZA, *Pietralunga 1744. Archeologia di una battaglia e delle sue fortificazioni sulle Alpi fra Piemonte e Delfinato. Italia nord-occidentale* **Oxford 2009**	**BAR International Series 1920 2009**
No 5	GIORGIO DONDI, *La fatica del bello. Tecniche decorative dell'acciaio e del ferro su armi e armature in Europa tra Basso Medioevo ed Età Moderna* **Oxford 2011**	**BAR International Series 2282 2011**

INDICE

Si suole dire ad altrui mechanico per ischerno et villania, et
alcuni per essere chiamati ingegneri si prendono sdegno.
[Egli è invece, *scil.*] uomo di alto affare, che sappia
con le mani e col senno mandare ad esecutione
opere meravigliose
(Guidobaldo del Monte, *Mechanicorum libri*, 1577)

Et in somma, ristregnendo la praticha dell'operatione de
martelli in questa del ferro, senza comparatione me
ne pare vedere più, & che habbi più secreti &
forse più ingeniosi che d'arte alcuna
di nessuno altro metallo
(Vannoccio Biringuccio, 1540, f. 138 r.)

INTRODUZIONE

Le opere sulle armi difensive e offensive sono numerose, e non poche, in varie lingue, sono pregevoli. In esse, però, la ricerca verte principalmente sull'evoluzione dell'arma e dell'armatura, sulla datazione, sulla collocazione geografica, sul riconoscimento dei maestri e delle scuole e l'attribuzione dei pezzi. Quasi tutti questi testi dedicano un po' di spazio alle tecniche di fabbricazione ma, con l'eccezione di poche opere specifiche, è uno spazio generalmente abbastanza ridotto. Dedicano anche spazio alla decorazione, approfondendone gli aspetti stilistici e storico-artistici, e i collegamenti con la storia dell'arte generale e del costume. Poco, invece, si dice del *come* quei risultati estetici furono conseguiti: i mezzi e i metodi degli armaioli e dei decoratori sono abbastanza ignoti, anche se coinvolsero una grande massa di conoscenze e delle abilità spesso non comuni. Proprio su quei mezzi e quei metodi s'intenderebbe qui cercare di gettare un'occhiata.

Sarà superfluo ricordarlo, ma è tuttavia essenziale aver ben presente che l'arma è il prodotto che stimolò (molto prima che se ne inventasse il nome, anzi, prima che apparisse la scienza) le ricerche di scienza dei materiali. Le eterne ricerche per lame migliori, di pietra, di bronzo, di ferro, d'acciaio, produssero una smisurata massa di cognizioni. Da quando fu creata, l'armatura di piastre, fatta di numerosi pezzi rigidi d'acciaio collegati tra loro in modo da fornire la maggior protezione pur senza eccedere in peso e senza troppo limitare i movimenti di chi la indossava, fu un miracolo della tecnica. Altro miracolo fu l'arma da fuoco portatile ad accensione meccanica, nata tra la fine del Quattrocento e i primi del Cinquecento. Tutte coinvolsero un'ampia porzione di quella che poi sarebbe stata chiamata scienza. Mineralogia e metallurgia, in particolare, ne ricevettero un forte impulso, poiché le armi richiedevano rilevanti quantità di metallo ed erano gli oggetti che mettevano a più dura prova l'abilità di chi li lavorava. In particolare, per due o tre secoli un petto d'armatura restò l'oggetto più grosso che mai si fosse forgiato comunemente, come cosa ordinaria, poiché non se ne produceva un numero limitato, ma non di rado migliaia per volta[1]. Analogo è il discorso per le lame, per le quali fin dall'Alto Medioevo si trovano esemplari tecnicamente straordinari e produzioni numericamente importanti (compatibilmente con l'ambiente europeo a quest'epoca e col poco che se ne sa), mentre più tardi in certi centri specializzati anch'esse sono costruite in migliaia di esemplari per volta, accanto a una produzione più polverizzata diffusa in numerosissime località. Qualcosa di simile si può dire per le canne di armi da fuoco portatili.

Nostro tema principale sono le tecniche decorative del ferro e dell'acciaio di armi e armature in Occidente tra il Basso Medioevo e l'Età Moderna. Il parlare della produzione, dunque, non rientra nei nostri intenti. Occorrerà tuttavia farvi qualche cenno sommario, poiché qualcosa di essa interessa la decorazione, e perché spesso il confine fra struttura e decorazione è molto labile, quando non addirittura inesistente.

Poche, pochissime delle armature prodotte furono decorate, ma queste furono (ancora) gli oggetti metallici più grandi che mai si siano decorati. Le più ricche tra di esse assursero poi a livelli di sontuosità che non s'erano mai visti e che mai più si sarebbero visti in seguito. Certo i gioielli, le corone, i diademi, furono più ricchi, ma una sontuosità pari a quella di una ricca armatura da parata s'incontrò raramente nei secoli. Solo certi capi d'abbigliamento, alcune carrozze ad una cert'epoca e, in qualche area, delle imbarcazioni poterono competere con quello sfarzo e quella magnificenza, poterono dare la medesima idea di grandiosità, ma raramente riuscirono a rappresentare anche una paragonabile immagine di potenza. Altre armi furono non di rado doni di rappresentanza e la decorazione di esse fu opera di maestri che, benché ora per la maggior parte dimenticati, esplicarono nondimeno abilità superiori.

In molte armi e armature non solo i metalli preziosi, ma il semplice ferro che li sostiene furono lavorati con un'abilità e una finezza che solo i migliori orafi potevano praticare. Vi si applicarono tutte le tecniche possibili sul metallo, quindi non solo quelle del battilastra, dell'argen-tiere e dell'orafo, ma anche talune che, come l'acquaforte, ormai restano patrimonio di alcune ristrette categorie di artisti per i quali il metallo non è neanche l'oggetto della decorazione, ma solo un mezzo per creare un'opera d'arte interamente diversa, come una stampa.

Parleremo, si è detto, delle tecniche decorative delle armi e delle armature, ma l'argomento ha un'estensione assai più ampia e interessa anche altri settori che con le armi non parrebbero collegati. Le ricerche di vari studiosi[2] mostrano, infatti, che diversi artefici noti per aver lavorato armi e armature, si applicarono anche a decorare splendidamente oggetti come scrittoi, cofanetti, scrigni,

[1] In India fin da epoca gupta, tra il IV e il VI secolo d.C., si forgiò il ferro in pezzi molto più grandi di quanto non si sia fatto in Europa prima dei nostri tempi. L'esempio più noto e più rappresentativo è la colonna di ferro di Delhi, alta quasi sette metri. I tetti di vari templi indiani, poi, sono sostenuti da putrelle di ferro. Sono capolavori di un'arte fabbrile evolutissima, ma il caso è diverso da quello che si verificò in Occidente: qui lame, canne, parti d'armatura furono prodotte con continuità per secoli secondo sistemi che, per quanto consentito dai mezzi a disposizione, preludevano a quelli industriali. Per le quantità di armature prodotte per volta, si vedano tra l'altro i documenti milanesi pubblicati da Leydi in PYHRR-GODOY 1998 e in GODOY-LEYDI 2003.

[2] In particolare L.G. Boccia, J. Godoy, S. Leydi, S. Pyhrr.

finimenti da cavallo, fibbie da cintura, serrature e maniglie di porte, armature di borse e, in breve, oggetti d'ogni specie, persino mappamondi[3], ossia tutto quanto per secoli (in particolare da prima del Rinascimento a tutta l'età barocca) fu fatto di ferro o d'acciaio.

Nell'armatura queste tecniche ebbero la loro apoteosi, estendendosi su superfici molto vaste senza che, almeno negli esemplari migliori, la quantità andasse a scapito della qualità. E in vari casi sull'arma queste tecniche furono sperimentate inizialmente, poi affinate e applicate a lungo prima di essere estese ad altri settori. Le armi, e soprattutto quelle difensive di una cert'epoca, presentandosi come un insieme omogeneo del quale si sono conservati numerosi esemplari pregevoli, compendiano tutte, o quasi tutte, le tecniche usate per decorare il metallo, che così possono essere studiate fruttuosamente.

Non per nulla la diffusa decorazione del metallo, che più magnificamente ed estesamente si manifesta sull'armatura e sull'arma, nasce con il Rinascimento. Non è il caso di richiamare caratteri generali di quest'epoca come lo sfarzo e il mecenatismo di principi amanti delle arti e delle lettere. Limitandoci agli aspetti più direttamente legati al nostro discorso, a quest'epoca, fra molte altre cose, raggiunge un massimo (provvisorio) quel processo di ricupero, di riconquista tecnica cominciato in età carolingia. Il cammino era stato così lento e faticoso poiché singolarmente basso era il livello a cui si era precipitati nei secoli bui. Spopolato, imbarbarito e poverissimo, l'Occidente aveva anche perduto gran parte del patrimonio di cognizioni dell'età romana. Ridotti i commerci a un tenue fantasma, la rarefazione delle materie prime per l'artigianato aveva trasformato gli attrezzi di ferro in oggetti rari e preziosi, a tal punto che sia la legislazione barbarica sia le norme religiose li proteggevano. La legge salica, nel V-VI secolo, puniva con un'ammenda di quindici soldi d'oro il furto di un coltro d'aratro, ma ancora nel X secolo i duchi di Normandia avevano compiuto una specie di nazionalizzazione dei coltri in tutte le loro terre; dall'altra, la Regola benedettina assimilava le *ferramenta* del monastero ai vasi e agli arredi sacri[4].

Fin dal IX e X secolo si trovano spade, generalmente nordiche, decorate con grande finezza e abilità: all'uomo potente la bellezza e lo sfarzo piacquero sempre, e in ogni epoca chi poteva, destinò ricchezze alla sola pompa; per altro verso, la categoria degli artigiani/artisti non si era interamente perduta. Per vari secoli, però, gli oggetti ben decorati rimasero rari. Rari come lo erano gli artefici in grado di usare un attrezzo con sufficiente abilità, anzi, in possesso di strumenti appropriati. S'era persa la concezione stessa dell'attrezzo e si era incerti anche sulla costruzione di quelle parti che noi giudicheremmo ovvie e che erano fatte di un materiale che fu sempre ampiamente disponibile, come il legno: ancora nel XII secolo, il Monaco Teofilo ammonisce ripetutamente il lettore del suo manuale tecnico di provvedere l'attrezzo di un manico! Ecco un altro dei motivi per cui occorrerà aspettare ancora tre o quattro secoli prima di riuscire a decorare estesamente il ferro: il cammino passerà anche attraverso il «recupero» materiale del metallo e il nuovo apprendimento dei modi essenziali di lavorarlo, prima di arrivare ad affrontare la decorazione di esso.

Si comincerà dalle armi, naturalmente, come oggetti di ferro e d'acciaio destinati a committenti della sola classe (tolto l'alto clero) più o meno danarosa. Alla decorazione dell'armatura si passerà solo in seguito per più motivi, oltre quelli stilistici e di gusto, tra i quali saranno, a nostro avviso, il più tardo raggiungimento della perfezione tecnica delle armature stesse e l'alto costo intrinseco di questi beni, quand'anche semplici. Va tenuto presente, infatti, che l'arma decorata è una cosa rara poiché in certo modo la decorazione è contraria alla natura di essa. Prima di tutto l'arma è un attrezzo e la sua appropriatezza alla funzione da esplicare può non accordarsi con una decorazione ricercata ed è sottoposta a sollecitazioni fortissime, superiori a quelle di qualunque altro attrezzo, in circostanze in cui è vitale (letteralmente) che resista; è fatta, dunque, dei materiali migliori che il mercato può fornire, al quale vengono applicate le più alte cognizioni tecniche del momento e del luogo. Infine un'arma, qualunque arma, è un simbolo di stato: nella legge o fuori di essa, chi porta un'arma è ben al disopra di qualunque «rustico», vile anche perché inerme. Un'arma è già costosa di per sé; l'armatura, anche bianca e semplicissima, distingue il cavaliere anche quand'è appiedato; la decorazione è un di più, utile solo a creare una sorta di graduatoria tra il cavaliere «povero» e il gran sovrano.

La decorazione di un'armatura o di una qualunque altra arma seguiva un'accurata progettazione (come del resto fanno attualmente gli orafi), e non di rado vi furono chiamati progettisti specializzati o persone che noi ora qualifichiamo come artisti. Anche lungo questo filone il discorso si fa complicato poiché sul finire del Quattrocento, l'epoca in cui nasce l'armatura decorata, la distinzione fra artista e artigiano sta appena delineandosi sotto la spinta del concetto rinascimentale di arte. Il fulcro sta nella bottega, che è casa, officina, studio d'artista e scuola professionale. L'artista nasce come artigiano che, perfettamente padrone del mestiere per via del lungo apprendistato in bottega, ha saputo farsi un nome mettendo a frutto il superiore talento di cui è dotato.

Non è strano dunque che artisti acclamati si dedichino

---

[3] Un grande mappamondo di ferro ageminato in oro e argento nel 1570 da Giovanni Francesco Pellizzoni, detto «il Basso», di Milano, si conserva nella Biblioteca Nazionale Universitaria di Torino. Si veda GODOY-LEYDI 2003, n. 103. La stessa opera illustra anche vari scrigni e scrittoi di artefici milanesi del Cinquecento.

[4] Cfr. LE GOFF 1970.

alla progettazione delle armature[5]. Progettare però, almeno per chi non pratica la professione dell'armoraro, è poco più che esprimere desideri, fornire indicazioni: sulla carta, la mano esercitata non trova ostacoli nel condurre penna e pennello; non deve scontrarsi con la grana del metallo, con le sfogliature, le paglie, le cricche, le inclusioni di scoria; non tocca a lei, se non in piccola parte, tener conto dell'appropriato collegamento delle lame e delle piastre. Tutt'altra cosa è trasferire sull'oggetto questi «desideri», trovare i mezzi e gli strumenti adeguati, più «duri» del metallo, ed essere in grado, tuttavia, di condurli con cautela e delicatezza estreme, nel rispetto di leggi fisiche che si sa essere rigide, ma che vengono appena intuite.

Forse lo capisce Papirio Picedi, ambasciatore di Ottavio Farnese, duca di Parma, quando da Milano nel 1576 scrive:

> Dicono bene questi maestri [che agli ordini di Pompeo della Cesa lavorano a un'armatura per il Farnese] che niuno huomo del mondo farà mai riuscir un lavoro sul ferro con gli martelli e scopelli di quella politezza e sottigliezza che si fa col dissegno nella carta

Il Farnese, invece, non ci sta e il segretario di lui redarguisce l'ambasciatore:

> Non bisogna che Vostra Signoria ammetta la scusa che allega il maestro dell'armatura, se il lavoro non riesce così bello com'è il dise gno del Casalino [orafo parmense, progettista della decorazione], per ché se vorrà far la sua diligenza, riuscirà così bello come quello del disegno della carta[6].

Alla fine, però, si dimostrò che aveva ragione il Farnese: con l'opportuna «diligenza» quei maestri produssero un capolavoro che si può ancora ammirare[7].

La «diligenza», che è poi la maestria, il virtuosismo; ed è curioso che nelle arti figurative questa parola abbia relativamente poca fortuna. Ad una cert'epoca, l'ebbe. Proprio in quel Cinquecento in cui la decorazione del metallo fiorì rigogliosa, il Cellini (che aveva tutti i titoli per parlare) manifestava la sua ammirazione per gli «uomini virtuosi»; che furono molti degli artisti che egli conobbe, di persona o nelle opere: furono «Michelagnolo... dalle maravigliose virtù» e il «mirabil Lionardo da Vinci», ma anche numerosi altri, ora caduti più o meno nell'oblio perché praticarono arti, come l'oreficeria, la miniatura, il conio di medaglie, che ora giudichiamo collaterali o che addirittura sono scomparse.

Altrettanto collaterale è la decorazione delle armi, e obsoleta (ovviamente) quella delle armature. Al tempo del suo miglior fiorire questa si accoppiò a un disegno spesso esuberante, talvolta persino eccessivo, sempre però grandioso, ricercato, sapiente: una fortunata, irripetuta combinazione, della quale però si è osservato quasi solo uno degli aspetti: il disegno, appunto, e l'estetica. Disegno ed estetica collegati, come si è già brevemente notato, alle altre arti figurative attraverso quello che potremmo dire un sistema di disegni e altri oggetti, soprattutto stampe, che il decoratore d'armi poteva procurarsi per usarli come modelli o fonti d'ispirazione.

Questo indirizzo di studio sarà trascurato, mentre si cercherà di fare un po' di luce sull'altro aspetto, che dall'abilità creativa è indipendente: la maestria con cui l'esecu-tore traspose nel metallo il progetto, fosse questo di lui medesimo o di un diverso autore. E si cercherà di far apprezzare i motivi per cui l'esecutore, depositario della conoscenza tecnica, non fu meno «virtuoso» dell'artista-ideatore.

Potremmo dire che questa, il Quattrocento, è l'epoca del *design,* che affida l'eleganza alla progettazione «tecnica». È anche l'epoca dell'armatura italiana, milanese in particolare. Gli eccessi non tardano e sono quelli (soprattutto in ambito tedesco) delle armature dette «gotiche», di quelle dette «spigolate» o «alla massimiliana», degli elmi grotteschi, ma sono eccessi del gusto, della moda civile prima che militare: per quel che interessa a noi ora, sono splendide dimostrazioni di maestria. Così come grandi esempi di abilità sono le *Kostümharnisch,* le armature tedesche «a costume», «a vestito», che imitano le maniche rigonfie e le stratagliature degli abiti del primo quarto del Cinquecento, producendo oggetti di scarsa funzionalità, eccessivi, ma in primo luogo perché eccessiva è la moda del momento. Le armature, già lo si è detto, non sono altro che un tipo di abbigliamento specializzato; tra l'armatura e la moda civile esisterà sempre uno stretto collegamento e l'armoraro sarà sempre attentissimo al variare di questa: linea più sottile e slanciata o più gonfia, vita più o meno alta, scarpe a punta o "a zampa d'orso" o arrotondate, e così via.

In Italia la situazione è un po' diversa. Qui lo studio dell'antichità classica è diffuso e sentito e, attraverso disegni o più spesso stampe, influenza anche la produzione delle armi. Attorno al 1530 a Milano nascono le armature «alla romana», «all'antica», «all'eroica», ormai staccate dalle forme geometriche: la tecnica non è più quella del battilastra, sia pure raffinatissimo, ma quella dell'orafo e dell'argentiere, il mezzo principale è il cesello per creare forme fantasiose, mentre altre tecniche arricchiscono le superfici e ne variano il colore e i riflessi. A questo punto, però, si fa necessaria una postilla.

Nell'avvicinare un'arma di quest'epoca (e in particolare un'arma difensiva) occorrerà ricordare che quello che se ne vede adesso è con molta probabilità abbastanza diverso da ciò che l'artefice volle che apparisse e che il committente desiderò. Non pochi esemplari sono bianchi e privi di ogni decorazione, mentre svariati si presentano

[5] I collegamenti tra la progettazione artistica delle armature e delle armi e la storia delle arti figurative sono stati studiati in vari scritti, per esempio BOCCIA 1982, HAYWARD 1982, THOMAS 1977 (numerosi articoli); e poi da O. Gamber, da J. Godoy, da S. Pyhrr, opere che, benché tra le migliori, non sono le uniche.

[6] Documenti dell'Archivio di Stato di Parma (28 giugno e 2 luglio 1576) riportati da Leydi, in GODOY -LEYDI 2003, p. 539.

[7] La guarnitura d'armature di Alessandro Farnese è a Vienna, Hofjgd- und Rüstkammer, A 1132, A 1153 e altri; i disegni del Casalini a Parigi, Bibliothèque Nazionale, inv. Rés. B11a e altri. Cfr. GODOY-LEYDI 2003, p. 270 sgg.

decorati con moderazione. Questo da un certo punto di vista a noi può far comodo, poiché ci permette di ammirarne senza disturbi la linea, sovente elegantissima[8], e concede maggiore spazio all'apprezzamento degli aspetti tecnici. Queste armature dobbiamo però guardarle come pezzi di scultura antica, che raramente erano di pietra o legno immacolati ma, anzi, spesso vivacemente colorati. Anche nel nostro caso principalmente è una questione di colore: le armature perfettamente e interamente del colore del metallo lucido furono certo molto meno numerose di quanto non appaia oggi dall'esame degli esemplari sopravvissuti, forse furono veramente poche: quelle di pregio perché trattate con svariate tecniche che ne alteravano il colore (come la doratura, la bronzatura, l'az-zurratura e così via) o ne arricchivano le superfici (come l'acquaforte e l'agemina); le mediocri perché colorate almeno a scopo protettivo; le infime perché coperte con una mano di vernice colorata o lasciate del colore grigio nerastro dell'ultima ricottura. Attualmente la differenza tra i due estremi si è molto ridotta: con l'età, le ricche hanno perduto di splendore, le più correnti (cioè le poche di esse che sono sopravvissute a un riutilizzo del metallo) sono state forbite e pulite. Non si poteva fare diversamente, poiché di tutte occorreva fermare il degrado, e in particolare le ultime, come oggetti di nessun pregio prodotti con materiali scadenti, avevano subìto più gravemente i danni dell'incuria; in questo modo, però, si attribuì loro una pur modesta patina di nobiltà, ben diversa da quella della produzione di massa che aveva segnato la loro origine.

Dagli ultimi decenni del Quattrocento, però, si moltiplicano i mezzi per arricchire e decorare le superfici metalliche, alcuni dei quali mezzi, come l'acquaforte, diventano in breve tempo abbastanza economici, così che vengono applicati a tutte le armi. Le armi difensive (armature, corsaletti, rotelle eccetera), con le loro ampie superfici, sono quelle che consentono maggior libertà creativa all'artefice e che danno maggior soddisfazione al possessore e sono, dunque, quelle sulle quali vengono applicate con maggior abbondanza. Su di esse, perciò, principalmente le studieremo, senza tuttavia trascurare le armi delle altre specie, bianche e da fuoco. Eviteremo, invece, di approfondire alcune delle tecniche dei gioiellieri, anche se dovremo ripetutamente farvi riferimento e nonostante il fatto che fin dal XVI secolo si trovino armi ricchissime di gemme, dalla guarnitura[9] fatta a Milano attorno al 1585 per Carlo Emanuele I di Savoia e poi da questo offerta a Filippo III di Spagna, fino agli abbastanza numerosi spadini di gran lusso (fig. 01.03) tra XVIII e XIX secolo, ultime armi ad essere portate abitualmente da nobili di sangue o di toga.

[8] HAYWARD 1969.
[9] Madrid, Real Armeria, inv. A 291 – A 294, D 55 – D 58, D 78 – D 79, G 62; Parigi, Musée de l'Armée, inv. I. 73. Si veda anche GODOY -LEYDI 2003, n. 87.

Fig. 01.01

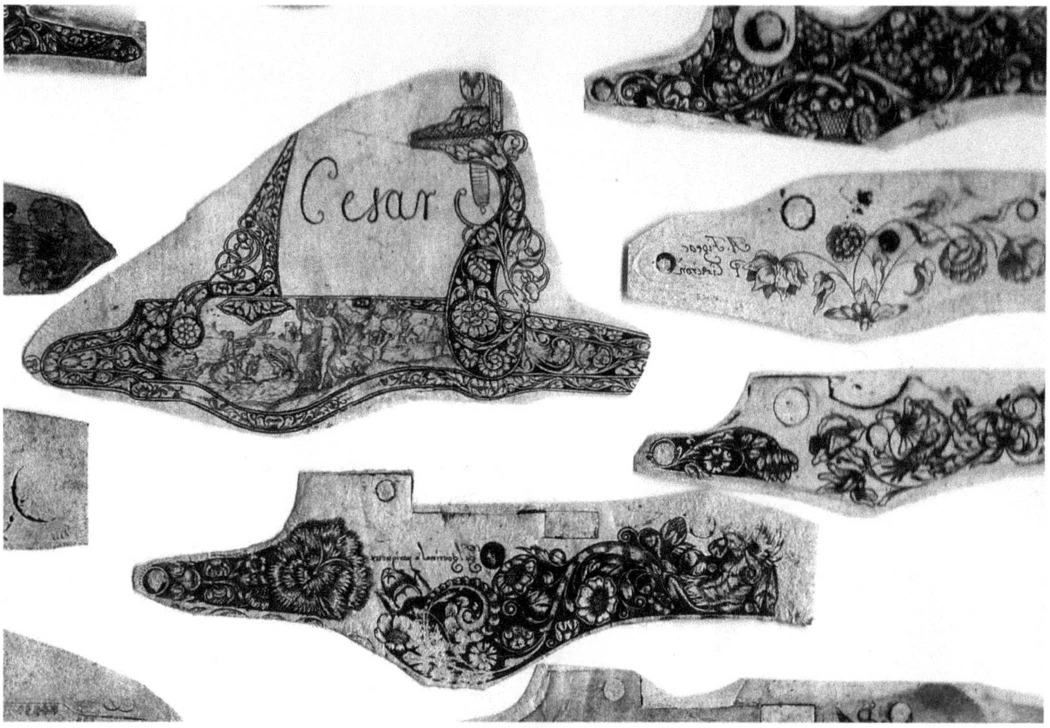

Incisioni per piastre di armi da fuoco pubblicate da Jacquinet, bulinista a Parigi, nel 1660 come modelli per archibugiari. Tutti i disegni illustrati, tolto quello al centro, sono vere cartelle di acciarini e ruote tirate come lastre calcografiche: molti fori di viti e perni non sono stati ben ripuliti dall'in-chiostro, e firme e scritte sono speculari. Fa eccezione la piastra al centro, completa di cane, scodellino e batteria, ma disegnata a rovescio, forse per l'abitudine dell'incisore d'incidere le immagini a rovescio perché sul foglio risultino diritte. (Purtroppo questi fogli in passato finirono nelle mani di qualcuno che li ritagliò malamente)

Fig. 01.02

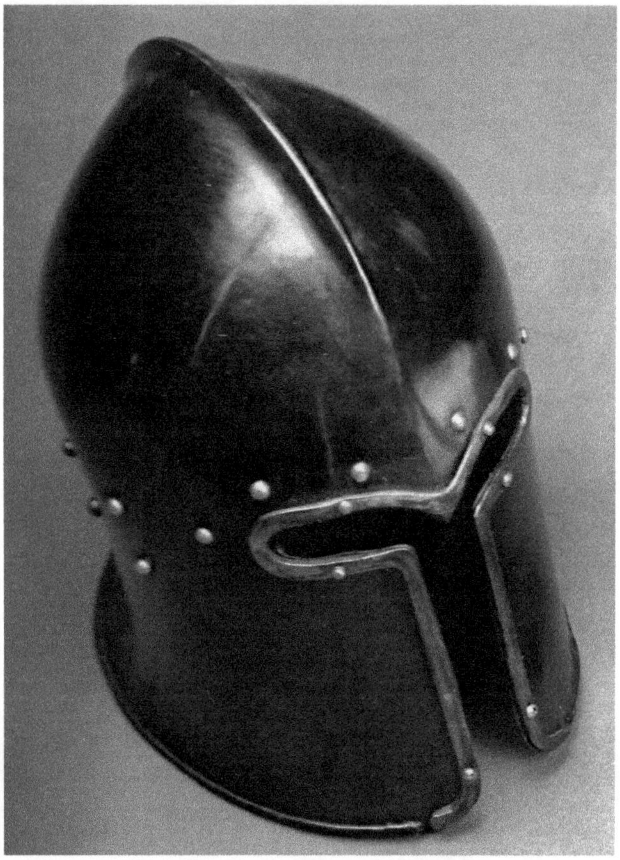

Celata alla veneziana; Antonio Missaglia, Milano, circa 1450-1470. Questo copricapo, molto bello nel suo genere, affida la propria eleganza unicamente alla linea. Attualmente è azzurrata e l'apertura facciale è orlata da una piattina metallica dorata (Torino, Armeria Reale, cat. E 9. Foto GD)

Fig. 01.03

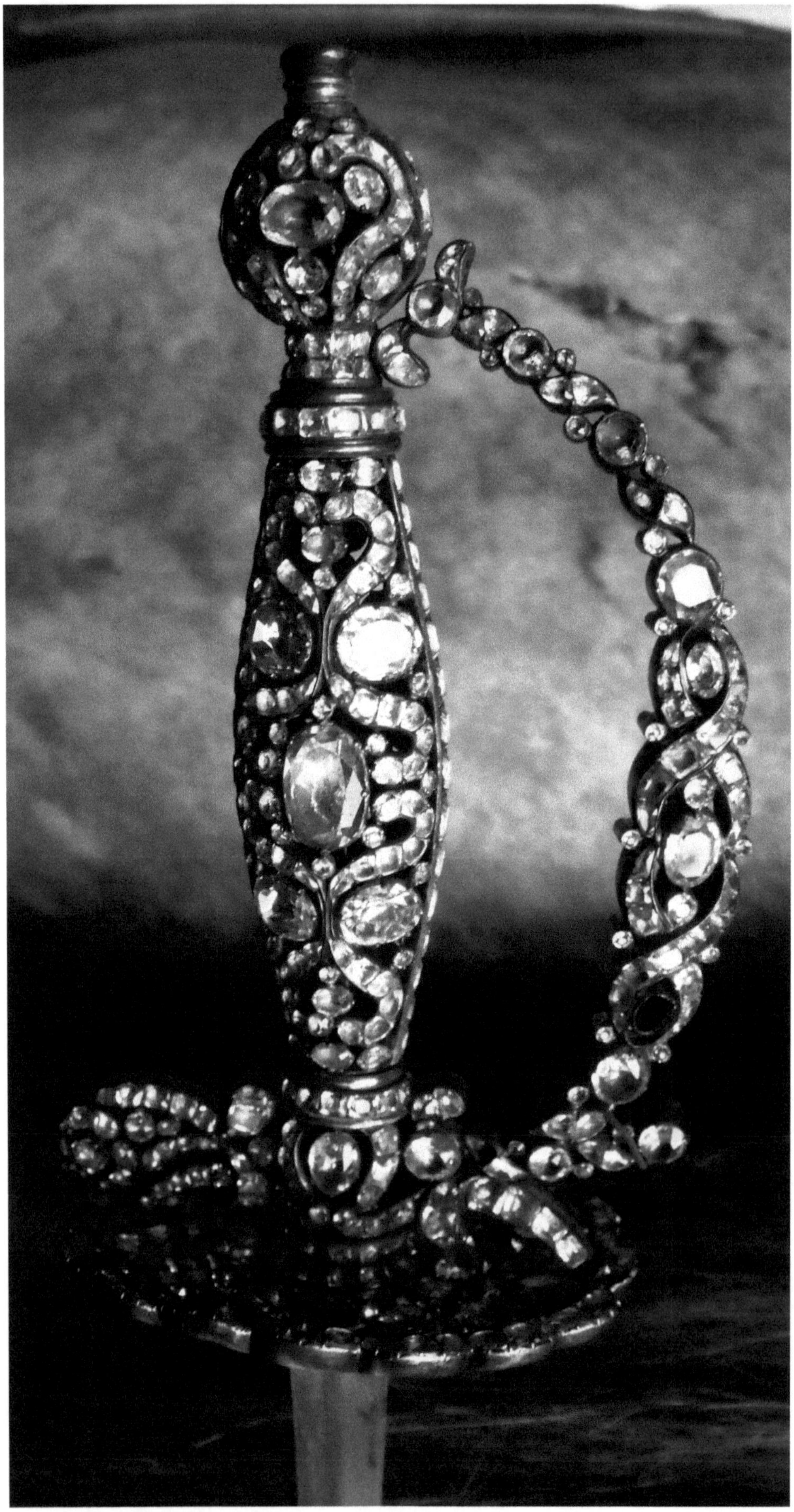

Spadino "da corte" ornato di cristalli di vari colori; XVIII secolo (Torino, Armeria Reale, cat. T 52. Foto GD)

CAPITOLO 1

Le Fonti

Il tentare di classificare gli oggetti secondo le tecniche decorative usate è impossibile, poiché sono pochi quelli decorati con una sola tecnica: in generale essi sono decorati con più tecniche insieme e non ha gran senso cercare di raggrupparli secondo la prevalenza dell'una o dell'altra. Ci si è limitati, pertanto, all'individuazione dei mezzi usati e al chiarimento della terminologia, in cui peraltro la confusione è grande.

Nella ricerca di notizie sul nostro argomento si incontrano articoli che, pure portando titoli molto specifici e comparendo in pubblicazioni che parrebbero degne di fede, si dimostrano superficiali e deludenti. Cercare spiegazioni delle cose che c'interessano in opere generali attuali, come raccolte di saggi ed enciclopedie, anche specializzate, è spesso inutile, quando non fuorviante[1]. All'estero, in generale, la situazione non ci è parsa molto migliore. L'unica vera eccezione è costituita dal *Reallexicon zur deutschen Kunstgeschichte*, nel quale autori come il Thomas, il Gamber e soprattutto il Post e il von Reitzenstein, firmano voci precise ed esaurienti. Ma, com'è logico, essi esaminano principalmente il panorama tedesco e non ci aiutano a risolvere i problemi lessicali italiani. Alcuni autori - in particolare il ffoulkes e lo Pfaffenbichler - hanno studiato con pregevoli risultati le tecniche di produzione dell'armatura, ma il secondo (e più recente) ha messo in luce soprattutto la figura dell'armoraro, la sua posizione sociale, l'organizzazione, mentre il primo pubblicò la sua opera ormai un secolo fa e da allora le conoscenze sia di storia delle armi, sia di tecnologia antica, hanno compiuto molti passi; ambedue, poi, dedicano uno spazio abbastanza esiguo alle tecniche decorative. Diversi i due grandi cataloghi d'esposizione di Pyhrr e Godoy e di Godoy e Leydi[2], che nei saggi allegati forniscono notizie valide e (il secondo, in particolare) vi aggiungono un gran numero di documenti italiani.

L'unico mezzo ci è parso, infine, quello di rifarci a fonti dell'epoca, almeno qualcuna.

Intorno alla fabbricazione delle armature non sembra si sia conservato alcun manuale in nessuna lingua, cosicché notizie dirette possono essere ricavate solo da poche fonti iconografiche, in generale note ormai da tempo, da qualche documento amministrativo e dall'esame dei pezzi conservati. Scarsissimi e di modesto peso sono anche i trattati sulla produzione delle armi, soprattutto da fuoco. Queste fonti, poi, già scarne per quanto attiene la produzione, non dicono quasi nulla intorno a come e con quali mezzi operassero i decoratori, cosicché è stato necessario rivolgersi a trattati delle singole arti, principalmente del metallo.

Il Rinascimento è epoca vivacissima non solo per il rinnovo umanistico, ma anche per quanto attiene la tecnica. Alcune invenzioni e scoperte, anche nell'ambito che c'interessa, sono ormai vecchie, quando non antiche, risalendo a secoli o persino a millenni addietro, ma gli sperimentatori e i «buoni pratici» del Quattro e Cinquecento hanno ampio campo per apportarvi i frutti delle loro esperienze. Nascono vari trattatisti, che non posseggono ancora un metodo scientifico, ma un qualche metodo lo posseggono. Guardano con occhio disincantato cose come l'alchimia, e nel gran fardello tramandato fanno una decisa cernita. Della materia che trattano hanno spesso una conoscenza approfondita e di prima mano, ma il loro maggior merito sta nell'aver raccolto l'enorme massa delle cognizioni empiriche e nell'averla ordinata, rendendola disponibile per mezzo della stampa. Non sono i primi a scrivere su certi temi: già da secoli esistono opere tecniche, ovviamente manoscritte, e sono sempre interessanti, ma in generale hanno il contenuto e la forma affastellata del ricettario, al nostro occhio moderno manifestano interamente l'ignoranza dei tempi nei confronti di cose che noi giudichiamo ovvie (non è una colpa, per carità, ma ci rende insoddisfatti) e difettano gravemente di spirito critico.

L'Italia del Rinascimento produce trattatisti di grande levatura e versatilità: il Biringuccio (1480-1537), autore della vasta opera *De la pirotechnia* (pubblicata postuma nel 1540), che non è un libro sui fuochi artificiali, ma tratta di tutte le attività che hanno a che fare col fuoco; il Vasari (1511-1574) col *Proemio alle Vite de' più eccellenti pittori* (1550 e poi 1568) e il Cellini (1500-1571)

[1] Nel volume collettivo *Le tecniche artistiche* (MALTESE 1973) al ferro e all'acciaio sono dedicate meno di cinque pagine, con notevoli confusioni circa i materiali e la produzione dei metalli ferrosi, mentre nel breve richiamo alle armi e armature italiane si citano «i famosi armaioli milanesi Missaglia, Piccinini, Negroni» (quando almeno dal 1903 si sa che Missaglia era un soprannome della famiglia Negroni), si dice che nelle valli della Bergamasca «si eseguivano imitazioni delle spade spagnole», si precisa che il ferro era «cesellato a freddo», e altre cose simili. In FLEMING HONOUR, *Dizionario delle arti minori e decorative*, Milano, Feltrinelli, 1980, alla voce *ageminatura* si leggono notizie generiche sulla produzione dell'acciaio di damasco insieme a cenni superficiali sulla vera agemina. L'*Enciclopedia universale dell'arte* (Roma, Fondazione Cini e Istituto per la collaborazione culturale, 1958) ignora lemmi come *agemina, tarsia* e *tausia, ferro* (quando invece ci sono *osso, avorio* e analoghi), mentre svariati altri (*incisione, tecnica* ecc.) sono approssimativi, quando non realmente errati. L'*Enciclopedia di arte antica, classica e orientale* (Treccani, 1958) da *agemina* rimanda a *niello* e questo lo definisce «lega dall'aspetto nero che serve per lavori di ageminatura»; ignora *cesello* e da *sbalzo* rimanda a un tipo particolare greco antico. E così via. Questi ultimi dizionari ed enciclopedie non li abbiamo messi in bibliografia.

[2] PYHRR-GODOY 1998 e GODOY-LEYDI 2003.

coi trattati di oreficeria e di scultura e con qualche passo della *Vita* e dei *Discorsi.* Costoro vivono e operano in quel Cinquecento nel quale fiorisce la decorazione delle armi e armature e in generale del metallo, del ferro e dell'acciaio, e, magari non come centro delle loro ricerche, trattano anche i temi che c'interessano: da tecnico preparatissimo e pervaso di ammirazione per le «arti meccaniche» il primo; da storico dell'arte desideroso di spiegare con quali mezzi quei maestri abbiano raggiunto tanta eccellenza e, insieme, non dimentico della sua originaria natura di artista praticante il secondo; con impareggiabile versatilità, ardore, curiosità, e insieme con grandissima precisione (pur entro una certa confusione) il Cellini.

In generale sono assai chiari e sono quelli per noi più utili. Altri, come il capitano Agostino Ramelli (*Le diverse et artificiose macchine*, 1588), il Veranzio (1600), lo Zonca (1607), Giovanni Branca (*Le machine*, 1629), tecnici di primissimo piano, si dedicano a problemi di meccanica, di architettura, di fortificazione, d'artiglieria. Nell'opera smisurata e impareggiabile di Leonardo (1452-1519) forse ci sarà qualcosa per noi, ma anche qui l'accento è posto sulla meccanica. Altri, occupandosi principalmente delle arti «nobili», di medicina, di storia naturale, ci giovano solo per qualche particolare. Il *Museum metallicum* del bolognese Ulisse Aldrovandi (1522-1605) può essere interessante dal punto di vista mineralogico, ma dell'uso dei metalli riporta prevalentemente quanto scrissero gli antichi[3]. Giovan Battista della Porta dà un ampio panorama del sapere del tempo ed è meritorio in vari settori, ma va preso con cautela poiché infarcisce la sua *Magia naturale* (1558, seconda edizione ampliata 1589, ulteriore edizione 1607) di ricette di tipo medievale inerenti questioni per noi incomprensibili, quando non esilaranti, come l'ubriacare le anitre per poterle catturare con le mani o il far diventare amare le mandorle dolci, tra le quali però si trovano anche interessanti appunti di tecnologia. Un autore come il Petrini (*Arte fabrile overo armeria universale ecc.*, Firenze, 1642), benché tratti qualcuno dei nostri problemi, appare invece superficiale e poco utile[4]. Il piccolo *Trattato di archibuseria* del fiorentino Giovanni Antonio Tozzi[5], del 1714, è in generale una magnificazione dell'arte dell'archibugiaro e contiene poche notizie utili. Il *Compendio della grand'Arte d'Artiglieria,* redatto nel 1732 da Giovanni Battista d'Embser, grosso manoscritto preziosissimo per le precise illustrazioni, spazia su tutto ciò che di tecnico occorre a un esercito e illustra anche i mezzi coi quali si producono armi portatili e artiglierie, ma, trascurando l'epoca tardissima, tratta unicamente delle armi militari e dunque non si occupa di decorazioni.

Fra gli stranieri, va tenuta presente l'opera di Giorgio Agricola, il tedesco Georg Bauer (1494-1555), tradotta in italiano nel 1563 da Michelangelo Florio, opera che tuttavia tratta principalmente di mineralogia e di metallurgia dei metalli non ferrosi e così aggiunge scarse notizie a ciò che si può ricavare dal precedente Biringuccio (che l'Agricola conosce e dal quale ha tratto non poco), offrendoci però la voce italiana dell'esperto traduttore di un contenuto tedesco.

A nostro avviso, la differenza fra i manuali rinascimentali e i ricettari medievali non sta nella quantità dell'informazione e neanche nel progresso che s'è compiuto in un periodo più o meno lungo, ma nel modo di esporre. Per quanto i compilatori dei ricettari potessero essere preparati (e spesso lo erano), l'atteggiamento generale nei confronti della conoscenza tecnica, che metteva tutte le discipline «scientifiche» e tecniche nello stesso mucchio, li rendeva caotici e confusionari. Ci si aggiungeva, forse per via dell'alchimia ancora tanto imperante, un certo modo iniziatico di affrontare la trasmissione della conoscenza. Difficilmente, poi, i compilatori dei ricettari erano fabbri, incisori o artigiani d'altra specie, che fin dalla più giovane età avevano frequentato unicamente la bottega, dove avevano imparato il mestiere, ma sicuramente non la grammatica (il grande armoraro Pompeo della Cesa, per esempio, era analfabeta, come è stato scoperto di recente[6]). Spesso erano medici ossia, almeno un po', alchimisti. Per gli artigiani non è il caso di parlare di «misteri», ma a ben guardare i segreti erano poco diversi: erano «misteri» portati al livello delle botteghe. Anche il maestro artigiano guardava con una certa sufficienza la gran massa di coloro che non possedevano i segreti delle arti, che non erano passati attraverso quella sorta d'iniziazione che era l'apprendistato, solo mezzo per acquistare quelle conoscenze e, soprattutto in certi ambienti, quella sacralità che si accompagnava ad alcune professioni, in particolare a quella del fabbro, e per accedere alle arti, alle corporazioni, alle gilde, divenendo così un «cittadino qualificato». Questi segreti, poi, avevano anche un preciso, talora rilevante, valore economico: in un mondo che non aveva ancora ideato il brevetto, quello di tener segreti i procedimenti per la produzione di determinati beni era l'unico modo per garantirsi da un'indebita concorrenza e per proteggere la qualità dei prodotti. Troppa parte della conoscenza, poi, era tramandata con la pratica e questo fatto portava a sottacere negli scritti troppi elementi, cosicché i passaggi di varie ricette restavano oscuri a chi (come noi) non era iniziato, a chi (sempre come noi) non possedeva il linguaggio appropriato. Questi fatti, ovviamente, non potranno mai scomparire (nessuno studio teorico può sostituirsi alla pratica, e nessuna disciplina può fare a meno di un lessi-

[3] È possibile, però, che questo sia dovuto al fatto che gran parte del materiale raccolto da questo valente ricercatore fu pubblicata da altri nel corso del Seicento, cosa che gli valse la fama di farraginoso e scarsamente critico.

[4] Anche sul Petrini, però, sarà meglio riservarci il giudizio, poiché ne conosciamo solo il testo pubblicato dal Gaibi nel 1962. Un'edizione critica basata su numerosi manoscritti, iniziata dal compianto Carlo De Vita, è in preparazione.

[5] Rimasto manoscritto fino alla scoperta e alla meritoria edizione curata dallo scomparso Carlo De Vita.

[6] Si veda Leydi in GODOY-LEYDI 2003.

co specifico: si pensi, per esempio, alla chimica), ma con i manuali rinascimentali la conoscenza comincia a organizzarsi, molti di quelli che erano segreti di bottega si diffondono e per varie discipline si comincia a cercare, sia pure a tentoni, un approccio diverso, anche se non ancora scientifico. I manuali non sono promemoria per chi li scrive: essi mirano all'insegnamento, mirano a farsi capire. L'idea di «segreto di bottega», che nei ricettari è palese e invadente, qui compare ancora ma in forme del tutto diverse. «È anchora secreto bellissimo...», comincia più volte il Biringuccio, però poi il «secreto» lo spiega con diversi particolari. Il riferimento alla pratica di bottega naturalmente non scompare, come nel Cellini che ripetutamente nota come certi procedimenti possano essere spiegati solo a chi almeno qualcosa ne sa già, ma non è più così invadente.

Finalmente nel Cinquecento si scopre l'utilità di un altro mezzo, per noi divenuto ovvio: l'illustrazione. È una grande conquista, un importantissimo salto di qualità. Anche i manoscritti medievali erano stati spesso corredati di miniature, ma è evidente la distanza che separa il miniatore dall'autore del testo e l'ignoranza di quello nei confronti dell'argomento, così come lo scarso interesse dell'autore per l'illustrazione. Questa, dunque, diviene convenzionale oppure è un'interpretazione sommaria del testo: decorazione più che ausilio alla comprensione[7]. I trattati del Biringuccio (1540) e dell'Agricola (1556) spiegano e descrivono, e accompagnano il testo con xilografie che raffigurano gli oggetti di cui si parla. Ancora più abbondanti saranno le illustrazioni dei trattati di meccanica e macchine, mentre un po' più tardi la xilografia sarà sostituita dalla molto più precisa e raffinata calcografia. Anche prima di questa, però, i manuali sono più soddisfacenti, se non esaurienti, anche per noi. Gli antichi ricettari, però, non possono essere trascurati poiché, pur nel modo affastellato e quasi casuale che si è detto, stanno alla base della conoscenza tecnica del Cinquecento.

Fra gli scritti medievali emerge nettamente quello del Monaco Teofilo, ossia (come si crede) dell'eminente orafo tedesco Roger di Helmarshausen, vissuto nella bassa valle del Reno nella prima metà del secolo XII. La sua opera, *De diversis artibus* («Intorno a varie arti») o *Schedula diversarum artium*[8] («Noterella su varie arti»), compilata presumibilmente tra il 1110 e il 1140 (ma altri studiosi la pongono molto prima), raccoglie la descrizione di un gran numero di procedimenti tecnici e può essere avvicinata alle opere dei migliori «mechanici» di qualche secolo dopo, poiché non è una caotica raccolta di ricette per tutti gli usi, ma un autentico manuale ordinato logicamente e in grado di accompagnare il *faber* dalle moltissime competenze (lavoratore del ferro, fonditore, orafo e argentiere, smaltatore, doratore, pittore, vetraio e insomma *artifex,* artefice d'ogni cosa) dalla progettazione al completamento dell'opera, non solo fornendo le ricette, ma spiegando i processi, insegnando a costruire gli strumenti e persino ad attrezzare la bottega. Si tratta, però, di un caso unico, poiché ricettari di stampo interamente medievale continueranno a trovarsi ancora molto più tardi. Tale, benché compilata tra il 1424 e il 1456, è la raccolta[9] di un certo Halforde, medico e studioso inglese presente a Ferrara, Bologna, Padova, Milano, Novara e altre località. Del migliaio di ricette che l'opera comprende, la maggior parte sono d'interesse medico, ma svariate trattano di metallurgia, verniciatura, tintura, pittura su vari materiali, incisione e altro ancora, comprese quelle polivalenti, che servono, per esempio, per curare i calli, cambiare il colore del pelo dei cavalli e incidere il ferro. E in ogni caso si tratta di pure e semplici ricette o poco più.

Alla lettura dei testi abbiamo naturalmente affiancato l'esame e la comparazione degli oggetti, ma per la comprensione degli uni e degli altri ci ha giovato qualche informazione intorno ai metodi in uso adesso o in un passato recente. Queste informazioni le abbiamo ricavate in parte da manuali per le scuole d'arte o per la piccola industria, per l'artigianato o anche solo per gli amatori di varie attività; manuali che, scritti alcuni decenni addietro, illustrano metodi generalmente semplici, che in molti casi si sono dimostrati poco o nulla diversi da quelli illustrati dai trattati d'alta epoca. In parte molto più cospicua le informazioni le abbiamo avute dalla voce di alcuni provetti Maestri di varie arti, che anche qui desideriamo ringraziare vivissimamente per la pazienza, la disponibilità e, insomma, la grande amicizia che anche in questa circostanza ci hanno dimostrato.

Abbiamo anche prestato attenzione a quanto si fa attualmente nel Bresciano e l'esame delle opere finissime di questi incisori ci è stato molto utile[10]. Non ne condividiamo purtroppo la terminologia, e questo non per un eccesso d'amore storicistico per l'antichità delle cose di cui trattiamo: dipende solo dal fatto che gli oggetti di cui parliamo sono più eterogenei di quelli sui quali lavorano gl'incisori attuali (che generalmente incidono fucili o, più raramente, pistole) e sono decorati con un numero maggiore di tecniche, per le quali la terminologia che abbiamo ricavato dalle fonti consultate è più precisa benché, come si è detto, non sia precisa in modo assoluto. Nei pochi casi in cui non si è potuta seguire la terminologia antica, si sono adottati termini già entrati nell'uso antiquario per le armi antiche. Nel parlare di cesello,

---

[7] Anche qui, ovviamente, vi sono tantissime eccezioni, e basta pensare ai molti erbari di pregevole e appropriata fattura, oppure ai taccuini di appunti di qualche ingegnere, e poi naturalmente all'opera di Leonardo. Ma questi sono solo alcuni esempi.

[8] La prima traduzione italiana della *Diversarum artium schedula* era stata intrapresa dalla Dottoressa Maria Laura Tomea, Direttrice dei Musei Civici di Novara, che caldamente ringrazio anche qui per avermi favorito testi latini, inglesi e tedeschi di non facile reperimento e per avermi permesso, tempo addietro, di approfittare del suo manoscritto.

[9] Londra, British Library, ms. Sloane 416, pubblicato da TOSATTI 1991.

[10] Per una panoramica dell'incisione italiana attuale sulle armi si veda, per esempio, ABBIATICO-LUPI-VACCARI 1976, che dedica anche alcune pagine alla tecnica. Di quest'opera, però, non condividiamo vari punti della parte storica.

dunque, noi restiamo col Cellini e con tutti quelli che sono seguiti almeno fino alla fine del Settecento; del pari, per noi si parla di «agemina» o di «tausia», e non di «rimesso»; e così via.

Ci dispiace di non poter aggiungere che abbiamo consultato qualche falsario. Dal momento che ben poche delle fonti consultate trattano di armi e armature, ma investono piuttosto l'oreficeria e l'argenteria, la scultura, la pittura, l'incisione di lastre per la stampa e vari altri temi non immediatamente connessi con la decorazione del ferro e dell'acciaio, si pone il problema della pertinenza di queste fonti.

Noi riteniamo che queste fonti siano valide anche nel nostro ambito di ricerca e diano un'idea abbastanza corretta di quali fossero i metodi e i mezzi usati in passato per decorare il ferro e l'acciaio. Opere di vasto respiro come quelle del Biringuccio, del Cellini, del Monaco Teofilo, coinvolgono tutta l'arte del metallo e, vista l'epoca nella quale sono compilate, c'è da credere che le armi siano sempre sottintese, anche quando mancano accenni espliciti: i modi per lavorare il metallo sono quelli e tra quelli si dovrà scegliere, sia che si tratti di un fornimento di borsa, sia che si tratti di un fornimento di schioppo. Tra gli eminenti creatori di armature di alta rappresentanza ve ne sono alcuni che hanno alle spalle un tirocinio o anche una lunga attività di orafi e che si ritengono ancora tali, firmandosi «*aurifex*» come, per esempio, Bartolomeo Campi e Jörg Sigman. Per tutti costoro non pare dubbio che gli appunti del Cellini siano pertinenti.

I dubbi che nascono a proposito dell'acquaforte possono essere destati dal fatto che abbastanza presto, nel secolo XVI, per incidere matrici da stampa si scelgono lastre di rame. Ogni incertezza cade, però, quando si osserva che l'acquaforte nasce molto prima dell'arte della calcografia, e nasce sul ferro; e che ai primi del Cinquecento il Dürer, per esempio, il più universalmente noto tra gl'incisori, le sue poche lastre all'acquaforte (sette in tutto: le altre sono a bulino, trascurando le silografie) le incide su ferro: deve, dunque, servirsi di mezzi non dissimili da quelli usati, per esempio, da Jörg Sorg sulle armature. D'altra parte le ricette che si trovano nei trattati d'epoca che abbiamo esaminato sono principalmente destinate a incidere il ferro.

Occorre però un'avvertenza. Nonostante siano stati compiuti i maggiori sforzi per comprenderli, non siamo affatto sicuri che i procedimenti qui esposti (tolti pochi che abbiamo sperimentato) diano i risultati che ci si attenderebbero, e questo per i motivi già esposti. L'interpretazione resta in più casi aleatoria, soprattutto per quanto attiene i prodotti usati all'epoca: prodotti che non solo fatichiamo a riconoscere, ma che, anche quando riconosciuti correttamente, erano certo molto diversi da quelli attuali perché meno puri, mescolati, diluiti. Poi, non è detto che l'esposizione degli autori antichi sia davvero completa: come si è detto, essi parlano a gente del mestiere, addestrata all'uso di strumenti per noi ormai obsoleti; e ancora, quelli che descrivono sono dei segreti e non è detto che in fondo al loro animo non si conservi una certa gelosia, o almeno ritrosia. Infine, anche i maestri dei nostri giorni hanno i loro segreti: se uno ha impiegato tre anni per scoprire come fare una certa doratura, non si può pulitamente pretendere che lo spieghi al primo che passa. È uno di quei «bellissimi segreti», come li chiama il Cellini, che hanno un grande valore morale, ma anche un grande valore economico. Stiamo ripetendoci, ma queste sono cose sulle quali vogliamo insistere. Il mondo in cui vivevano quegli artefici e i loro clienti era «un altro mondo», e tutto, non solo la decorazione dei metalli ma anche ogni minima azione del vivere quotidiano, vi si faceva «in un altro modo». Oggetti, beni, strumenti, che noi riteniamo banali, non esistevano o, se esistevano, non si comperavano semplicemente nel negozio all'angolo: occorreva farseli. E tutti avevano un costo che noi giudicheremmo insensato. Per esempio, mentre adesso con il valore di tre o quattro chili di pane della panetteria si ripaga una pinza o un altro attrezzo, ossia un chilo o poco meno d'acciaio (acciaio, si noti bene: non ferro) di discreta qualità e «diligentemente lavorato», in altri tempi un quintale di grano (che vuol dire circa un quintale di pane) non bastava a comprare un chilogrammo di ferro della ferriera. E questo in un'epoca in cui un ettaro produceva non più di cinque quintali di grano, spesso meno. Ciò significa che, tenendo conto delle perdite di lavorazione, il solo materiale per il solo petto di un'armatura valeva tutto il raccolto di un campo di due ettari: il lavoro di due contadini per un anno, o pressappoco[11].

Ma non è solo una questione di costi. C'è quella (vi abbiamo già fatto cenno) che potrebbe definirsi «l'avanzata dell'ovvietà», una lunga, faticosa conquista alla quale, forse più di tanti altri ma insieme a loro, contribuisce il Monaco Teofilo quando ritiene necessario raccomandare al suo lettore di raccogliere lo smalto macinato, «metterlo in una scodella pulita e coprirlo con un panno di lino» e di «riporre nel suo vasetto quel che avanza e coprirlo, e fare così per tutti i colori». La pulizia, che in qualche caso è essenziale per la buona riuscita di un lavoro, non è nota in questo mondo, in cui per sigillare un recipiente ci si serve di argilla mescolata a sterco di cavallo. C'è anche il rustico inizio dell'ergonomica, quando lo stesso autore raccomanda che un certo strumento sia *manubrio infixo*: «piantato in un manico». Il confronto fra questo testo e quello, per esempio, del Cellini (sono orafi ambedue) è straordinariamente illuminante. Non si tratta solo della valutazione del progresso compiuto in quattro secoli: si tratta del paragone tra l'artigianato curtense e l'artigianato cittadino, sia pure al servizio dei potenti; del grande contrasto, anche nell'ambito della produzione di oggetti, tra il Medioevo e il Rinascimento. Questo aiuta a capire perché solo a quell'epoca, e non prima, si cominciò a decorare le armature. Anzi, perché solo a una

[11] Dati ricavati da SERGIO RICOSSA, *Storia della fatica*, Ed. Armando, Roma 1980, p. 54 e sgg.

cert'epoca nacquero certe armi, in particolare le armature di piastre. Fra Quattrocento e Cinquecento vi fu un momento di entusiasmo per il ferro finalmente riconquistato, e se ne fece di tutto, come già si è detto, dalle armi meccanicamente più complesse alle armature ai mobili ai mappamondi: tutto ciò che la fantasia suggeriva poiché tutto, in quel momento, era gradito all'uno o all'altro dei committenti.

Ciò spiega infine perché l'equipaggiamento di un cavaliere in certe epoche valesse quanto una bella cascina, e dunque ci fornisce un motivo di più per apprezzare e tener da conto le poche (perché in realtà sono pochissime, rispetto a quante ne furono prodotte) armi e armature rimaste; anzi, di tutto ciò che fu prodotto in passato. Impone poi pensieri di altro ordine: in primo luogo l'osservazione che anche i concetti, le stime, i modi di giudicare dovevano allora essere diversi. Quando l'ottone era detto «oricalco» ossia, senza offesa per gli etimologisti[12], «rame/oro», ed era ritenuto se non proprio un metallo prezioso come l'oro, certo non una materia vile. E questo spiega la presenza di esso in certe decorazioni.

[12] Oricalco in realtà deriva da parole greche significanti «rame dalla montagna», ma qualche volta le etimologie popolari sono illuminanti.

CAPITOLO 2

Produzione e Decorazione

Che cosa sia struttura e che cosa decorazione in varie armi e armature è difficile precisare. Scanalature e nervature probabilmente nacquero con lo scopo di irrigidire una lama, ma in certe epoche e su certe armi furono disegnate con scopo più estetico che funzionale. È l'idea di «lama preziosa», diffusa forse più in Oriente (certo in Giappone) che in Occidente. Una lama o una canna di damasco hanno un'eleganza intrinseca, diversa da quella di qualunque altra di costruzione ordinaria, pur riccamente decorata. Fra Quattrocento e Cinquecento, le pieghe e le nervature delle piastre e delle lame delle armature hanno insieme funzione decorativa e strutturale; l'orlatura al giro del collo è certo destinata soprattutto a irrigidire il petto e a fermare le stoccate, ma almeno un certo garbo lo possiede sempre. Quasi tutte le armature spigolate, e numerose di altri tipi, hanno ai bordi delle lame dei piccoli intagli a V in corrispondenza delle pieghe per consentirne l'agevole movimento, ma poi finisce che queste tacche sono il pretesto per dei ritagli a festone. Non meno di altre, quella del battilastra è un'arte (e il significato di questa parola, come già si è ricordato, rimane a lungo ambiguo). È quest'arte che, applicando le migliori norme del disegno e della proporzione, rende in ogni caso un'armatura di piastre simile a un pezzo di scultura, a cui poi l'intervento dei decoratori donerà colore e splendore. È difficile dire meglio di quanto ha già fatto il Williams[1] con i suoi numerosi studi sulla metallurgia e sulla produzione di armi e armature, e non è questo, come si è già detto, il centro dei nostri interessi, però spenderemo qualche parola (molto in generale) sul modo in cui armi e armature venivano prodotte.

La produzione di un'armatura è un'attività complessa, che coinvolge un gran numero di specialisti, a partire dai minatori, dai carbonai e dai produttori di ferro e acciaio, e che a tutti richiede grande maestria tecnica. Al centro del processo sta la figura dell'armoraro, figura difficile da descrivere e da cogliere nella sua varietà: in molti casi semplice battilastra (che già non è poco), talvolta tiene insieme del fabbro, del meccanico e del sarto, per salire anche al rango di orefice e di *grand couturier,* o di industriale avanti lettera per via delle quantità prodotte e della specializzazione attuata fin da epoca remota. Nei primi decenni del Trecento a Milano «i soli fabbricanti di usberghi sono un centinaio, senza contare gl'innumerevoli lavoranti sotto di loro che producono anelli per maglie con meravigliosa perizia»: così si esprime Galvano Fiamma (1298-1344) nel suo *Chronicon extravagans*[2]. Con la diffusione dell'armatura di piastre la suddivisione del lavoro si articola ancora di più e il processo acquista caratteri che permettono, appunto, di definirlo già industriale[3]: ciascuno dei numerosi artefici si specializza in uno solo dei vari passaggi che porteranno all'armatura completa, e anche gli eventuali decoratori potranno essere più d'uno. A Brescia, per esempio, la specializzazione è sia verticale che orizzontale, con fucine specializzate nei semilavorati delle diverse parti, che poi andranno avviati ad altre botteghe dove verranno «ridotti à perfettione» da tre diversi maestri («l'uno fa il corpo, l'altro li guanti e il terzo è il limatore»), per poi passare in successione al molatore, allo smerigliatore, al lustratore e ai decoratori, quand'è il caso. Esiste però anche una distinzione tra «maestri di corsaletti» e «maestri di morioni» o, come riteniamo, specializzati genericamente in copricapi[4]. Altrove il fenomeno si verifica in forma meno spinta, ma è presente dovunque. Nella bottega reale di Greenwich si distingue solo tra lo *hammerman* che foggia le parti a martello, il *millman* che le lucida e il *locksmith* che le provvede dei rivetti e dei dispositivi di chiusura. Nei Paesi tedeschi le botteghe sono generalmente più piccole delle italiane e i regolamenti delle gilde, rigidamente restrittivi, rendono la suddivisione del lavoro un po' meno pronunciata[5].

Tra i primi nella storia ad attuare questa minuziosa specializzazione e a produrre in serie (fu preceduto forse solo dai produttori di terrecotte e di tessuti), l'armoraro è anche tra i primi, insieme al maestro da lame e al fabbricante d'artiglierie, a scontrarsi con le difficoltà poste dal trattamento del metallo, che si vuole abbia certe forme e che insieme risponda a esigenze di resistenza. Per secoli, poi, un petto d'armatura resterà il più grande elemento di ferro o acciaio che verrà prodotto. Il tutto partendo da

[1] A. R. Williams, Direttore dell'Istituto per lo Studio della Tecnologia Antica e Medievale presso l'Università di Manchester, è l'unico studioso che in tempi recenti abbia trattato con metodo e competenza la tecnica di produzione delle lame, delle armature e del metallo di cui sono costituite. Alle sue opere, e anche allo studio compiuto con A. de Reuk sugli armorari di Enrico VIII d'Inghilterra e sulle tecniche da loro applicate, ci siamo largamente riferiti. Per cercare di chiarire l'influenza delle armi da fuoco sul declino dell'armatura, A.R. Williams ha anche fatto esperimenti di tiro con canne di diverse lunghezze simulanti le condizioni delle armi antiche, ed esami di resistenza delle armature ai proietti; in un suo articolo (WILLIAMS 1987) fornisce qualche informazione e una bibliografia su questo tema.

[2] Citato da BLAIR 1972, p. 188.

[3] Sulla suddivisione del lavoro e la specializzazione, particolarmente nelle botteghe lombarde, si vedano le diverse opere di L. G. Boccia, specialmente BOCCIA 1980, p. 5 sgg. Sulla suddivisione del lavoro a Brescia cfr. GAIBI 1963.

[4] *Statuta armarolorum* di Brescia, del 1574, Cap. 3°: *Creatione del massaro, sindici et Consiglio spetiale:* «un massaro et tri sindici, un di quali maestro di corsaletti, et l'altro [...] di morioni». Riportato in stralcio da GAIBI 1961.

[5] Cfr. FFOULKES 1911 e PFAFFENBICHLER 1992.

materiali che non si sa perché si comportino in quel certo modo e le cui caratteristiche non si è in grado di misurare, ma solo di stimare sulla base dell'esperienza. Si ha cognizione della differenza tra ferro e acciaio, si ritiene che il secondo sia solo una forma più raffinata del primo e si sa che reagisce a certi trattamenti termici che non influenzano le caratteristiche del primo, ma quali siano esattamente i limiti di questi trattamenti non è possibile chiarire. Come dice il Cipolla[6], «la cultura fondamentalmente agricola che prevalse nei secoli e nei millenni trascorsi fu cultura dell'approssimativo». Non ostante l'attenzione minuziosa che si richiede, quello dell'armoraro, e in genere del tecnologo prima della rivoluzione scientifica, è un mondo senza numeri. Benché per certi processi si usino misuratori di tempo (nel dipinto *Il laboratorio dell'alchimista*, di Brueghel, compare una clessidra), raramente se ne forniscono indicazioni, forse anche perché non si sa come fare: ancora alla fine del Cinquecento si dice che un pezzo di metallo si ritira dal fuoco *suo tempore*, ma quale sia questo «momento giusto» non lo si precisa; nella migliore delle ipotesi si definisce un intervallo di tempo mediante il confronto con un atto comune e ripetitivo («la durata di tre paternoster»)[7]. Si pensi, però, a quale può essere la differenza di valutazione tra le varie persone e nelle varie circostanze, per esempio a come appaia il medesimo colore in una giornata soleggiata o di notte, benché le fucine siano in genere assai poco illuminate. E poi, c'è la grande variabilità dei materiali, non omogenei in sé e diversi da volta a volta. Sensi e sensibilità hanno a quest'epoca un'importanza che noi, abituati ai procedimenti industriali, fatichiamo a immaginare; questo è uno dei fatti che rendono incerto il confine tra arte e professione.

Ferro e acciai

Guardato dal nostro punto di vista, il metallo che l'artigiano di cinque secoli fa si trova davanti è generalmente un ben povero materiale, ma ciò non significa che lo si ottenga con facilità. Al contrario, la produzione di esso è quanto mai laboriosa e richiede numerose e faticose operazioni.

Il ferro puro non si trova in natura e neanche viene prodotto coi mezzi artigianali e industriali[8]. Il metallo si ottiene dalla fusione del minerale, ma il forno non è che l'ultimo di vari passaggi. In primo luogo si dovrà trovare un minerale («miniera» o «vena», nel linguaggio del tempo) che dia garanzie di fornire un materiale utile, senza «odori», ossia presenza d'altri elementi che ne alterino negativamente le qualità. Si osserva la natura dei luoghi, l'aria, le acque che vi scorrono, le piante, e soprattutto il colore e le altre caratteristiche delle «terre» e di queste si fa un saggio, bollendole in una liscivia forte e osservando il colore delle bolle che si formano al soffio di un piccolo mantice. Una volta trovato un minerale soddisfacente e dato inizio all'estrazione, occorre che

> [...] un prattico & intelligente sceglitore, con diligentia scelga la [miniera] pura da la impura & col inditio de l'occhio & con il romperle, le separi, & dipoi a forno aperto le ricuocha, & ricuotte le metta in luocho aperto, tal che le piogge la bagnino, el sol la rasciughi & così stieno qualche tempo & avanti che le si conduchino al forno tutte minutamente un'altra volta appezzi a pezzi li rivega se sputato haveser fuore odor d'altro metallo, & così, con cuocerle & recuocerle & con farle benissimo evaporare avanti che le se sodino, si fa buon ferro dolce & trattabile

Il minerale così arrostito è pronto per il forno. Si applica il cosiddetto «metodo diretto» e, se il minerale è particolarmente trattabile,

> [...] solo le basta una simplice fucina & un par di màntaci non molto maggiori che [i] comuni. Aconciasi al detto suo luocho a similitudine d'un monticello, havendola prima rotta in pezzetti come noci, & d'intorno fattoli una clausura in forma di circulo di più grossi pezzi di miniera overo d'altre pietre mortigne qual sol vi si mettano per che retenghino il carbone e 'l fuocho stretto, con el quale carbone quella che volete redurre benissimo si copre; & dipoi con l'ordine de' màntaci, adattati con una ruota & acqua che gli muova & fàccili alitare, sol con un fuocho di otto ore o dieci si fonde & si purga dala terrestità che contiene

Questo metodo elementare, anzi, primitivo se non fosse per l'uso dei mantici idraulici, è praticato in molti luoghi ancora in pieno Cinquecento[9], ma poche sono le «vene» con cui dà risultati soddisfacenti. Come spiega il Biringuccio (c. 16r) nel 1540, si adatta ai minerali dell'Elba, ma non a quelli della Val Camonica, della Biscaglia e del Senese, dove è

> di necessità di haver uno o più forni, ché così si chiamano certe maniche grandi di grandissima tenuta di carbone. Et appresso a questi un gran paro di màntaci tutti acostati al muro de la manicha a guisa d'un gran paro d'ale, che per altezza comunemente son da le sei alle otto braccia [ossia da tre a quattro metri e più], li quali, mossi da una salda ruota de acqua & a quell'adattati, [...] col lor potente & grandissimo fiato messo in tal manicha quasi al fondo a 2 braccia e mezo per una canna, empiendola di carbone si fa fondere tal miniera; & secondo le sorte, quale una volta & qual due,

prima di ottenere un metallo abbastanza malleabile. Queste, però, non sono novità. Il Filarete, scrivendo attorno al 1461, descrive un forno dell'Alta Lombardia, in una valle sopra Bergamo o Brescia, dotato di due mantici che

---

[6] C. M. CIPOLLA, *Introduzione allo studio della storia economica*, Ed. Il Mulino, Bologna 1993, p. 61. Il corretto uso dei numeri si diffuse con una lentezza che per noi ha dell'incredibile. Nella prima metà del Cinquecento la potente compagnia commerciale tedesca dei Fugger non era ancora perfettamente padrona dell'arte della contabilità (ibid., p. 200), ormai largamente usata dai mercanti italiani, che però ne conservavano gelosamente il segreto, stimandola un preziosissimo strumento per la conduzione dell'azienda. Immaginiamo, dunque, come dovevano andare le cose quando non si trattava semplicemente di «contare» valori definiti come quelli delle monete, ma valori «opinabili», ossia affetti da approssimazione, come le misure. E quando quest'operazione doveva compierla un operaio, analfabeta o quasi.

[7] Cfr. DELLA PORTA 1607, p. 493. Questi sistemi però si mantennero e a vero dire non sappiamo se neanche adesso siano del tutto scomparsi, dato che li abbiamo visti qualche decennio addietro. Nelle piccole botteghe condotte da praticoni privi di cultura teorica ma dotati di grande esperienza, la temperatura di un pezzo di ferro o d'acciaio viene stimata dal colore, la lima serve a controllare se un pezzo è temperato e la cianurazione (un trattamento d'indurimento superficiale) si fa semplicemente prendendo il pezzo dalla forgia con le tenaglie e rimestando con esso nel prodotto (velenosissimo) contenuto in un recipiente qualunque lì accanto, prima di rimetterlo sulla forgia.

[8] In tempi recenti piccole quantità di ferro puro si ottengono per via elettrolitica o con altri metodi di laboratorio per scopi molto specifici.

[9] In varie località il metodo diretto fu usato fino a molto tardi: in Liguria, per esempio, i minerali dell'Elba si trattavano nei bassi fuochi «catalano-liguri» ancora dopo la metà del secolo XIX. Cfr. BARALDI 1979.

[...] stanno in coltello e non per lo piano come gli altri, i quali l'acqua [...] gli fa soffiare. Sono d'altezza di circa sei braccia e di larghezza quattro[10]

Le temperature sviluppate in questi *bassi fuochi* sono relativamente modeste (da 1100° a 1200°C) e bastano a fondere il minerale, ma non a liquefare il ferro metallico, il cui punto di fusione sta attorno ai 1535°C. Avviene così che questo, appena separatosi dagli altri elementi con cui formava il minerale, subito si rapprende in piccole gocce, roventi ma solide, immerse nella scoria fusa. Questa cola via in buona parte «& così il ferro resta tutto in una massa simile a una cera» o, meglio, una spugna di scoria e ferro,

[...] purgato dala terrestità che contiene [...] & così caldo si tira fuor de la fucina a largo & con le mazze a braccia in più pezzi si rompe & dipoi ogni pezzo si riscalda & portasi a l'ingegno del maglio & fassene masselli. Et così fatto questo effetto, [...] a la medesima fucina si ripigliano que' sopra detti masselli o pure [ossia] il ferro così cavato, & benissimo si riscalda, & così caldi al maglio predetto si tagliano & destendeno, & se lo dà la forma di verga, o di quadri, o si spiana a d'altra forma a lor piacere

È quello che viene chiamato *ferro saldato* e contiene molto poco carbonio e scarsissimi elementi indesiderabili come zolfo e fosforo, che rendono più difficile la lavorazione[11]. La qualità del metallo dipenderà anche dalla cura con cui lo si sarà liberato dalla scoria, ma una perfetta e integrale «ripulitura» resta praticamente impossibile: i metallurgisti (si vedano gli studi del Williams) rilevano intrusioni di scoria nello spessore di armi e armature anche pregevoli ancora del secolo XVI, mentre su armature di qualità inferiore si rilevano segni assai grossolani[12]. Armi di modesta qualità, dal punto di vista del metallo, mostrano talvolta la struttura a grani delle gocce induritesi, ma rimaste separate da sottili setti di scoria (Fig. 02.01).

Le «grandi maniche», gli altiforni, di cui parla il Biringuccio, non sono però un perfezionamento dei suoi tempi; sono stati ideati già nel Trecento e hanno avuto conseguenze strane e rimaste oscure per secoli, che alla luce delle cognizioni dell'epoca si cercava di spiegare con le «male mistioni» e la «malignità» delle vene. Per noi il fenomeno non è più un mistero: in quei forni più grandi e meglio ventilati, oltre ad un aumento della temperatura d'esercizio, si era ottenuto di mantenere per più lungo tempo il metallo a contatto con l'ossido di carbonio della combustione, generando una lega con un punto di fusione più basso del ferro puro, la *ghisa*[13], lega ferro-carbonio con carbonio oltre l'1,9% o il 2%. Dapprincipio questa era stata guardata come scarto (e chiamata *ferraccio)* poiché non poteva essere forgiata, non era malleabile neanche a freddo ed era troppo dura per essere lavorata a freddo con gli utensili. Si osservò, però, che era adattissima ad essere colata e s'imparò a usarla[14].

Quelle che hanno odor di metalli, si non è molto, con la forza de longhi & possenti fuochi si son possibil purgarle perché son materie corrotte & quasi fra lor altrimenti sonno inseparabili, de le quali, non si potendo lor adurre alla perfettion dolce perché facilmente fondono, se ne fa palle d'artigliarie & altri lavori di gitto li quali, secondo che son più & mancho da quello odor corrotti, così anchor più & mancho son frangibili

Il Biringuccio che così si esprimeva (c. 18r) aveva ormai dimenticato che già nel Quattrocento se ne facevano anche pezzi d'artiglieria[15]. Per altri tipi di armi essa, però, era inadatta e anche in ambito civile gli usi erano limitati[16]. La ghisa aveva il grandissimo pregio di costar poco e nei primi decenni del Quattrocento un ignoto metallurgista scoprì che essa poteva essere convertita in ferro malleabile (applicando quello che è detto «metodo indiretto»): occorreva rifonderla (in forni di altro tipo) e, rimescolandola, esporla all'ossigeno atmosferico che ne eliminava il carbonio, combinandosi con esso. Di mano in mano che il carbonio si allontanava, cresceva il punto di fusione e nella massa liquida si formavano degli addensamenti, dei «grumi» di ferro solido, che venivano estratti e lavorati al maglio. Questi complessi di alti forni e forni di rifusione si diffusero in Stiria, in Biscaglia, nelle Fiandre, in Valcamonica, e il Filarete, attorno al 1461, descrive brevemente una ferriera veduta a Grottaferrata, presso Roma[17]. Sembra certo, però, che nel mondo tedesco si usassero prima e più diffusamente che in Italia. Il prodotto finale era anche qui ferro saldato, ma il costo era sensibilmente minore e la produzione più elevata.

---

[10] FILARETE 1461, f. 126v. e sgg. A scopo di paragone si possono tener presenti i mantici illustrati nella ben nota xilografia (riprodotta più in basso) del Burgkmair del 1515 circa, raffigurante la bottega di Conrad Seusenhofer, armoraro di Massimiliano I, mantici che potrebbero esser lunghi circa un metro e mezzo, più o meno come quelli di fabbri e maniscalchi fino a ottant'anni fa.

[11] Si veda l'esame di una canna da fucile settecentesca in STERRANTINO 1999. Il metallo, probabilmente prodotto in Val d'Aosta, è un ferro dolcissimo contenente lo 0,04% di carbonio, lo 0,014% di fosforo, lo 0,05% di silicio e solo lo 0,004% di zolfo. Metalli di altre provenienze erano probabilmente meno puri, poiché il FILARETE (1461), per esempio, afferma che nel locale di un forno da lui veduto nel Bresciano o nella Bergamasca «puzza grande ci è di solfo» (p. 477) e che «quando si trae [il metallo dal forno] puzza forte di solfo, sì che credo che tenga di solfo assai» (p.479). Il Filarete, però, non è un metallurgista e osservazioni simili non si trovano né in Biringuccio, né in Agricola, che invece sono specialisti del settore.

[12] Ne è un esempio il petto di corsaletto da piede della guardia della Città di Bologna all'Armeria Reale di Torino, cat. ex C4.

[13] Nelle traduzioni di testi inglesi e anche in testi italiani ispirati a quelli si trova spesso il termine «ferro fuso». L'espressione è impropria e può essere fonte di malintesi poiché in generale è solo la cattiva traduzione dell'inglese *cast-iron*, che propriamente significa *ghisa*. Un vero ferro fuso in passato non poté esistere poiché, come si dice in queste righe, mancavano i mezzi per raggiungere la temperatura di fusione del ferro.

[14] La storia della ghisa non è chiarissima, dal momento che se ne hanno notizie fin dall'antichità. Pausania il Periegeta, scrittore greco del II secolo d.C., ne attribuisce la scoperta a Teodoro, celebre bronzista di Samo attorno al 560 a.C., che addirittura avrebbe colato delle statue di ghisa: cfr. *Ellados Periegesis*, l. III, 12, 10. Ma Teodoro non è affatto l'unico candidato.

[15] Negli anni del Biringuccio la produzione di artiglierie in ghisa non era affatto cessata, anzi, un po' dovunque in Europa si cercava di aumentarla. Motivo di questo era il costo molto più contenuto della ghisa rispetto al bronzo, ma le difficoltà erano molte. Prima della metà del Cinquecento in Inghilterra si producevano quantità già rilevanti di pezzi in ghisa e prima della fine del secolo l'attività si sarebbe diffusa ai Paesi Bassi e alla Svezia. Questi pezzi, però, sarebbero sempre rimasti meno sicuri perché più facili a scoppiare e molto più pesanti di quelli di bronzo, e avrebbero equipaggiato prevalentemente le imbarcazioni e le fortificazioni. Per un giudizio sui cannoni di ghisa si veda D'EMBSER 1732, vol. I, tit. 1; per l'evoluzione della produzione CIPOLLA 1983, *passim*.

[16] Ad Augsburg nel 1412 si producevano tubi di ghisa per alimentare una fontana e a Brescia pignatte di ghisa nel 1422. Cfr. FORBES 1962, p. 677.

[17] FILARETE 1461, pp. 474-478. Cfr. anche WILLIAMS 1986b.

Il *ferro dolce* (il comune «ferro») contiene, come si è detto, una bassissima percentuale di carbonio, può essere forgiato, cioè scaldato a temperatura assai elevata e lavorato col martello sull'incudine oppure sotto un maglio meccanico; è inoltre malleabile e duttile, ossia può essere modellato a freddo col martello oppure ridotto in filo trafilandolo, ossia facendolo passare attraverso i fori di una piastra d'acciaio detta filiera[18]; è tenace ma poco elastico; non si presta, dunque, alla produzione di lame, poiché facilmente si deforma, ma è adatto a forgiare canne per armi da fuoco portatili. Una prolungata lavorazione a freddo lo *incrudisce*, cioè ne modifica la struttura microcristallina rendendolo duro e fragile. Per poterne continuare la lavorazione occorre allora *ricuocerlo*, ossia riscaldarlo a una certa temperatura mantenendovelo per un tempo conveniente, e poi raffreddarlo lentamente.

La lavorazione al maglio non fornisce solo lingotti, ma ogni forma richiesta dal commercio: dalla ferriera escono, come si è visto, lamiere e barre senza che occorrano ulteriori interventi. All'epoca che c'interessa i laminatoi a cilindri esistono[19]: sono costituiti da coppie di cilindri paralleli che vengono fatti ruotare e tra i quali s'inserisce il materiale, che viene compresso e allungato. Sono stati ideati qualche secolo prima per produrre i profilati di piombo per le vetrate e nel Quattrocento vengono impiegati anche nella produzione della vergella di ferro (a Norimberga, per esempio, da questa si tira il filo per fabbricare chiodi). Nell'opera di Leonardo si trovano almeno un paio di schizzi di laminatoi, mentre il Pantheus nel 1550 illustra un laminatoio a manovella e Giovanni Branca nella sua opera *Le Macchine*, del 1629, ne propone uno mosso addirittura da una turbina ad aria calda[20]. Questi laminatoi, tuttavia, producono nastri o verghe di modesta larghezza (una decina di centimetri o poco più) e fino all'inizio del Seicento, o almeno fino alla fine del Cinquecento, non saranno abbastanza potenti e non avranno strutture sufficientemente rigide per produrre buone lamiere da trasformare in pezzi d'armatura[21].

L'*acciaio* è una lega di ferro e carbonio con un tenore di quest'ultimo variabile dallo 0,2 all'1,7 per cento circa. Questo, almeno, è ciò che se ne sa ora; diversa era l'opinione in altri tempi. Si sapeva che era una variante del ferro, era il *ferrum aciarium*, il ferro per fare le *acies*, le punte delle armi e degli attrezzi, ma l'ottenerlo fu sempre difficile e alcune aree minerarie che ne producevano acquisirono singolare notorietà, come (trascurando l'Oriente) in età romana il Norico, che corrisponderebbe a Stiria e Carinzia. I segreti per lavorarlo erano stimati d'importanza vitale: persino fra' Giovanni da Pian del Carpine[22], che tra il 1245 e il 1247 compì un'ambasciata per conto del papa presso il khan dei Mongoli, s'ingegnò di carpirli a quei feroci guerrieri che minacciavano di dilagare in Europa: «I ferri delle frecce [...] quando sono caldi, debbono essere tuffati in acqua mescolata a sale, come fanno i Tartari [cioè i Mongoli], poiché le loro armi sono più forti come penetrazione».

All'epoca che c'interessa si è persuasi che l'acciaio

> [...] non è altro che esso ferro mediante l'arte benissimo depurato, & per la molta decotion del fuocho condotto in più perfetta mistione ... & al fino quando sonno li suoi pori dal molto fuocho ben dilatati & fatti molli, & con la violentia de la frigidità de l'acqua caciàtone il calore se gli ristrégneno, & così si converte in materia dura & per la sua durezza frangibile

Tale è l'opinione del Biringuccio che, in contrasto con altri, afferma anche che «puosi far questo d'ogni miniera [minerale] & così d'ogni ferro [già] fatto farne acciaro», benché ammetta che «si fa meglior più d'una miniera che d'un'altra, & più d'un carbone che d'un altro». Occorre, però, che gli addetti siano esperti perché «ancho si fa migliore secondo l'intender de' maestri». Il miglior acciaio si ottiene, comunque, dal ferro che, «per sua natura non havendo corrutione d'altro metallo, è più disposto alla fusione & che ha certa durezza più che l'altro», ossia è più facilmente convertibile in ghisa. Il Biringuccio, insomma, sembra farne una questione di metallo o di minerale, non di dimensioni e tipo del forno. E si comprende, poiché il metodo da lui descritto è notevolmente primitivo. Egli afferma che tra i migliori acciai conosciuti vi sono quello della Fiandra e, in Italia, «quel di Valchamonicha in Bresciana»[23], ma il metodo che illustra sembra piuttosto da attribuirsi all'Italia Centrale (dove del resto egli ha fatto le sue più estese esperienze). Inoltre il materiale di partenza non è una ghisa, diciamo così, d'alto forno, ma ferro dolce che, appositamente trasformato in ghisa, serve a carburare altri masselli di ferro ottenendone finalmente acciaio. E il piccolo forno che qui descrive, non sembra differire da quello già descritto come usato all'Elba per ottenere il ferro dal minerale.

Sulla fucina, ossia su uno di questi forni primitivi, si appresta un «recettaculo» tondo e cavo, fatto di un terzo di creta e due terzi di polvere di carbone, se ne alza la sponda con una sorta di muretto di «sassi morti», cioè resistenti al fuoco, e si dispone l'ugello dei mantici in modo «ch'habbi un pocho il naso torto a l'ingiù, acciò che il vento batta nel mezzo del recettaculo». Si colma la cavità col ferro da trattare ridotto in pezzi minuti e mescolato col carbone; inoltre «mettesi con questo ferro il marmo

[18] Malleabile, dal latino *malleus*: «martello», quindi «martellabile». Duttile, dal latino *ductilis*, a sua volta da *ducere*, «condurre», quindi «che può essere condotto, tirato, stirato» (eventualmente attraverso una filiera).

[19] SMITH-FORBES 1963, pp. 35 e 51.

[20] LEONARDO, *Manoscritto I*, folio 48 v., riprodotto da UCCELLI 1945; GIOVANNI BRANCA, *Le macchine*, Roma, 1629.

[21] Il Williams (WILLIAMS 1986a, p. 487), riportando una notizia del Gille (*Le moulin à fer et le haut fourneau*, in «Métaux et civilisation», 1945), riferisce che la prima descrizione di un laminatoio a cilindri mosso da ruota idraulica per produrre lamiere è del 1615, ma ritiene che esso fosse in uso già da qualche decennio. Il Blair osserva che «lamiere (di ferro) laminate non sembrano essere state prodotte in quantità significative fino al secondo quarto del secolo XVII» (BLAIR 1972, p. 188-189), cosicché le armature precedenti quest'epoca che paiano prodotte con metallo laminato «vanno guardate con sospetto».

[22] Da *Historia Mongalorum quos nos Tartaros appellamus*, di Giovanni da Pian del Carpine, in A. T'SERSTEVENS, *I precursori di Marco Polo*, Garzanti Ed., Milano 1980, p. 202.

[23] Ancora nel XVIII secolo un acciaio usato in Piemonte per gli acciarini di armi da fuoco era detto «bagolino», dal nome del paese di Bagolino, presso Brescia.

pesto o altre pietre fusibili», che noi ora chiamiamo fondenti e che, unendosi alla ganga, ossia alla parte «inutile» del minerale o a quanto ne resta nel metallo e a quella che si forma nel corso dell'operazione, costituiscono la scoria, facilmente separabile dal metallo. Quando sia ben acceso, si avviano i mantici e, di mano in mano che il contenuto fonde, si aggiungono altro metallo, carbone, marmo, scoria pestata o altri fondenti, secondo il caso e nella misura indicata dall'esperienza. Nel frattempo, a parte si son battuti al maglio tre o quattro masselli di quel medesimo ferro, pesanti 30 o 40 libbre ciascuno, e quando il «recettaculo» è pieno di metallo fuso, «in mezzo di tal materia fusa con gran fuocho ve li tengano un quattro o sei hore, & spesso con una verga come fanno li quochi le vivande, ne li van dentro revoltando, & così tanto ve li tengano & voltano & rivoltano che tutto quel ferro amassato piglia per le sue porosità quelle sustantie suttili che si trovano esser dentro a quel ferro fuso». Quando a giudizio del maestro il trattamento è a punto, si estrae un massello, lo si distende al maglio e «subito più caldo che si può, gittandolo nel acqua, il temperano, & temperato il rompano» e ne esaminano l'interno. Soddisfatti che siano, estraggono anche gli altri masselli, li tagliano «in pezzetti minuti di sei o otto [libbre?] per l'uno & li ritornano nel medesimo bagno a riscaldare», aggiungendo insieme una certa quantità degli altri componenti «per rinfrescare il bagno». Nuovamente riscaldati, li estraggono e li trasferiscono al maglio per farne, infine, le verghe;

> [...] et così fatto essendo benissimo caldi & quasi per caldezza in color biancho, si gittano a un tratto nel corso d'una acqua freddissima più che si può, [...] acciò repentinamente si spenga, & per questo modo piglia la durezza la quale dal vulgo è detta tempera

Questo processo è una variante della *cementazione* e si basa anch'esso sulla diffusione del carbonio dall'ambiente (qui la ghisa liquida, che ne è ricca) al massello, rovente ma solido. Nella cementazione strettamente intesa si dispongono i pezzi di ferro in un contenitore (comunemente una scatola di ferro), li si contorna di polvere di carbone di legna o di altro materiale organico, e si riscalda a lungo in modo che il carbonio si diffonda nel ferro solido. È un procedimento noto da molto tempo: prima del 1140 il Monaco Teofilo fra altre ricette per fabbricare lime di ferro (ossia per indurirle) consiglia di ungerle con lardo rancido, avvolgerle con cuoio (ambedue ricchi di carbonio, com'è noto), coprirle d'argilla (per evitare il contatto con l'ossigeno) e riscaldarle fortemente. Questo procedimento, però, si adatta solo a pezzi piccoli e riesce difficile immaginarlo applicato a un petto d'armatura o a un coppo di elmo che, oltre il resto, hanno anche forme complesse.

Gli acciai prodotti con questi metodi sono eminentemente eterogenei, in particolare quelli ottenuti per cementazione, nei quali il tenore di carbonio è maggiore presso la superficie e va diminuendo verso l'interno. Per renderle più uniformi, le barre e le lamiere gregge possono essere riscaldate e ripetutamente piegate e bollite (cioè saldate a caldo mediante martellatura). Tracce di questi trattamenti si riscontrano nelle armature come strati di diversa composizione paralleli alle superfici e spessi fino a un millimetro[24].

Se dopo la forgiatura l'acciaio viene lasciato raffreddare naturalmente, il materiale risulterà di caratteristiche migliori di un ferro saldato, ma non decisamente superiori. Per esaltarne la durezza si ricorre alla *tempra*, o tempera, ossia si riscalda l'acciaio fin verso i 900°C e poi lo si raffredda bruscamente, di solito immergendolo in acqua. A questo punto, però, l'acciaio risulta troppo duro, fragile e sensibile agli urti (come dice il Biringuccio, «materia dura & per la sua durezza frangibile») anche per via delle tensioni che il brusco trattamento ha generato all'interno di esso. Si può aumentarne la tenacità, sia pure a scapito di un po' della durezza, col *rinvenimento*, cioè riscaldandolo a una temperatura tra 200° e 600°C e lasciandolo raffreddare naturalmente. Si ritiene che la più antica ricetta scritta comprendente tempra e rinvenimento separati si trovi in un manuale tedesco[25] del 1532. Sicuramente il procedimento era in uso già da qualche tempo e forse si trova un cenno a qualcosa di simile già nell'opera del Monaco Teofilo, del 1110-1140 circa, nel punto in cui, parlando della fabbricazione delle lime, consiglia di temperarle in acqua e poi «asciugarle moderatamente sul fuoco»[26]. Bisogna vedere, però, quanto Teofilo fosse cosciente del significato dell'operazione. In ogni caso, il processo di tempera e rinvenimento venne scoperto pian piano, forse già a partire dal XII secolo, ma, una volta scoperto, venne conservato gelosamente come segreto, diffondendosi assai lentamente. Sembra, infatti, che in alcuni dei famosi centri di produzione tedeschi, e in particolare ad Augsburg, l'acciaio dolce cementato, cioè arricchito di carbonio negli strati esterni, fosse sottoposto a questo trattamento in due tempi (tempra e rinvenimento) nel tardo Quattrocento.

Ogni trattamento termico per aver successo richiede che il metallo abbia una composizione sensibilmente omogenea e costante ed è legato a una corretta valutazione delle temperature e dei tempi, e si è già accennato alle difficoltà che queste stime comportano. Nel XVIII secolo i maestri di Toledo praticano un trattamento termico complesso, in pratica una tempera e un rinvenimento differenziali, temprando le lame a circa 850°C e rinvenendole a circa 350°C, ma facendo in modo che il codolo resti meno duro e più tenace, e riescono a rendere preciso il processo con l'uso di grasso di montone che funge da pirome-

---

24 Esempi di questa lavorazione sono forniti in diversi studi di A.R. Williams citati in bibliografia.

25 WILLIAMS 1979a, nota 13, citando C. S. SMITH, *Sources for the History of Steel*, Cambridge 1968.

26 TEOFILO 1140, XVIII, *De temperamento limis.* Si riscalda la lima al calor bianco, la si cosparge di una miscela di sale e di corno di bue bruciato e la si rimette sulle braci ben vive (*valde ardentibus*), soffiando con attenzione; la si estrae dalla forgia e la si tempera uniformemente in acqua (*extingue aequaliter in aqua*); toltala dall'acqua, la si asciugherà moderatamente sul fuoco (*siccabis modice super ignem*). Nel capo successivo, che tratta del medesimo tema, la raccomandazione è ripetuta: *siccabis ad ignem.* A quest'epoca, però, la differenza tra l'acciaio (che Teofilo chiama *calibe*) e il ferro è pochissimo chiara.

tro[27]. Una lama, però, ha forma semplice e regolare e dimensioni contenute, contrariamente a un pezzo d'armatura. Non stupisce, dunque, che gli armorari milanesi nel Quattrocento sembrino preferire un procedimento più semplice, consistente nel temprare l'acciaio in olio, sego, piombo fuso o altro liquido più blando dell'acqua, oppure nel temprarlo a partire da una temperatura più bassa, evitando nell'uno e nell'altro caso il rinvenimento. Con questi metodi il metallo risulta di caratteristiche meno elevate ma, essendo richiesto un solo passaggio, si riducono grandemente i rischi, sia quelli di ammorbidimento eccessivo, dovuto a un rinvenimento troppo lungo o effettuato a temperatura troppo alta, sia quelli di cricche (fratture) e deformazioni, facili queste ultime soprattutto nei pezzi sottili come le lame d'armatura. È difficile, tuttavia, dire quale esattamente sia il procedimento seguito. Certo già in antico si praticano forme intermedie, delle quali si incontrano tracce in tempi recenti, come la tempra in acqua calda o in acqua saponata e la tempra in acqua coperta da uno strato di olio, tutte meno drastiche della tempra tipica in acqua fredda[28].

Le difficoltà e gl'incerti risultati del trattamento termico dell'acciaio vengono aggravati da alcuni processi decorativi che, come la doratura a fuoco, necessitano di un ulteriore riscaldamento. Pezzi di botteghe famose, come quella dei Missaglia, sottoposti in un secondo tempo a doratura a fuoco, mostrano di averne patito le conseguenze, mentre armature bianche di identica provenienza presentano un metallo di caratteristiche assai superiori[29]. È opinione degli studiosi più preparati[30] che nei centri della Germania Meridionale anche le armature decorate fossero sottoposte a un trattamento d'indurimento in due tempi, ma che si combinasse l'ultima calda con il riscaldamento necessario alla doratura o ad altro processo decorativo: questo significa che si completava l'armatura bianca (che era in acciaio, ma ancora «molle») e la si incideva; la si temprava per indurirla, si applicava l'amalgama per la doratura e si riscaldava moderatamente per rinvenire l'acciaio e nel contempo per evaporare il mercurio fissando l'oro, come si dirà meglio altrove.

Naturalmente tutte queste attenzioni per le caratteristiche del metallo si applicavano solo nella produzione di armature di alta qualità e di alta epoca e i centri in cui ciò avveniva erano pochi: quelli, appunto, che giustamente ne trassero una rinomanza europea e che conservavano se non il segreto, certo la capacità. Molto meno raffinati erano i processi per la produzione di armature da munizione, ottenute con metallo più povero, spesso semplice ferro saldato, ricco solo di scoria e poverissimo invece di carbonio. Come già si è detto, questo ferro non era influenzato da alcun trattamento termico, ma era possibile dargli una qualche sorta di durezza mediante martellatura a freddo. Può essere interessante citare quello che riteniamo l'unico cenno scritto sull'argomento, peraltro di epoca molto tarda; il Signore di Gaya[31], nel suo *Traité des Armes* del 1678, osserva che

> [...] les Casques et les devans de Cuirasses sont à l'épreuve des coups de mousquetades, & les autres parties des coups de pistolets ou de mousquetons, mais afin que ces armes soient bonnes, il faut qu'elles ayent été battues à froid

Qui siamo in un'epoca in cui di armatura non è più il caso di parlare: pochi corpi a cavallo e qualche ufficiale usano ancora petti e schiene, o anche solo petti, e copricapi difensivi, e anche per i picchieri si stanno abbandonando i corsaletti. L'eleganza delle forme si è ormai perduta (come dimostra la ben nota armatura[32], lussuosa ma sgraziatissima, prodotta dieci anni prima da Francesco da Garbagnate per conto della Repubblica di Venezia e da questa donata a Luigi XIV) e s'è perduta anche la maestria tecnica, cosicché quanto dice il signore di Gaya è possibile che sia vero. E può essere riferito non solo a quest'epoca, ma anche a tempi precedenti, se si parla di armamenti da munizione molto ordinari come certe corazze *ferri molli* («di ferro molle») citate a Genova in un documento[33] del 1479-80. Un identico trattamento si applicava fino a pochi anni fa alle falci da fieno e da mietere, anch'esse di ferro dolce, il cui taglio, battuto su una specie di piccola incudine (il *tasso*) con un martello apposito, conservava poi meglio il filo che gli si dava con la cote. Questo della battitura, che sulla falce era un procedimento molto ragionevole per ottenere un filo sottilissimo non destinato a subire urti, sull'armatura appare invece un procedimento primitivo applicato al più povero dei materiali il quale, pur indurito, risultava fragile e sostanzialmente scadente ma, insomma, forse un po' meno peggio di prima. Per altro verso, anche nell'epoca d'oro dell'armatura di piastre molti passaggi venivano compiuti a freddo, come si ricava dall'esame di diverse illustrazioni (da quella, famosa, raffigurante l'imperatore Massimiliano I che conversa col suo armoraro Conrad Seusenhofer, circa del 1514, ad altre verso la fine del secolo), in cui gli artefici reggono il pezzo che lavorano con le mani nude (fig. 02.24). Ma qui la questione è diversa: il metallo indurisce o, come si dice, *incrudisce*, ma non è questo che si ricerca e per continuare la lavorazione verrà ricotto sulla forgia che sempre compare nelle illustrazioni.

Non sappiamo se sia mai stato analizzato il metallo di una brigantina. I tipi correnti erano da munizione, mentre i più eleganti raramente venivano portati in guerra (anche se si trovano rare rappresentazioni trecentesche e

[27] Il processo è descritto in un manoscritto spagnolo del 1772; si veda PELAEZ VALLE 1986.
[28] ANDREANI 1920, p. 22. La tempra in olio continua ad essere praticata. Almeno qualcuno dei maestri giapponesi temperava le lame in acqua tiepida: cfr. J. M. YUMOTO, *The Samurai Sword*, Rutland & Tokyo, 1958, tav. 45.
[29] È il caso di un paio di esemplari delle Royal Armouries, ora a Leeds, (II.7 e II.5) analizzati da A.R. Williams (WILLIAMS 1979b, p. 164).
[30] WILLIAMS 1979b, *ibid.*

[31] GAYA 1678, capitolo V (pag. 53).
[32] Parigi, Musée de l'Armée, inv. G.125.
[33] GATTI 1980, p. 75.

quattrocentesche e scarsi esemplari[34]). Una brigantina è costituita da un gran numero di lamine metalliche rivettate tra due tessuti. Queste, però, erano di piccole dimensioni e abbastanza sottili, e non richiedevano complessi lavori d'imbutitura. Erano però costruite con cura e le lamelle erano stagnate. La stagnatura, poi, dovette avere una certa applicazione anche su pezzi d'armatura di altro tipo, probabilmente di qualità non elevata. Secondo un documento notarile[35], nel 1479-1480 i *coyrasarii* genovesi fabbricano e vendono *coiracie* che possono essere «*stagnate vel amorate vel virnisate rubee*» («stagnate o scurite [bronzate] o verniciate di rosso»), mentre nel 1548 l'*Inventario dela munition dele salle delo exc.mo Cons.o di X* a Venezia elenca, tra l'altro, anche: «Celade bianche stagnade n. 162».

La stagnatura di metalli in genere risale almeno a epoca etrusca e nel secondo medioevo è ampiamente utilizzata, tra l'altro per speroni di tipo corrente, fornimenti di spade (presumibilmente da munizione) e altri particolari[36]. Una descrizione medievale del modo di procedere la fornisce il Monaco Teofilo[37]:

> Se vuoi stagnare un oggetto qualsiasi di ferro, prima limalo e, senza toccarlo con le mani, appena limato, buttalo in una padella di stagno fuso con del grasso e muovilo con una pinza finché non diventi candido; poi tiralo fuori e scuotilo forte; puliscilo quindi con crusca e un telo di lino

La descrizione è chiara. Il ferro dev'essere perfettamente pulito e non portare traccia neanche dell'unto delle mani. Per pochi, piccoli oggetti il Monaco raccomanda la limatura; in seguito, per grandi produzioni, si applicherà il decapaggio, ossia una pulitura con mezzi chimici: in Sassonia, all'inizio del Cinquecento per il decapaggio di lamiera da stagnare si usano infusioni fermentate di varia intensità di farina di segale; più tardi in Inghilterra per lo stesso scopo si usa un'infusione di 73 litri di crusca in circa 455 litri di acqua. Così pulito, il ferro viene immerso in stagno fuso sul quale galleggia uno strato di grasso, fuso anch'esso, avente lo scopo d'impedire l'ossidazione dello stagno; infine il ferro stagnato viene strofinato per lucidarlo. La ricetta di Teofilo è precedente il 1140 e almeno da quell'epoca il procedimento è rimasto invariato, dal momento che lo si ritrova identico nel XX secolo[38].

[34] Tre rappresentazioni d'epoca di brigantine indossate da militari si trovano in Ffoulkes 1912, p. 51, mentre una brigantina da guerra provvista di resta si conserva a Vienna.

[35] GATTI 1980, p. 75.

[36] FRANGIONI 1995, *passim*.

[37] TEOFILO 1140, capitolo XCII, *De solidatura ferri* («La saldatura del ferro»):
Quicquid superstagnare volueris in ferro, primum lima et, priusquam manu tangas, noviter limatum in patella stagni liquefacti cum adipe proice, et cum forcipe commove, donec candidum fiat, eductumque fortiter excute, atque cum furfure et lineo panno purga

[38] Cfr. ALBENGA e PERUCCA, *Dizionario tecnico industriale*, Torino, UTET, 1937: voci *Latta, Stagnatura, Stagno.*

Altri acciai e altre armi

Sotto il nome di acciai si incontrano anche due altri materiali, che però sono assai diversi dall'acciaio descritto: il *damasco orientale* e il *damasco saldato*. I nomi (convenzionali) sono simili ma i materiali sono molto diversi tra loro.

Il *damasco orientale*, o *acciaio wootz*[39], è un acciaio al crogiolo ad alto tenore di carbonio (da 1,2 a 1,8%) ideato probabilmente in India[40] fra il 200 a.C. e il 600 d.C. e lì prodotto anche in seguito (in particolare nel regno di Golconda, nell'attuale Pakistan, secondo il Tavernier che nel Seicento visita la Persia). Per ottenerlo si partiva da un minerale di ferro particolare che, unito a carbone di legna e ad altri vegetali, veniva chiuso in un crogiolo sigillato e mantenuto per alcuni giorni a temperatura d'incipiente fusione. Dopo il lento raffreddamento si spezzava il crogiolo e se ne estraeva un massello grossolanamente emisferico. Dall'India l'acciaio era esportato in Persia, in Turchia, nel Caucaso e altrove, dove, con un delicato lavoro di forgiatura che richiedeva molte calde, si ricavavano lame diverse, principalmente di sciabola. In mancanza di minerale adatto, in Persia si imparò ad ottenere un materiale sostanzialmente uguale partendo da rottami di ferro molto puliti, che subivano un processo simile a quello descritto. Una volta completata e lucidata, la lama subiva un blando e *uniforme* decapaggio con un aggressivo chimico che faceva apparire con diversi toni di colore, dal grigio argenteo al quasi nero, i noti, gradevoli disegni che contraddistinguono il damasco orientale. Questi disegni, dunque, non sono dovuti all'attacco chimico, ma sono la messa in luce della particolare struttura del materiale, costituito da aree di ferro più o meno carburato che rispondono in modo diverso all'agente chimico. A motivo dell'alto tenore di carbonio il damasco orientale o *wootz* è duro e abbastanza fragile e perciò inadatto alle canne di armi da fuoco[41]. Prevalentemente lo si trova su lame orientali, ma non è raro che, già in passato, queste siano state montate o rimontate in Europa e che quindi facciano parte di collezioni di armi occidentali[42]. Studi recenti di Alan Williams hanno poi dato risultati sorprendenti: sembra che dalla Persia e dall'Afghanistan, attraverso il Caspio e la via commerciale del Volga questo acciaio abbia raggiunto il Baltico,

[39] Uno studio recente e approfondito è WILLIAMS 2009. Vecchio di mezzo secolo ma chiaro e tuttora importante è PANSERI 1962, che fornisce abbondanti dati tecnici insieme alle prime micrografie di damaschi di vari tipi; ricco di fotografie di svariati acciai è FIGIEL 1991, che illustra anche un piccolo lingotto. Uno studio recente ha rivelato che nell'acciaio *wootz* sono presenti nanotubi di carbonio e nanofili di cementite, generati all'interno di quelli; per la formazione di queste strutture sarebbero importanti certe "impurità" apportate sia dal particolare minerale usato, sia da altri ingredienti introdotti nel crogiolo, come legno di *Cassia auriculata* e foglie di *Calotropis gigantea*. Cfr. REIBOLD-PAUFLER *ET A.* 2006.

[40] FIGIEL 1991.

[41] In India si fecero di acciaio *wootz* le piastre laterali di rinforzo delle casse dei migliori archibugi a serpe, non però le canne.

[42] Per esempio le due lame montate dai Sadeler, della scuola di Monaco, all'inizio del Seicento e conservate all'Armeria Reale di Torino (cat. G.98 e G.99), una spada allo Schweizerisches Landesmuseum di Zurigo e altre simili.

e che in quell'area se ne siano fatte le note lame di spade vichinghe con la firma ULFBERHT e simili, che si sono trovate proprio lì. Quella via, gestita dai Vichinghi nel IX e X secolo, appunto l'epoca della produzione di tali lame, decade col formarsi dei vari principati russi[43].

Una lama di damasco orientale, o *wootz*, è almeno macroscopicamente omogeneo nel senso che, nonostante la commistione di aree a maggiore e minore contenuto di carbonio, proviene da un medesimo massello. Interamente diverso è il *damasco saldato*, materiale anche macroscopicamente eterogeneo che viene ricavato dalla «combinazione di varie qualità di acciai e di ferro dolce, elaborate in modo che [in una lama] al materiale più duro competa la funzione di taglio e a quello più dolce la funzione di tenacità»[44], caratteristiche che consentono di farne anche delle canne. La conoscenza di esso è molto antica: se ne hanno esempi etruschi a partire dal VII secolo a.C. e in seguito continuò ad essere usato, tanto che sono relativamente numerose le spade tardoantiche e altomedievali ottenute da questo materiale. Per via della «tessitura» dei diversi materiali, a partire dal tardo Medioevo e dal Rinascimento i trattatisti italiani lo denominano *stoffa*. Nella sua forma più semplice, detta *damasco saldato a strati*, strati alterni di ferro dolce e acciaio vengono sovrapposti e saldati a bollitura, cioè scaldati ad alta temperatura e battuti sull'incudine fino a unirli stabilmente. Le maniere sono diverse: si tratta sempre di strati disposti parallelamente al piano della lama in una sorta di sandwich, ma essi possono essere più o meno numerosi e possono alternarsi in modo vario, così che il materiale più duro formi un nocciolo nel piano mediano e sporga in corrispondenza dei tagli della lama oppure, al contrario, che si disponga tutt'attorno al nocciolo di ferro dolce; essenziale è solo quest'alternarsi dei due materiali e una disposizione tale che a quello più duro competa la funzione di taglio e di elasticità, al ferro poco carburato la tenacità.

A partire dal III secolo d.C. è documentato anche il *damasco saldato a figure*, nel quale i materiali di partenza non hanno forma di lamine, ma vengono prima elaborati componendo delle barrette mediante fili di sezione varia saldati tra loro. Le barrette vengono poi allungate, ritorte, ripiegate e lavorate variamente, sempre a caldo. Un adatto numero di sbarrette così composte viene infine forgiato a forma di lama, eventualmente con l'aggiunta di due riporti d'acciaio per formare i taglienti. Dopo la lucidatura, un decapaggio rende evidente, di solito con un disegno serpeggiante o a lisca di pesce, la struttura composita del manufatto. Spade simili sono diffuse fra varie popolazioni barbariche e in particolare tra i Vichinghi, ma vengono abbandonate attorno al XII secolo: la ricerca di effetti estetici, infatti, provoca una diminuzione della resistenza della lama e si ritorna al damasco saldato a strati, appunto la *stoffa*, più semplice e più resistente, probabilmente come risposta all'evoluzione delle armi difensive.

[43] WILLIAMS 2009, p. 143.
[44] PANSERI 1962; si veda anche FIGIEL 1991.

Il damasco saldato si usa anche in Oriente. Lame di semplice *damasco saldato a strati* si incontrano in pugnali caucasici, ma l'apoteosi tecnica è raggiunta da certe lame giapponesi di alta scuola, costituite da un numero enorme di strati, ottenuti ripiegando su se stesso fino a venti volte e saldando ogni volta il massello composito di partenza (e così raddoppiando ogni volta il numero degli strati). In Indonesia soprattutto nelle lame dei kris si incontrano damaschi saldati (detti *pamor*) dei due tipi, dai più semplici a strati ai più elaborati a disegno, mentre sono molto vari anche i mordenti usati per mettere in evidenza il disegno, che talvolta appare a rilievo e talaltra con colori diversi. Lame di damasco saldato molto belle si producono saltuariamente anche in India.

Nella composizione del *damasco saldato* a volte venne usato anche il *ferro meteorico,* di cui sono composti alcuni dei meteoriti (*sideriti*) che cadono sulla Terra. Questa siderite[45] è una lega di ferro sempre molto ricca di nichel (dal 5 al 26% e più), in unione anche con piccole percentuali di altri metalli: è dunque quello che adesso si chiama un acciaio legato, in cui il ferro è unito non solo al carbonio ma anche ad altri elementi, e ha qualche somiglianza col nostro inossidabile. Quando la lama formata dai due acciai viene trattata con un reagente, gli strati di acciaio al carbonio si colorano variamente secondo il mordente usato, mentre quelli contenenti nichel mostrano una lucentezza argentea. L'acciaio meteorico fu impiegato già dagli Etruschi (è noto un esempio del III secolo a.C.[46]), ma l'uso più esteso si ebbe in Indonesia e qualche impiego saltuario si incontra in India[47].

Di damasco saldato si producono anche canne per armi da fuoco e la tecnica è abbastanza antica sia in Oriente che in Occidente. Applicata già nel Seicento a Brescia da maestri famosi, in Europa si sviluppò straordinariamente dalla fine del XVIII o dall'inizio del XIX secolo. La moda di queste canne imperò per tutto l'Ottocento, cessando progressivamente solo dopo che si riuscì a controllare la produzione e la lavorazione di canne di acciaio al crogiolo; se ne producevano ancora, però, all'inizio della Prima Guerra Mondiale e qualcosa si produsse fra le due guerre[48]. Per apprezzare una canna di damasco è forse opportuno ricordare quale fosse il modo più comune di fabbricare le canne.

[45] La siderite meteoritica non va confusa con l'omonimo minerale sfruttato per la produzione di ferro e presente anche nel Bresciano e nella Bergamasca, che è un carbonato ferroso.
[46] PANSERI 1962.
[47] Oltre al grande *khanda* (spada diritta indiana) dell'Armeria Reale di Torino, cat. G 287, sono noti pochi esemplari in musei indiani; ne dà notizia PANT 1980, vol. II, p. 218. Cfr. anche DONDI 2001b, p. 141.
[48] PURAYE 1967, p. 128. Secondo un documento dell'epoca, si stimava che nel 1906 la produzione della regione di Liegi fosse di 850 tonnellate di canne di damasco; 100 tonnellate erano esportate, le altre trasformate in circa 156.000 doppiette di lusso. La grande guerra falcidiò la manodopera specializzata e distrusse gli impianti.

Una canna ordinaria era costruita a partire da un pezzo di ferro dolce, una sorta di piccolo lingotto appiattito di forma trapezia, più largo per la parte destinata a costituire la culatta, meno per la volata, e di spessore uniforme, in Piemonte detto *scapolo*. Lo scapolo arroventato veniva forgiato, piegato secondo la lunghezza così da dargli la forma di un mezzo tronco di cono, una tegola; i lembi erano poi accostati e, con l'aiuto di un'asta cilindrica (il *mandrino*), erano saldati secondo una generatrice, cioè secondo una linea retta che andava dalla culatta alla bocca, e nel contempo il pezzo veniva allungato.
L'operazione richiedeva numerose *calde*, ossia riscaldamenti nella forgia, per portare il pezzo alla lunghezza e allo spessore richiesti e per compiere la saldatura: con un maglio idraulico potente, ogni calda consentiva di saldare circa 8 centimetri di lunghezza, dopo di che occorreva estrarre il mandrino e raffreddarlo perché non si saldasse alla canna, mentre la canna si arroventava di nuovo nella forgia. Una canna settecentesca per fucile da fanteria, lunga circa 120 centimetri, richiedeva dunque non meno di quindici calde solo per la saldatura e l'allungamento; altre calde, però, erano richieste prima per rendere regolare lo scapolo e in seguito per rifinire la canna a martello sull'incudine. Così, in epoca tarda, si operava comunemente per le canne ordinarie, in primo luogo per quelle delle armi militari[49].

Almeno dal XVII secolo canne di qualità fine furono costruite partendo da un nastro (in alcuni casi molto stretto) avvolto a elica su un mandrino. Come fosse composto il nastro non ci è noto, ma si può ritenere che si trattasse, almeno *in nuce*, di una specie di damasco saldato, come su numerose canne orientali (indiane, persiane, turche, come alle fig. 02.06 e 03.08). In questo modo la lunghezza delle saldature aumentava a dismisura e il numero delle calde cresceva con esse, con maggior possibilità di difetti sia nella saldatura, sia per degrado del metallo. Si riteneva, però, che una saldatura pressappoco circolare, invece che rettilinea, riducesse il rischio di scoppio della canna[50]. Un decapaggio, o morsura, con un aggressivo rendeva evidente la struttura *a tortiglione* (o *a torcione*, come si disse) del manufatto. Canne di questo tipo erano usate per prodotti di alto costo cosicché era possibile dedicare alla confezione di esse tutta la cura occorrente, rendendole sicure.

Il termine di «canne di damasco» in generale si preferisce applicarlo a oggetti costruiti con una tecnica più elaborata quale, come si è detto, si applicò in Occidente a partire dalla fine del Settecento o dai primi dell'Ottocento, ma che era ben nota anche in Oriente almeno dal Settecento. Per la produzione di una di esse si partiva da un gran numero (anche più di un centinaio) di verghe quadre e lamine di ferro e acciaio, che venivano affiancate in modi molto vari componendo un massello, che era poi forgiato e trasformato in una verga. Le verghe venivano ritorte, affiancate e saldate insieme fino a formare un nastro che, avvolto a elica su un mandrino e saldato, dava la canna. Dopo la molatura e la lucidatura, un decapaggio, ossia un attacco con un agente chimico, metteva in evidenza la struttura con rilievi o colori diversi (*damasco a rilievo* oppure *a colore)*, poiché ferro e acciaio rispondono diversamente all'attacco chimico. Ben presto un esagerato gusto per la maestria portò a ideare damaschi complicatissimi, che mostravano sulla superficie non solo un complesso disegno a volute e forme astratte, ma scritte come il nome del tipo di damasco («Damas Turc») o dell'ideatore di esso e persino, come in Belgio, un omaggio a un principe o a un sovrano («Principe Alberto», «Leopoldo II Re dei Belgi» e simili). È chiaro che simili canne, con saldature di lunghezza incredibile, erano anche più facilmente soggette a difetti[51] nonostante la maestria degli esecutori.

La tecnica era laboriosa e delicata, adatta dunque solo ad armi (ovviamente civili) di costo elevato. Non è strano, dunque, che si sia cercato di produrre dei surrogati economici. Il mezzo più semplice di produrre un *falso damasco* è coprire la superficie di una canna ordinaria con una vernice variegata, imitante un vero damasco «messo a colore», oppure imitare i rilievi e i cavi di una canna di damasco a rilievo incidendo la superficie di una canna ordinaria con le tecniche dell'acquaforte: coperta la canna con una vernice adatta, si incideva in questa un disegno del tipo di quello di un autentico damasco e si sottoponeva a morsura con un acido come nella comune acquaforte[52].

Lavorazioni simili si praticarono anche in Medio Oriente su lame di vari tipi, da quelle dei pugnali detti *kindjal* a quelle per armi lunghe. In Occidente o in Oriente, però, il risultato è generalmente molto scadente: il disegno è incerto e ripetitivo e non inganna se non l'occhio più sprovveduto. Questo *falso damasco*, poi, interessa solo la superficie del metallo così che il disegno, una volta perduto per le ripetute pulizie, per ruggine o per altra ragione, è irrecuperabile. Al contrario, come si è già detto, il damasco autentico, sia orientale sia saldato, non è una decorazione aggiunta, ma la manifestazione in superficie di una struttura interna complessa (i cui valori estetici sono spesso notevoli, ma incidentali); se si perde, può dunque essere «rinnovato» o «ravvivato» con un adatto trattamento. Già G.B. Della Porta[53], nella sua *Magia na-*

[49] Si vedano STERRANTINO 2002 e STERRANTINO 1999, quest'ultimo con esami metallografici di una canna militare settecentesca prodotta magistralmente. Per gli attrezzi, i magli e le forge si veda D'EMBSER 1732.
[50] Per lo stesso motivo si produssero anche canne costituite da cilindri massicci forati secondo l'asse e poi saldati l'uno di seguito all'altro secondo linee che erano effettivamente circolari.

[51] PANSERI 1962.
[52] PURAYE 1967, fig. 15, illustra assai bene le canne di damasco prodotte nella zona di Liegi dall'inizio del secolo XIX fino alla prima guerra mondiale.
[53] DELLA PORTA 1607, p. 499:
Obliteratas Damasceni cultri undas redivivas facere. [...] expoliatur pugio, ensis vel culter optime, smiri pulvere & oleo & calce demum purgetur [...] *tunc citrij succo & remisto cum aqua coriariorum, quae ex calcantho conficitur, madescat totus; nam quum siccescit, illico maculae suis locis redibunt*

turale del 1607, suggerisce una ricetta per «far rivivere le onde cancellate di un coltello damaschino»: «si pulisce perfettamente il pugnale, la spada o il coltello con polvere di smeriglio e olio e infine si sgrassa con calce [...] poi si bagna tutto con succo di limone misto all'acqua, fatta col sommacco, che usano i cuoiai e appena sarà asciutto subito le macchie torneranno ad apparire al loro posto».

Esiste un altro *falso damasco* anche più fraudolento del precedente perché interessa, come l'autentico, l'intera massa del manufatto e soprattutto perché dà canne non più robuste, ma più deboli e pericolose. Qualunque damasco saldato, e in particolare quello a figure, richiede, come si è detto, un gran numero di saldature, o bolliture, dapprima per comporre il massello, poi per elaborarlo, torcerlo, raddoppiarlo, farne un nastro e finalmente avvolgere questo per forgiare la canna. La saldatura a bollitura è un'operazione estremamente delicata poiché ad ogni calda sulla superficie del metallo si forma della scoria, che va allontanata con cura poiché impedisce che i due pezzi di metallo accostati si saldino correttamente. Ogni saldatura, dunque, è inevitabilmente una linea di minore resistenza anche su un damasco di qualità. Qualche produttore, per ridurre il costo dei materiali e soprattutto le difficoltà della saldatura tra due materiali diversi, invece di comporre il massello con ferro e acciaio si servì di solo ferro, usando anzi materiale piuttosto scadente per la presenza di scoria. La scoria nerastra, distribuita in grani più o meno piccoli e più o meno abbondanti, stirati e orientati dalla forgiatura, simulava la composizione di ferro e acciaio del vero damasco saldato[54]. Canne così costruite erano molto pericolose poiché al rischio generato dalle lunghe saldature (che, sempre per ridurre il costo, probabilmente qui erano fatte con cura relativa), si aggiungeva il rischio portato dal materiale scadente.

Maglie di ferro e d'acciaio

Con il termine di maglia s'intendono talvolta vari tipi di difese flessibili, anche quelle formate da anelli, squame, dischetti o altre piccole placche di metallo cucite o ribadite su una veste di tessuto o pelle in modo da corazzarla, o ancora formate da dischetti o anelli infilati sui cordoncini di una specie di rete. Sono forme d'altissima epoca, note per via di pochi frammenti e, per l'alto Medioevo, attraverso una documentazione iconografica non tanto sommaria, quanto convenzionale, e dunque d'interpretazione non sempre facile né sicura. Non è il caso, dunque, di azzardare ipotesi sul modo di produrle. In più, la fabbricazione di esse non deve aver posto problemi di metallurgia maggiori (salvo il diverso livello a cui era la tecnica nelle varie epoche) di quelli che più tardi si sarebbero incontrati per la produzione delle brigantine.

La prima edizione della *Magia naturale* è del 1558, ma non l'abbiamo esaminata; è dunque possibile che la ricetta fosse nota già almeno dalla metà del XVI secolo.

[54] PANSERI 1962, figure 37-39.

Più comunemente, con quella parola s'intende una sorta di «tessuto» metallico flessibile costituito da un gran numero di anelli (chiamati anch'essi «maglie») di ferro o d'acciaio, talvolta d'altri metalli, ciascuno dei quali passa entro quattro altri adiacenti, in grado nel complesso di resistere assai bene alle offese di alcuni tipi di armi, in particolare da taglio, meno bene ad altri come le armi da punta e da botta. La maglia ad anelli è di ideazione celtica e con le truppe ausiliarie entrò nell'esercito imperiale romano[55]: insieme alle altre varietà di *lorica,* è rappresentata anche sulla Colonna Traiana. Nel Medioevo, fino a buona parte del Trecento, costituì la difesa principale del guerriero, ma anche quando l'usbergo fu sostituito dall'armatura di piastre, qualche pezza di maglia continuò ad essere applicata al «farsetto da armare» e qualche altra fu portata, talvolta anche sopra l'armatura (per esempio, attorno al collo), per ovviare ai difetti di questa e in particolare ai cosiddetti «falsi dell'arme», spazi lasciati indifesi in corrispondenza delle articolazioni: le ascelle, il collo, l'inguine. Inoltre l'adattabilità al corpo e la relativa comodità fecero sì che camicie di maglia, giachi e maniche continuassero ad essere indossati ancora per molto tempo, specialmente sotto gli abiti civili. Il Cellini (1500-1571), artista sommo, scrittore simpatico ma uomo di carattere pessimo (per così dire), perennemente coinvolto in risse e omicidi, nella sua autobiografia racconta di esserne sempre stato provvisto e di averne indossate spesso[56]. In Inghilterra[57] le truppe a piedi ne andarono armate almeno fino al 1619 e in qualche misura in Occidente erano prodotte per uso locale ancora verso la fine del Seicento[58].

In Africa Orientale e Settentrionale e in Asia le maglie furono usate anche molto più tardi, anzi, ancora in tempi assai recenti: a Birmingham alla fine dell'Ottocento se ne producevano per l'esportazione, in Russia le portava la guardia circassa dello zar e perfino negli anni Trenta del Novecento ne comparvero in Afganistan[59]. Gli ultimi Paesi in cui si ha notizia che si producessero furono il Sudan e la Siria: lo storico A.J. Arkell, all'inizio del XX secolo, riferisce che Hamid Idriss, di Omdurman, con l'aiuto di sei assistenti produsse per lui una maglia in dodici giorni[60], mentre C. ffoulkes nel 1912 comunica di

[55] In particolare WILLIAMS 1980, e anche BOCCIA-GODOY 1985, p. 71.

[56] «Io andavo benissimo armato con giaco e con maniche»: CELLINI *Vita*, libro I, cap. 75, riferendo un evento del 1534-1535. Alla stessa epoca, in previsione di un attentato, «subito mi missi addosso una mirabil camicia di maglia» (*ibid.*, I - 82). E durante una grave malattia «ogni giorno mi veniva a trovare dua o tre volte messer Giovanni Gaddi, e ogni volta pigliava in mano di quei miei belli scoppietti e mie maglie e mie spade ecc.» (*ibid.*, I - 84). E così varie altre volte.

[57] FFOULKES 1912, p. 48.

[58] Il signore di Gaya (GAYA 1678, p. 55, *De la cotte de maille*) riferisce: «Quoy que ces jacques ne soient plus en usage, il y a pourtant des gens, qui ne laissent pas d'en porter sous leur chemises; principalement ceux qui apprehendent de se battre à l'épée ou d'estre insultéz». Come si dirà, attorno a quest'epoca si trova anche una stampa raffigurante un fabbricante di maglie al lavoro.

[59] BOCCIA-GODOY 1985, loc. cit.

[60] Citato da WILLIAMS 1986a, p. 486.

aver commissionato una ricerca su quest'attività in Siria[61].

Con l'eccezione di pochi frammenti d'altissima epoca, trovati nella nave-sepolcro di Sutton Hoo e ora al British Museum, gli anelli con le estremità del filo di cui sono costituiti semplicemente accostate non sono di fabbricazione occidentale. Tutti gli esemplari noti di maglie di produzione europea (e quasi tutti quelli orientali d'alta epoca) sono costituiti da anelli circolari (più o meno regolari) chiusi. Fino al momento della confezione, però, almeno una parte degli anelli doveva rimanere aperta per poter essere collegata con quelli vicini. I modi per ottenere gli anelli erano vari:
- ritagliandoli con un punzone da una lamiera e lasciandoli interi (e allora andavano alternati ad anelli di altro tipo);
- ritagliandoli dalla lamiera, aprendoli con un taglio e poi richiudendoli (e venivano alternati ai precedenti);
- arrotolando un filo ad anello e chiudendolo.

Comunemente gli anelli venivano chiusi con un rivetto, e si otteneva la maglia più tipica, ora detta «a grano d'orzo» per via della piccola bozza formata appunto dal rivetto. Si segnalano però anche anelli chiusi con una linguetta sporgente da una delle estremità e ribadita in un foro dell'altra estremità[62] e anelli chiusi con saldatura a bollitura. In Europa ancora nel XVI secolo si trovano anelli di sezione pressappoco rettangolare, tagliati dalla lamiera[63]; quelli ricavati dal filo, però, sono più frequenti e per questi occorreva in primo luogo produrre il filo. In antico questo fu ottenuto per martellatura o tagliando per il lungo una lamiera; in seguito il mezzo più comune fu la trafilatura. Secondo qualche studioso[64] questa sarebbe stata ideata nel decimo secolo e il Museo dell'Università di Oslo conserva una piastra da trafila di età vichinga[65], provvista di tre file di fori, mentre il Monaco Teofilo[66] prima del 1140 parla di piastre con tre e quattro file di fori.

In questo processo una verga di ferro viene fatta passare ripetutamente attraverso i fori, progressivamente più piccoli, praticati in una piastra d'acciaio duro. Interessante e curioso è il procedimento (in qualche modo simile a quello usato in India per produrre l'acciaio *wootz* delle famose lame) con il quale, a partire dal tardo Medioevo, si costruivano queste piastre. Dapprima, con lamierone di ferro spesso 15 millimetri, si forgiava una cassetta di circa millimetri 360 per 90, e di 30 millimetri di altezza. Questa veniva riempita di pezzi dell'acciaio più duro (e si preferiva il metallo della Stiria) o anche di ghisa bianca. Il tutto, cosparso di borace, era poi avvolto con una tela ammollata in un denso impasto d'argilla. Una volta asciugato, lo si riscaldava nella forgia fino a temperatura tale da fondere il metallo. Si liberava il metallo, alquanto raffreddato, da quella specie di mattone d'argilla che fungeva da crogiolo sigillato, si forgiava portando la piastra alle misure volute e la si lasciava raffreddare lentamente. Infine con un punteruolo vi si praticavano i fori (che così risultavano conici), avendo l'avvertenza di tenere al di sopra il piano formato dal ferro dolce della scatola, in modo che lo sbocco risultasse dal lato costituito d'acciaio[67]. Per la trafilatura si partiva da vergella di vari millimetri di diametro per ottenere alla fine una matassa continua di molti metri di filo anche sottilissimo.

Il filo così ottenuto è più regolare e più resistente di quanto non si possa avere con altri metodi. Come si è detto, i passaggi sono numerosi e, di mano in mano che il diametro diminuisce, aumenta il numero di passate necessarie ad ottenere una data riduzione. In tempi abbastanza recenti (1937) per ottenere da vergella di ferro del diametro di 5,4 millimetri un filo di 0,8 millimetri occorrevano dodici passate, precisamente ai diametri di decimillimetri 54, 44, 36, 30, 25, 21, 18, 15, 13, 11,5, 10, 9 e 8. La fig. 02.19, interpretata alla lettera (che è una pericolosa libertà che ci prendiamo), illustra una trafila quattrocentesca provvista di sette fori, che sarebbe quindi potuta servire, ad esempio, per ridurre al diametro di circa un millimetro un filo di circa 3 millimetri. La piastra di età vichinga citata sopra, però, porta un paio di dozzine di fori.

Nelle epoche che c'interessano si partiva da un pezzo di ferro di 250 o 300 grammi circa, «havendo prima con martello redutta la verga tonda & tanto longa quanto più si può»[68]; in seguito la materia prima divenne una lista di ferro lunga un paio di metri, larga circa 50 millimetri e spessa 6 o 7 millimetri che con uno scalpello veniva tagliata secondo la lunghezza in verghe di sezione quadrata.

Prima della trafilatura la verga andava liberata dallo strato di ossido che la ricopriva, cosa che si otteneva con il decapaggio, cioè immergendola in una soluzione lievemente acida e lasciandovela fino a quando la superficie del metallo non avesse assunto un uniforme colore gr gio, senza macchie. Dopo un'accurata risciacquatura e un'asciugatura che durava qualche giorno, la verga era pronta. Un'estremità di essa veniva allora assottigliata con il martello e infilata nel primo foro della trafila, accuratamente «onto di cera nuova» per lubrificarlo; la verga sporgeva così dall'altra parte e poteva essere afferrata con pinze. Per i primi passaggi, con grandi sezioni, ci si serviva di argani più o meno potenti, fissati a terra e mossi anche da più uomini oppure montati su banco (fig. 02.17). Sull'argano si avvolgeva una cinghia o una corda che a sua volta, mediante una staffa, tirava le pinze che afferravano la vergella o il filo.

Per sezioni intermedie, almeno a partire dal Trecento, tanto in Italia come in Germania, l'operaio sedeva su

[61] FFOULKES 1912, p. 23, nota 1.
[62] BOCCIA-GODOY 1985, p. 71.
[63] WILLIAMS 1980, esemplare n. 5.
[64] GRANCSAY 1961, p. 26.
[65] JOHANNSEN 1953, p. 172.
[66] TEOFILO 1140, libro III, cap. VIII.
[67] JOHANNSEN 1953, p. 180.
[68] BIRINGUCCIO 1540, c. 139 v.

un'altalena (fig. 02.19) pendente mediante due corde dal soffitto del locale della bottega, afferrava con le pinze il filo uscente dal foro della trafila montata su un ceppo davanti a lui e con le gambe si spingeva all'indietro; aperte poi le pinze e lasciato il filo, dondolava in avanti riprendendo il filo contro la piastra per tirarne un'altra lunghezza. Ogni tratta dava 25 o 30 centimetri, lunghezza modesta, che però permetteva di prevenire gli strappi del filo. Per i diametri minori la trafila era montata su un banco (fig. 02.17) e il filo veniva tirato con un semplice aspo a manovella.

Molto presto, però, alla trafilatura si applicò l'energia idraulica. Anche con questo sistema l'operaio sedeva sull'altalena, ma il suo compito si limitava ad aprire le pinze per afferrare la nuova tratta, mentre lo sforzo era compiuto da una ruota idraulica che, attraverso una manovella e un tirante, agiva sulle tenaglie, costringendole anche a chiudersi. Secondo qualche studioso, in Germania il procedimento sarebbe stato adottato attorno al 1350 o prima; in Italia forse già all'inizio del Trecento[69], ad opera di vari maestri che, per alimentare la produzione di usberghi e maglie, fiorentissima in Lombardia a quest'epoca (insieme ad altre produzioni metallurgiche), avevano impiantato botteghe a Milano[70]. Nel 1540 il Biringuccio descrive e illustra (fig. 02.20) il procedimento, in uso ancora alla fine del secolo XVII, ma prima di quest'epoca in Germania si era ideato un dispositivo nel quale le pinze si aprivano automaticamente prima di intraprendere la corsa di ritorno.

Con la trafilatura, come con ogni altra deformazione, il metallo incrudisce per via delle tensioni che vi si generano e dopo alcune passate bisognerà rimediare alla durezza e fragilità eccessive che così ha acquistato. Occorre allora che il metallo sia «mantenuto bene ricotto», ammonisce il Biringuccio, e i maestri sanno come si fa a

> [...] mollificarlo & come piombo farlo dolce & tratabile ognéndolo [ungendolo] con olio di mandorle amare, coprendolo appresso con cera mescolata d'assa fetida & alquanto di sale alchali, & sopra investitolo di luto fatto di cavallina & vetro pesto, & dipoi messo in fuocho di carboni bene accesi per una notte, o per in fino a tanto che il fuocho si spenga, & dipoi si cava & si trova dolce & trattabile

L'effetto delle mandorle amare, dell'assa fetida e degli altri composti è probabilmente discutibile, ma è importante la copertura di *luto,* letteralmente «fango», in realtà una variante del *lutum sapientiae* a base di argilla e degli altri composti elencati, che evita sia l'ossidazione, escludendo il contatto dell'aria, sia la carburazione da parte dei prodotti della combustione. Si attua, così, quella che anche ora si chiama ricottura: riscaldare per un certo tempo e lasciare raffreddare lentamente. In questo modo il metallo potrà essere ulteriormente lavorato, avendo riacquistato la primitiva duttilità. La ricottura non dovrà però avvenire a temperatura troppo alta né essere troppo prolungata, poiché allora il metallo ne sarebbe danneggiato e, mancando gli strumenti di misura, l'esperienza era l'unica guida dell'artigiano. Alla ricottura seguiva un'altra accurata pulitura e un nuovo decapaggio.

Basandosi sul fatto che spesso la sezione dei fili delle maglie non è circolare, il Burgess[71] ipotizza anche l'uso di una trafila a foro di sezione modificabile mediante un dispositivo a vite. In effetti tra gli schizzi di Leonardo[72] compaiono una trafila a manovella di questo tipo per produrre nastri metallici e un'altra molto grande (oltre a una combinazione di trafila e laminatoio), destinata alla produzione di doghe di ferro per costruire artiglierie. Dispositivi come quello ipotizzato dal Burgess ci sembrano, però, troppo delicati e macchinosi anche per botteghe con qualche propensione a industrializzarsi, soprattutto se erano organizzate per produrre poche varietà di filo in grandi quantità, e infatti, al di fuori degli appunti di Leonardo, nei principali trattati e nella mezza dozzina d'illustrazioni d'epoca che conosciamo si mostrano solo trafile tradizionali a piastra. Del resto le imprecisioni di sezione si spiegano facilmente in molti modi: il foro originario poteva già non essere circolare per difetti nella foratura; l'acciaio della trafila non era molto duro e, essendo poco omogeneo, si consumava irregolarmente. Sono difetti che il Biringuccio conosce bene, poiché ammonisce (c. 139 v.) di «adattare bene le trafile che sieno li loro busi mantenuti tondi, & che le sieno di buono & finissimo acciaro». Poi, il filo era certamente poco omogeneo e non mancava di inclusioni di scoria e l'una e l'altra cosa col tempo resero evidenti delle irregolarità nella sezione. Infine, il foro poteva anche avere sezione volutamente non circolare: dei dieci esemplari studiati dal Williams[73], ben sette hanno sezione ovale.

Secondo la ricostruzione del Burgess, nel passaggio successivo il filo, di sezione adeguata e opportunamente ricotto, veniva avvolto a elica su un mandrino, cioè su una bacchetta cilindrica che sarebbe stata di diametro un po' maggiore della maglia che si desiderava. L'elica così ottenuta veniva tagliata secondo una generatrice del cilindro e gli anelli aperti che se ne ricavavano venivano forzati con un punzone attraverso un foro conico praticato in un blocchetto d'acciaio con lo scopo di ridurli al diametro desiderato e di portare le due estremità di essi a sovrapporsi. L'una e l'altra cosa potevano ottenersi anche solo con il tagliare il filo, con un attrezzo simile a quello che noi ora chiamiamo tronchesino, non in linea retta con un taglio continuo, ma secondo una linea a eli-

[69] JOHANNSEN 1953, p. 173, riferisce che ad Augsburg nel 1351 viveva un «Konrad Drahtmüller von der Drahtmühle» ossia, traducendo alla lettera anche il soprannome o possibile cognome, «Konrad Mugnaio Da Filo Di Ferro del mulino da filo di ferro», mentre un «Drahtmühle» è segnalato poco più tardi anche a Norimberga.

[70] FRANGIONI 1978, p. 34.

[71] BURGESS 1953, fig. 1, ripreso, per tutto il processo, da EDGE-PADDOCK 1988, p. 176.

[72] Rispettivamente *Manoscritto G*, foglio 70 verso, e *Codice Atlantico*, foglio 2, recto *a* e *b*, riprodotti da UCCELLI 1945, p. 118, 122 e 123. Il fatto che la grande trafila e la combinazione di trafila e laminatoio siano mosse da una ruota ad acqua ad asse verticale collegata a una vite senza fine e a vari rotismi, e con una gran vite per la trazione del profilato, ci fa pensare che si tratti di progetti originali leonardeschi, probabilmente mai entrati in uso e certo adatti solo a grandi arsenali.

[73] WILLIAMS 1980.

ca, ossia spostandosi alquanto ad ogni taglio, così che ognuno degli anelli risultasse maggiore di un cerchio intero e con le estremità già sovrapposte[74].

Come si è detto, però, gli anelli potevano ottenersi anche per tranciatura dalla lamiera con un punzone. Anelli simili, alternati ad altri ricavati dal filo, si trovano su maglie europee del Quattro e Cinquecento e in qualche caso portano la firma dell'usbergario[75]. In Medio Oriente, specialmente tra l'Anatolia, il Caucaso, la Persia e l'Egitto mamelucco, con una certa frequenza si trovano anelli ottenuti per punzonatura da una lamiera e poi aperti con un taglio. Questi anelli, generalmente molto grossi, talvolta sono decorati con un motivo intrecciato o con cerchi concentrici[76] o portano un'iscrizione. La produzione di questi e degli anelli firmati può essere assimilata per qualche verso alla coniazione delle monete[77].

Una volta ottenuto, in un modo o nell'altro, l'anello aperto, le estremità sovrapposte di esso venivano appiattite e allargate, forate, montate con le altre e finalmente chiuse con un rivetto. Dalle analisi di A.R. Williams (1980) risulta che un'alta percentuale di anelli d'acciaio cinquecenteschi di qualità abbastanza elevata ha subito una decarburazione nell'area della rivettatura e l'autore ritiene che questa sia dovuta al fatto che l'operazione è stata compiuta a caldo mediante l'uso di un cannello da saldare, ossia di un piccolo tubo col quale, soffiando sulla fiamma di una lampada, si dirige un dardo di fiamma su un'area molto ristretta. Questo attrezzo, usato fino a pochi anni fa dagli orefici (l'abbiamo visto usare anche noi con una lampada a spirito), è conosciuto dall'antichità (si trova raffigurato in un affresco pompeiano[78]), ma la sua storia ci sembra un po' misteriosa o, almeno, l'uso di esso ci sembra assai discontinuo poiché nessuno dei tecnici rinascimentali che conosciamo, e in particolare né il Cellini né il Biringuccio, lo cita, ma tutti parlano di saldature sulla forgia[79]. Teofilo, orafo del XII secolo, nell'insegnare a costruire e attrezzare la bottega[80] prescrive che ogni banco di lavoro abbia, a sinistra, la sua forgia, lunga tre piedi e larga due, e provvista di mantice; quando poi si tratta di saldare, prescrive sempre: *mitte in ignem et solida*: «metti sul fuoco e salda». Nel 1645 Abraham Bosse parla ancora di carbone di salice molto dolce, «di quello che gli orefici usano comunemente per saldare». Nel 1685, però, Robert Boyle[81], ricordato come precursore della chimica, usa per le sue analisi «un piccolo tubo curvo di metallo o di vetro del tipo che i commercianti [...] chiamano cannello ferruminatorio» (dal latino *ferruminare*, «saldare»). In ogni caso, le già citate illustrazioni di fabbricanti di maglie non mostrano fiamme (tolta qualche volta la forgia) nei dintorni dei lavoranti e questi sono raffigurati con la maglia tra le mani nude. Occorre ripetere ancora che il numero di queste illustrazioni è molto piccolo, ma quello che più c'imbarazza è il silenzio, a questo proposito, degli orefici, anzi, le precise indicazioni opposte: il Cellini[82], in particolare, parla spesso della saldatura di pezzi anche piccoli, come particolari di medaglie cesellate ad alto rilievo, per i quali si usa un fuoco di carboni di legna, orientando i pezzi dei carboni stessi in modo che le teste di essi siano rivolte verso il punto da saldare «perché le teste per natura soffiano», e in seguito soffiando «destramente con quel vento del mantacuzzo», cioè di un piccolo mantice, in modo che «le fiamme gentilmente si ripieghino tutte in sul tuo lavoro». Il sistema, però, è macchinoso e, se può essere applicato alla saldatura di una singola medaglia, non si presta alla produzione delle migliaia di anelli di una maglia.

Di fronte alle precise analisi del Williams non sapremmo tuttavia suggerire come altrimenti che con un cannello si potessero scaldare solo parzialmente anelli così piccoli. Infine, non ci è neanche chiaro perché occorresse riscaldare l'anello: la foratura non era difficile farla a freddo con un normale punteruolo (poiché a questo punto anche le maglie d'acciaio di qualità erano ancora «molli» e sarebbero state temprate solo alla fine), e l'eventuale riscaldamento poteva limitarsi al rivetto che andava ribattuto (benché, per gli stessi motivi, neanche questo ci sembri necessario). C'è da sospettare che, come avvenne per l'acquaforte, che fu applicata prima alla decorazione delle armi e poi all'incisione di lastre per la stampa, anche qui la produzione delle armi difensive abbia adottato il cannello quando ancora gli orefici si servivano di mezzi più primitivi. Qui, però, non abbiamo prove.

E.M. Burgess[83] ritiene che anche nell'operazione di appiattimento si utilizzasse un attrezzo particolare, costituito da un paio di bracci incernierati tra loro a un'estremità e portanti all'altra una coppia di «punzoni» disposti verticalmente e con le superfici affacciate conformate in modo da schiacciare l'anello solo dove occorreva. Si disponeva l'anello tra le ganasce e si assestava una martellata su quella superiore. È possibile, poiché almeno dai tempi del basso impero, e in seguito poi nel XV secolo e ancora più tardi, attrezzi simili sono documentati, sia pure raramente, per la coniazione delle monete[84]. Noi, però, non crediamo che fosse frequente l'uso

[74] Abbiamo provato e ci sembra che, con un po' d'esercizio, questo metodo, che elimina un passaggio, consenta una produzione abbastanza spedita. Non ci sentiamo, però, di sostenere che proprio questo fosse il modo usato.

[75] Per esempio, al Museo delle Royal Armouries, una maglia firmata dal tedesco Bertolt Parte, circa del 1400.

[76] Come all'Armeria Reale di Torino la camicia di maglia e lamine cat. C.41, ma gli esempi possono moltiplicarsi.

[77] ALEXANDER 1985.

[78] SMITH-FORBES 1963, p. 59.

[79] BIRINGUCCIO 1540, c. 135 r, *Del fabro orefice*:

> [...] & pria advertire bene che la saldatura [cioè il materiale d'apporto per la saldatura] non sia più dura alla fusione [cioè non fonda a temperatura più alta] che la cosa che si vuol saldare. Perché mettendo il lavoro dentro a rintenerire nel fuocho non fondesse pria che la saldatura

Che sono le medesime raccomandazioni del CELLINI *Oreficeria*. Almeno nell'Italia Settentrionale la saldatura con materiale d'apporto (ottone o altro) viene tuttora chiamata *brasatura*, ossia «saldatura sulle braci».

[80] TEOFILO 1140, libro III, cap. I e sgg.

[81] SMITH-FORBES 1963, pp. 59-60.

[82] CELLINI *Oreficeria*, XII, *Lavorare di minuteria*.

[83] BURGESS 1953.

[84] PANVINI ROSATI 1970, p. 722.

di attrezzi particolari, né in questa, né in alcun'altra operazione. Non riusciamo a dimenticare che quello di cui stiamo parlando era un mondo semplice, in cui attrezzi e strumenti erano elementari e tuttavia costosissimi. Era il mondo che Galilei sovvertì con un tubo di cartone. La lettura dei manuali dell'epoca (non solo di quello di Teofilo, più antico, ma anche di quelli cinquecenteschi) conferma l'impressione che il corredo di attrezzi fosse sempre molto esiguo: il Cellini saldava orientando abilmente i carboni nella forgia; la prima perizia di un po' tutti gli artigiani cominciava dall'abilità nel "governare il fuoco", così da ottenere sempre la temperatura occorrente alla particolare operazione che si aveva in corso, sapendo scegliere nel modo opportuno ogni specie di materiale combustibile: carboni prodotti con le diverse varietà di legna, dolce o forte, legna ordinaria e «legnetti», ma persino la crusca, come si vedrà. Artista e artigiano dovevano costruirsi da soli la maggior parte degli strumenti: ancora nel 1732 il d'Embser[85] raccomanda di avere nei magazzini dell'esercito sabaudo del ferro *quarrone*, cioè del grosso profilato quadrilatero, col quale «si fanno ogni sorte d'utiglij [utensili] à taglio». Piuttosto che sull'aiuto degli attrezzi, l'artigiano contava sulla propria abilità, la «meravigliosa perizia» di cui parla Galvano Fiamma, vero distintivo del maestro artigiano che è possibile talvolta ammirare anche ai nostri giorni e che distingue l'artigianato dall'industria. Abbiamo avuto la fortuna di veder lavorare i chiodaioli della Val di Lanzo, non lontano da Torino, che ancora attorno al 1960 producevano chiodi a mano. Alcuni dei loro prodotti erano di gran lunga più complessi di qualunque maglia: un chiodo da scarpone richiedeva, in diverse fasi, ventun colpi di un semplice martello da due chili e tuttavia i chiodi prodotti risultavano assolutamente regolari e la produzione era molto spedita. Riteniamo, perciò, che l'appiattimento degli anelli da maglie si facesse (forse a caldo, come risulta dalle ricerche del Williams) su un tasso abbastanza elementare con il sapiente colpo di un martello appropriato. Del pari, pensiamo che il foro fosse praticato con un semplice punteruolo d'acciaio appoggiandosi su un tasso, provvisto forse di una piccola cavità. Siamo tuttavia sicuri del fatto che, come già si è detto, i metodi potevano essere svariati, che le attrezzature potevano essere più o meno complesse e che nel corso del tempo si ebbe un'evoluzione anche in questo. In fin dei conti, nel Cinquecento non era più necessario suggerire al lettore di mettere un manico ai suoi attrezzi, come invece aveva dovuto fare Teofilo nel XII secolo: a poco a poco il manico era diventato un componente ovvia dell'attrezzo.

Con termine notoriamente improprio, viene chiamata «doppia» quella maglia più fitta che forma certe parti, come il collo o lo sprone, di pellegrine e giachi (figure 03.15 e 03.16). In realtà gli anelli sono uniti l'uno all'altro nel modo ordinario, e sono anche anelli sostanzialmente ordinari, cioè ottenuti con un filo tondo (o circa tondo) e rivettati. Si ha una differenza solo nell'appiattimento, che è più esteso di quanto non richieda la rivettatura. Esso è fatto in modo tale che il perimetro esterno dell'anello resti circolare, mentre il foro assume una forma ovale o addirittura semicircolare, che lascia appena lo spazio necessario al passaggio delle parti più sottili delle maglie limitrofe e impedisce loro di girare. L'appiattimento forma una sorta di piccola squama e la maglia è molto più serrata e più protettiva, tanto che alcune camicie di qualità particolarmente fine, come quella tradizionalmente attribuita a Emanuele Filiberto di Savoia, sono fatte interamente di anelli molto piccoli, ma di questo tipo. In qualche scritto cinquecentesco[86] si trova nominata una «maglia piatta». Non siamo in grado di precisare se il termine indicasse quest'ultima, che ora diciamo «doppia», o la maglia di anelli piatti tranciati di cui s'è parlato in precedenza, o un'altra varietà ancora.

Per il completamento dell'anello occorreva il rivetto, minuscolo, anch'esso di ferro. La testa che se ne vede, talvolta in rilievo ma non sempre, ha proprio la forma di un minuscolo granello ovale[87]. Il rivetto doveva, dunque, avere la forma di un cuneo e con ogni probabilità era ricavato da un filo piatto. È nostra opinione che anche per questo ci si servisse di strumenti elementari. È possibile che, per staccare il pezzo di filo destinato a fungere da rivetto e insieme dargli la forma triangolare, bastasse un solo colpo di cesoia o tenaglia (noi adesso diremmo tronchese) a mano o montata su banco o ceppo, oppure un solo colpo di taglietto o scalpello battuti con un martello ordinario, o forse anche un colpo di un martello apposito: martelli *ex utraque parte acuti*, «taglienti da ambedue le parti», sono nominati già da Teofilo non dopo il 1140 quando parla dei tagliatori di lime. Si conoscono anche martelline con la penna tagliente intercambiabile, così da poterla temperare e affilare indipendentemente dal corpo dell'attrezzo, ma non abbiamo notizia che siano state utilizzate altro che per la lavorazione della pietra a partire dal XVIII secolo. Pur trascurando queste ultime, però, già in epoca arretrata esistevano vari mezzi, tutti semplici, che potevano essere usati a questo scopo.

Provvisti i rivetti, cominciava il montaggio. Ancora i lavoranti univano gli anelli a gruppi (normalmente) di cinque, uno centrale e i quattro adiacenti, e li fornivano al maestro che ne componeva l'indumento. In qualche caso si componevano invece dei teli di maglia[88], detti «falde», dai quali si sarebbero ricavati gl'indumenti finiti. Meccanicamente l'operazione di chiusura degli anelli parrebbe semplice e secondo le miniature e le immagini note a partire dal primo Quattrocento per arrivare fino al 1689, il mezzo più comune sembrerebbe essere un paio di pinze, ma qualcuno operava, almeno in qualche circostanza, con martello e punzone o col solo martello; un'immagine tedesca del 1435-36 (fig. 02.21) mostra

[85] D'EMBSER 1732, vol. I, carta 101.

[86] ANGELUCCI 1891, p. 53, nota 7.

[87] Per esempio a Milano, Museo Poldi Pezzoli, n. 2513; a Torino, Armeria Reale, vari esemplari.

[88] FRANGIONI 1981. L'Autrice documenta anche alcuni esempi d'indumenti ricavati da maglie usate, talvolta di proprietà del committente.

l'artigiano all'opera con le sole pinze[89]; in un altro disegno del 1484 della medesima provenienza l'artigiano lavora con le pinze, ma sul suo banco, oltre a un coltello e ad un piccolo attrezzo conico che potrebbe essere un punzone (ma non ne siamo sicurissimi), si trovano un martello e una piccolissima incudine, simile a quelle degli orafi, mentre una xilografia di Jost Amman del 1590 mostra l'artigiano all'opera con martello e punzone. Quale fosse, dunque, il metodo per chiudere gli anelli, non siamo in grado di accertarlo, probabilmente perché ce ne fu più d'uno. Si può immaginare che modo e strumenti variassero non solo da luogo a luogo e secondo le epoche, ma anche a seconda del tipo di maglia che si voleva ottenere e della dimensione degli anelli: pinze con o senza incavi potevano servire per anelli piccoli, ma al di sopra di certe dimensioni un martello sembrerebbe più conveniente. Un piccolo incavo nell'incudine (come, forse, nel disegno tedesco del 1484 citato sopra) poteva ospitare la punta del rivetto e darle la forma a bozza, mentre al di sopra il semplice colpo di un martello adatto spianava la testa del rivetto nelle maglie «a mezza bozza», mentre un punzone fornito anch'esso di incavo e battuto col martello, dava la seconda testa in rilievo nelle maglie «a tutta bozza» (termini sui quali si tornerà).

La maglia di ferro era così terminata, mentre la maglia d'acciaio andava ancora temperata; e che questo si facesse risulta già da alcuni documenti[90] del tardo Trecento riferentisi a maglie fabbricate a Milano. Quale fosse il processo a quest'epoca non sappiamo con certezza, e il fatto che erano già noti diversi procedimenti, come la cementazione, non vuol dire che fossero applicati. Sappiamo, invece, che questa era applicata nel XVI secolo per migliorare maglie di ferro ordinario, come nel 1607 suggerisce G.B. Della Porta nella sua *Magia naturale*[91]:

Come si debba temperare una maglia. Si prende una maglia di ferro molle e prezzo vile, si mette in un recipiente di terracotta alternandola con le polveri [di corno di caprone o di unghia di bue] di cui si è parlato, si copre il recipiente, lo si sigilla con luto [costituito d'argilla, cimatura di panni e altri componenti] in modo che non restino spiragli e lo si mette su un fuoco adeguato; poi, al momento buono, si prende il recipiente con tenaglie di ferro e, colpendolo con un martello [lo si apre], si tempera tutta la maglia, che è incandescente, nell'acqua [freddissima] già descritta: in questo modo la maglia diviene tanto dura da resistere facilmente ai colpi di pugnale. Per quanto riguarda la quantità di polvere, se la maglia pesa dieci o dodici libbre, mettici due libbre e mezzo di polvere. Perché la polvere aderisca dovunque, intridi la maglia di acqua, rivoltala dentro la polvere e sistemala nel recipiente a strati alterni [con la polvere]. Ma, dal momento che è durissima, per fare in modo che gli anelli non si rompano sotto colpi forti e vadano in pezzi, è necessario aggiungere tenacità alla loro durezza [con l'operazione che] la gente del mestiere dice *revenire*. Toltala dall'acqua, la si agiti in un recipiente con dell'aceto perché si pulisca e si possa vederne il colore. Poi si arroventi una lamiera di ferro e vi si stenda sopra la maglia o parte di essa: quando apparirà il colore cinerino, che quelli del mestiere dicono *beretinum*, la si butti di nuovo in acqua e quella durezza risulta ridotta e avrà miglior effetto contro i colpi, e così da una maglia scadente ne avrai una che resiste a qualunque colpo. Con una tempera acre si attribuisce al ferro la durezza e insieme a questa la fragilità, ma se non ci si aggiunge la tenacità, esso va in pezzi sotto un colpo [anche] leggero, per cui è necessario imparare perfettamente come attribuire la tenacità

È lo stesso procedimento di cementazione descritto dal Monaco Teofilo nel XII secolo. Anche il Della Porta suggerisce di usare un materiale organico al quale, ignorandosi ancora la vera natura dell'acciaio, si attribuiscono poteri particolari. La realtà è che, come si sa, i materiali organici sono ricchi di carbonio e, all'ingrosso, hanno lo stesso effetto che avrebbe della polvere di carbone. Il carbonio si diffonde nel ferro dolce durante il riscaldamento, che dev'essere abbastanza lungo, e il procedimento è conveniente per via della piccola dimensione degli anelli e della superficie relativamente ampia rispetto alla massa. La tempera avviene ad alta temperatura e in acqua fredda e dunque dà la maggior durezza, ma l'autore ha ben chiaro il collegamento tra durezza e fragilità, e per conferire il *nervus* necessario, prescrive di rinvenire la maglia ad una temperatura precisa, indicata dal colore cinerino.

Lungamente, però, continuano a circolare ricette abbastanza fantasiose, come quella di Alessio Piemontese (*Les secrets du Seigneur Alexis Piémontais*) che nel 1564 suggerisce di temprare le maglie nel succo di navone. Il Williams (1980), però, fa notare come nel tardo Cinquecento le migliori maglie d'acciaio avessero una resistenza che era sette volte quella delle maglie di ferro di età barbarica. A quest'epoca, dunque, i buoni artigiani applicavano procedimenti sperimentati e di sicura efficacia, probabilmente simili a quello descritto dal Della Porta.

Una volta finita, la maglia bianca veniva pulita mediante la *barilatura,* processo tuttora in uso per varie minuterie metalliche: la maglia era introdotta in un barile montato su perni, che veniva fatto ruotare; lo strofinio che ne risultava eliminava le sbavature del metallo e lo lucidava.

---

[89] Il *Mendelsche Zwölfbrüderstiftung* (f. 105 r.), manoscritto della Stadtbibliotheke di Norimberga, sta fra la cronaca e l'elenco, e il primo volume di esso illustra 339 professioni attraverso 124 anni. Cfr. JOHANNSEN 1953, p. 131, e inoltre UCCELLI 1945, pp. 62 e 63, e PFAFFENBICHLER 1992, pp. 8, 57 e sgg.

[90] FRANGIONI 1981, *Appendice,* documenti 3 e 5: 18 marzo 1396 «l'usbergario Simone Corente non à niuna [cotta] ma, secondo mi dicie, n'à una a temperà»; 31 marzo 1396: «fonne fare 2 [cotte] che vi manderò l'uno, e sarà bello e temperato dolcie».

[91] DELLA PORTA 1607 (ma prima edizione 1589), libro XIII, *De re ferraria*, p. 493:

Lorica quomodo temperari debeat. Requirito loricam ferream mollem, et vilis pretii, quae in ollam indatur, vicissim sparsis pulveribus supra memoratis, & operculatae, & superlutatae, ne expiret, sufficientem adhibeas ignem, mox suo tempore ollam ferreis forficibus apprehendito, & malleo olla percussa, ignitam totam loricam in aqua praenarrata extingues: nam ita durissima efficitur, ut facile pugionum ictibus obsistat. Mensura pulveris erit, si lorica decem, aut duodecim libras aequabit, duas, & dimidiam libras pulveris appone. Ut undique adhaereat pulvis, madefacito loricam aqua, mox in pulvere revolves, & alterna stratura in ollam accomoda. At quia durissima effecta est, ne vehementi ictu frangantur annuli, & in partes dissiliant, oportet duritiei nervum addere, operarij revenire dicunt. Ex aqua exempta in dolio exagitetur ex aceto, ut poliatur, & color perspici possit. Inde lata lamina ferrea igniatur, & loricae pars, vel tota supra distendatur; ubi color cineritius, operarij beretinum dicunt, apparuerit, denuo in aquam proijcito, & retunditur ea durities, & facilius ictui cedet, & sic ex vilissima lorica omni ictui repugnantem habebis. Acrium temperatura durities ferro conciliatur, & cum eo fragilitas, sed nisi nervus addatur, levi ictu in partes dissilit, ob id necessarium est, ut nervum conciliare perfectissime addiscant

La pulitura, però, era un'esigenza che si presentava non solo al fabbricante ma anche al proprietario, dopo che la maglia era stata usata per qualche tempo, cosicché in vari inventari di castelli inglesi si trovano citati questi barili, per esempio: *I barellum ad forbiendum malliam* nel 1364, e *I barelle pro loricis purgandis* nel 1417; *I barrelle cum suis pertinentiis ad purgandos loricas et alia arma de mayle* nel 1423, e altri. Il ffFoulkes[92], dal quale riprendiamo le citazioni, afferma che la maglia veniva barilata insieme a sabbia e aceto. Non abbiamo documenti per escluderlo tassativamente ma, in mancanza anche di documenti affermativi, non ci sembra affatto probabile poiché questi mezzi sono eccessivamente rudi per un materiale in fin dei conti delicato com'è la maglia. Fino a qualche decennio addietro, minuterie di ferro nichelato e di altri materiali certo non peggiori del ferro quattrocentesco venivano barilate con segatura e ritagli di cuoio, senza l'aggiunta di alcun aggressivo, qual è invece l'aceto, né di abrasivi come la sabbia, ma anzi ben unti. L'aceto, lo si è visto nel passaggio di G.B. Della Porta, poteva servire invece per il decapaggio, cioè per eliminare i composti formatisi sul metallo in seguito al riscaldamento, ma non forniva una superficie liscia e tanto meno lucida.

Com'è comprensibile, le difese di maglia stabilmente foderate di tessuto o altro, e provviste di corregge, fibbie, ganci di altri materiali, non erano certamente destinate alla truppa, ma a chi poteva permettersi di pagarne il prezzo d'acquisto e i costi di manutenzione. Secondo un inventario del 1431, nel castello dei Principi d'Acaia a Torino[93] si conservavano, tra l'altro, «deux coctes d'acier de la personne de mondit seigneur le prince l'une de prime maillie furnis de tissus roge garny d'argent et l'aultre furnie de tissu aussi garny d'argent douré», mentre nell'archivio Gonzaga[94] all'anno 1543 si trova citata «Una gola grande de malia piatta fodra [fodrà: foderata] de raso cremesino con due fibie de argento et le maze de le correze d'argento». È chiaro che erano oggetti di lusso e anche la manutenzione ne era costosa, comportando di necessità o un minuziosissimo lavoro manuale o lo smontaggio delle parti che la barilatura avrebbe deteriorato.

Circa la decorazione della maglia c'è poco da aggiungere. Oltre le già citate fibbie e fermagli in metallo prezioso o anche solo diverso, come l'ottone, e le fodere di tessuto, i mezzi erano pochi: bordure o motivi in anelli fatti di altri metalli, principalmente ottone[95]. In Occidente un esempio singolare di maglia decorata è la *Romanische Rüstung* («armatura alla romana») dell'arciduca Ferdinando II del Tirolo, opera milanese del 1547-1550 circa: sia l'armatura (strettamente da parata) che la barda che l'accompagna sono interamente di maglia in cui ai minuscoli anelli d'acciaio (di 3 millimetri di diametro) se ne alternano altri d'ottone formanti motivi intrecciati[96]. È un caso che s'incontra anche in Medio Oriente, soprattutto in epoca tarda[97]. Per questa decorazione non occorrevano, dunque, tecniche particolari: una maglia d'ottone si fabbricava come una di ferro, dopo aver tirato il filo alla stessa maniera e averlo chiuso col solito rivetto, che però generalmente era di ferro. Ganci e fibbie d'argento o d'altro metallo erano opera di ottonai, orafi e argentieri. Non richiede discorsi particolari neanche la maglia ora detta «ghiazzerina», in cui dei corsi di anelli si alternano a liste di lamelle.

Vari studiosi si sono chiesti come fossero i modelli degli indumenti di maglia di ferro: degli usberghi, dei giachi, delle camicie, delle pellegrine e di tutte le altre difese che nel corso di molti secoli furono usate, modelli dei quali non resta notizia.

Secondo noi prima di tutto va notato che è oscura anche la terminologia che definisce il tipo della singola maglia, ed è del tutto ignoto un eventuale sistema inerente le dimensioni di essa. A proposito dei tipi, i documenti forniscono una terminologia fin troppo ricca, fonte già allora di malintesi tra due città (in particolare, il committente fiorentino e l'incaricato milanese dell'acquisto): maglie «a ½ opera» e «a tutt'opera», fatte esclusivamente in ferro; maglie «a ½ bozza» ossia «a bozzino», «a bozza», «cacciate» e «suore» o «sore». A Firenze si dice «a chiovo soro» quella che a Milano è detta «cacciata», e corrisponderebbe indistintamente alle due varietà «a bozza» (o anche «a bozza da ciascun lato») e «a ½ bozza». Queste, a loro volta, indicherebbero rispettivamente la maglia con rivetto a capocchia bombata da ciascun lato e quella con bombatura da un solo lato[98]. Non conosciamo, però, studi specifici, cosicché ci manca ogni certezza.

Anche le misure occorrenti per definire un anello sono svariate: dal diametro del filo al diametro dell'anello all'ampiezza della ribaditura; e non ci sono note convenzioni di sorta. Nel commercio, dunque, era frequente l'uso dei «medri», o «mostre», ossia dei campioni[99], inviati al cliente per l'approvazione.

Secondo noi, per la confezione di maglie di qualità non scadente, non occorreva alcun modello tipo sartoria. Si è osservato che la maglia di ferro somiglia alquanto alla maglia di lana. Negli indumenti di maglia di lana, una volta stabilita la grossezza del filo e dei ferri, si sa che un certo numero di maglie dà una certa larghezza, mentre un certo numero di «ferri» (ossia di corsi) dà una certa lunghezza: basta, dunque, contare. Identicamente nella

[92] FFOULKES 1912, p. 78 sgg.
[93] CONTA 1977, p. 410 sgg.
[94] ANGELUCCI 1891, p. 53, nota 7.
[95] Talvolta in Oriente s'incontrano esempi di lusso sfrenato: al Topkapi Saraj, a Istambul, si conserva un'armatura ottomana intera composta di lamine e anelli d'oro.
[96] La *Romanische Rüstung* è conservata alla Hofjagd und Rüstkammer di Vienna, inv. A 783, A 784, A 433. Cfr. in particolare PYHRR-GODOY 1998, p. 272 sgg.
[97] ALEXANDER 1985.
[98] FRANGIONI 1981, p. 7.
[99] FRANGIONI 1981.

maglia di ferro, una volta stabilitone il tipo e le dimensioni, si sapeva quante singole maglie finite stavano nell'unità di misura in lunghezza o in larghezza. Stabilite le misure dell'indumento, la conversione era semplice. In certi indumenti come le pellegrine e in alcune parti degli altri, per ridurre la larghezza si facevano (sempre come nella maglia di lana) dei «calati», cioè si riduceva il numero delle maglie ad ogni giro. A nostro avviso, perciò, solo di questi dati si conservava la memoria; per il che bastava un breve appunto, e tutt'al più uno schizzo, ma non occorreva nessun modello del tipo di quelli da sartoria, che in questo genere di lavorazione sarebbe servito a poco. Modelli del genere di quelli da sartoria è possibile che servissero quando gl'indumenti erano ricavati da *falde* «prefabbricate», che venivano tagliate come un tessuto, falde delle quali fra Trecento e Quattrocento si faceva attivo commercio[100]. Se però anche qui valeva ciò che in tempi recenti (1950) valse per la maglia di lana, i capi ricavati in questo modo dovevano essere di qualità più modesta, di fattura più rustica e fatti in serie.

L'armatura di piastre

Scarse notizie abbiamo anche di modelli per armature di piastre. I manoscritti sopravvissuti non sono raccolte di modelli, ma piuttosto di progetti, taccuini di schizzi, o cataloghi di fabbricanti, destinati ora a illustrare la composizione delle guarniture e l'aspetto generale delle parti, ora a costituire progetti o appunti decorativi[101]. Modelli riproducenti in carta (o forse in lamiera leggera) le forme in misure reali delle singole lame è possibile che fossero usati per ritagliare il metallo da imbutire: nella ben nota silografia di Hans Burgkmair raffigurante la bottega di Konrad Seusenhofer (fig. 02.24), sullo sfondo compaiono degli oggetti che (se non sono parti d'armatura ancora da imbutire) potrebbero essere appunto modelli piani di petti o schiene e il fatto che siano posti sotto altri pezzi d'armatura fa pensare che siano di metallo. Com'è chiaro, però, questi sarebbero potuti servire solo per il primo taglio. Per i pezzi con imbutiture profonde, tuttavia, bisogna tener conto del fatto che il metallo di partenza non era una semplice lamiera di spessore uniforme, ma già un semilavorato più spesso verso il centro, e che l'imbutitura modificava anche il perimetro.

Per le armature di alta qualità certamente l'artefice prendeva le misure del committente, le stesse misure che servono a un sarto e per le quali basta qualche appunto: le accompagnava anche con qualche schizzo? Intendiamo uno schizzo «da officina» per proprio uso? A noi sembra probabile, ma non lo sappiamo. È certo, invece, che almeno in qualche caso presentava un disegno al committente; ma a questo non interessava un progetto tecnico: interessavano l'aspetto generale, la composizione, la decorazione che l'armatura o la guarnitura avrebbero avuto alla fine, e sono appunto le cose che si trovano nelle raccolte citate sopra. Così come si hanno disegni su carta della decorazione progettata da un artista diverso perché l'armoraro l'eseguisse. Tali, per esempio, i disegni tracciati da Andrea Casalini, orafo parmense, per la guarnitura fatta da un armoraro milanese per Alessandro Farnese. Si sa anche che armorari come i Negroli tenevano disegni e carte in locali della loro bottega diversi da quelli in cui lavoravano, e l'impressione è che queste carte fossero abbastanza numerose, ma si propende per ritenere che si trattasse di disegni e stampe da copiare o ai quali ispirarsi nella creazione delle decorazioni[102].

L'armoraro, si è detto, aveva bisogno delle medesime misure che occorrono a un sarto. Un documento dell'Arte dei *coyrasarii* genovesi del 1479-80 fornisce notizie intorno alle misure minime delle *coiracie* finite[103]. Queste dovevano essere

> [...] larghe [di circonferenza] alla vita almeno palmi tre e un quarto [cioè circa 80,5 centimetri] misurando esse corazze di fuori, e lunghe di busto, cioè dalla vita fino alle spalle, almeno palmi due [cioè circa 49,5 centimetri] (davanti?), e dietro [...] palmi uno e tre quarti [43,3 centimetri] dalla vita alle spalle; dalla vita in giù [...] due terzi di palmo [16,5 centimetri]; dalla vita in giù di cinque lame; dalla vita alle ascelle, cioè sotto le braccia, tre quarti di palmo [18,6 centimetri]

In questo documento certo si tratta di corazzine, brigantine o corsaletti (oltre le *coiracie* il documento nomina certe *lazanie ferri cum suo canavatio* che non è dato sapere se fossero brigantine o difese di piastra con il «canovaccio», ossia la farsata, o qualche altra specie ancora) da poco prezzo, probabilmente da munizione. Genova non fu mai rinomata per la produzione di armi difensive, i maestri erano pochi e le botteghe piccole, con non più di due *famuli* («famigli») ciascuna. Con questa prescrizione di misure minime la corporazione aveva cura che il prodotto economico non si svilisse ancora di più, ma era una preoccupazione che non toccava il produttore di armature di qualità elevata e struttura più complessa.

L'armoraro doveva conoscere a fondo i procedimenti metallurgici cui si è accennato sopra, poiché li utilizzava quotidianamente e senza di essi non avrebbe ottenuto un prodotto soddisfacente, o addirittura neanche avrebbe

[100] FRANGIONI 1981.

[101] Tali sono il manoscritto di Stoccarda del 1548-1563 (cfr. *Stuttgarter 1548)*, il *Turnierbuch* dei due Burgkmair e quello di J. Schemel, i disegni dell'Orsoni e altri, per esempio quelli pubblicati in BOCCIA 1982, in PYHRR-GODOY 1998 e in GODOY-LEYDI 2003. Esempi di album di altri armorari e incisori, come Jacob Halder e Jörg Sorg, sono in PFAFFENBICHLER 1992, pp. 6-7.

[102] Disegni e guarnitura di Alessandro Farnese sono pubblicati in GODOY-LEYDI 2003, nn. 75 e 76. Nello stesso volume sono vari documenti inerenti le «carte».

[103] Le corazze devono essere:

> [...] *large in medio ipsarum parmi tres et quartus unus ad minus, mensurando ipsas coiracias de foris, et longe de busto, videlicet a medio usque ad humeros, parmi duo (antea?) ad minus, retro verso* [...] *de parmo uno et quartis tribus a medio usque ad humeros, a medio verso inferius* [...] *due tercie partes parmi unius; a medio infra de lamis quinque; a medio usque ad allas, videlicet sub brachia, quarti tres unius parmi*
> (documento dell'Arte dei Corazzai genovesi, 1479-80, pubblicato in GATTI 1980)

Il palmo genovese corrisponde a centimetri 24,776.

potuto lavorare. Questi, tuttavia, non rappresentavano l'aspetto più specifico della sua attività, che era quella di foggiare piastre e lame e comporle in un'armatura.

Come si è detto, non si conoscono manuali dell'epoca che c'informino intorno al modo di procedere dell'armoraro, ma ci si può rifare a quanto mostrato da alcune illustrazioni, soprattutto miniature, fra Quattro e Cinquecento, ai risultati di analisi metallografiche e a rari documenti. Da questi pare si possa concludere che la vera modellatura era compiuta a caldo (fig. 02.02) e in seguito si lavorava a freddo (fig. 02.24). Inoltre il materiale sul quale operava l'armoraro nel fabbricare armature e corsaletti non era una lamiera, ma un semilavorato. Un documento bresciano[104] del 1609-1610, dunque tardo ma di un'epoca in cui l'armatura è ancora abbastanza vitale, fornisce varie informazioni, chiarendo anche che le diverse parti dell'armatura seguivano percorsi diversi: da un lato petti, schiene, scudi e rotelle, che richiedono un'imbutitura moderata; dall'altro coppi di copricapi, che vanno imbutiti profondamente; infine cosciali, scarselloni, schinieri, cannoni di braccio, manopole e barde, imbutiti poco o nulla. Per tutti, però, si parte dai medesimi masselli, detti *cavezzi*.

«Nelle prime fucine si preparano masselli over cavezzi lunghi mezzo braccio e di vario peso» a seconda dell'uso, che vengono avviati ad altre fucine.

> Per fabricar petti, schene, corsaletti, scudi e rotelle essi masselli si portano alle fusine dette 'scartadore' et ivi si scartano, et riducono a quella forma, che si vuole, et poi si vendono così rozzi a chi li portano alla città di Brescia, dove poi li poliscono et forniscono

Invece

> [...] per far celate ò morioni si portano essi masselli in altre fusine, dove son tagliati in pezzi, et battuti si fanno in 'taglieri' tondi, quali poi portati in un'altra fusina a ciò destinata particolarmente et non ad altro, detta 'l'incavadora', s'incavano et fannosi 'coppi', quali parimente sono poi portati a Brescia dove poi son lavorati et ridotti à perfettione

I *taglieri* non sono semplici pezzi di lamiera tagliati in tondo, ma devono avere caratteristiche particolari (probabilmente devono aver maggiore spessore al centro), così da consentire di costruire anche i copricapi più complessi, come i morioni dalla cresta talora molto alta, in un pezzo solo, cosa non ottenibile da una lamiera di spessore uniforme. I copricapi fatti di due metà unite lungo la mezzeria, e così quelli con parti saldate, sono esplicitamente vietati dalle norme. Gli *Statuta armarolorum* di Brescia, del 1574[105], al capo 12° prescrivono: «Tutti quelli che lavorano morioni over celate siano obligati a fargli de taieri ne possino fargli de lamera ne meno mettergli la cresta postizza». Copricapi cinquecenteschi fatti di due metà nei musei si trovano[106], ma sono rari perché erano di bassa qualità e dunque furono ridotti a ferro vecchio non appena ne cessò l'uso. In due parti, però, è costruito anche il coppo di vari copricapi di armature da parata, specialmente francesi e fiamminghe, ma qui la spiegazione sta probabilmente nella ricerca di una maggior comodità nel decorare questi pezzi riccamente sbalzati. Nel Seicento, invece, questo tipo di costruzione, più semplice ed economica, è uno dei segni evidenti del decadere dell'arte, che va di pari passo con l'abbandono dell'armatura, e così sono fatti in gran numero elmetti «alla savoiarda» (fig. 05.17), elmetti da corazze e altri copricapi tipici dell'epoca.

Anche la lamiera, menzionata prima, ha però una funzione nella costruzione dell'armatura.

> D'essi cavezzi in altre fusine si fabrica anco la lamiera stretta, et larga, portandosi alle fusine dette 'scartadore', dove si scartano, cioè si battono con li magli che vengano larghi, et sottili, et così si ha la lamina qual poi si vende senza farvi altra fattura, et della lamiera si fanno cossali, gambere, brazzali, manopole, armadure [barde] da cavallo [...] La lamiera larga è di dieci in undeci onze secondo il bisogno et quella ch'è da 12 in 13 onze et più, che si chiama bastarda, serve per armar li cavalli. La stretta è quella de 6 in 8 onze per far brazzali, scarselloni, guanti et altre cose appartenenti a fornir l'uomo armato di corsaletto

Non vengono nominati spallacci, né cubitiere né ginocchielli, che probabilmente saranno compresi tra le «altre cose» che completano il corsaletto.

I risultati degli esami metallografici sono sostanzialmente in accordo con questa interpretazione. Il colore grigiastro che molte armature conservano all'interno non è significativo, poiché possono averlo acquistato in seguito a qualunque operazione a caldo, sia di modellatura, sia di trattamento termico del metallo, sia di decorazione (e dunque forgiatura, ricottura dopo imbutitura a freddo, tempera con o senza rinvenimento e, se è il caso, bronzatura, doratura a fuoco o altro intervento decorativo). Affiancando le risultanze delle diverse fonti, sembra di poter essere certi che buona parte della lavorazione avveniva a caldo e parte a freddo. Il Williams[107] osserva che

> [...] dopo che le piastre erano state modellate nella forma desiderata, ovviamente erano spesso sottoposte a un trattamento termico finale per indurirle e questo cancellava ogni traccia della precedente lavorazione a freddo, cosicché il fatto che la grana del metallo non mostri traccia di deformazione non è in sé conclusivo. Tuttavia molti dei pezzi esaminati in sezione [...] mostrano inclusioni di scoria (materiale vetroso composto di silicati di ferro o calcio) che sono state allungate nel senso del piano della lastra. Perché ciò si verificasse, la scoria dev'essere stata riscaldata fino al punto in cui diviene plastica (circa tra 800° e 1200°C) nel corso della modellazione della lastra, e da ciò si può concludere che la maggior parte della lavorazione del metallo (ma probabilmente non l'aggiustaggio finale) dev'essere stata compiuta a caldo

Anche la scarsa documentazione iconografica concorda con quanto si è detto. Due miniature tedesche, rispettivamente da una *Eneide* del secolo XIII e da un'altra opera dell'inizio del secolo XIV, presentano armorari che martellano un elmo; queste raffigurazioni risentono della natura poetica dei testi che illustrano, ma indiscutibilmente mostrano che l'oggetto è afferrato con le tenaglie, dunque il miniaturista sapeva che l'armoraro, almeno in qualche fase, operava a caldo. Più soddisfacente un'illustrazione da un manoscritto del Boccaccio (fig. 02.02):

---

104 *Catastico di Brescia* per gli anni 1609-1610, del capitano di Brescia Giovanni da Lezze, presentato al doge nel 1611; pubblicato da GAIBI 1963.

105 Stralci di questo Statuto sono pubblicati in GAIBI 1961.

106 Tale è, per esempio, il morione dello Stibbert, inv. n. 2185; cfr. BOCCIA 1980, n. 187.

107 WILLIAMS 1980, p. 80; si vedano anche gli altri scritti di questo studioso.

su una grande incudine l'armoraro maneggia con le tenaglie un petto d'armatura e lo imbutisce battendolo dall'interno con il martello, aiutato da due battimazza che maneggiano mazze a due mani: in secondo piano stanno una bicornia, incudine più piccola e allungata, e la forgia con il trogolo dell'acqua per il raffreddamento. (La presenza di un recipiente specifico non deve però indurre a pensare che si operasse indiscutibilmente una tempera in acqua: un trogolo, un mastello o altro recipiente simile è corredo ordinario di ogni forgia – la si vede anche nella xilografia mostrante Massimiliano nella bottega del Seusenhofer (fig. 02.24) ed è usato prima di tutto per raffreddarvi pinze e tenaglie.) L'imbutitura, ossia la prima modellatura, sembra, dunque, si compisse a caldo. Era un lavoro pesante e fin da epoca assai arretrata nelle botteghe che producevano grandi quantitativi di armi difensive invece delle mazze a mano si utilizzarono magli idraulici[108] provvisti di teste adeguate. La lavorazione passava sicuramente attraverso vari stadi, con calde successive, e si poneva la massima attenzione a che lo spessore della lamiera si mantenesse costante o, secondo il caso, che si riducesse con la dovuta progressività. Infine si ritagliava la parte eccedente. Come già si è detto, in armi povere, di ferro dolce (*ferri molli,* come quelle genovesi quattrocentesche citate in precedenza) che era molto meno costoso dell'acciaio, è possibile che le lavorazioni a freddo del metallo, aventi anche lo scopo di indurirlo incrudendolo, prevalessero su quelle a caldo, come sembra attestare, in epoca però tardissima (1678), il già citato scritto del signore di Gaya. Non sembra probabile, però, che in nessun caso tutta la lavorazione avvenisse a freddo.

Terminata l'imbutitura, ossia una volta ottenute le concavità necessarie, è probabile che anche sui pezzi d'acciaio si operasse a freddo. Le rimanenti illustrazioni note sulla produzione di armature di piastre mostrano tutte armorari che lavorano a mani nude su pezzi già formati. La più ricca d'informazioni è la più volte citata silografia (fig. 02.24) di Hans Burgkmair, del 1514, mostrante l'imperatore Massimiliano I che visita il suo armoraro Conrad Seusenhofer nella *Plattnerei* (bottega d'armoraro) di corte. Questa silografia tedesca, che illustra con precisione quasi tutta l'attrezzatura di una bottega (ne mancherebbe solo la bicornia), va accostata a diversi inventari noti[109], soprattutto inglesi, che chiariscono l'uso degli strumenti. In uno dei più completi, del 1511, inerente l'attrezzatura della «nuova fucina di Greenwich» voluta da Enrico VIII, si trovano elencate non solo bicornie grandi e piccole, ma ben due incudini apposite «per tubi» (forse i cannoni di braccio) e tassi per i diversi particolari: corazze, copricapi, visiere, creste. Anche più ricco è l'elenco dei martelli: da spianare e da imbutire, e poi da elmetti, da schinieri, da rivetti, «da creste per i copricapi» e (distintamente) «da creste per le corazze»; oltre al prevedibile contorno di cesoie, scalpelli, punzoni, lime, pinze e tenaglie[110].

La lavorazione a freddo era certo accompagnata dal controllo delle misure e per la prima volta si accostavano le lame l'una all'altra. I contorni erano allora rifilati prima con cesoie e poi con lime, eventualmente dopo una tracciatura a punta d'acciaio, e le curvature corrette a martello (ciò che sembra fare il lavorante al centro della silografia del Burgkmair). Ancora col martello, e appoggiandosi a tassi di forma appropriata (che si nominano in uno degl'inventari citati prima), si rialzavano le nervature, le creste e gli spigoli che l'imbutitura a caldo non aveva potuto ottenere o che aveva appena sbozzato. È l'operazione che sta compiendo l'armoraro raffigurato a destra nella silografia del Burgkmair, mentre il Seusenhofer (primo a sinistra) è alle prese con la cresta di un copricapo, che mostra i segni del martello. Se dobbiamo prestare completa fede a questa raffigurazione, i due dipendenti del Seusenhofer stanno lavorando su piastre che sono già provviste di orli; l'orlatura, quindi, non sarebbe affatto da porre tra le ultime rifiniture. Secondo il fFoulkes[111] (1912) per rialzare gli orli si sarebbe usato un piccolo laminatoio a manovella, un esempio del quale è raffigurato nel dipinto del 1620 *Venere nella fucina di Vulcano*, di Jan Brueghel e H. van Balen. Noi non lo riteniamo possibile. Un laminatoio è costituito da due cilindri tra i quali si fa passare il metallo per assottigliarlo o per dargli un profilo particolare, ma per creare un orlo su una piastra estesa e di forma varia come un petto d'armatura è necessario che i cilindri siano aperti da una parte, ossia che siano imperniati solo dalla parte della manovella; un dispositivo come questo sarebbe stato troppo debole e sarebbe potuto servire solo per metalli molto sottili e duttili; attualmente alcuni argentieri se ne servono per semplici lavorazioni su lamiere leggere[112]. D'altra parte, il dipinto citato raffigura Vulcano come artefice d'oggetti in metallo d'ogni genere, dai quali infatti è attorniato, e dunque quell'attrezzo poteva essere inteso per tutt'altre lavorazioni. Sembra più probabile che gli orli nel robusto metallo delle armature d'uso venissero rialzati con energici colpi della penna del martel-

[108] Ruote idrauliche furono usate per azionare magli almeno dal secolo XII (FORBES 1962/b, p. 619). In alcune aree, però, i vecchi mezzi furono conservati per secoli. Nel 1793 il cavalier Napione riferisce al governo sabaudo che in Carinzia e in Stiria «le canne da schioppo si forgiano ancora qui alla mano, seguendo l'antica consuetudine, che credono migliore». Riportato da STERRANTINO 2002, p. 162. In Belgio la lavorazione delle canne da fucile di damasco saldato avveniva a mano ancora all'inizio del XX secolo; *supra* fig. 01.10 e meglio in PURAYE 1967.

[109] Il FFOULKES 1912, p. 25 e sgg., riporta numerosi inventari, quasi tutti inglesi, datati fra il 1302 e il 1514. In WILLIAMS-DE REUCK 1995, pp. 45 sgg., si riportano e commentano un inventario del 1511 e uno del 1611.

[110] Una ragguardevole collezione di attrezzi da armoraro (una bicornia molto grande e una piccola, quella «per tubi», tre tassi da copricapi e cinque martelli specializzati) provenienti dalla bottega reale inglese è conservata alle Royal Armouries e illustrata in WILLIAMS-DE REUCK 1995, pp. 47 e 49. Un'altra collezione, di epoca alquanto più tarda, è posseduta dalla John Woodman Higgins Armory di Worcester, Massachusetts; si veda GRANCSAY 1961, p. 28 sgg.

[111] FFOULKES 1912.

[112] I buoni lavori d'argenteria sono tuttora orlati a martello e nei migliori la fessura sul rovescio viene sigillata con una saldatura. Talvolta gli argentieri battono l'orlo su di un filo o tondino di rame dolce; lasciato sporgere da ambedue le estremità, alla fine dell'operazione esso viene stirato per assottigliarlo e così sfilarlo. Questo artificio, però, non poteva essere usato diffusamente dagli armorari dal momento che gli orli erano spesso di sezione irregolare.

lo e rivoltati sempre mediante battitura; e non poteva essere diversamente se si trattava di orli scatolati, o di sezione ampia, variabile e irregolare, e non di semplici tondini di diametro costante. Che poi per quest'operazione occorresse non poca energia lo dimostra il vigore col quale il primo lavorante del Seusenhofer sembra maneggiare il suo pesante martello. La produzione in serie, come quella milanese e bresciana dei tempi d'oro, certo si affidava largamente agli automatismi della ripetitività, come la confezione di capi d'abbigliamento in tempi ancora recenti.

Il già citato inventario inglese del 1511 elenca anche «XVI dobles» che, secondo il Ffoulkes[113], sarebbero «forme di ferro pesanti sulle quali si modellavano i vari pezzi». Andrebbero intesi, allora, come specie di tassi estremamente specializzati, usati per il perfezionamento della forma nella produzione in rilevanti quantità di armamenti da munizione. Il medesimo autore cita un paio di esemplari, colati in ghisa e privi di fori per rivetti, posseduti dalla Torre di Londra[114], che sarebbero appunto dei *doble*. Una spiegazione alternativa (della quale non possediamo prove) è che questi oggetti siano forme da tempera, sulle quali venivano investiti i pezzi roventi prima di immergerli nell'acqua allo scopo di evitare torsioni e deformazioni, forme che si sa essere state usate in epoche successive[115]. O che fossero forme sulle quali investire ugualmente i pezzi prima di sottoporli a rinvenimento o ad un altro trattamento termico, anche a quelli richiesti dalle dorature e soprattutto dalle bronzature e azzurrature (di cui si dirà), che esigevano uniformità del riscaldamento. Non abbiamo prove, ripetiamo, ma quest'interpreta-zione ci convince più della precedente anche perché dal Cellini sappiamo che le lamine a rilievo modellate su un «campione» massiccio si «strappano» più facilmente di quelle rialzate a cesello.

I pezzi vengono così assumendo la loro identità e finalmente si praticheranno i fori per i rivetti. Nella citata silografia non sembra di distinguere trapani di nessuna delle tre varietà in uso a quest'epoca (trapano ad arco, trapano a saliscendi e menarola o girabarchino) e d'altra parte il trapano non è attrezzo tipico né del fabbro né del battilastra: è probabile che si usassero punzoni e che i bordi dei fori fossero poi spianati a martello ed eventualmente regolarizzati con una lima a coda di topo o con un punteruolo a spigoli taglienti. Questo era il momento del *redde rationem*: per la prima volta l'armatura poteva essere montata interamente, anche se in via provvisoria, e mostrava così la correttezza dell'accostamento delle singole parti. Nuovamente smontata, veniva sottoposta ai trattamenti termici, se era il caso, e, dopo la correzione delle inevitabili deformazioni (che spesso si verificavano nonostante l'eventuale uso di forme da tempera) provocate da questi, poteva infine essere lucidata.

A parte, intanto, ci si era procurato quanto occorreva al completamento dell'armatura, tra l'altro tessuti, pellami e imbottiture. Anche vari particolari metallici, come rivetti e fibbie, spesso d'ottone, erano acquistati da specialisti; a Genova nel secolo XV i *mersarii* («merciai») avevano il monopolio della vendita dei «chiodi per corazze»[116]. Le piastre lucidate potevano allora essere montate definitivamente, cosicché l'armatura bianca era completa; altrimenti, prima del montaggio i pezzi andavano ancora decorati.

Ci si è dilungati tanto sulla produzione delle armi e armature un po' per il motivo già detto: spesso non è chiaro dove si ponga il confine tra la struttura e la decorazione di un oggetto; ma anche per altri motivi. Un'arma, e in particolare un'arma difensiva, è un oggetto già costoso in sé (anche questo lo si è detto), indipendentemente dalla decorazione che ci si aggiungerà: un'idea di questo fatto, di tutto il lavoro e dell'enorme somma di conoscenze che si nascondono nel più spoglio di questi oggetti occorreva cercare di darla. Ora si cercherà di dare un'idea di quell'altra grande massa di conoscenze e di abilità richieste dall'esecuzione della decorazione, avendo però sempre ben presente che, sotto e nascoste da queste, ci sono le «virtù» di chi ha costruito.

[113] FFOULKES 1912, p. 28.
[114] Torre di Londra: un morione, n. IV.227, e un petto, n. III.209.
[115] ANDREANI 1920, p. 23.

[116] Un documento genovese del 1441 stabilisce che i *mersarii* vendano in esclusiva, tra altre cose, *ihoios* (sic) *pro coiratiis*; da un altro documento si ricava il significato della parola *ihoios*. Pubblicati da GATTI 1980, p. 107.

Fig. 02.01

Particolare di lama di spada cerimoniale; Siam, secolo XVIII o XIX. Nelle parti non decorate si distingue che il ferro, estremamente povero, è costituito di numerosi «grani», rimasti separati per l'insufficiente forgiatura del massello originario: la scoria non è stata espulsa completamente e appare come una linea nera attorno ai grani stessi. Vari grani, appiattiti dalla forgiatura che ha dato forma alla lama ma non saldati tra loro per via della scoria, si sono staccati (Collezione privata)

Fig. 02.02

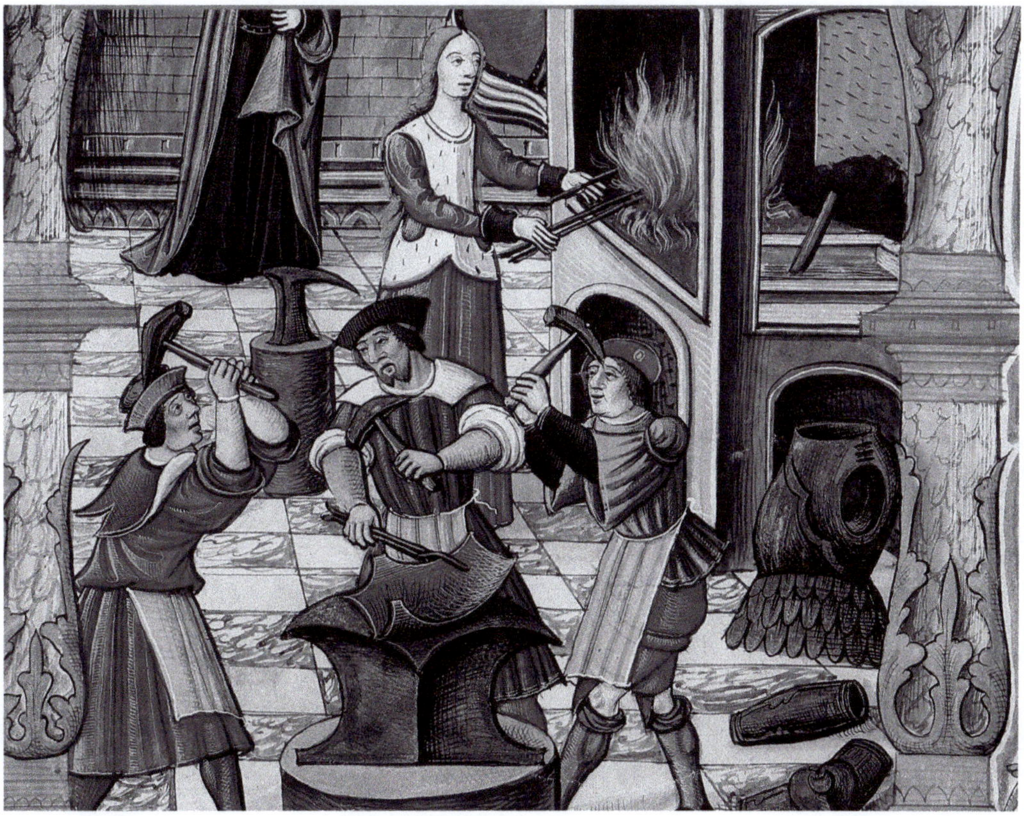

Una fase iniziale della produzione di un petto d'armatura mediante forgiatura. Il maestro con le pinze tiene il pezzo rovente sull'incudine e coi colpi del suo martello indica ai due battimazza come e dove battere. Un po' dietro si vede una bicornia, sorta di incudine più piccola e allungata e, a destra, la forgia. Miniatura da un'opera del Boccaccio, fine del secolo XV o inizio del XVI. Parigi, Bibliothèque Nationale, ms. fr. 1537, f. 44 (da PFAFFENBICHLER 1992)

Fig. 02.03

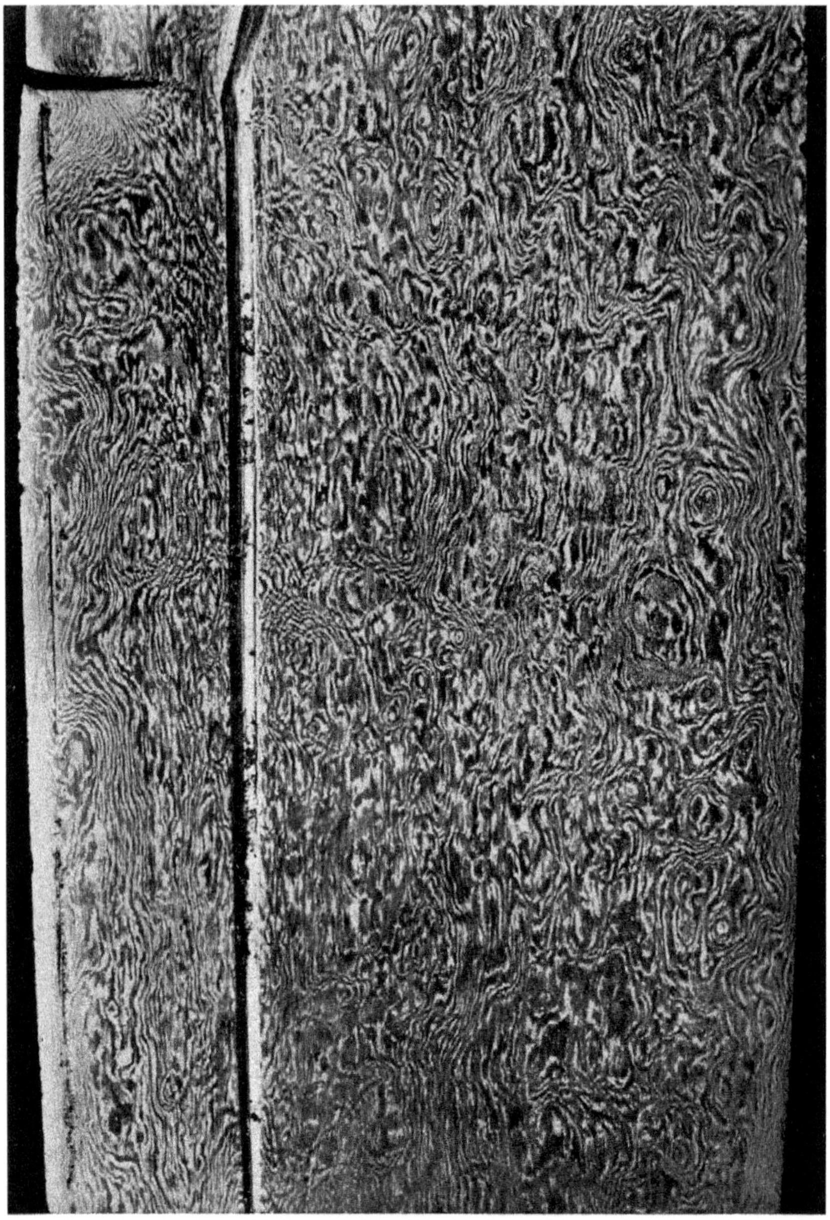

Particolare di una sciabola turca in *Kara Korassan*, uno dei damaschi orientali più rinomati (Collezione privata)

Fig. 02.04

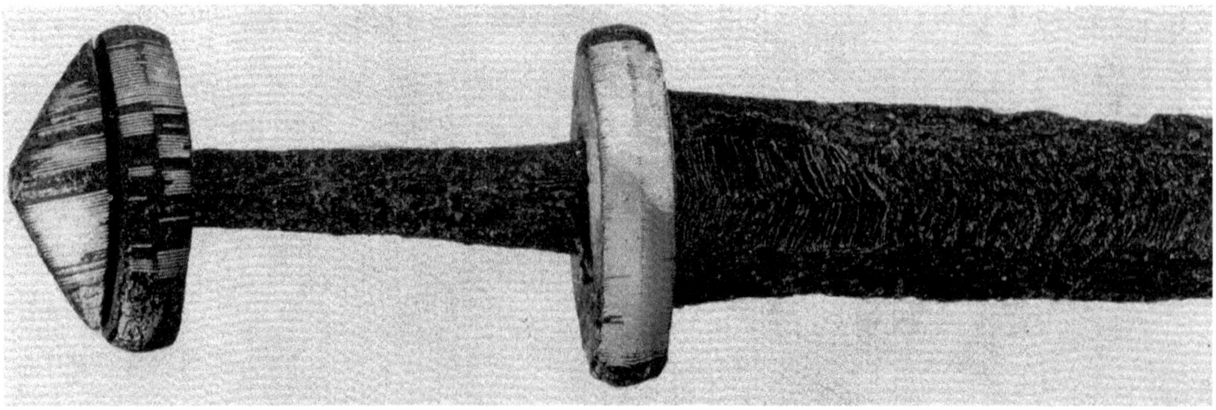

Lama di damasco saldato di provenienza vichinga su una spada tedesca del IX secolo. Si distingue il tipico disegno a lisca di pesce. Elsa e pomo sono ageminati. Schweizerisches Landesmuseum, Zurigo (Fotografia avuta dal fu Dr. Hugo Schneider, che qui ancora amichevolmente ricordo, col permesso di pubblicarla)

Fig. 02.05

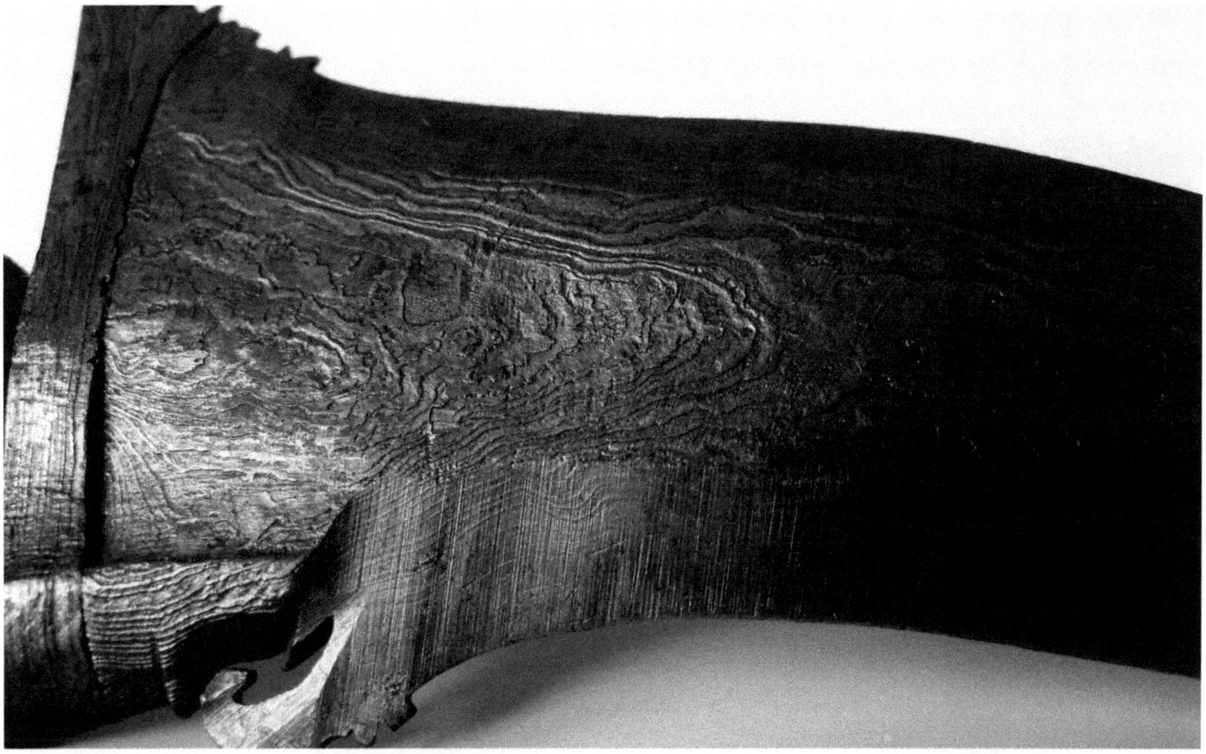

Tallone di kris forse da Giava in *pamor,* o damasco saldato, qui a strati. La forgiatura e l'attacco acido sono discreti, soprattutto per un kris di epoca tanto recente (prima parte del XX secolo o forse tardo XIX). Gli strati saldati appaiono in rilievo sul piatto e sulla superficie intatta del tallone, mentre si manifestano con colori diversi sul bisello molato lungo il filo. Sul bisello stesso i sottili segni rettilinei perpendicolari al taglio sono le tracce della molatura, piuttosto trascurata (Collezione privata)

Fig. 02.06

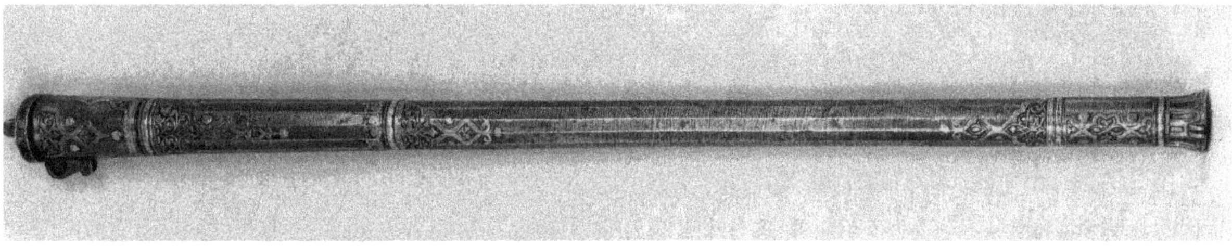

Fig. 02.07

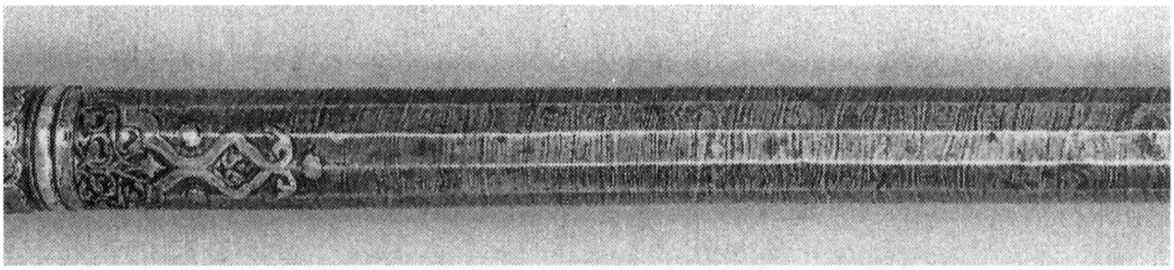

Turchia, XVII secolo. Canna (intera 06 e particolare 07) di *sher-basha* (archibusone da posta) a serpe. La struttura a tortiglione è visibile particolarmente nella parte centrale non decorata. La morsura che ha messo in luce la struttura è stata usata anche per creare motivi decorativi all'acquaforte, ulteriormente arricchiti da agemina in argento. Si è scelta questa canna, a preferenza di una occidentale, per la grande evidenza del disegno (Torino, Armeria Reale, cat. N' 3. Fotografie Chomon Perino)

Fig. 02.09

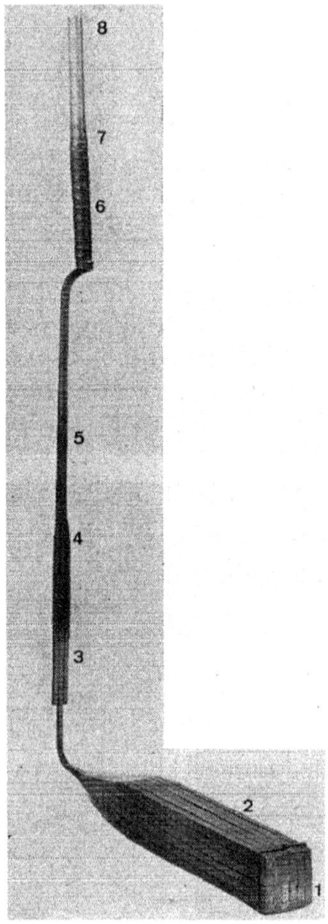

Le diverse fasi della fabbricazione di una canna di damasco a Liegi. Si compone il massello (1), che viene bollito in lungo (2) e trasformato in verghe; queste (3), ritorte, vengono accostate e (4) forgiate insieme, formando un nastro (5); il nastro si arrotola a elica su un mandrino (6) e si salda (7), formando la canna, che si rifinisce (8) (da PURAYE 1967)

Fig. 02.08

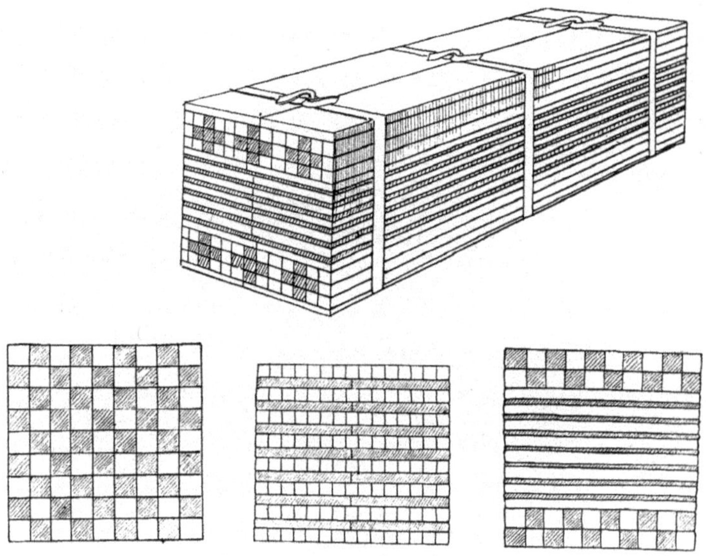

Composizione del massello dal quale si partiva per produrre una canna di damasco. Numerose barrette e lamine di ferro e acciaio venivano accostate in modo vario secondo il disegno che si desiderava ottenere alla fine e, legate strettamente insieme, erano forgiate. Esempi di damaschi di Liegi: dall'alto, massello preparato per il damasco «étoile»; in basso, a sinistra, «Bernard 81 double», «Crolé extra fin», a destra «Washington» (da PURAYE 1967)

Fig. 02.10

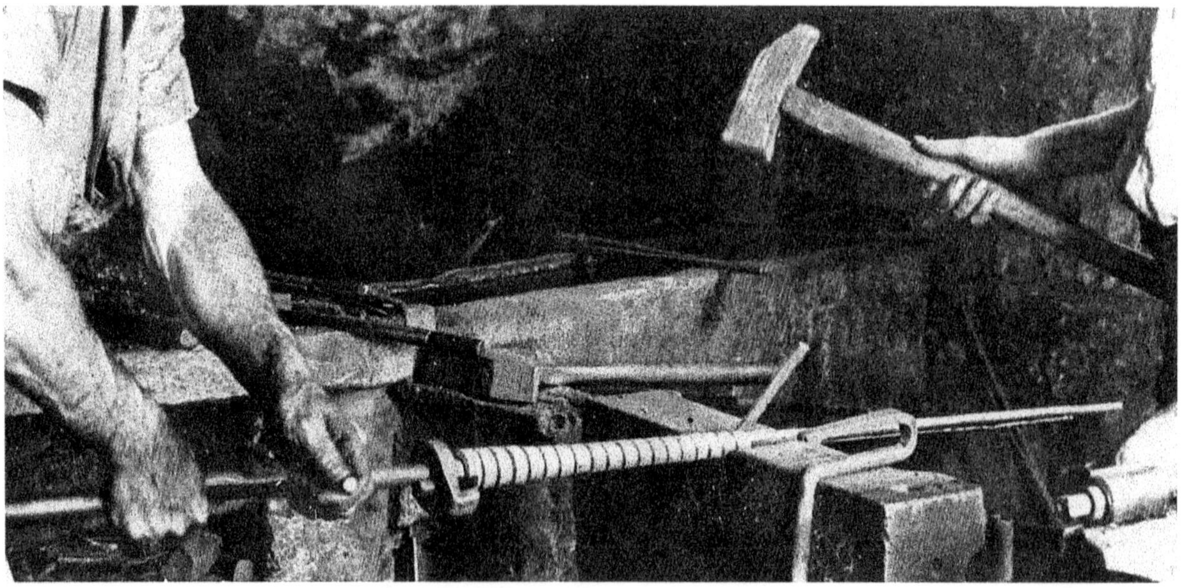

A Liegi, il maestro e il battimazza arrotolano sul mandrino il nastro formato dalle numerose barrette; in seguito lo salderanno (da PURAYE 1967)

Fig. 02.11

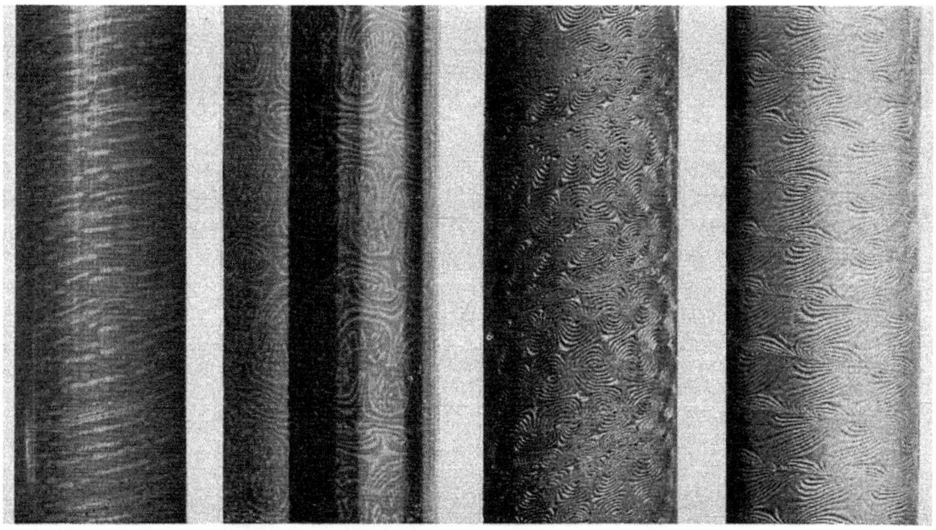

Quattro esempi di damaschi: tipo semplice a colore; tipo «Prince Albert» a colore; «turco quattro lame» a rilievo; «Boston una lama» a rilievo (da PURAYE 1967)

Fig. 02.12

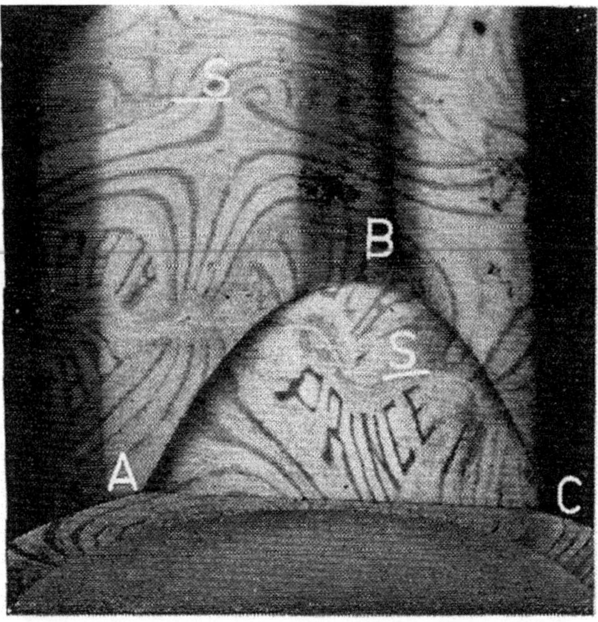

Esempio di come il disegno del damasco che appare sulla superficie si estenda nello spessore della canna: in questo damasco «Prince Albert» la parola «PRINCE» è leggibile anche sulla sezione ABC tagliata obliquamente. Le lettere S indicano linee di saldatura (da PURAYE 1967)

Fig. 02.13

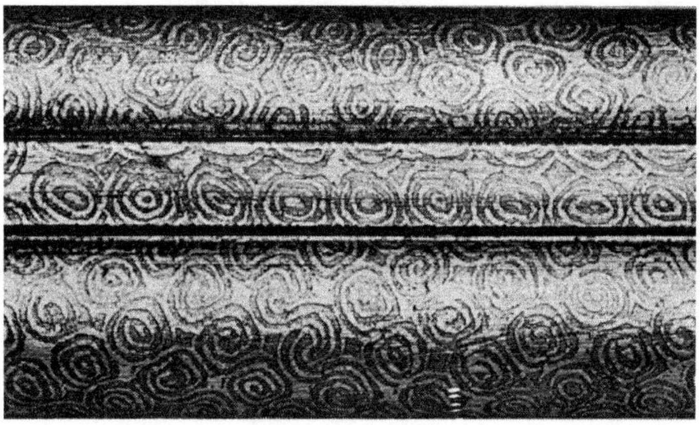

Canne di doppietta di falso damasco a rilievo: il disegno è elementare e i tratti incerti (da PURAYE 1967)

Fig. 02.14

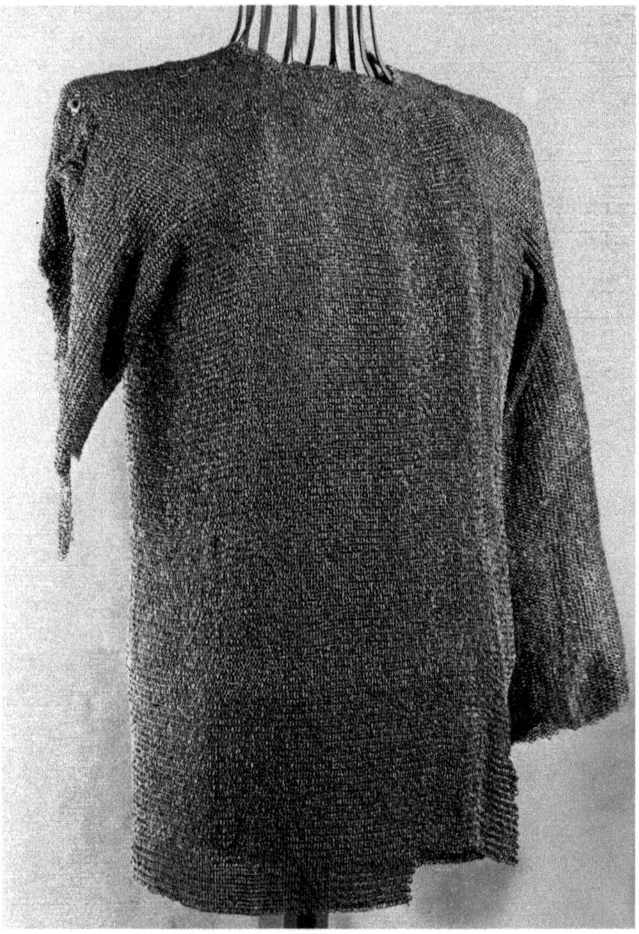

Camicia di maglia di ferro o d'acciaio con petto parzialmente doppio e orli di maglie d'ottone; manica destra perduta in parte. Europa Occidentale, secolo XVI (Torino, Armeria Reale, tradizionalmente unita all'armatura B 34. Foto per la cortesia della Direzione dell'Armeria Reale, Torino. Fotografia Chomon Perino)

Fig. 02.15

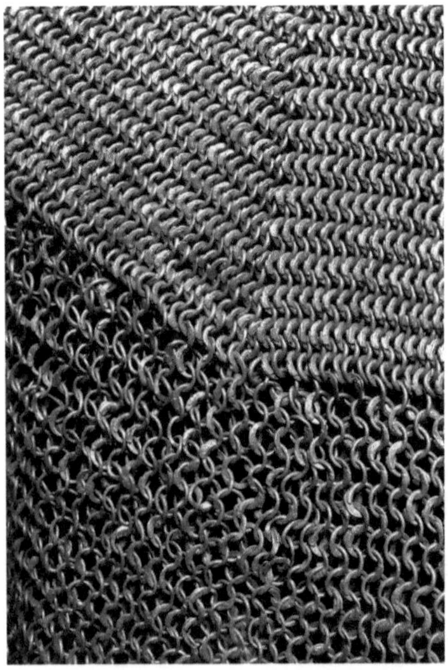

Fig. 02.16

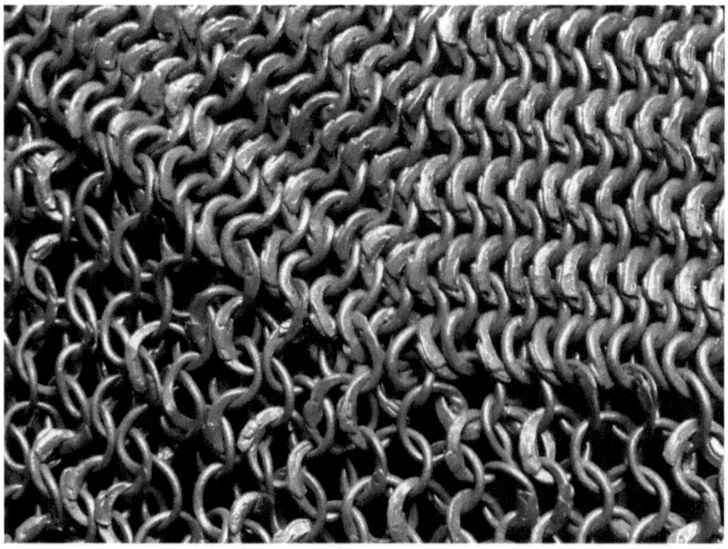

La maglia di una pellegrina, sorta di corta mantellina; Germania (?), secolo XVI. Si nota la differenza tra le maglie, cosiddette "doppie", della parte alta che proteggeva il collo, molto più compatte, e quelle ordinarie della parte inferiore, che scendeva circa fino al gomito. La forma degli anelli è la medesima; diverso è il filo da cui sono ricavati. Nella fotografia a maggior ingrandimento si vedono anche i rivetti che li chiudono. A sinistra si osservano invece i "calati", che danno all'indumento l'appropriata forma pressappoco a cono. Le maglie hanno un diametro di circa 5 millimetri. (Torino, Armeria Reale, C 265. Foto GD)

Fig. 02.17

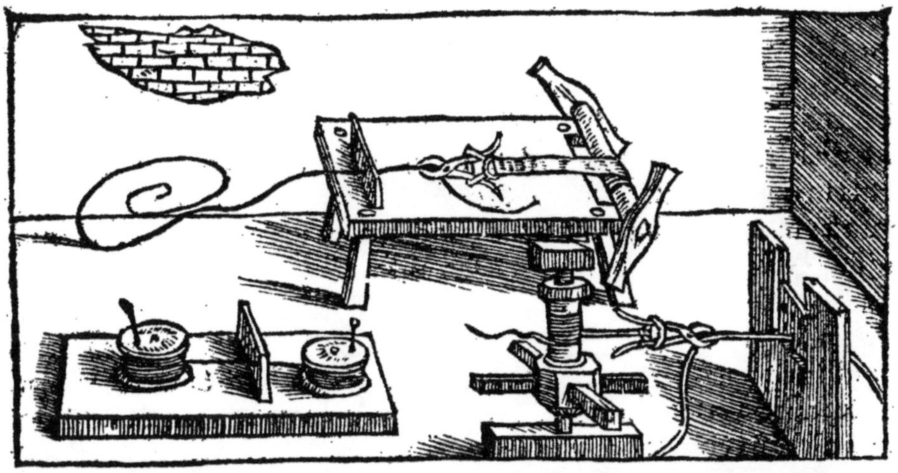

Trafile per i diversi passaggi secondo il diametro del filo. Per i diametri maggiori il filo era tratto con un argano verticale impiantato per terra *(in basso a destra; l'argano è mostrato schematicamente e manca della struttura),* sul quale si avvolgeva una corda che, mediante una staffa, tirava le pinze; in seguito si usava una trafila da banco con argano orizzontale che tirava le pinze mediante una grossa cinghia *(dietro);* per diametri minori si usava un semplice aspo a manovella (da BIRINGUCCIO 1540, c. 140 r)

Fig. 02.18

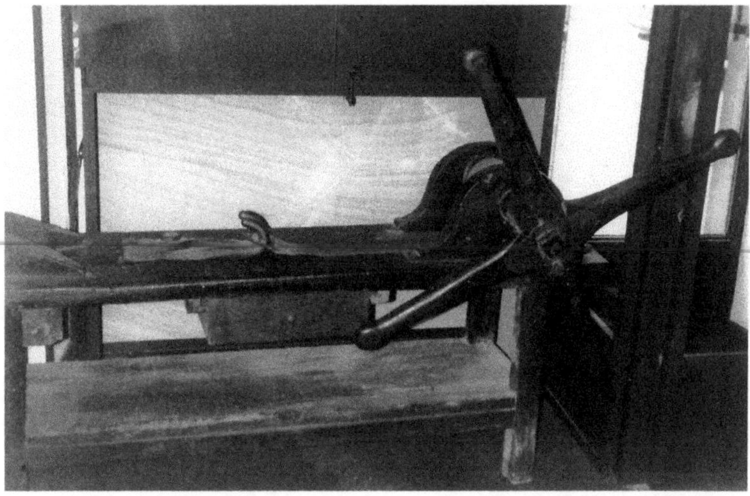

Trafila da banco azionata mediante argano. È stata usata fino a pochi anni fa ed è poco diversa da quelle attuali, ma è perfettamente paragonabile con quella illustrata dal Biringuccio nel XVI secolo. La piastra è collocata all'estrema sinistra e non compare nella figura; al centro ci sono le pinze con estremità dei manici formanti ganci, che passano in una staffa tirata da una cinghia (Per questa fotografia ringrazio i Maestri orafi signori Dante e Cosimo Di Lilla)

Fig. 02.19

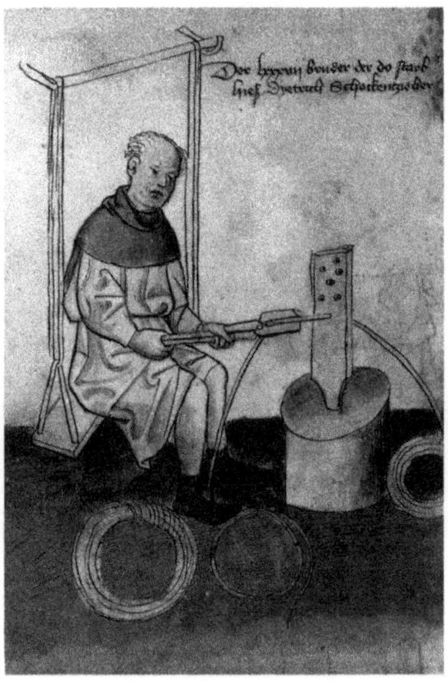

Un trafilatore tedesco attorno al 1435-36. Seduto sull'altalena, egli afferra con le pinze il filo che sporge dalla piastra davanti a lui e si spinge all'indietro coi piedi; al fondo della corsa rilascia il filo e dondola in avanti per afferrarlo più vicino alla piastra ripetendo il ciclo. (Dallo *Hausbuch der Mendelschen Zwölfbrüderstiftung,* Stadtbibliothek, Norimberga; ripreso da PFAFFENBICHLER 1992)

Fig. 02.20

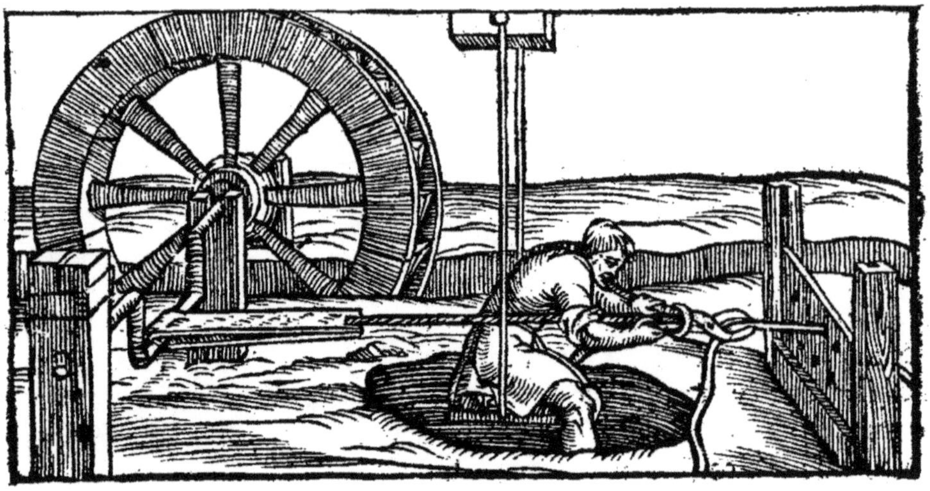

Trafila per vergella o filo di grande diametro mossa da ruota idraulica (daBIRINGUCCIO 1540, c. 140 v)

Fig. 02.21

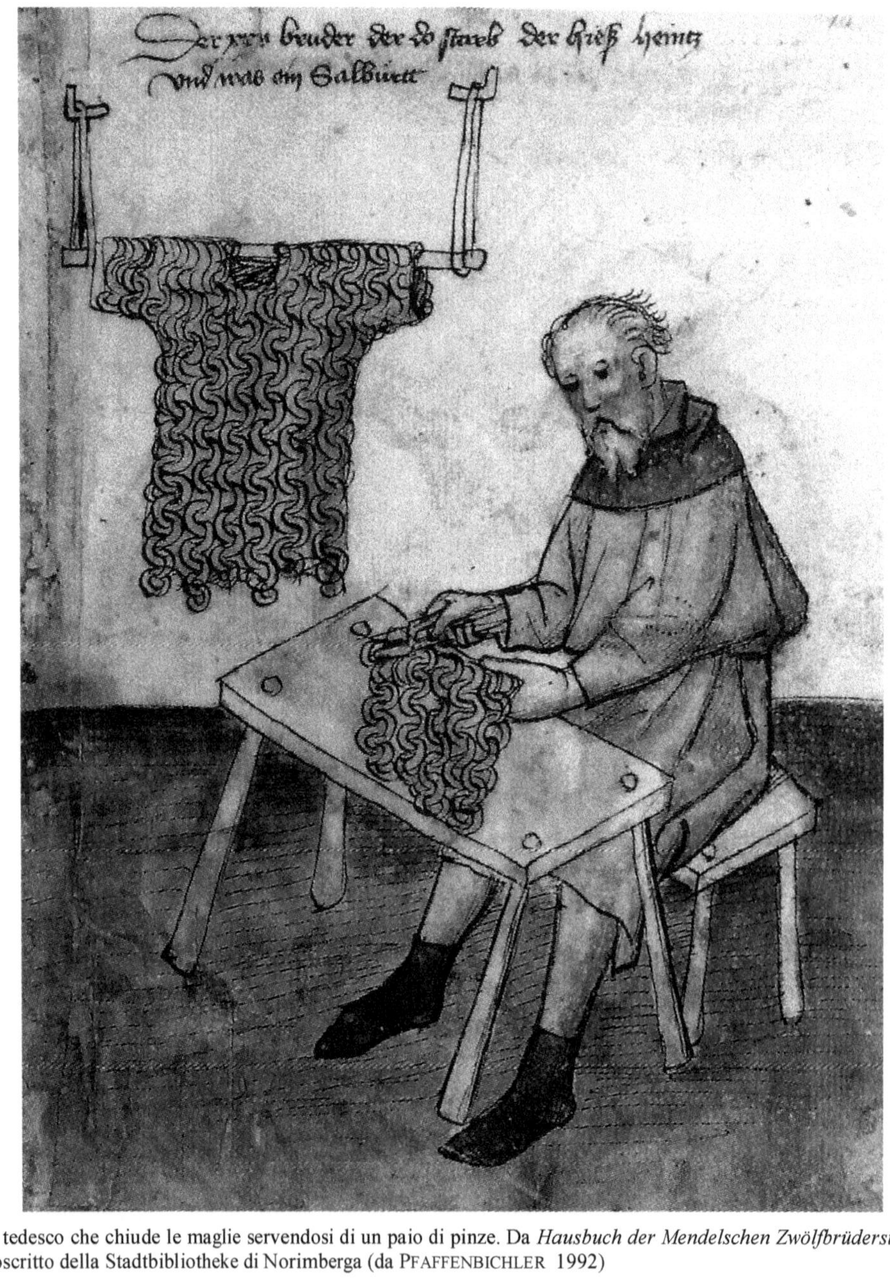

Usbergario tedesco che chiude le maglie servendosi di un paio di pinze. Da *Hausbuch der Mendelschen Zwölfbrüderstiftung,* 1435-1436, manoscritto della Stadtbibliotheke di Norimberga (da PFAFFENBICHLER 1992)

Fig. 02.22

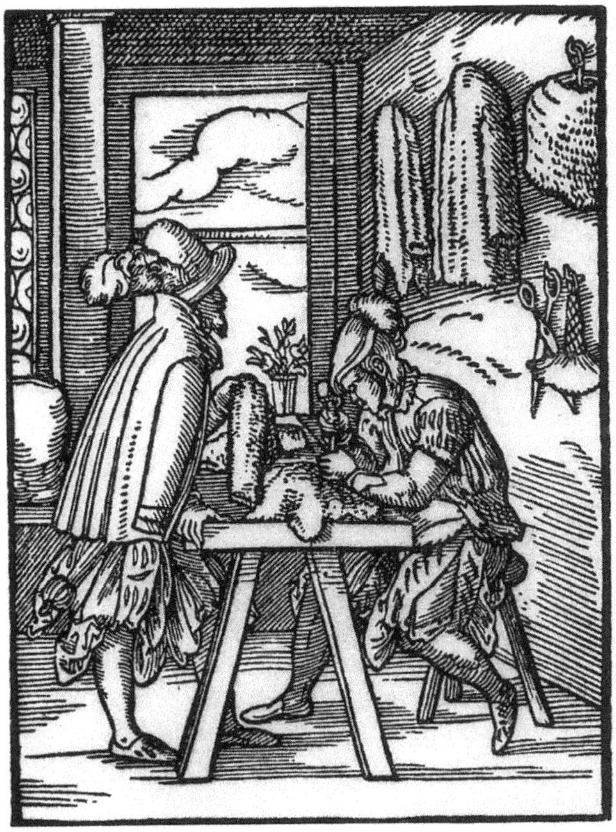

Usbergario tedesco che chiude le maglie servendosi di martello e punzone. Da Jost Amman, *Stände und Handwerker,* circa 1590 (da PFAFFENBICHLER 1992)

Fig. 02.23

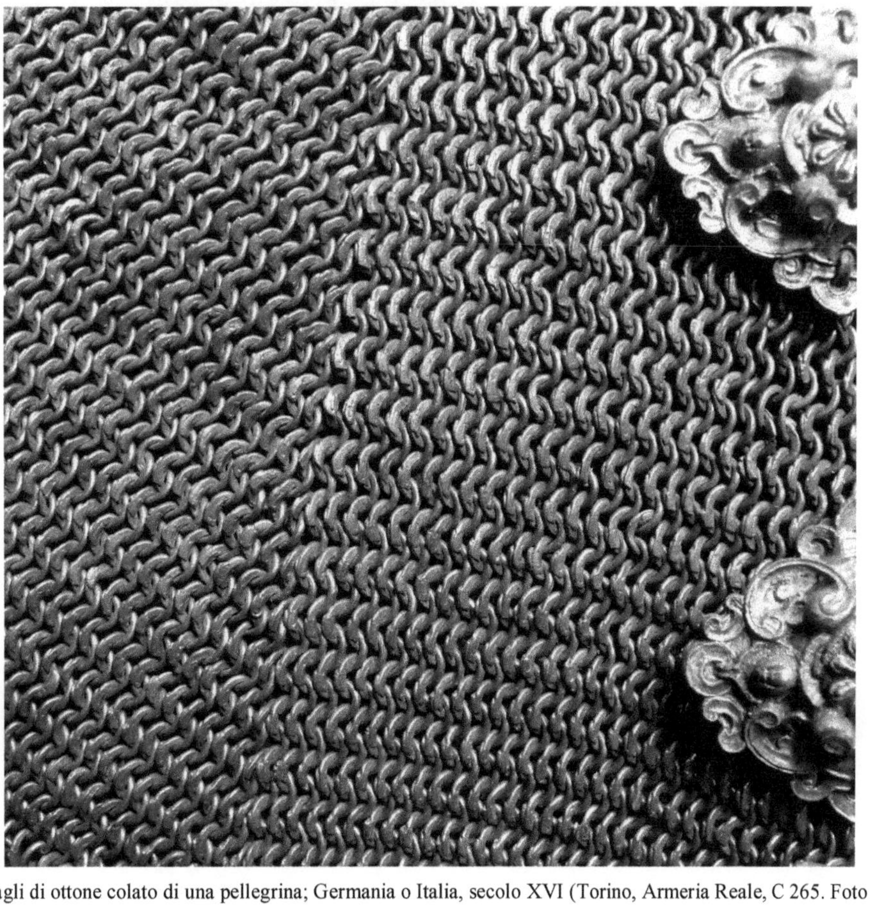

Fermagli di ottone colato di una pellegrina; Germania o Italia, secolo XVI (Torino, Armeria Reale, C 265. Foto GD)

Fig. 02.24

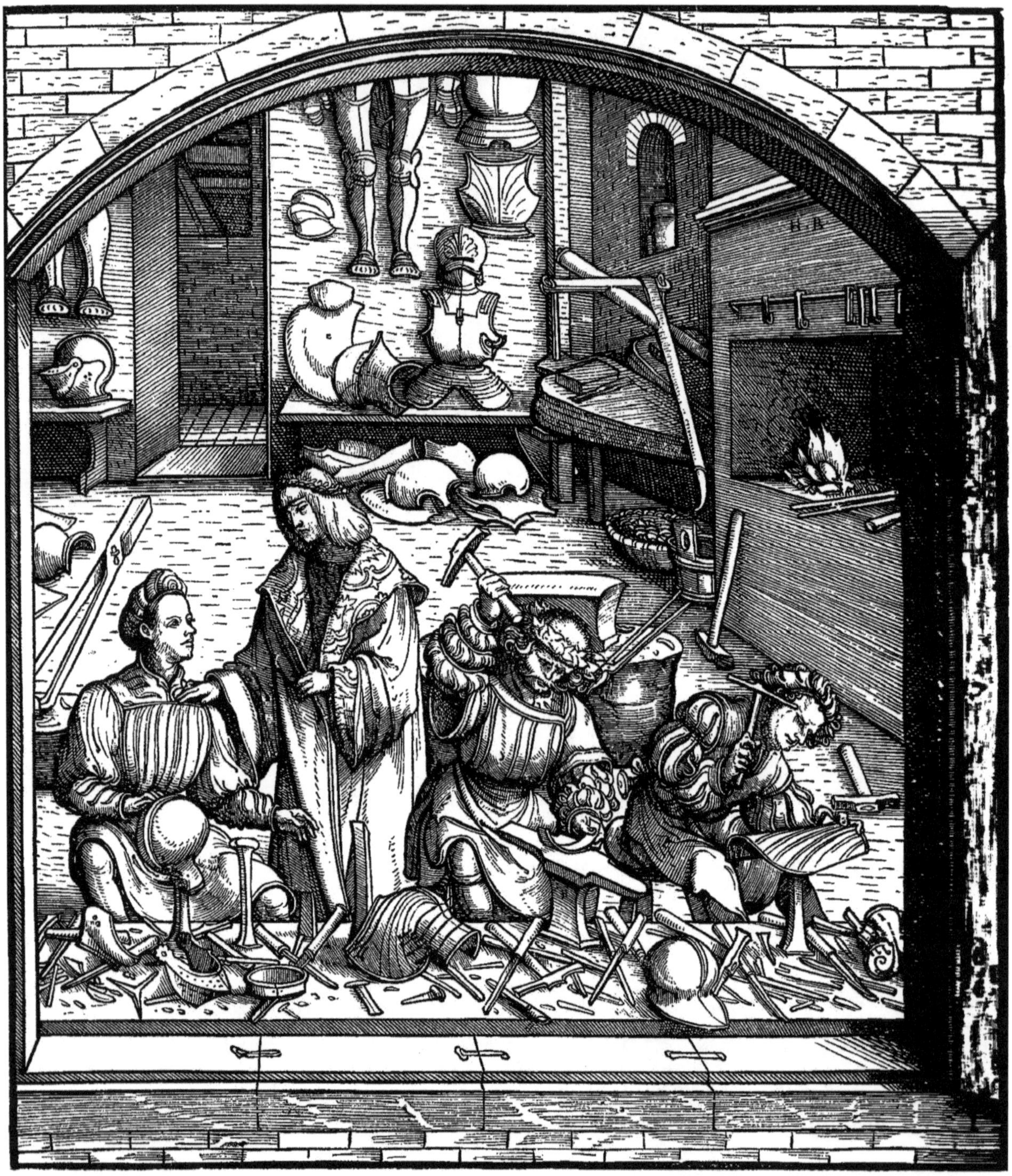

L'imperatore Massimiliano I conversa col suo armoraro Konrad Seusenhofer nella bottega di questo, ad Augusta. Questo e i due lavoranti stanno perfezionando parti di armatura mediante martellatura a freddo su tassi appositi e, presumibilmente, su un'incudine a lingua di vacca (al centro). Dietro si vedono una grossa cesoia (a sinistra), una pesante incudine senza corni e la forgia (a destra), coi mantici, il mastello per raffreddare le pinze e la cesta del carbone. Al fondo, sul pavimento, quelli che potrebbero essere modelli piani di parti d'armatura (ma la natura di essi è dubbia). Sul banco in primo piano, martelli, scalpelli, punzoni, probabilmente lime e quella che potrebbe essere una punta da tracciare o un attrezzo per allargare i fori. Silografia di Hans Burgkmair dal *Weisskünig*, 1514 (Collezione privata)

CAPITOLO 3

La Lucidatura

È facile immaginare che la superficie delle modeste «coiracie» genovesi del Quattrocento non ricevesse molte cure: una molata o una limata sommaria per togliere i più grossi segni del martello e poi la stagnatura o la vernice, che coprivano tutto. Si conoscono zuccotti e varie altre armi difensive da truppa, soprattutto tarde, che mostrano chiaramente i segni del martello. Ma, appunto, erano prodotti di qualità modesta, quando non infima. Tolti questi modesti pezzi da munizione, però, l'armatura era un oggetto intrinsecamente costoso e occorreva che si presentasse sempre con una certa dignità. Almeno per questo motivo è dunque certo che la maggior parte degli esemplari bianchi erano risplendenti, mentre tutti quelli decorati furono all'origine accuratamente forbiti: quasi tutti i procedimenti decorativi esigevano una lucidatura perfetta, sia per essere eseguiti, sia per manifestare tutto il loro valore. Discorsi analoghi possono farsi per ogni altro genere di arma e, anzi, di oggetto di ferro o d'acciaio, con qualche piccola avvertenza per cose come le canne, come le piastre da fucile e pistola (nelle quali era preponderante il lavoro di quello che nel XX secolo era detto aggiustatore e che spesso, soprattutto nei Paesi tedeschi, erano accuratamente rifinite anche all'interno), e per le lame, nelle quali la lucidatura si confondeva in parte con l'affilatura. Quella di cui s'intende parlare, però, è la lucidatura, per così dire, decorativa, e quella di preparazione agli interventi decorativi, cosicché l'affilatura, che trasforma una lista d'acciaio in una lama tagliente, non verrà approfondita. In qualche caso, poi, la lucidatura era essa stessa la decorazione, in particolare in oggetti come quelli in acciaio diamantato o brillantato, in cui fornimenti di spada di linea non necessariamente elaborata erano impreziositi da una miriade di «capocchie» e «perle» sfaccettate e lucenti appunto come diamanti. A questa lavorazione, appunto perché assai particolare, si dedicherà un paragrafo apposito.

L'epoca che si sta esaminando era ancora un'età di fatiche smisurate, e richiedeva grande fatica anche la lucidatura, che avrebbe reso speculare la superficie, ruvida e irregolare per le martellate, di quei pezzi d'acciaio. Le ruote ad acqua[1] già venivano applicate a numerose attività e continuavano a diffondersi, ma il lavoro compiuto con l'aiuto di esse risultava, e sarebbe risultato ancora a lungo, una piccola porzione del totale; il più era fatica umana. Si usavano dunque mole e anche ruote di legno, però alla fine il lavoro degli specialisti che si succedevano, soprattutto nelle ultime operazioni, non era meno duro di quello dei segantini che segavano legno e marmo, e anche i movimenti erano quelli: in piedi e piegati in avanti sopra un banco apposito sul quale era fissato il pezzo, spingevano avanti e indietro il loro attrezzo di legno disposto trasversalmente, simile a un coltello a due mani[2], con un andare e venire poco dissimile da quello dei galeotti al remo. Così sono raffigurati i lucidatori di lame del Cinquecento e così, in qualche caso, sarà ancora nell'Ottocento.

Un documento bresciano dell'inizio del Seicento[3] fornisce l'elenco delle operazioni per il completamento di un'armatura. Cominciava un «limatore», ma quali fossero i suoi compiti non è ben chiaro poiché egli è indicato insieme ai veri costruttori: «Nel formar un'arme di tutto punto si ricercano tre maestri: l'uno fa il corpo, l'altro li guanti e il terzo è il limatore». Questo fa sospettare che egli dovesse principalmente portare a misura i pezzi, forse lungo i margini, ma è pura ipotesi[4]. Nella rifinitura, comunque, in seguito veniva il molatore con una mola di pietra e poi lo smerigliatore

> [...] che le smerìa con una moladora di legno [...] Et queste smeriadore sono quelle che cavano quella ruspidezza che riceve l'arma dalla prima mola», di grana evidentemente piuttosto grossa. In seguito il pezzo passava ai «lustradori», che potevano anche essere donne e che «sono necessitati lavorar con le mani [...] et l'opera vien tanto lustra che non è differente dal specchio

Nel corso di molti secoli si era avuta un'evoluzione non tanto nei metodi, quanto in alcuni dei mezzi. Prima del 1257 si cominciò a muovere le mole mediante ruote idrauliche[5] e fu un miglioramento enorme rispetto al *Salterio di Utrecht*, del IX secolo, che mostra la grande mola mossa a manovella da un garzone (Fig. 03.01). Ma fu un miglioramento che allora potevano permettersi solo botteghe grandi e moderne e possiamo essere certi che richiese tempo per generalizzarsi. Nel Quattrocento, però, ne erano dotati anche artigiani probabilmente specializzati, con botteghe che paiono abbastanza piccole (Fig. 03.02). Invece fu certo dalla visita ad un grande centro «industriale» delle Fiandre che lo Stradano (Jan van der Straet, 1523-1605) trasse l'ispirazione per una delle sue

[1] La ruota idraulica sembra essere stata ideata attorno al I o addirittura nel III secolo a.C. (UCCELLI 1944, p.3). Nell'impero romano era diffusa anche per scopi diversi dalla macinazione dei cereali, mentre nel tardo Medioevo fu applicata ad ogni tipo d'impianto (FORBES 1962, p. 608 sgg.).

[2] Un attrezzo simile era usato, per alcune delle operazioni, dai lucidatori di lame giapponesi: cfr. YUMOTO 1958, pl. 43.

[3] *Catastico di Brescia* del 1609-1610, del capitano di Brescia Giovanni da Lezze, pubblicato in GAIBI 1963. A Brescia dal 1574 i doratori e lustratori costituivano un'università, mentre i molatori, prima indipendenti, furono riuniti in un «paratico» nel 1646.

[4] Il passaggio, poi, lascia in dubbio per quella che pare una grossa disparità: un maestro per le sole manopole e un altro per tutto il resto dell'armatura o anche solo del corsaletto?

[5] FORBES 1962, p. 619.

stampe[6], circa del 1590, raffigurante una batteria di cinque o sei ruote e mole di vario diametro. La ruota idraulica si diffuse anche nella produzione delle canne e delle altre parti di armi da fuoco e se non sappiamo come operassero le fucine più modeste, come in Piemonte quelle (più tarde, della fine del Seicento) di Barge e di Mathi, conosciamo però bene quali fossero i mezzi usati nella Regia Fucina delle Canne di Torino nei primi decenni del Settecento[7]. Le canne, forgiate e trapanate, venivano molate su un'apposita mola di pietra, del diametro di un metro e mezzo o due metri e spessa 20 o 25 centimetri. Le canne si tenevano appoggiate nella scanalatura di una specie di stecca di ferro chiamata *stanghetta*, con cui venivano spinte contro la mola, che ne asportava il metallo superfluo, rendendole della forma voluta e dando una prima, sommaria pulitura, mentre il «mastro molatore» ne controllava le dimensioni esterne nei diversi punti mediante un apposito calibro. Una mola più piccola serviva per particolari di minori dimensioni, come baionette e fornimenti di armi. Mole di oltre due metri erano usate anche dai fabbricanti di canne della regione di Liegi alla fine dell'Ottocento[8]; questi, però, montavano la canna su un mandrino assiale, che ne consentiva un più agevole maneggio.

Per le canne settecentesche la lucidatura era completata con una pulitrice, costituita da un disco di legno forte (olmo o rovere) del diametro di un metro o un metro e mezzo e dello spessore di sei centimetri, che immaginiamo fosse cosparso sulla periferia di qualche pasta abrasiva (ma la fonte coeva dalla quale ricaviamo le notizie non lo precisa), anch'esso mosso da ruota idraulica. In precedenza le armature erano ulteriormente lucidate a mano, come si è letto, al pari delle lame.

L'utilizzo delle ruote idrauliche ridusse la fatica, ma generò nuovi disagi. La necessità di quest'energia, unica disponibile oltre quella umana e animale, costringeva a impiantare le botteghe lungo i corsi d'acqua, spesso sotto il livello del canale di alimentazione della ruota, cosicché si lavorava in antri perennemente oscuri e stillanti umidità. Era il caso, fino a pochi decenni addietro, di molte delle botteghe specializzate nella molatura e lucidatura di prodotti di metallo come coltelli e lame in genere e, in tempi precedenti, anche armi difensive.

A seconda della specializzazione e delle abitudini locali, il molatore e il lucidatore assumevano una posizione diversa: talvolta lavoravano in piedi, altre volte seduti o ancora distesi sul ventre. I molatori di lame lavoravano spesso sulla parte più alta della mola stando distesi su un'asse, posizione quanto mai disagevole che li rendeva soggetti a varie malattie[9]. Il dipinto *Giunone nella fucina di Vulcano*, del Vasari (1511-1574), agli Uffizi, mostra un molatore di lame disteso al di sopra della mola (del diametro di oltre un metro). Attorno al 1770, in una tavola dell'*Encyclopédie* di Diderot e d'Alembert il molatore di lame è mostrato ugualmente disteso, mentre quello di canne appare in piedi di fianco alla mola, qui meno grande di quelle descritte per il Piemonte e per le Fiandre, e lavora sulla sommità della mola, tenendo l'altro estremo della canna appoggiato a un supporto. La fonte piemontese non chiarisce quale fosse nella prima metà del Settecento la posizione tenuta dai molatori e dai lucidatori di canne della Regia Fucina di Torino; probabilmente stavano in piedi, come si mostra nell'*Encyclopédie,* ma il maestro lavorava sulla parte anteriore della mola; il molatore di pezzi più piccoli, probabilmente seduto su una «banchetta», lavorava sulla parte alta della sua mola che, come si è detto, era assai più piccola[10].

Le poche attestazioni che conosciamo di lucidatura a ruota di armi difensive si collocano tra il 1571 e il 1620 circa e mostrano i lucidatori seduti davanti alla ruota. Nella più antica (Fig. 03.02), tedesca, si vede chiaramente che l'operaio, seduto, tiene il pezzo con le due mani e si aiuta con un ginocchio, opportunamente protetto, nel premerlo un po' sotto la metà della ruota stessa. Un altro documento (il dipinto *Venere nella fucina di Vulcano*, di Jan Brueghel e H. van Balen, alla Torre di Londra) è meno chiaro: i due molatori sembrerebbero seduti, ma lavorano sulla parte alta di mole sottili e di grande diametro. All'estremità dell'albero una ruota molto più piccola e non bagnata parrebbe destinata alla lucidatura.

In alcuni casi la lucidatura veniva probabilmente praticata in due fasi, prima e dopo la decorazione, e i primi passaggi erano spinti più o meno a fondo proprio a seconda del tipo di decorazione previsto. Nel caso della decorazione a sbalzo, che richiedeva un pesante lavoro di martello, è probabile che il primo passaggio fosse un po' più sommario; a nostro avviso, però, esso non veniva affatto trascurato, poiché sarebbe stato difficile sia lavorare, sia cogliere correttamente l'effetto del lavoro, su una superficie resa irregolare dalle martellature e inscurita per via di ricotture e rinvenimenti. Vero è che il pezzo sarebbe stato ricotto ancora più volte, e probabilmente decapato ogni volta con qualche blando aggressivo, ma solo dopo che il disegno era già stato tracciato, mentre scorie e «lordure» andavano allontanate per evitare il rischio di inglobarle nel metallo; una prima pulitura, anzi, poteva anche servire ad assicurarsi della qualità e omogeneità

[6] HALL 1963, Fig. 224.

[7] D'EMBSER 1732, vol. II, tavv. 204-205 e testo corrispondente nel vol. I.

[8] PURAYE 1967, figg. 8 e 21.

[9] Così traduciamo dal *Manuel de coltellerie*:

> Le botteghe, esigendo una forza motrice economica, che d'altra parte era l'unica esistente in passato, si collocavano lungo un corso d'acqua. Si trovava comodo poi, in mancanza di un acquedotto, alimentare le fosse delle mole derivando l'acqua dal fiume, cosicché alcune botteghe erano situate in vere cantine, in cui l'umidità trasudava da ogni parte. La posizione distesa degli operai, benché faciliti il lavoro, non favorisce la circolazione del sangue. Ogni molatore ha, allora, il suo cane addestrato ad accucciarsi sulle gambe del padrone durante le ore di lavoro per scaldarle
> (CABANIÉ 1932, p. 88, nota 1)

L'autore era stato vicepresidente della *Chambre syndicale* dei coltellinai di Thiers, in Alvernia.

[10] D'EMBSER 1732, tavv. 204-205.

del metallo che ci si preparava a lavorare, prevenendo gli «strappi». In quasi tutti i testi le raccomandazioni per la pulizia si ripetono come un'ossessione.

La mola era una ruota di pietra, *rotam lapideam ad molandum*, nel latino veneto del 1281, o un «disco ottenuto con un impasto solidificato di materiale abrasivo, che si fa girare a guisa di mola [da macinare] per levigare superfici, affilare utensili, lame e simili», secondo quanto ne dice Cennino Cennini alla fine del XIV secolo. Le mole naturali sono composte di arenaria, roccia formata da sabbie quarzifere tenute insieme da un legante di natura diversa: silicea, calcarea, dolomitica, argillosa ecc. Giacimenti di pietre adatte si sfruttarono fin da epoca remota in varie parti d'Europa, tra l'altro in Valsesia, nella Bergamasca, in Sassonia, in Slesia e nel Belgio. In Piemonte se ne cavavano nella regione di Mondovì, ma quelle importate dal Bresciano erano stimate migliori.

La mola era mantenuta bagnata da un filo d'acqua colante regolarmente su di essa, con lo scopo sia di allontanare le particelle di metallo e di abrasivo staccate, sia di evitare che mola e pezzo si riscaldassero. E quest'acqua, continuamente spruzzata all'intorno, contribuiva a rendere i locali particolarmente insalubri e sgradevoli. Nella citata stampa dello Stradano si osservano alcune primitive cautele, come un'asse opportunamente disposta e un telo pendente, per ridurre la diffusione di questi spruzzi e della polvere delle ruote da lucidatura. Nella Fucina di Torino si usava qualcosa di simile. L'acqua era spesso derivata (come a Torino) dal canale che azionava la ruota idraulica e veniva decantata in vasche di legno foderate di piombo dette a Torino *purgatori*, per allontanarne il limo e i corpi estranei. Sotto la mola una vasca raccoglieva l'acqua e i detriti staccati (la si vede bene nel già citato dipinto *Venere nella fucina di Vulcano*). Talvolta, come fecero i coltellinai francesi dell'Alvernia fino al XX secolo, invece che dall'acqua colante dall'alto la mola era bagnata facendola pescare nell'acqua della vasca sottostante.

Per la lucidatura gli abrasivi, da usare a mano o mediante i dischi di legno di cui si è detto (e sui quali si tornerà in seguito), andavano ridotti in polvere, se già non lo erano. Tra le caratteristiche di un abrasivo vanno notati la durezza, la dimensione dei grani e la vivezza degli spigoli, tutte cose che ora si controllano con strumenti e che all'epoca erano note per via di esperienza. Le sabbie, soprattutto quelle silicee, più dure, provenienti dalla disgregazione delle rocce, sono forse l'abrasivo di uso più antico: praticamente tutte le popolazioni primitive se ne servirono fino a tempi recentissimi, in modo un po' simile al nostro di usare la tela e la carta vetrate, strofinandole su metallo e legno mediante uno straccio, talvolta bagnato. Le sabbie dei fiumi hanno spigoli più vivi di quelle delle spiagge marine e tutte queste, dette «sabbie vive», sono migliori delle sabbie di cava, inevitabilmente commiste a materiali eterogenei. All'epoca che c'interessa erano usate, tra l'altro, per smerigliare il vetro, levigare i marmi e anche nella rifinitura degli oggetti di metallo. Nel XII secolo il Monaco Teofilo strofinava la sabbia con un panno di lana[11]. Il Cellini usa il verbo *arenare*, analogo all'attuale *sabbiare*[12], nel senso di «pulire con sabbia» e nel *Trattato dell'oreficeria*[13] (ma ne parla anche il Vasari) si legge: «arenare con la renella di vetro (che la vendono e' bicchierai, e con quella s'arena molto bene)». La polvere di vetro è in qualche modo simile alla sabbia, di durezza varia secondo la composizione del vetro da cui è tratta, ed era preferita in molti casi, forse perché si poteva controllarne meglio la grana pestandola, lavandola e decantandola. Sicuramente usata era anche la farina fossile, costituita dai resti silicei di alghe microscopiche. Ne esistono giacimenti in Algeria (Orano), in Francia (Indres, Alvernia), in Irlanda e in Germania (Hannover, Anhalt, Assia); in Italia è ottima quella del Monte Amiata. Una varietà di farina fossile più dura e un po' più grossolana (ma siamo sempre a livelli microscopici) è il *tripoli*, citato dal Cellini prima del 1571 come «tripolo» ma noto ben da prima, dal momento che un documento non datato in latino ligure dice che «*candelabra absterguntur pulvere puniceo quem dicunt tripolim*» («i candelieri si puliscono con la polvere punica [ossia nord africana] detta tripoli»)[14]. Un abrasivo di durezza media è la pomice, minerale vulcanico siliceo derivato dalla fusione di rocce feldspatiche, molto poroso e leggero. La migliore proviene dall'isola di Lipari, che ne fornì e ne fornisce a tutto l'Occidente. Può essere usata in polvere o in pezzi tagliati in forme varie. Attorno al XIV secolo ne parla un Mastro Aldobrandino volgarizzato, mentre il verbo «pomiciare» con significato di «strofinare con la pomice» si trova nel Cellini. Che si usasse specificamente per forbire le armi difensive si ricava anche da un documento inglese[15] del 1513 che, nell'elencare l'attrezzatura dell'armoraro di Enrico, conte di Northumberland, comprende anche «*a pomyshe, & ij fylles*» e «*emmery & oile for dressing my Lord's harnes*», ossia «una pomice e 2 lime» e «smeriglio e olio per la manutenzione delle armature del mio signore».

[11] TEOFILO 1140, libro III, cap. LXXIII, *De opere punctili: Deinde [laminae de cupro] purgantur cum subtili sabulo, et cum ferris ad hoc aptis poliuntur* («poi [le lamine di rame] si puliscono con sabbia sottile e si lucidano con ferri adatti»); libro III, cap. LXXIIII, *De opere ductili: Quod opus [...] debet in exteriori parte purgari cum laneo panno et sabulo* («E quest'opera... si deve pulire al di fuori con un panno di lana e con sabbia»).

[12] Nel XX secolo, però, la sabbiatura veniva praticata mediante un getto di sabbia scagliato ad altissima velocita da un'apposita macchina contro l'oggetto.

[13] CELLINI *Oreficeria*, XII, *Lavorare di minuteria*; VASARI, *Introduzione*, XXXIII.

[14] CORTELAZZO-ZOLLI 1988, alla voce.

[15] Da FFOULKES 1912, pp. 30 e 80:

> 1513. *Equipage of Henry, Earl of Northumberland Emmery & oil* for dressing my Lord's harnes. Leather, bokills & naylles for mendyng of my Lord's harnes. Towles conserning the mending of my Lord's harnes. Item a payre of nyppers, a payre of pynsores, *a pomyshe*, & ij fylles. Item a small sti'the, a hammer, and all ouyr stuffe and tooles belonginge an armorer. Item viij yards of white blaunkett for trussing of my Lord's harnes in

Sti'the è termine dell'inglese antico, usato fino ai tempi di Shakespeare (*Amleto*, III, 2, 89) con significato di «incudine», mentre *towles* è il moderno *tools* («attrezzi»).

Lo smeriglio è il più duro tra gli abrasivi di uso antico. È un corindone, ossia ossido di alluminio, che nelle varietà trasparenti, incolori o colorate, dà il rubino, lo zaffiro, lo smeraldo orientale, il topazio orientale, l'ametista orientale, usate come gemme. La varietà che fornisce l'abrasivo ha struttura granulare e, macinata, dà polveri di varia finezza e colore grigiastro. Il migliore viene dall'isola di Nasso; meno pregiato quello di Smirne. Lo si trova indicato come *smeriglum* nel latino di Bologna del 1283 (dal greco bizantino *smyridion*). P.A. Mattioli, nella sua traduzione di Dioscoride del 1544[16], ne dice: «Lo smiri si chiama volgarmente smeriglio & è notissima pietra, & è di quella istessa con la qual trita si poliscono le gioie», mentre prima del 1597 G. Soderini usa il verbo *smerigliare* nel senso di «strofinare con smeriglio allo scopo di lucidare e levigare».

La lista continua ancora e comprende la polvere di marmo, particolarmente il bianco statuario di Carrara, la calce spenta (simile a quella dell'edilizia ma, se rigorosamente esente da materiali eterogenei, adatta a fornire superfici a specchio) e diverse varietà di creta (non argilla, ma un carbonato di calcio formato da resti di foraminiferi e radiolari). La migliore è bianca, friabile, facile da spappolare nell'acqua formando una poltiglia untuosa al tatto. Le più note andavano sotto i nomi di bianco di Spagna, bianco di Meudon, bianco di Troyes, terra di Vicenza. In varie ricette troviamo indicato il carbone di legna. Tra gli altri il Cellini[17] per rifinire il niello suggerisce: «Di poi piglia tripolo e carbone pesto e, con una canna fatta piana dal midollo, con dell'acqua tanto strofinerai la tua opera che tu la farai unita e bella». Il Bosse[18] (1645) ne insegna un uso diverso, non solo, ma spiega anche come farlo. Si scelgono alcuni pezzi di carbone di salice molto dolce, «di quelli che gli orefici usano comunemente per saldare», grossi, pieni e senza fenditure, se ne raschia accuratamente la corteccia (ricca di minerali come il silicio e spesso sporca di terra), si mettono nel focolare e si coprono di altri carboni accesi e di abbondante cenere rovente, in modo che non prendano aria. Dopo circa un'ora e mezza si ritirano dal fuoco e, così ardenti, si gettano in acqua fredda, lasciandoli raffreddare. Se ne sceglieranno, poi, quelli che siano ancora ben pieni e senza fenditure e si useranno in pezzi interi. Una pubblicazione[19] del 1836 informa che «l'orefice impiega a pulire i metalli i più preziosi» persino del carbone di corno di cervo.

Per la pulitura di pezzi arrugginiti, agli abrasivi in polvere non a base di calcio si uniscono sali acidi in polvere che, con lo stemperarli in acqua, diventano attivi, facilitando l'attacco alla crosta più dura della ruggine. Una ricetta di qualche decennio fa comprende smeriglio, pomice e cremortartaro. Non sappiamo se nel Quattrocento e Cinquecento l'artificio fosse già applicato. Certo è che il tartaro delle botti (tartrato acido di potassio, polvere cristallina bianca) è testimoniato appunto come «tartaro» fin dal 1320 e per tutto il Cinquecento, mentre cremor di tartaro o cremortartaro sarebbe la medesima sostanza «purgata». Ma quella è una miscela usata per la manutenzione di pezzi mal conservati. Per la smerigliatura di pezzi nuovi, alla polvere si aggiungeva un po' di olio, che evitava le rigature: lo si fa tuttora e che lo si facesse all'inizio del Cinquecento si ricava dal documento inglese citato poco sopra in cui si parla di «smeriglio e olio per la manutenzione delle armature».

Con l'aggiunta di un legante si avevano paste abrasive, simili a quelle usate sui dischi e i feltri delle lucidatrici (e, ancora pochi decenni addietro, sul cuoio per affilare i rasoi). Il legante poteva essere sapone, cera o altro; per il ferro il migliore era ed è ritenuto il sego, per cui si hanno paste composte di sego e polvere abrasiva in parti uguali, oppure di sego e cera montana bianca e altrettanto abrasivo. Queste paste venivano spalmate sulle ruote di legno, come tra l'altro sembra indicare un ulteriore documento inglese del 1514: *28 lbs. of white soap for tempering the said mill* («28 libbre di sapone bianco da stemperare sulle dette ruote» mosse ad acqua)[20].

La lucidatura, dunque, poteva essere compiuta interamente a mano con un attrezzo simile ad un coltello a due mani con cui condurre l'abrasivo, altrimenti, soprattutto per grandi produzioni, si svolgeva presumibilmente in questo modo. Il pezzo, portante i segni del martello, veniva pareggiato con lime, dapprima grosse, poi più dolci ed eventualmente di forme particolari (il citato documento inglese del 1514 parla di *great fylys* e di *crest fylys)*. In seguito il pezzo veniva passato alla mola, poi alle ruote di legno con abrasivi sempre più fini così da ottenere una lucidatura soddisfacente. Le parti non raggiungibili con la ruota venivano lucidate a mano, con pasta abrasiva oppure polvere abrasiva unita a olio spalmate su tela grossolana o feltro[21]. Anche in epoca avanzata, dunque, con le mole si compiva solo la parte più grossolana del lavoro. In ogni epoca, però, oggetti di forma un po' complessa, come possono essere certe lame scanalate (di cinquedea o di certe spade), varie canne, come quelle filettate, le armature «spigolate» o «alla massimiliana» e altro, vennero però certamente lucidate interamente o in grandissima parte a mano, se del caso con l'aiuto di attrezzi costruiti allo scopo. E lo stesso si deve ritenere per oggetti scolpiti in ferro, come certe preziose armi da fuoco, e per parti d'armatura lavorate a sbalzo, ossia a cesello.

[16] MATTIOLI 1544, p. 440.
[17] CELLINI *Oreficeria*, I.
[18] BOSSE 1645, p. 14.
[19] BOSI 1836, N. 17, p. 259.

[20] FFOULKES 1912, p. 30. Qualche riga prima, nel medesimo documento, si legge: «For a millwheel with stondard, 2 beams & brasys (braces) belonging thereto and two small wheels to drive the glasys etc.». Non ci azzardiamo a contraddire il Ffoulkes con una diversa traduzione del pur breve brano in inglese antico, ma non pensiamo che il sapone servisse per la lubrificazione dell'albero delle ruote (*glasys,* secondo il Ffoulkes), bensì che fosse da spalmare sulle ruote stesse insieme all'abrasivo.
[21] Un modesto potere abrasivo ha anche la pula di riso (che però nel Cinquecento era ancora poco diffuso in Occidente), ricca di silicio, mentre il Vasari ricorda che per la lucidatura dei marmi si usava paglia di grano e Teofilo (TEOFILO 1140, l. I, cap. XXII e *passim*) raccomanda l'uso di un'erba palustre che chiama *asperella*.

Per avere un'idea di quale fosse il ciclo completo della lucidatura a mano può essere interessante leggere quanto nel 1645 prescrive il Bosse[22] per forbire le lastre di rame da incidere per la stampa, tenendo presente che a quest'epoca forse le lamiere erano già prodotte con laminatoi, ma fino a pochi decenni prima si producevano mediante martellatura a mano o al maglio, e così si vendevano. Le lastra da incidere per la stampa (insieme agli specchi e alle lenti, la produzione delle quali ricevette un forte impulso proprio in questi decenni), sono forse le superfici che più abbisognano di una forbitura perfetta, poiché la minima imperfezione, accogliendo l'inchiostro, si traduce in una macchia sul foglio stampato. La lastra va prima passata energicamente per dritto e per traverso con un pezzo di pietra (arenaria) relativamente grossolana fino a farne sparire tutte le tracce della martellatura e gli eventuali «buchi» e «paglie» dovuti a difetti del metallo e «qualunque specie d'ineguaglianza», bagnando continuamente «con acqua pulita». La si lava con cura e si ripassa con pomice e acqua per fare sparire le righe lasciate dalla pietra, e le tracce della pomice si fanno a loro volta sparire con una pietra da cote di grana molto fina sempre bagnando, lavando infine con acqua «chiara e pulita» in modo che non vi rimanga «alcuna polvere o lordura». Per il passaggio successivo serve un pezzo di carbone, preparato nel modo che si è descritto, avendo cura di provare che non sia troppo tenero, così da scivolare, né troppo «acre o rude», poiché morderebbe «troppo rudemente», ma un po' «aspro» e tale che mangi il metallo «facendo un rumore dolce», e si passerà sul metallo «tant & tant de fois» che sulla superficie non appaiano più righe, paglie o buchi, «per piccoli che siano». «E se dopo aver fatto quanto si può col carbone, apparisse ancora qualche riga o buco», si metterà mano al brunitoio, strumento d'acciaio duro o di agata, arrotondato e perfettamente liscio, strofinando ancora, «e non sarà affatto male ripassare su questi punti col carbone». Insomma, una gran fatica. E sempre curando che attrezzi, acqua e tutto il resto siano ben puliti, in un mondo che pulito non è per niente.

«A conservare le arme lucente» si provvede ungendole con olio comune in cui per nove giorni si sia lasciata della limatura di piombo; questo, almeno, se vogliamo seguire le istruzioni di un ricettario del 1424-1456[23]. Il Cellini, però, dice che ai fornimenti di spade e simili si applica una vernice trasparente, ossia una resina disciolta, forse a caldo, in trementina, di cui si dirà in altro capitolo.

L'acciaio diamantato

Attorno alla metà del Settecento o poco prima si cominciò a usare un acciaio detto brillantato o diamantato[24]. Probabilmente fu ideato in Inghilterra e, pur senza soppiantare gli altri materiali e mezzi decorativi, si diffuse ampiamente anche altrove (in Francia, Italia, Spagna, Prussia, Russia) e restò di moda ancora per alcuni decenni dell'Ottocento, venendo applicato alla produzione o decorazione di oggetti di svariatissime specie: fornimenti di spadini, bottoni, borse e borsette, fibbie, tabacchiere, scatole da cucito, mobili, e altro ancora. Era molto stimato e in Inghilterra tali oggetti erano detti *fine and delicate steel works* e in Francia *bijouterie d'acier*. In effetti, anche se il materiale è semplice acciaio, l'effetto è straordinario e la lavorazione era tanto lunga e delicata da far sì che quegli oggetti arrivassero a costare persino più di quelli di metallo prezioso[25].

Le forme più tipiche prodotte erano «perle» rotonde od ovali e piccole «borchie», anche queste tonde od ovali, sfaccettate come pietre preziose e rese lucentissime da una lucidatura straordinaria. Le perle venivano montate in successione mediante maglie passanti di filo di ferro; le borchie potevano essere rivettate sull'oggetto da decorare ribattendone il gambo dall'interno, oppure avvitate in piccoli fori filettati.

Il materiale di partenza era un ferro della migliore qualità, in qualche caso un ferro in barre dalla frattura «cristallina e brillante» di origine svedese, oppure un «acciaio fuso», rigorosamente esente da difetti come paglie e scoria inclusa, e all'inizio del processo veniva ricotto e decarburato con cura per renderlo lavorabile[26]. Per questo i pezzi, immersi da ogni lato in limatura di ferro per uno spessore di almeno un centimetro, venivano chiusi in una scatola di ghisa o di lamiera pesante sigillata con argilla impastata con cimature di panni e altro (l'antico *lutum*), che si metteva sulla forgia e si portava al calore rosso chiaro per quattro ore, lasciando poi raffreddare lentamente mentre il fuoco si spegneva naturalmente. Ridotto in lamiera di spessore uniforme mediante un laminatoio, lo si passava alla pressa a bilanciere[27], median-

[22] BOSSE 1645, p. 13.

[23] Il cosiddetto *Manoscritto veneziano:* TOSATTI 1991, p. 213, n. 603.

[24] Il *Dizionario terminologico delle armi bianche dal medioevo all'età moderna* (DE VITA 1983), alla tav. 24, Fig. C/1ª, definisce questo materiale «acciaio marcassitato» con presumibile riferimento alla marcassite (solfuro di ferro in cristalli gialli di lucentezza metallica), riferimento che però non viene chiarito e al quale noi non troviamo spiegazione. I termini «acciaio brillantato» o «diamantato» sono invece contenuti negli ordinari vocabolari italiani e sono in uso da molto tempo.

[25] Per la descrizione dei procedimenti ci rifacciamo a un testo inglese (GILL 1830, vol. VI, pp. 275-288: cap. LXI, *On fine and delicate Steel Works),* che contiene anche un brano ricavato dal francese *Dictionnaire Technologique*, sulla *Bijouterie d'Acier.* Quella che presentiamo è una sintesi; il testo completo è stato pubblicato da NORMAN 1980, pp. 402-408.

[26] GILL 1830, p. 402:

> These steel beads and studs are formed either of well annealed sheet or hoop iron; or which is better, of cast steel decarbonated, and which is thereby reduced to the state of the softest and purest iron, and is entirely free from the defects of the ordinary iron, such as flaws, blisters &c.

[27] La pressa a bilanciere è costituita da un'incastellatura in cui una grossa vite sale e scende in una sede filettata; alla sommità della vite è montato un «bilanciere» formato da due bracci ciascuno dei quali termina con un peso. Una spinta imprime al bilanciere un moto orizzontale che muove la vite, facendola scendere. È macchina molto conveniente, consentendo un sensibile risparmio di fatica rispetto ad altri dispositivi manuali, in particolare rispetto al conio battuto con la mazza, ed è molto più precisa. Presse a bilanciere erano già usate nel secolo XVII per la coniazione di monete;

te la quale si ottenevano cilindretti forati secondo l'asse per le perle, o capocchie piatte per le borchie.

I cilindretti, tenuti con un attrezzo appuntito passato nel foro assiale, venivano trasformati in sfere o ellissoidi mediante limatura. Partendo da tondelli di lamiera sottile, con vari passaggi alla pressa a bilanciere e ricuocendo ogni volta, si ottenevano anche perle cave, sia sferiche sia ovali, che in seguito erano trattate come quelle piene. Sul rovescio dei dischetti destinati a divenire borchie, con uno scalpello si praticava un'incisione, nella quale si piantava l'estremità appiattita di un pezzetto di filo di ferro, che sarebbe divenuto il gambo della borchia. Per fissarlo con sicurezza, il gambo si saldava a brasatura con un procedimento che sembra all'epoca (fine del Settecento o primi decenni dell'Ottocento) fosse abbastanza diffuso. In un cartoccio di carta pesante bagnata si chiudevano numerose borchie, insieme a pezzetti di ottone e un po' di borace, si copriva il cartoccio con argilla plastica impastata lasciando solo una piccola apertura e, quando il materiale era divenuto abbastanza secco e duro, si poneva sul fuoco della forgia, girandolo da ogni parte finché non si vedevano i fumi dello zinco fuso, componente dell'ottone, esalare dall'apertura; allora si toglieva dal fuoco e si faceva rotolare qua e là sul pavimento così che l'ottone si distribuisse dappertutto. Quando l'argilla era fredda, si spezzava, trovando i fili di ferro perfettamente saldati. Afferrandole con una pinza adatta, le capocchie venivano lavorate a lima per arrotondarle.

A questo punto perle e borchie erano cementate o, come si diceva, *temprate a pacchetto,* per indurirle. Si aveva però cura di proteggere i gambi delle borchie con piccole masse d'argilla perché non indurissero, conservandosi malleabili. Anche la cementazione e la tempra si praticavano su numerosi pezzi insieme, disponendoli in una scatola di lamiera pesante o di ghisa a strati alternati a polvere di ossa «da cui i distillatori d'ammoniaca avessero già estratto le parti volatili» oppure di carbone animale ottenuto bruciando ritagli di cuoio, facendo in modo che ogni pezzo fosse interamente attorniato dalla polvere. La scatola si poneva poi sul fuoco o in un forno del tipo di quelli usati per fondere l'ottone, dove veniva lasciata varie ore, così che il carbonio contenuto nella polvere avesse modo di diffondersi negli strati superficiali del metallo. Tolta la scatola dal fuoco, se ne gettava immediatamente il contenuto in acqua fredda, che temprava le perle e le capocchie, che in superficie avevano assunto le caratteristiche dell'acciaio, mentre le parti interne e i gambi protetti dall'argilla erano rimasti dolci.

Perle e capocchie così indurite avevano però ancora la superficie arrotondata e per esaltarne la lucentezza occorreva tagliarle a faccette. Queste si ottenevano mediante dischi orizzontali rotanti di peltro o stagno sui quali con una specie di pennello si applicavano polvere di smeriglio e acqua (con tecnica simile a quella dei tagliatori di diamanti e altre gemme). Varie dozzine di perle o borchie, montate insieme su appositi attrezzi, venivano premute sul disco con l'angolo opportuno, regolato mediante un appoggio, variabile secondo le diverse faccette che lo smeriglio spianava.

Ottenuta una sfaccettatura regolare, la superficie andava lucidata. Le borchie si fissavano su un blocco di mastice composto di pece, terracotta polverizzata, cimatura di panni e un po' di cera d'api (formula antichissima), ammorbidito col calore tanto da permettere di piantarci dentro i gambi in modo che le teste risultassero accostate l'una all'altra. Di nuovo si applicavano smeriglio, macinato più fine del precedente, e acqua, spazzolando in ogni direzione con una grossa spazzola dura fino a fare sparire le righe lasciate dal taglio delle faccette; l'operazione era ripetuta con un composto nero di ferro e acqua fino a togliere i segni precedenti. Le borchie erano allora pronte per ricevere l'ultima lucidatura, che si faceva con un mastice composto di bianco di Spagna (nitrato basico di bismuto) e olio di lino cotto, della consistenza di una pasta di pane, o con ossidi di piombo e stagno in polvere finissima mescolata con acqua o, meglio ancora, con alcol puro; si usarono anche carbone d'abete e rosso d'Inghilterra. Il lavoro era lungo e l'abrasivo era strofinato da donne con le mani nude: fino al 1830 non si era ancora trovato «un efficace sostituto della morbida pelle che si trova sulle delicate mani delle donne»[28]!

Nella lucidatura delle perle i primi passaggi si compivano mediante spazzole rotanti intrise di olio e smeriglio in polvere progressivamente più fine, alle quali si presentavano numerosi pezzi infilati su un filo di ferro chiuso ad anello. Una volta eliminati i segni del taglio delle faccette, la lucidatura si completava con i medesimi abrasivi descritti sopra, strofinati da donne con le dita.

Si usò anche la barilatura, già applicata per lucidare gli aghi: i pezzi, insieme a smeriglio, mattone pestato, vetro pesto, ossido di ferro impastati con acqua fino alla consistenza di una pasta soffice, erano introdotti in barili montati su perni e fatti ruotare da ruote idrauliche o con altri mezzi. Si barilava lentamente e continuamente per ventiquattr'ore, poi si lavava e si barilava a secco per altre venti ore insieme a rosso d'Inghilterra, bianco di Spagna od ossido nero di ferro. C'è da pensare, però, che questo mezzo non fosse il migliore poiché la barilatura arrotonda gli spigoli. In un modo o nell'altro, finalmente perle e borchie erano pronte: si filettava, se era il caso, il gambo delle borchie, mentre le perle erano infilate sulle maglie di una catenella per montarle sull'oggetto da decorare, per esempio uno spadino (Fig. 03.07).

l'*Encyclopédie* (1777) ne mostra una con bilanciere lungo circa quattro metri mosso da tre o quattro uomini mediante corde.

[28] GILL 1830: «No effectual substitute for the soft skin which is only to be found upon the delicate hands of women, has hitherto been met with»

Fig. 03.01

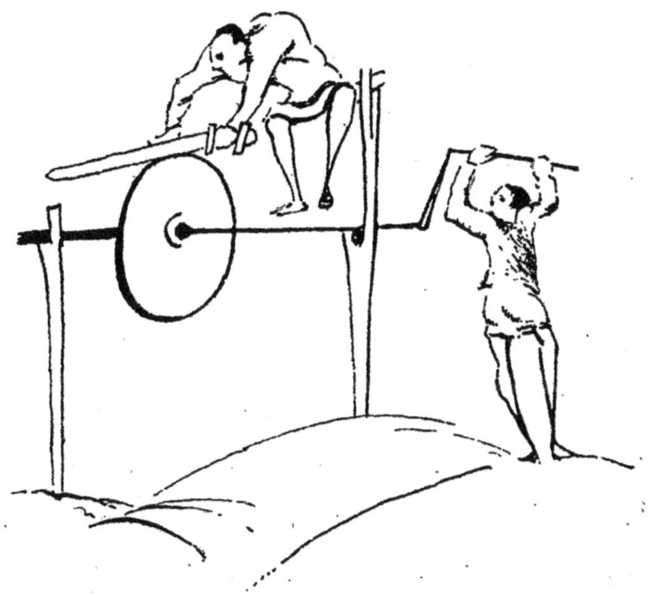

Arrotatura di una spada con una mola mossa a manovella; dal *Salterio di Utrecht*, IX secolo (da SINGER E AA. 1961/1965)

Fig. 03.02

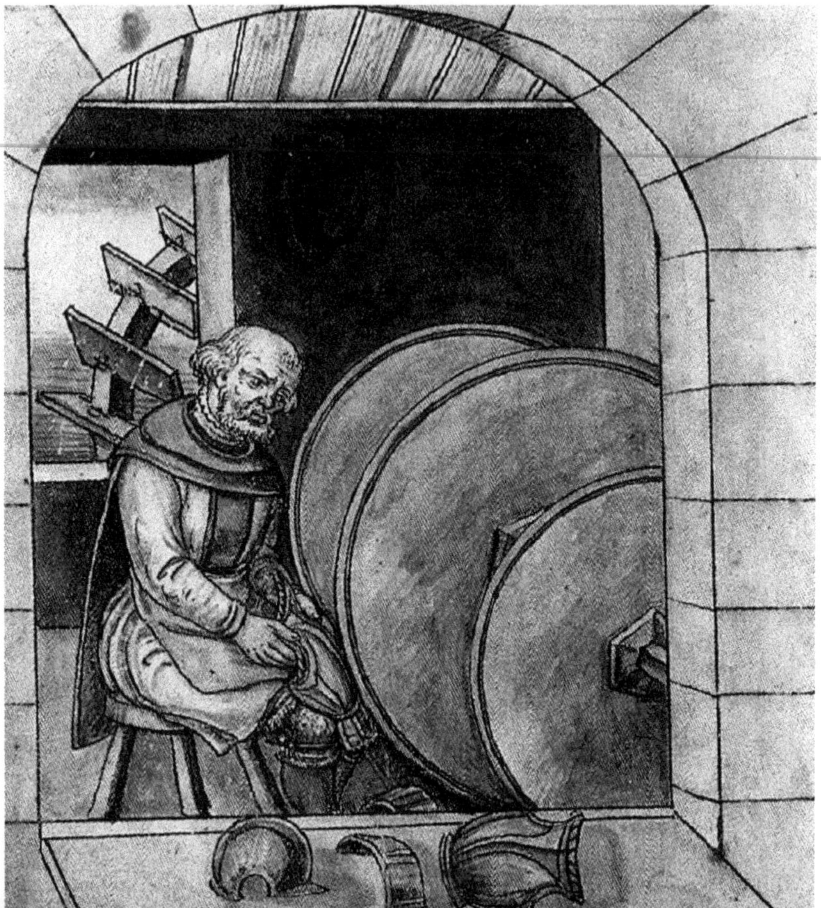

Lucidatura di parti d'armatura con ruota mossa ad acqua; Germania, 1571. L'artigiano si aiuta con un ginocchio, opportunamente protetto, nel premere il pezzo contro la parte bassa della ruota. Si può ritenere che si tratti di lucidatura e non di molatura perché il disco non è bagnato: per evitare il surriscaldamento sulle mole generalmente si faceva gocciolare acqua. Queste, dunque, sono probabilmente ruote di legno coperte di pasta abrasiva eventualmente sopra un rivestimento di cuoio. La piccolezza dell'albero fa pensare che sia metallico. Da *Hausbuch der Mendelschen Zwölfbrüderstiftung,* Stadtbibliothek, Norimberga. (da PFAFFENBICHLER 1992)

Fig. 03.03

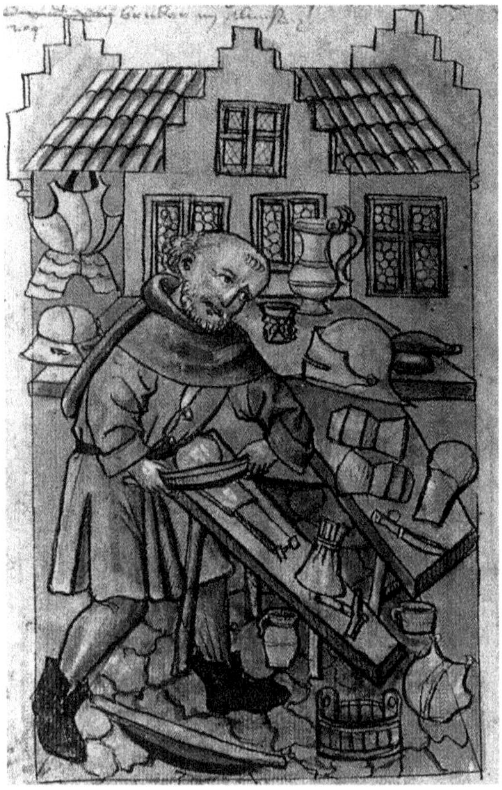

Artigiano che lucida a mano parti d'armatura; Germania, 1483. Qualcuno dei recipienti raffigurati certamente contiene abrasivo in polvere o in pasta, probabilmente in graniture diverse, e qualche altro contiene olio o grasso. Da *Hausbuch der Mendelschen Zwölfbrüderstiftung,* Stadtbibliothek, Norimberga (da PFAFFENBICHLER 1992)

Fig. 03.04

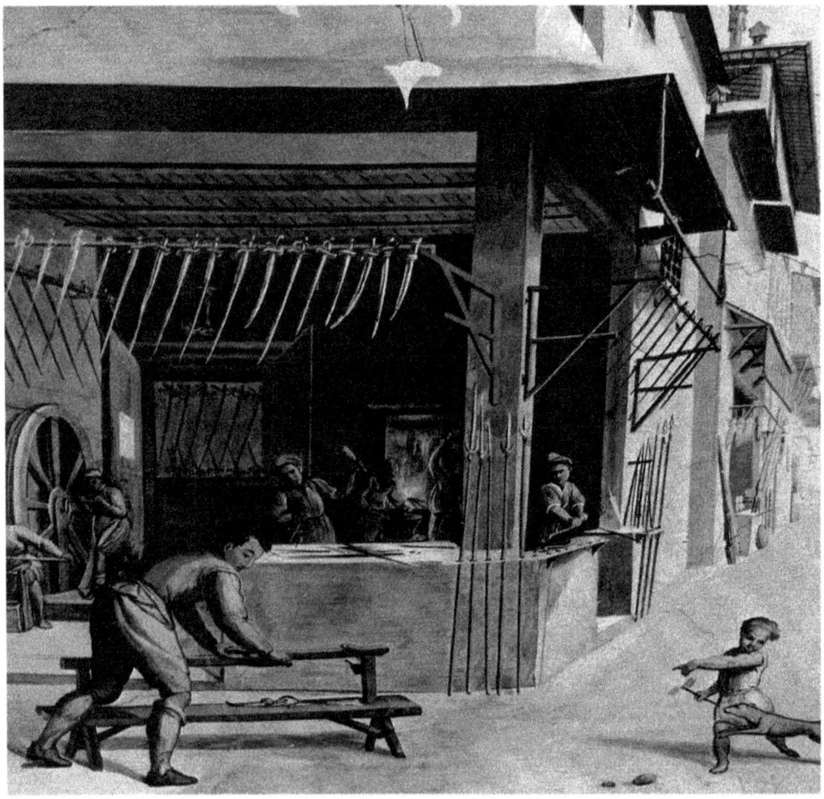

Bottega di spadai e lanciari, ultimo quarto del XVI secolo. A sinistra in fondo si vede una grande ruota mossa a manovella, che fa ruotare una mola da affilatura; in primo piano un lucidatore forbisce a mano una lama. È probabile che la forgia in fondo al locale non servisse a forgiare lame né ferri di armi d'asta, generalmente prodotti da "maestri di lame" in località specializzate, ma piuttosto a produrre fornimenti. Lo spadaio di solito si limitava a rifinire e montare le lame, e infatti in francese era detto *fourbisseur,* «forbitore» (Firenze, dipinto su un soffitto degli Uffizi)

Fig. 03.05

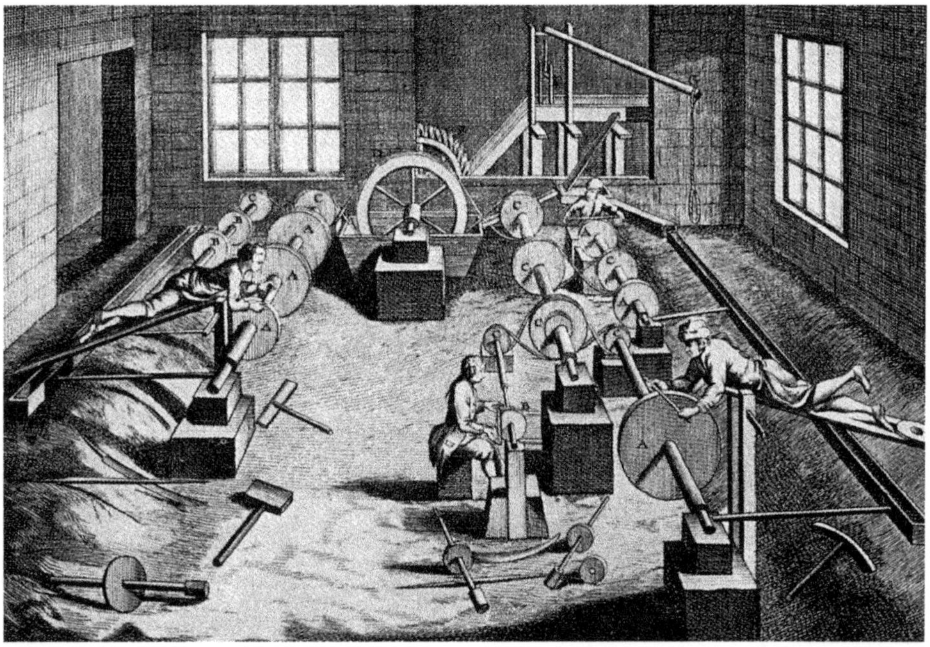

Lucidatura di canne e lame, Francia, circa 1770. A seconda del lavoro, gli specialisti assumono una diversa posizione: distesi sul ventre, seduti o in piedi a fianco della ruota. L'umidità del locale era accresciuta dalla necessità di tenere continuamente bagnati con acqua corrente, derivata dal canale esterno e condotta attraverso canaletti che qui paiono di legno, i cuscinetti degli alberi, che non erano lubrificati (da *Encyclopédie* 1777, Planches, vol. 12, *Fabrique des armes,* pl. II-III)

Fig. 03.06

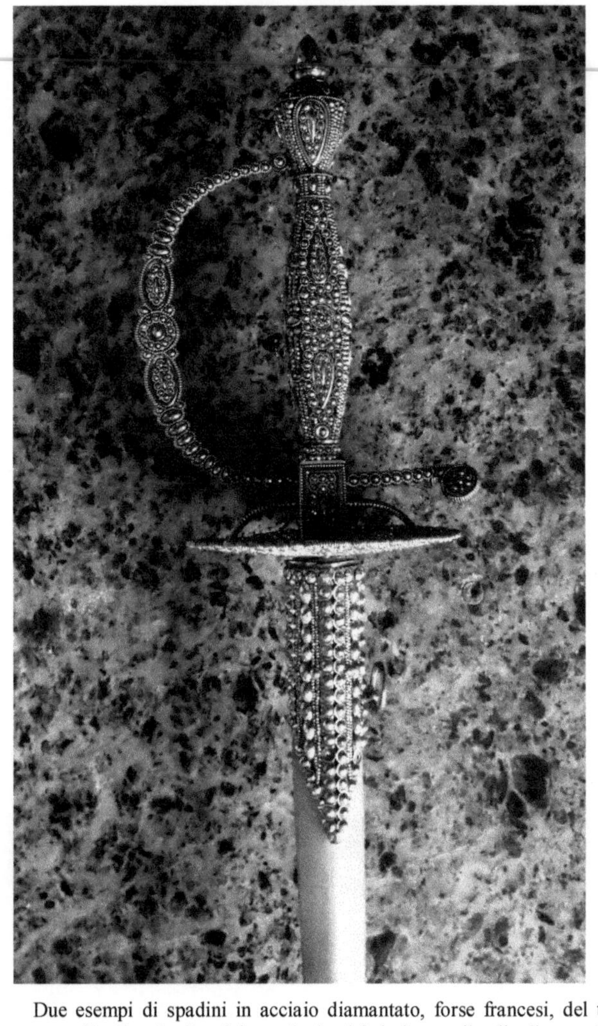

Fig. 03.07

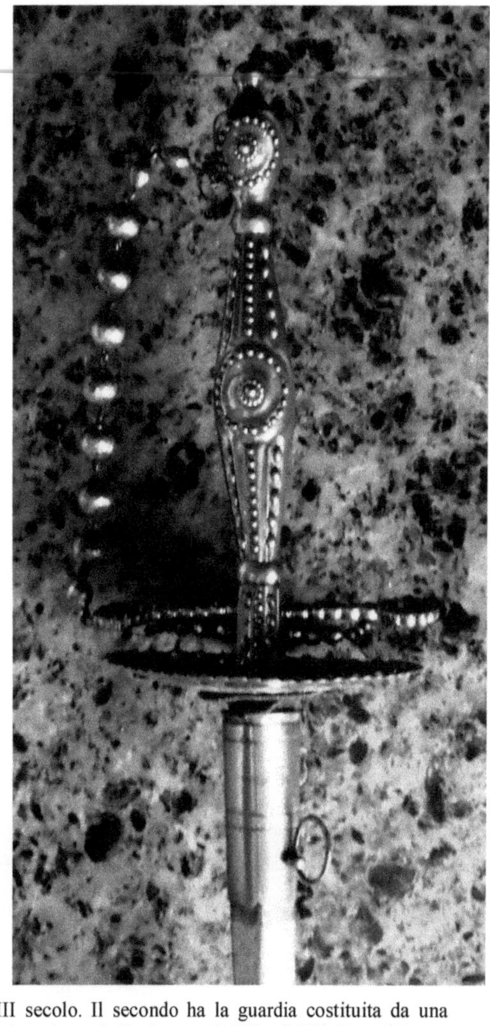

Due esempi di spadini in acciaio diamantato, forse francesi, del tardo XVIII secolo. Il secondo ha la guardia costituita da una catenella di perle d'acciaio; ambedue i foderi sono di pelle di pesce bianca. Torino, Armeria Reale, cat. G 218 e G 230. Foto GD.

CAPITOLO 4

Il Cesello

La decorazione a cesello, ossia a sbalzo, come anche viene detta, si pratica sulla lamiera di metallo *deformandola,* cioè rialzandola e abbassandola *senza asportarne materiale*. Nel parlare comune spesso alla parola «cesellato» si danno altri significati, in particolare quello di oggetto «lavorato con grande finezza o con minuzia». Qualche autore contemporaneo chiama poi «cesello» la scultura in metallo massiccio, significato che non concorda né con le fonti antiche né con l'uso attuale di orafi e argentieri. Nell'ambito delle armi, poi, vi sono oggetti lavorati con grande finezza e oggetti in cui invece il cesello è servito per ottenere forme più possenti, per esempio mascheroni, che non possono dirsi minuziosi (eventualmente la minuzia sarà poi aggiunta con qualche altra tecnica, come l'agemina): resta che gli uni e gli altri sono capolavori e sono ottenuti con la medesima tecnica, che consente di avere risultati molto vari. Poco meno del bulino, il cesello è insomma uno strumento versatile, dal quale la mano esperta ricava forme svariatissime.

Quella del cesello è tecnica nota dalla più remota antichità, essendo già usata in Mesopotamia attorno al 3000 a.C. e in Egitto circa alla stessa epoca, e se ne facevano anche armi di rappresentanza, come il casco di elettro (lega di oro e argento) proveniente dalla necropoli di Ur, in Caldea, e risalente al 2500 a.C., conservato al Museo Iracheno di Baghdad[1]. In tutto il mondo classico incontrò grande fortuna e lo dimostra, tra l'altro, un rilevante numero di elmi e di altre armi difensive, talvolta lavorati splendidamente, provenienti sia dal mondo greco, sia da quello italico e romano[2].

In epoca rinascimentale il cesello fu usato largamente su elementi decorativi per mobili e altro, e su armi difensive, ma solo saltuariamente su altre armi[3], alle quali in generale non si adattava. Le armi difensive così decorate, però, erano in gran maggioranza da parata, poiché anche le meno elaborate erano sempre costosissime, mentre la discontinuità delle superfici faceva venir meno la capacità di esse di deflettere i colpi[4]. Se ne discostano alcuni esemplari tedeschi di cui si dirà meglio.

Si è già ripetuto che su alcune armi tardomedievali e rinascimentali talvolta è difficile dire dove si collochi il confine fra costruzione e decorazione, e questo è vero particolarmente per le armi difensive. Dalla metà del Quattrocento, soprattutto nei Paesi tedeschi, le armature dette «gotiche», specialmente le più esasperate (come quella di Sigismondo, arciduca d'Austria, opera di Lorenz Helmschmid del 1480 circa, ora alla Hofjagd- und Rüstkammer di Vienna[5], o quella di un von Freyberg, ora alla Wallace Collection di Londra[6], circa della stessa epoca), affidano la loro eleganza a un raffinato insieme di pieghe e nervature, che però giovano anche a irrigidire le piastre. Nei primi lustri del Cinquecento nasce l'armatura spigolata, detta «alla massimiliana», in cui la «pieghettatura» si fa più fitta e i rilevati acquistano andamento quasi parallelo, occupando tutte le superfici disponibili: coppo dell'elmo, petto, spallacci e bracciali, manopole, scarselle, cosciali. Questo però, strettamente parlando, non è cesello ma imbutitura, non solo perché è tanto geometrico, ma anche perché è ottenuto con altri mezzi. Gli strumenti sono specializzati ma semplici: tassi, ossia specie d'incudini piantate in un ceppo, a testa appositamente conformata, e martelli anch'essi appositi, come sono raffigurati nella famosa xilografia del Burgkmair (fig. 03.24) e come sono elencati nel già citato inventario inglese del 1514: «Creste stake [...] creste hammer for the hedde peces, [...] creste hamer for the curace, ... boos hamer» («tasso da creste, martello da creste per copricapi, martello da creste per corazze, martello da imbutire»). La parte più significativa, se non proprio la maggiore per quantità, di questo lavoro si compie a freddo, come si deduce dal fatto che nella xilografia citata l'artigiano tiene il pezzo con le mani nude. (Il metallo, però, incrudisce e occorrerà di tempo in tempo ricuocerlo, come si dirà in seguito, per fargli riacquistare la perduta malleabilità.) Gran parte dei copricapi di questo tipo, tuttavia, porta creste e orli che simulano cordoni o altre forme decorative, talvolta molto rilevati ed elaborati, cosicché il tracciare un confine fra le due tecniche è difficile; e infine è anche inutile: il maestro padrone del mestiere adottava (e si costruiva) gli strumenti secondo le necessità.

[1] Al British Museum si conservano un toro a tutto tondo, alto circa 70 centimetri, e un pannello recante ad alto rilievo un'aquila e due cervi, alto 105 cm e lungo oltre due metri, ambedue in lamiera di rame sbalzata (il primo con un'armatura interna di legno) provenienti da Im-Dugud, in Mesopotamia, e risalenti al 3000 a.C. circa. Al 2300 a.C. risale un gruppo di statue in grandezza naturale, tra le quali quella del faraone Pepi I, sempre ottenute con più pezzi di lamiera di rame sbalzata molto finemente, soprattutto nei tratti del viso, che si conserva al Museo Egizio del Cairo (MARYON-PLENDERLEITH 1961, vol. I, fig. 428-431, inoltre fig. 435).

[2] Alcuni esempi di età classica sono riprodotti in PYHRR-GODOY 1999, pp. 79-89.

[3] Uno dei rari esempi di arma non difensiva così decorata è la balestra del principe elettore Augusto di Sassonia, accompagnata da cofanetto per i verrettoni, opere di Franz Kaphan di Dresda attorno al 1570, conservata alla Rüstkammer di Dresda; si veda GODOY-LEYDI 2003, p. 404 e sgg.

[4] PYHRR-GODOY 1998, p. 16.

[5] Hofjagd- und Rüstkammer, cat. A62.

[6] MANN 1962, Wallace Collection, cat. A21.

Questa tecnica si diffonde (sono note armature «alla tedesca» fabbricate altrove, per esempio a Milano: fig. 04.01) e in Italia s'incrocia col gusto rinascimentale, dando qualche sobrio ed elegante capolavoro come il corsaletto all'antica di Girolamo Martinengo, prodotto presumibilmente a Brescia attorno al 1540 (fig. 04.02).

Il primo esempio di vero cesello di grande respiro su armi si era avuto nei Paesi tedeschi con la barda da cavallo dell'imperatore Federico III prodotta ad Augsburg nel 1477 da Lorenz Helmschmid: pettorale a forma di angelo reggente uno scudo e fiancali come aquile bicipiti. In quest'area, però, l'indirizzo aveva avuto poco seguito e in pratica resta rappresentato solo da un'altra barda, ora conservata alla Torre di Londra (VI.379), barda che però ha tutt'altro livello qualitativo. Nei primi decenni del Cinquecento in quest'area si hanno le *Kostümharnisch*, le «armature a costume», che nel ferro imitano i rigonfi e le stratagliature degli abiti di tessuto. È un altro caso in cui non si sa dire se si tratti ancora di imbutitura o se già non vi sia qualcosa del cesello. Il gusto è grottesco, già lo si è osservato, ma i risultati tecnici sono di altissimo pregio.

Negli anni attorno al 1520, però, in ambito tedesco si erano usate anche armature a costume o semplicemente spigolate completate da elmetti con visiera riproducente fattezze umane grottesche o maschere ferine[7], frutti di un gusto momentaneo, epigoni, subito tramontati, di un gotico ritardatario. Nonostante le forme, almeno alcuni di questi elmetti furono destinati a un uso reale, ma non c'è dubbio: per il movimento delle superfici e l'arditezza dei rilevati e dei sottosquadri, alcuni di questi pezzi possono essere indicati tra i capolavori del cesello. Il metallo è abbastanza pesante, l'acquaforte assente o quasi.

In seguito il cesello non scompare propriamente dall'ambito tedesco; lavori paragonabili a quelli che s'incontrano in Italia e più tardi in Francia, però, non se ne trovano. In opere come quelle di Desiderius Helmschmid (fig. 04.06), Anton Peffenhauser e altri negli anni attorno al 1550, il rilievo ha un'applicazione abbastanza limitata e un uso molto diverso da quello italiano e francese. Il risalto è modesto e piuttosto uniforme e sembra pensato solo per fornire alla vera decorazione (che di solito non è figurata) un piano rilevato che la valorizzi; a questo cesello non si chiede ricchezza di particolari, per i quali, invece, ci si appella agli acquafortisti come Jörg Sorg il Giovane. L'effetto plastico è poco sfruttato: elementi decorativi come il mascherone sono rari; armi-oggetto come certi prodotti italiani o francesi con elaborate scene e composizioni ricche di figure non esistono. L'artefice tedesco e il suo committente preferiscono i lavori di martello, gli stessi che hanno dato le già dette «armature ad abito», i cui finti intagli (geometrici, in fin dei conti) sono appunto messi in risalto dall'acquaforte a fondi anneriti e dalla doratura.

Intanto, però, in Italia il cesello sta trionfando con i corsaletti definiti «alla romana», «all'antica» e simili, e con tutta la vasta produzione, che si attua principalmente a Milano e a Mantova, a tema decisamente rinascimentale. I brocchieri e soprattutto le rotelle (fig. 04.08, 04.12), generalmente in coppia con una borgognotta o altro copricapo, forniscono ampie superfici sulle quali l'estro artistico può sviluppare quei temi, tratti dalla mitologia classica o talvolta dalla storia sacra, in scene movimentate e ricche di personaggi, contornate da ornati diversi, ottenute con un rilievo non molto pronunciato, ma vario, mosso, nervoso, precisissimo, infine arricchito da abbondante oro e argento all'agemina o a foglia (meno a fuoco e solo per aree che nella composizione devono risultare uniformi), senza interventi all'acquaforte, salvo che su bordi e aree piane nettamente distinte. Dopo la metà del secolo opere simili compaiono anche in Francia e nei Paesi Bassi[8], per i quali la tecnica non sembra sensibilmente diversa da quella praticata in Italia.

Motivo tipico tra le opere italiane di questo momento è il mascherone, che invece ha risalti più arditi e addirittura, quando entra a far parte di copricapi o simili, si avvicina al tuttotondo (fig. 04.11).

Strumenti del cesellatore sono ceselli e martelli. *Cesello* è parola antica: il latino *caesellum* che deriverebbe da *caedere*, «percuotere», e indica uno strumento, una specie di piccolo scalpello *senza taglio* per lavorare i metalli deformandoli, senza asportazione di truciolo: «i detti ceselli si fanno senza taglio nessuno», dice il Cellini. Gli oggetti ottenuti o decorati con l'uso di esso vengono anche detti «lavorati a sbalzo» e non siamo riusciti a trovare che le due locuzioni siano state usate per indicare procedimenti in qualche modo diversi; per lo più, anzi, vengono usate come sinonimi: il cesello è una «specie di punzone con la punta foggiata in varie forme che serve a sbalzare e cesellare metalli», mentre si dice «a sbalzo [il] lavoro di cesello che produce un rilievo». Non c'è rapporto tra il cesello e il bassorilievo ricavato dal pieno, che rientra nella scultura, ma il cesello si usa anche su metallo pieno, per rifinire e perfezionare le fusioni in bronzo, come le statue e le artiglierie[9].

La tecnica, antichissima come si è detto, è ben stabilita ai tempi del Monaco Teofilo[10], che nel XII secolo la chiama

[7] Oltre le due di Torino, qui illustrate, se ne conservano a Vienna, Hofjagd und Rüstkammer, A.78, A.237, A.342, A.461; a Leeds, Museum of the Royal Armoury, II.2 e IV.33; a Parigi, Musée de l'Armée, M.123 e altrove.

[8] Per un rapido excursus sulle opere francesi si veda REVERSEAU 1982a, p. 49 sgg.; per approfondimenti stilistici THOMAS 1977.

[9] In D'EMBSER 1732 (tav. 182 e testo corrispondente) si illustrano le diverse varietà di ceselli usate per rifinire i pezzi d'artiglieria in bronzo, che alla sua epoca sono riccamente decorati. Anche questi, però, restano attrezzi per *deformare il metallo* senza asportarne, poiché stemmi, cartigli e arabeschi sono stati ottenuti di fusione e occorre solo lisciarli, precisarli ed eventualmente lavorarne minutamente le superfici, per esempio «a zigrino» o «a camoscio». Solo per scontornarli si usano bulini e ciappole, che asportano un truciolo.

[10] TEOFILO 1140, Libro III, cap. LXXIIII, *De opere ductili*.

opus ductile (dal verbo latino *ducere*, «condurre», poiché il metallo viene «condotto» nelle forme desiderate e se ne sfrutta quel carattere detto duttilità). Egli già possiede ceselli, martelli e tassi, in qualche caso (come tuttora usano gli argentieri) sostituisce questi ultimi con un pezzo di piombo che, cedendo sotto i colpi del martello, permette di modellare il metallo, ma soprattutto conosce l'artificio principale, il «mettere in pece». Egli lavora seduto, tenendo l'oggetto nella sinistra e il cesello nella destra. I suoi ceselli sono lunghi un palmo, variamente conformati a un estremo e provvisti di testa dall'altra parte e su questa il garzone, seduto di fronte al maestro, batte con un martello più o meno pesante colpi più o meno energici secondo le istruzioni.

Tenuto conto delle modestissime differenze, possiamo dunque saltare impunemente qualche secolo e rifarci al Cellini che, principalmente nei capitoli XII e XIII del *Trattato di oreficeria*, dà di questa tecnica una descrizione chiara e precisa. Raramente (e, riteniamo, solo con altre tecniche) egli lavorò il ferro, ma tra un Cellini che modella un vaso per un cardinale e un Negroli che per Carlo V «tira» una borgognotta altrettanto fantasiosa l'unica differenza sta nel materiale e, vista la duttilità dell'oro e dell'argento, è probabile che il favorito sia proprio il Cellini. Per ottenere i risultati che conosciamo occorre, perciò, che il Negroli e i suoi colleghi armorari adottino strumenti e tecniche simili a quelle degli orefici e argentieri, ma lavorino con le cautele imposte dal ferro. La prima formatura si fa coi soliti martelli di pesi vari ma dal manico piuttosto corto e dalla testa generalmente allungata e di forme svariate per formare e tirare il metallo; si batte su incudini di vari tipi, in particolare «a lingua di vacca», su bicornie e su diversi tassi[11]. Per la decorazione, però, l'attrezzo principe è il cesello, battuto con un martello apposito, che non sappiamo come sia nel Cinquecento, mentre nel Settecento, per la rifinitura di pezzi d'artiglieria, ha testa molto corta a due bocche, ambedue rotonde e quasi piatte, e manico abbastanza lungo e di sezione rotonda.

È certo che non si partiva da una lamiera di spessore uniforme. Come si è già visto, i «taglieri» prodotti nelle valli del Bresciano e destinati ad essere trasformati in copricapi avevano caratteristiche particolari e probabilmente erano più spessi al centro perché vi fosse metallo sufficiente a rialzare il coppo per ottenere solo alla fine uno spessore uniforme[12]. Del pari, occorrendo più metallo dove lo si doveva rialzare a fini decorativi, anche il cesellatore in ferro lavorava lamiere di spessore non uniforme, appunto secondo il suggerimento dato dal Cellini a chi si accingeva a eseguire un progetto comportante rilievi sensibili: occorre, egli dice, che la lamiera «la sia più sottile dagli lati e un poco grossetta in mezzo».

Si può ritenere che, come ammonisce Teofilo (che parla anche lui d'oro e d'argento), prima di accingersi a un lavoro tanto impegnativo anche l'armoraro avesse cura di esaminare attentamente il metallo «perché per caso non ci sia qualche «vescica» o fessura, cose che si presentano spesso per l'incuria o la negligenza» di chi lo ha prodotto. Su questo metallo il soggetto veniva disegnato con penna e inchiostro e con la punta d'acciaio[13], dopo di che il pezzo di metallo prezioso o di rame era «messo in pece», ossia riempito (o coperto dal lato destinato a risultare interno) di un impasto che il Cellini componeva con «pece greca, un poco di cera gialla, insieme con del mattone, ciò è terra cotta benissimo pesta»[14]. La proporzione dei componenti dipendeva dalla consistenza che s'intendeva dare all'impasto e questa, a sua volta, dipendeva dal metallo più o meno duttile, dal tipo di lavoro e dalla stagione dell'anno, ossia dalla temperatura ambientale: le botteghe non erano riscaldate e il banco era prospiciente la porta o finestra, che nel Cinquecento si può ritenere provvista di vetri, ma che in precedenza era chiusa solo da fogli di carta oleata e talvolta aperta. I pezzi piccoli o non grandi venivano (e vengono) poi fissati, per mezzo della medesima pece, sulla faccia piana di una mezza sfera di pietra del diametro di una trentina di centimetri o più, che, appoggiata a sua volta su un cércine di cuoio imbottito o collocata in un foro del banco, poteva essere orientata in tutte le direzioni.

Gli armorari, però, lavoravano ferro e acciaio, materiali molto meno duttili, meno «morbidi», dell'oro e del rame, ed è probabile che non si servissero affatto di pece ma solo di piombo, come sembra indicare un documento milanese del 1558[15]. In questa data, infatti, il noto armoraro milanese Filippo Negroli, il grande cesellatore milanese di armature, lascia la bottega di famiglia, separandosi dai fratelli, e assume in proprio tutte le armature decorate a cesello o destinate a essere decorate a quel modo. Tra le varie clausole dell'accordo, inerenti soprattutto la possibilità per Filippo di usare gli strumenti della bottega per terminare quei lavori, si legge anche che «data la necessità di riempire e vuotare di piombo i detti lavori, i messeri Battista e Alessandro [suoi fratelli, che

[11] «Tenevo un certo tassettino tondo, in su il quale io lavoravo, e di mano in mano io tiravo l'oro con un piccolo martellino»: CELLINI *Oreficeria*, XII. Il Cellini, però, qui descrive la fabbricazione di una «medaglia» cava in oro, lavoro minutissimo e delicato. Strumenti simili a quelli che descrive servirono certamente agli armorari per le ultime operazioni, mentre per il primo rialzo del metallo è probabile che si servissero di strumenti più pesanti, simili a quelli che compaiono nella già citata xilografia tratta dal *Weisskünig* del Burgkmair (fig. 03.24), di una cinquantina d'anni precedente. Martelli e tassi sono illustrati anche in *Encyclopédie*, voce *Chaudronnier*, pl. I; mentre in WILLIAMS-DE REUK 1995 si illustrano vari attrezzi e in GRANCSAY 1961, pp. 28-30, quelli della Collezione Higgins.

[12] L'uniformità dello spessore in tutte le parti di un copricapo completato lasciava meravigliato e ammirato già il Ffoulkes (FFOULKES 1912, p. 51).

[13] I tre passaggi principali per la creazione di un mascherone a cesello sono illustrati in PYHRR-GODOY 1998, p. 14, con varie fotografie dell'esterno e dell'interno di un'opera eseguita attorno al 1940 da Leonard Heinrich, armaiolo del Metropolitan Museum of Art di New York.

[14] CELLINI *Oreficeria*, XII. Attualmente una pece da cesellatore abbastanza comune viene composta con 10 parti di pece d'Olanda, 20 parti di mattone e circa 2 parti di sego; la proporzione di quest'ultimo varia secondo la consistenza richiesta. Un orafo cesellatore che abbiamo interpellato la compone con pece, strutto e gesso senza presa («gesso morto», usato anche per certi stucchi), che si trova già in polvere.

[15] Riportato da Leydi in GODOY-LEYDI 2003, p. 33 e, per intero, pp. 553-554.

conservano la proprietà della bottega] devono fornire a loro spese un garzone capace di assecondare messer Filippo». Il mettere e togliere il piombo (forse non solo quando era necessario invertirne la posizione ma anche più spesso, secondo l'andamento del lavoro) era compito di un garzone e dunque era un procedimento semplice, usuale e privo di rischi, ma richiedeva un tempo che per il maestro sarebbe stato sprecato. Più che un perfezionamento della tecnica praticata quattro secoli prima dal Monaco Teofilo, questo ci sembra un adattamento della pratica del «mettere in pece» per adeguarla alle differenti caratteristiche del metallo. Si deve pensare che l'operazione si facesse colando il metallo fuso dentro il pezzo d'armatura da cesellare e, per toglierlo, riscaldando il tutto e colando fuori il piombo.

Se e come gli armorari fissassero i pezzi mentre li battevano non sappiamo. Nel medesimo documento, però, si legge che i fratelli erano tenuti anche a fornire a Filippo «un garzonero che lo aiuti a tenere suso [ossia a sostenere] quello non si può far solo». Un sistema, dunque, opposto a quello descritto dal Monaco Teofilo: qui l'artista lavorava con le due mani mentre il garzone sosteneva il pezzo (che non sembra fosse fissato a niente), evidentemente orientandolo nei modi indicati dal maestro.

Messo il piombo o, sui metalli molto duttili, la pece, s'iniziava a lavorare con i

> [...] parecchi cesellini, i quali sono fatti in tutte le sorti [...]; e tutti i detti ceselli si fanno senza taglio nessuno, perché hanno a servire per infrangere [cioè premere] solamente e non per levare [... Essi sono] di lunghezza di un dito e di grossezza d'una penna d'oca, crescendo per due grossezze di penne, e alcuni sono più volti e alcuni manco volti tanto che si viene a quei che sono diritti [...]

Ai nostri tempi, secondo la forma della punta e dunque secondo la cavità che devono «ammaccare», li troviamo distinti in *profili* per contornare, *pianatoi, favette, pallini, puntellini* e altri ancora[16]. «E con questi ceseletti, con un martelletto di tre o di quattro once battendo destramente, si viene a profilare tutto quello che uno ha disegnato» (Cellini), ossia sulla superficie esterna si segnavano i contorni delle parti da rialzare. Dopo di che il pezzo veniva liberato dalla pece scaldandolo moderatamente e strofinandolo con olio caldo. Il disegno, tracciato all'esterno, si distingueva nettamente sulla superficie interna. Immaginiamo che col sostituire il piombo alla pece le cose andassero circa alla stessa maniera.

Orefici e argentieri applicavano poi una seconda pece sull'esterno del pezzo, così da poter lavorare sul rovescio (mentre gli armorari probabilmente applicavano ancora del piombo). Questa pece doveva essere un po' più tenera della prima per consentire maggiori deformazioni e su di essa con ceselli diversi dai primi, di forme varie ma sempre arrotondate, seguendo il disegno che traspariva, si formavano le parti che sarebbero risultate a rilievo. È chiaro che il Cellini, parlando di ceselli grossi come una penna d'oca e di martelli di tre o quattro once, cioè di cento o duecento grammi al più, si riferisce a strumenti per le delicate operazioni su oro e argento. Per quel che abbiamo potuto vedere noi, anche sull'argento i primi passaggi si fanno con ferri molto più robusti, anche di un paio di centimetri di diametro, battuti energicamente con una mazzetta di buon peso. Con attrezzi simili riteniamo, perciò, che lavorassero anche gli armorari per creare, battendo dall'interno, le prime convessità, per esempio la bozza da cui trarre un mascherone; e in questa, con attrezzi via via più piccoli, le forme grezze dei tratti: naso, gote, labbra, sopracciglia.

Sempre da quel documento sappiamo intanto che esistevano attrezzi specifici per l'alto e per il basso rilievo, ma non ne conosciamo le differenze. Come s'è accennato, non sappiamo con certezza se gli armorari attuassero anche questo passaggio sul piombo, ma quell'unico documento a cui s'è fatto riferimento non parla di pece.

Un argentiere produceva anche oggetti, per esempio vasi, sui quali non era possibile intervenire direttamente lavorando dall'interno. Per questi casi

> [...] bisogna avere certi ferri a foggia di ancudine con le corna lunghe; questi si domandano per l'arte caccianfuori, e fannosi di puro ferro più lunghi e più corti [secondo il caso;... si fissano su un ceppo] di poi si mette dentro inel vaso uno di quei cornetti, il quale sta rivolto con la punta allo in sù, e la sua punta si usa farla nella forma di un dito piccolo della mano, tondo a quel modo, e avendolo dentro inel vaso si comincia a mettere in quei luoghi dove bisogna rinalzare; e così pian piano si percuote co' il martello l'altro cornetto del caccianfuori, il quale viene a sbattere, facendo brandire [vibrare, sobbalzare] quel che è nel corpo del vaso e in questo modo viene a rinalzare» il metallo[17]

La bicornia, o addirittura il *caccianfuori,* sono descritti già da Teofilo[18] (circa 1110-1140), che però è anch'egli prevalentemente un orefice. Sicuramente gli armorari facevano un uso limitato del caccianfuori, dal momento che le parti con le maggiori cavità erano i copricapi che, privati delle parti mobili e ridotti al solo coppo, generalmente non si presentavano così profondi da non consentire di lavorarvi direttamente. Può darsi, però, che questo attrezzo particolare si rendesse utile su quei copricapi di forme complesse e riccamente decorati anche sull'alta cresta.

---

[16] Una bella serie di ceselli è illustrata nell'*Encyclopédie* 1777, tav. I della voce *Ciseleur Damasquineur*. L'aver unito in una sola trattazione queste due professioni ha certamente contribuito alla confusione lessicale, soprattutto là dove si dice che i cesellatori si occupano di rifinire i lavori di metallo, come sculture in bronzo e artiglierie, all'uscita dalla fonderia. Si è già osservato che nel corso della rifinitura le bocche da fuoco di bronzo venivano battute non solo con martelli, ma anche con grossi ceselli, e si è anche spiegato il motivo dell'operazione. Una serie di attrezzi usati per rifinire le artiglierie si trova raffigurata in D'EMBSER 1732, tav. 182, e del corredo fanno parte anche alcune lime molto piccole per ravvivare i profili dei ceselli deformati dall'uso. La somiglianza fonica tra le due parole francesi *ciselet* e *ciseau*, diverse invece nel significato, può essere all'origine del malinteso. (Interamente diversa, poi, è la tecnica del *damasquineur:* si veda nel capitolo sull'agemina.)

[17] CELLINI *Oreficeria*, XIII. Quello ch'egli chiama «caccianfuori» è una variante molto particolare della bicornia. La bicornia ordinaria è un tipo di incudine di dimensioni varie, ma sempre sottile e provvista di due corni diritti e allungati, usato tipicamente per creare superfici cilindriche e coniche battendo direttamente sulla lamiera. Cfr. D'EMBSER 1732, tav. 140 e 145; *Encyclopédie*, tav. *Chaudronnier, Ferblantier;* WILLIAMS-DE REUCK 1995, fig. 5.

[18] TEOFILO 1140, libro III, cap. V, *De incudibus*.

Nel descrivere queste lavorazioni un po' tutti gli autori insistono sulla pazienza, la precisione e la destrezza: Teofilo con avverbi come *diligenter, caute, aequaliter, leviter*; il Cellini con espressioni come «destramente, gentilmente, a poco a poco, con diligenzia» e simili, poiché persino a lui che con abilità straordinaria lavora metalli malleabilissimi, «gli è di necessità che si faccia sempre qualche poco di bucolino o di straccio, i quali buchi bisogna da poi saldarli». A maggior ragione questo rischio incombe nel lavorare il ferro, assai meno facile a essere «tirato di martello», ed è dovuto all'incrudimento[19], cioè all'aumento di durezza e fragilità dei metalli in seguito alle deformazioni, fenomeno del quale già si è parlato anche a proposito delle armature da poco prezzo. Sulle armi decorate a cesello gli strappi generalmente non vengono riparati mediante saldatura, poiché questa potrebbe essere solo una brasatura con un metallo di apporto di diversa natura (argento, ottone), che alla fine sarebbe visibile; si usano, invece, ribattini di ferro che, una volta modellati e lucidati, all'esterno diverranno invisibili, pur restando molto evidenti dall'interno (fig. 04.13 e 04.14). Per ridurre al minimo gli strappi occorre di tempo in tempo «ricuocere» il pezzo. Fenomeno e rimedio sono conosciuti da tempo: per i metalli preziosi Teofilo lo prescrive, ma non ci si sofferma, come se fosse cosa nota: «sulla parte anteriore della forgia, posti dei carboni su quel punto [che hai lavorato], lo ricuocerai finché non sia rovente; e poi, dopo aver lasciato che la lamiera si raffreddi da sola», potrai riprendere il lavoro. Occorre però operare con oculatezza poiché gli eccessivi riscaldi danneggiano il metallo. Per gli armorari è possibile che i ripetuti riscaldamenti alla temperatura di fusione del piombo (con la massa di questo che manteneva caldo a lungo anche l'acciaio) avessero anche l'effetto di ridurre il numero delle ricotture necessarie, benché certo non potessero eliminarle. Tale temperatura (che è di 327°C), infatti, adatta in vari casi al rinvenimento di un pezzo temperato, è troppo bassa per una ricottura[20]. In ogni caso, prima di ricuocerlo il metallo va liberato dal piombo (oppure dalla pece).

Formate dunque le bozze e ricotto, il pezzo viene rimesso nel piombo (o nella prima pece, interna e più duretta) e lo si termina con ceselli molto piccoli battuti sempre più attentamente dall'esterno, così da precisare i contorni e i volumi. Infine si interviene coi ferri da taglio, come le *ciappole* (specie di piccoli scalpelli) e i *bulini*, di cui si dirà meglio in seguito, con cui si ravvivano certi risalti e si fanno alcuni particolari come i filetti.

Per fare scomparire le tracce dei colpi di cesello, le superfici sono pareggiate con *raspini*, cioè limette di forme svariatissime, come quelle usate dagli scultori, con *raschietti* (attrezzi generalmente di sezione triangolare a spigoli taglientissimi) e infine con *brunitoi* perfettamente lisci di acciaio duro o di agata, aiutandosi con pomice o smeriglio macinati molto finemente. Teofilo usava sabbia strofinata con un panno di lana. In seguito talune superfici, che si vogliono rendere diverse, vengono tratteggiate col bulino oppure punteggiate con una punta o battute con gli *zigrini* e i *ferri a pelle*, ceselli che danno un aspetto variamente punteggiato, satinato o scamosciato. Un effetto analogo, un po' meno regolare ma finissimo, si ottiene con l'uso di un attrezzo ottenuto da una sbarretta d'acciaio a tempera durissima, che viene spezzata; la superficie della rottura, battuta col martello sul particolare in lavorazione, vi imprime la traccia della struttura microcristallina dell'acciaio.

Avendo così rifinito le superfici, il lavoro di cesello ha termine con l'asportazione del piombo (o dell'ultima pece) nel modo che si è detto, e il pezzo può passare all'agemina, alla doratura e alla bronzatura, che quasi sempre accompagnano il cesello.

Il lavoro con bulini e ciappole, che asportano materiale, generalmente è cauto data la relativa sottigliezza del metallo, ma in ogni caso rende l'esterno molto diverso dall'interno e più ricco di particolari. Talvolta, quando il metallo lo consente, può essere molto profondo ed esteso, come nel caso della nota armatura di Guidobaldo II della Rovere battuta da Filippo Negroli attorno al 1532-1535: il petto di essa[21], assai pesante, è decorato con due grandi ali di pipistrello ottenute a cesello (come si può vedere esaminando l'interno). Per via della nota leggenda che vorrebbe il pipistrello in grado di vedere nell'oscurità perché dotato di molti occhi, le ali ne sono costellate, ma questi sono stati ottenuti rialzando le bozze mediante numerosi colpi di un cesello circolare molto piccolo, quasi un punzone, che sul rovescio ha dato delle cavità informi e grossolane, delle quali non si saprebbe immaginare la natura; le bozze formanti gli occhi sono poi state precisate dall'esterno mediante ceselli e bulini, e anche le squame rilevate, che coprono il resto delle ali, così come le superfici all'intorno imitanti una maglia di ferro, all'interno non appaiono. Raramente, invece, almeno in Italia, il pezzo è arricchito con l'acquaforte, e nei pochi casi vengono così decorate solo strette aree periferiche come i bordi o lo scollo.

Con la fine del XVI secolo vi fu un mutamento nel gusto dei committenti, che si accompagnava al progressivo decadere dell'arte dell'armoraro. L'armatura, del resto, aveva fatto il suo tempo e per i cesellatori non c'era più spazio: anche in ambiti diversi, come quello dei mobili,

[19] Usato con questo significato già prima del 1687.

[20] Una relazione sulla *Manufacture d'Armes de Liège* stesa da un alto ufficiale francese nel mese di méssidor anno XI e pubblicata su «Le Musée d'Armes», Bulletin de l'Association des Amis du Musée d'Armes de Liège, settembre 1984, dice infatti: «Le pied de la batterie se recuit dans du plomb fondu». Questa, però, non è una ricottura, bensì il rinvenimento del piede della batteria, che è stata interamente temprata. Nel processo Horsfall, usato dal 1854 per la produzione del filo d'acciaio, il filo uscito dall'ultima filiera passa con continuità in un forno di riscaldo, poi in un bagno di tempera e infine in un bagno di rinvenimento di piombo fuso: CHADWICK 1965, p. 634.

[21] Il petto e lo spallaccio sinistro sono a Firenze, al Museo Nazionale del Bargello, cat. M.772 e M.778; la borgognotta all'Hermitage di San Pietroburgo; altre parti allo Stibbert e al Metropolitan. Si veda PYHRR-GODOY 1998, p. 16 e 136.

degli scrigni e di altri oggetti di uso civile, mancava la richiesta. Nella moda militare vi fu un piccolo soprassalto nei primi decenni del Seicento con l'ideazione dell'elmetto «alla savoiarda», ma questi erano ormai, come le armature o i corsaletti di cui facevano parte, armamenti da truppa, sia pure a cavallo, in pratica armamenti da munizione (poiché anche la cavalleria aveva cambiato natura). Troviamo, dunque, oggetti mal costruiti (per esempio col coppo in due parti unite lungo la mezzeria, fig. 04.17, cosa che nel secolo precedente era esplicitamente vietata) e anche quel po' di cesello che talvolta, più che tentare di arricchirli, li caratterizzò, è rozzo e grossolano da ogni punto di vista; più che opere, questi sono gli ultimi conati di un'arte che scompare.

Fig. 04.01

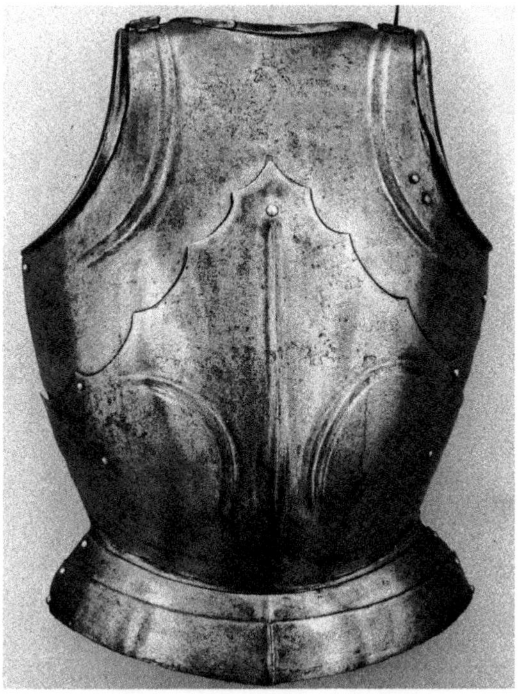

Petto da fante a piedi alla tedesca; Milano, Maestro PZA, circa 1470-1480. Rispetto ad al-tri, prodotti nei Paesi tedeschi, l'esemplare è piuttosto semplice, ma anch'esso è decorato u-nicamente mediante il ritaglio a cuspi-di della panziera e mediante nervature, ossia pieghe, che indubbiamente gio-vano anche a irrigidire il metallo (To-rino, Armeria Reale, C 65. Foto Cho-mon Perino)

Fig. 04.02

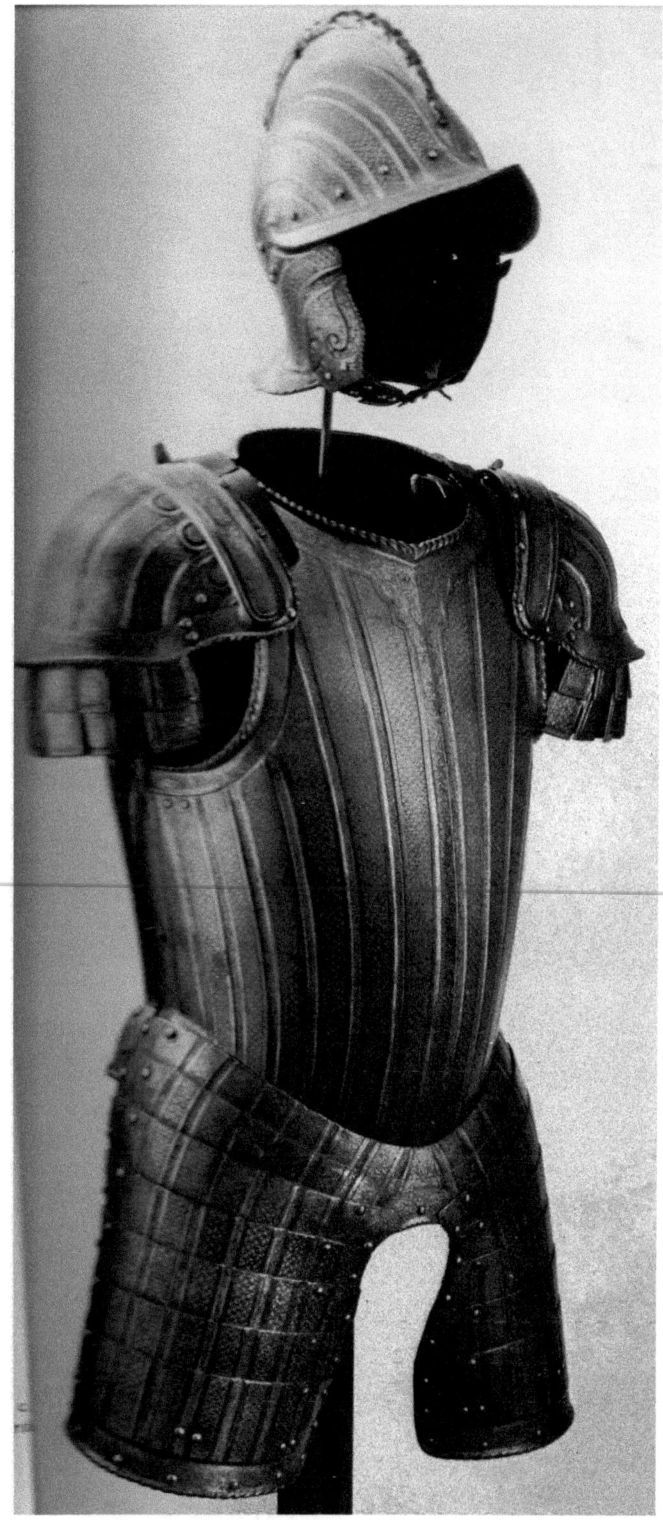

Corsaletto all'antica del bresciano conte Girolamo Martinengo della Fabbrica, prodotto presumibilmente a Brescia non più tardi del 1540. La maggior parte del lavoro non merita forse il nome di cesello, poiché si tratta di liste, ribassate quelle strette, decorate con sottili tralci all'acquaforte e dorate, mentre le liste larghe sono rialzate e, sempre all'acquaforte, portano un preciso mo-tivo simulante la maglia di ferro. Anche la borgognotta è lavorata a liste, ma la cresta è rifinita a bocci che invece possono dirsi cesellati. Questo abbinamento tra imbuti-tura o cesello e acquaforte in Italia è insolito, mentre nei paesi tedeschi è più frequente (Torino, Armeria Reale, cat. C 11. Foto Chomon Perino)

Fig. 04.03

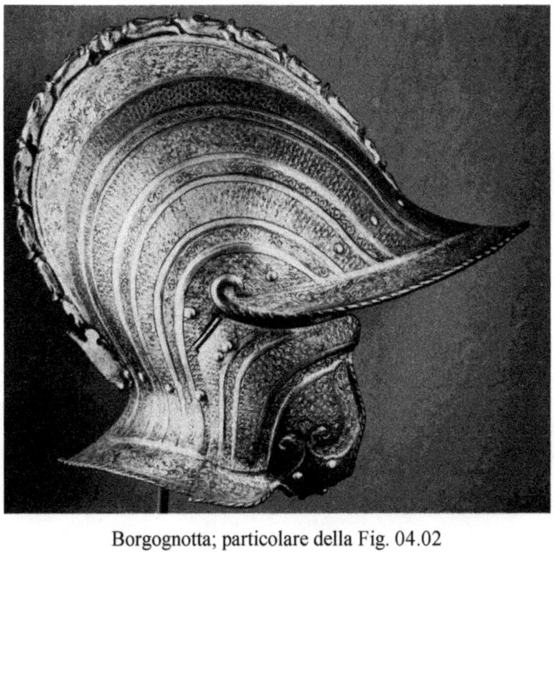

Borgognotta; particolare della Fig. 04.02

Fig. 04.04

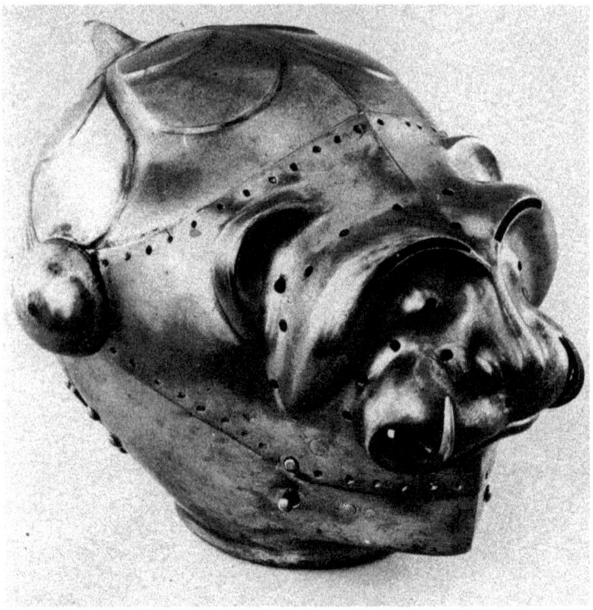

Fig. 04.05

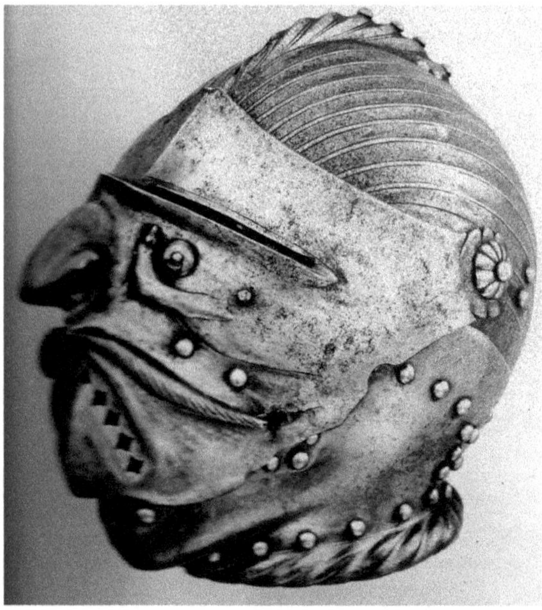

Due elmetti da incastro tedeschi, circa 1520. Al di là del gusto, che fu quello di un momento particolare, l'opera del cesellatore è magistrale, con superfici straordinariamente mosse e arditissimi sottosquadri; i baffi della maschera di destra, poi, non sembrano saldati ma cavi e ricavati dalla lastra; in questa stessa gli occhi e le occhiaie sono invece riportati (Torino, Armeria Reale, cat. E 13 ed E 11. Foto Chomon Perino)

Fig. 04.06

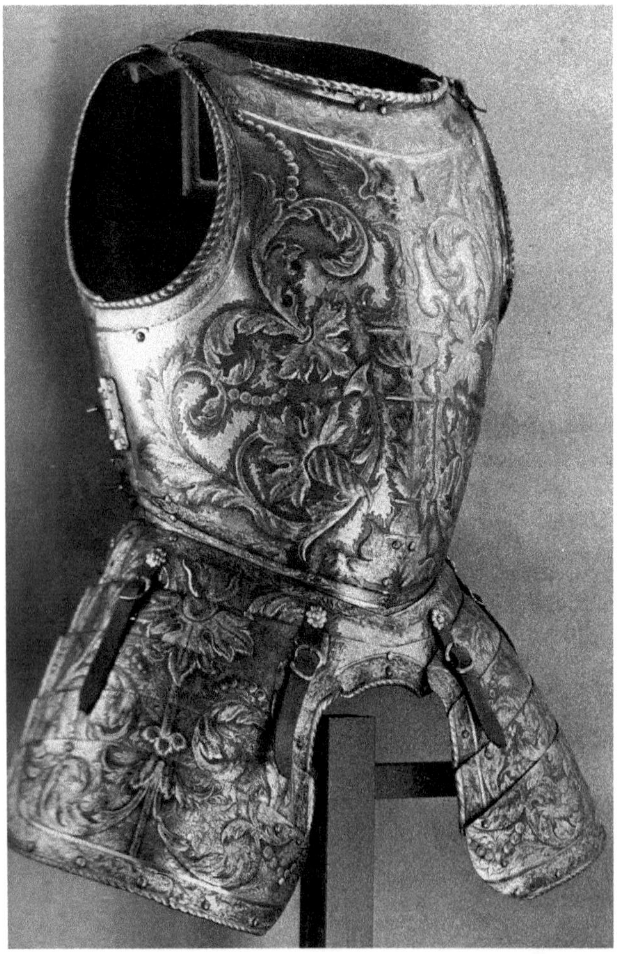

Fig. 04.07

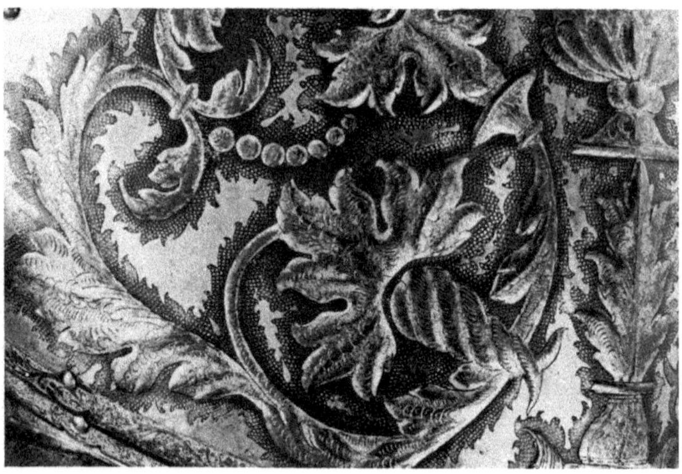

Resti di un'armatura da cavallo appartenuta a don Alfonso de Bustos y Bustos, opera di Desiderius Helmschmidt completata all'acquaforte da Jörg Sorg il Giovane; Augsburg, 1551. Quest'unione di cesello e acquaforte, meglio visibile nel particolare, è precipuamente tedesca ed è consentita dal fatto che i rilievi sono poco pronunciati e poco "vivaci". Con l'acquaforte a fondi anneriti e con la doratura a fuoco si creano ombreggiature e riflessi e si dà parvenza di quella maggior profondità che non si è ricavata col cesello (Torino, Armeria Reale, cat. C 12. Foto Chomon Perino)

Fig. 04.08

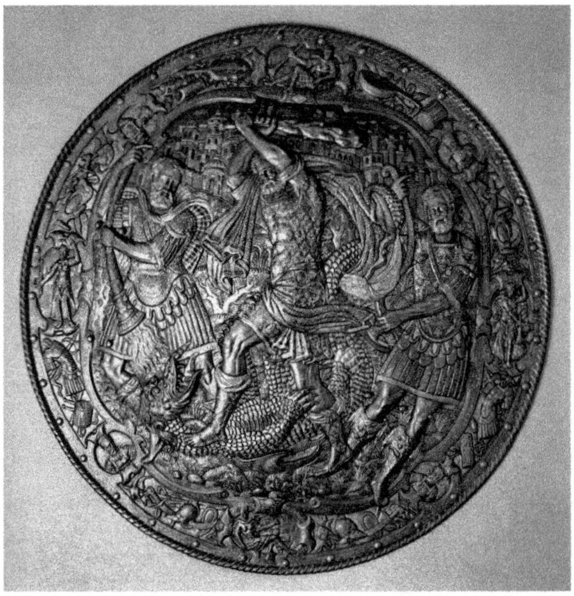

Fig. 04.09

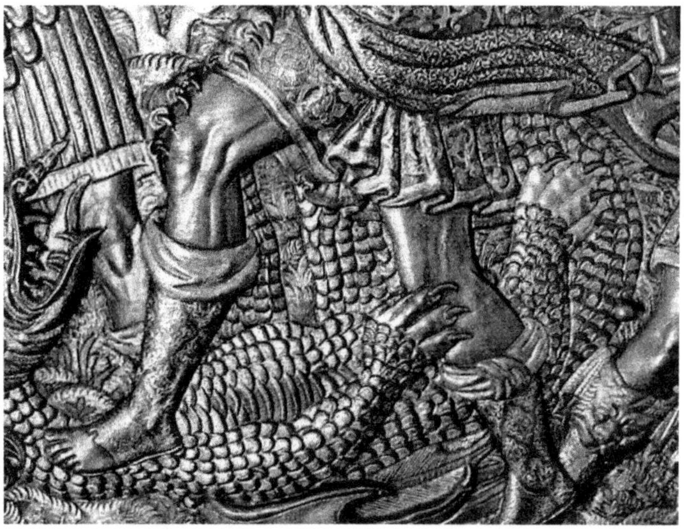

Rotella con Ercole che abbatte l'Idra; Milano, circa 1560-1570: intero e particolare. Lavorazione scultorea e raffinata: solo le membra nude degli eroi sono lasciate in metallo bronzato; sulle vesti e in pratica su ogni altro particolare oro e argento abbondano (Torino, Armeria Reale, cat. F 14. Foto Chomon Perino)

Fig. 04.10

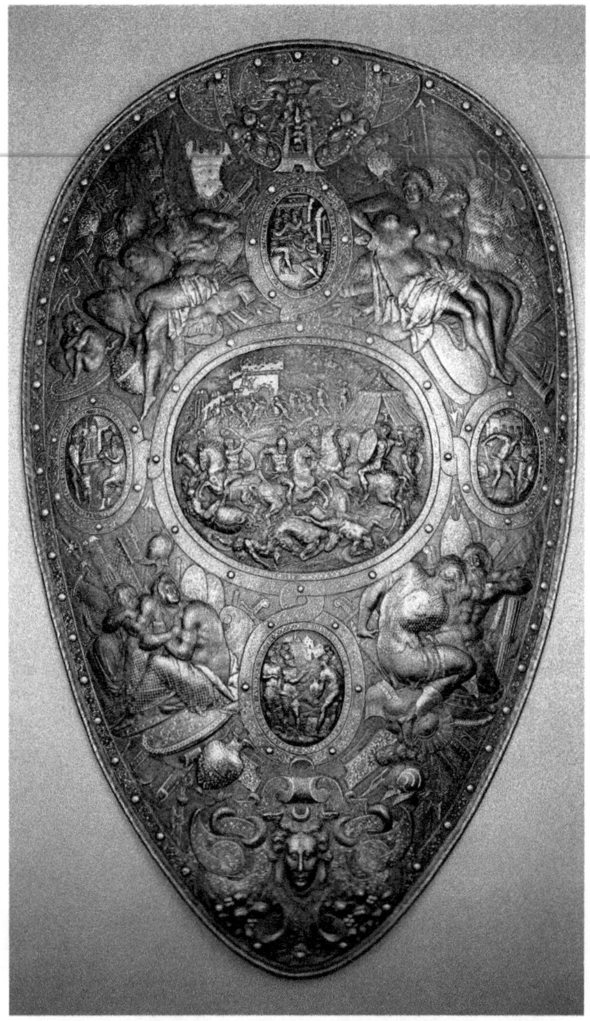

Targa a mandorla appartenuta a Enrico II di Francia, circa 1555-1560. Lavoro finissimo di cesello con agemina in oro e argento, dopo qualche fantasiosa attribuzione ottocentesca al Cellini, fu attribuito ad artefice milanese, poi alla scuola francese o fiamminga su disegni del francese Etienne Delaune, ultimamente ancora a un ignoto milanese (Torino, Armeria Reale, cat. F 3. Foto Chomon Perino)

Fig. 04.11

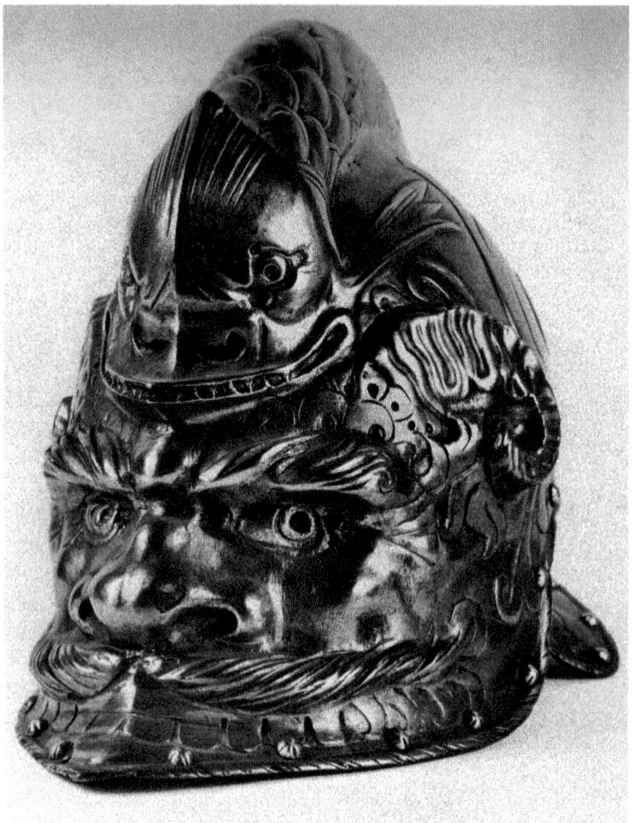

Borgognotta di un corsaletto da pompa proveniente dai Martinengo di Brescia; Milano, 1530-1550. I rilievi sono possenti e scultorei, scarsi gl'interventi a bulino; certamente in origine le forme furono messe in risalto da oro e argento, poi perdutisi senza che quasi ne restino tracce (Torino, Armeria Reale, cat. E 50. Foto Chomon Perino)

Fig. 04.12

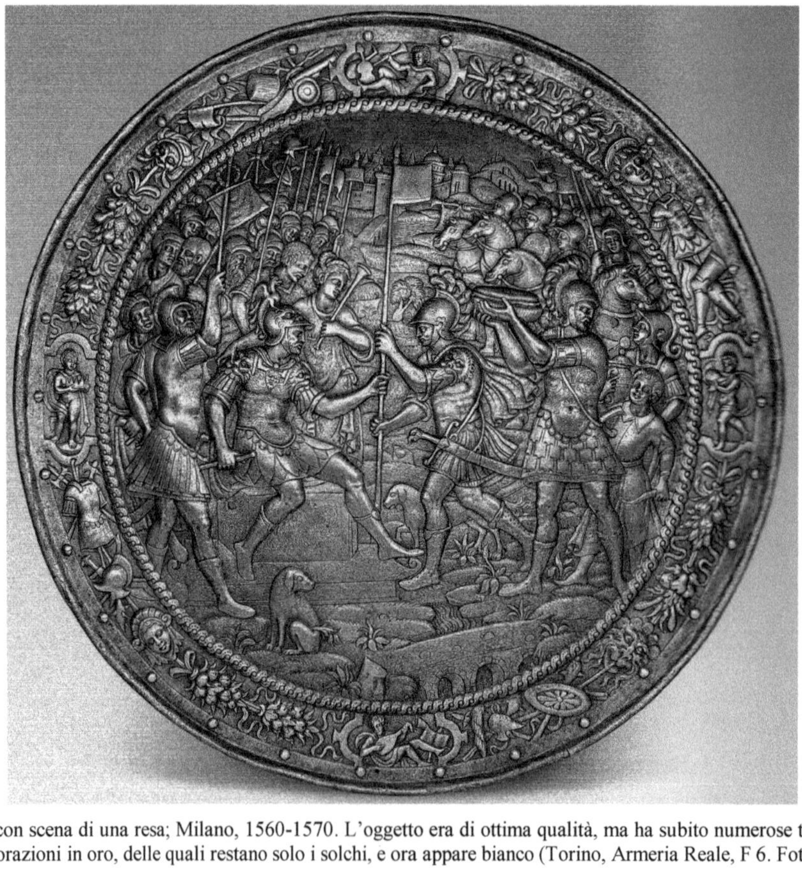

Rotella a cesello con scena di una resa; Milano, 1560-1570. L'oggetto era di ottima qualità, ma ha subito numerose traversie, perdendo anche tutte le decorazioni in oro, delle quali restano solo i solchi, e ora appare bianco (Torino, Armeria Reale, F 6. Foto Chomon Perino)

Fig. 04.13

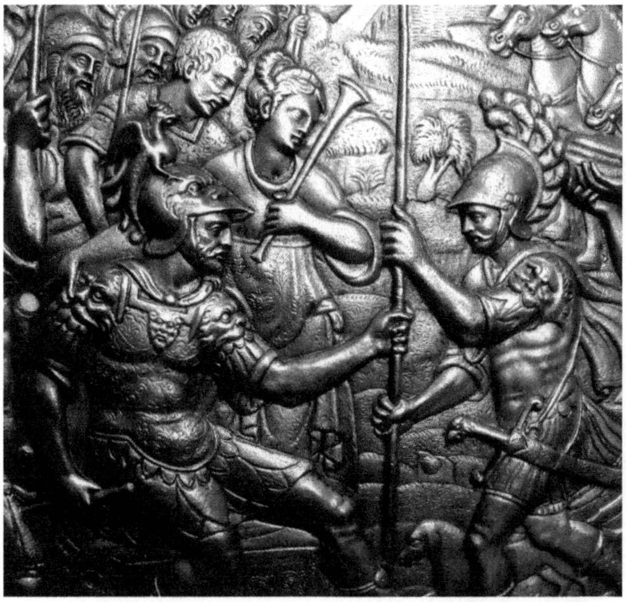

Fig. 04.14

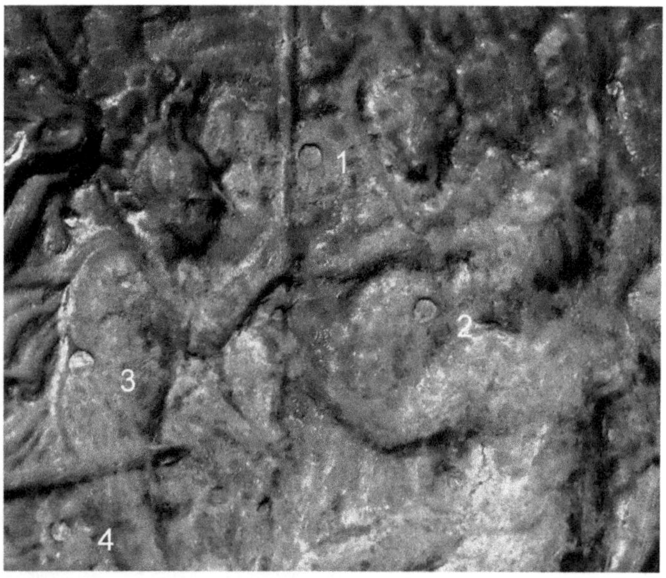

Un particolare della Fig. 04.12. Nonostante le traversie, sull'esterno non appare alcun segno degli «strappi» che si verificarono nel corso della produzione, mentre dall'interno si distinguono nettamente i rivetti tondi usati per ripararli. I due fori che appaiono sulla sinistra della vista esterna erano destinati invece ai rivetti che tenevano bracciale e maniglia. Per effetto delle ombre, nella fotografia dell'interno i rilievi paiono invertiti (Torino, Armeria Reale, F 6. Foto GD)

Fig. 04.15

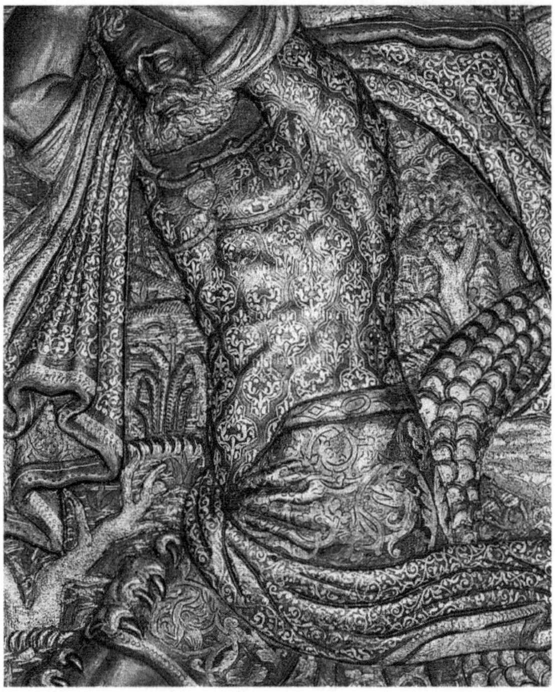

Fig. 04.16

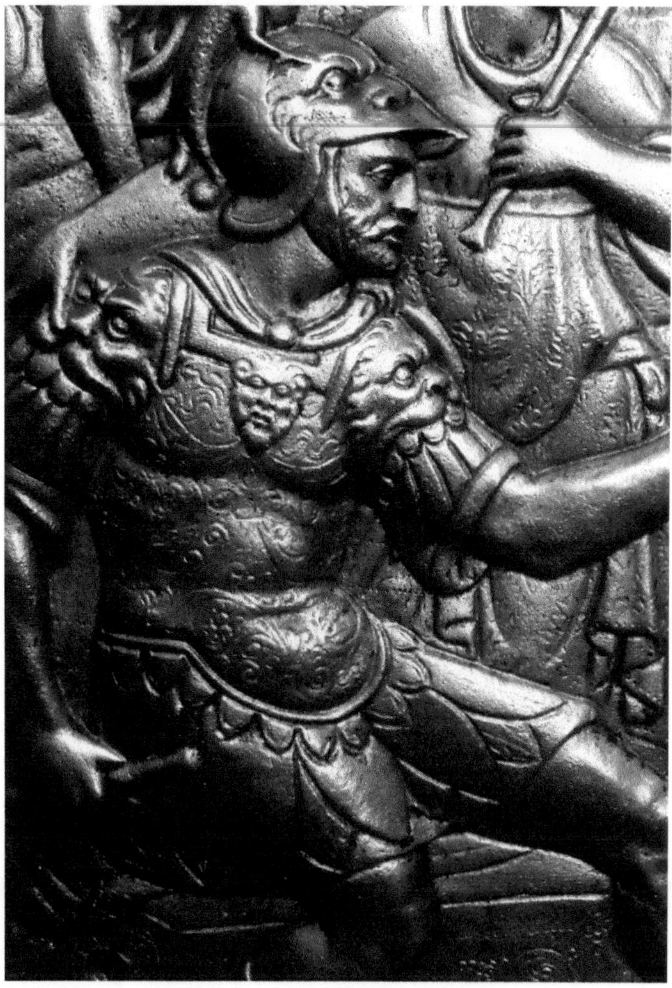

Particolari analoghi di due diversi lavori a cesello: la rotella con Ercole e l'Idra (fig. 04.08) e quella con la scena di una resa (fig. 04.12); Milano, circa 1560-1570. La diversa sorte che hanno avuto questi due oggetti, ugualmente belli e curati all'origine, ha fatto sì che sul primo si conservassero le decorazioni all'agemina, delle quali sulla seconda restano solo i solchi tracciati dal bulino (Torino, Armeria Reale, rispettivamente F 14 ed F 6. Foto GD)

Fig. 04.17

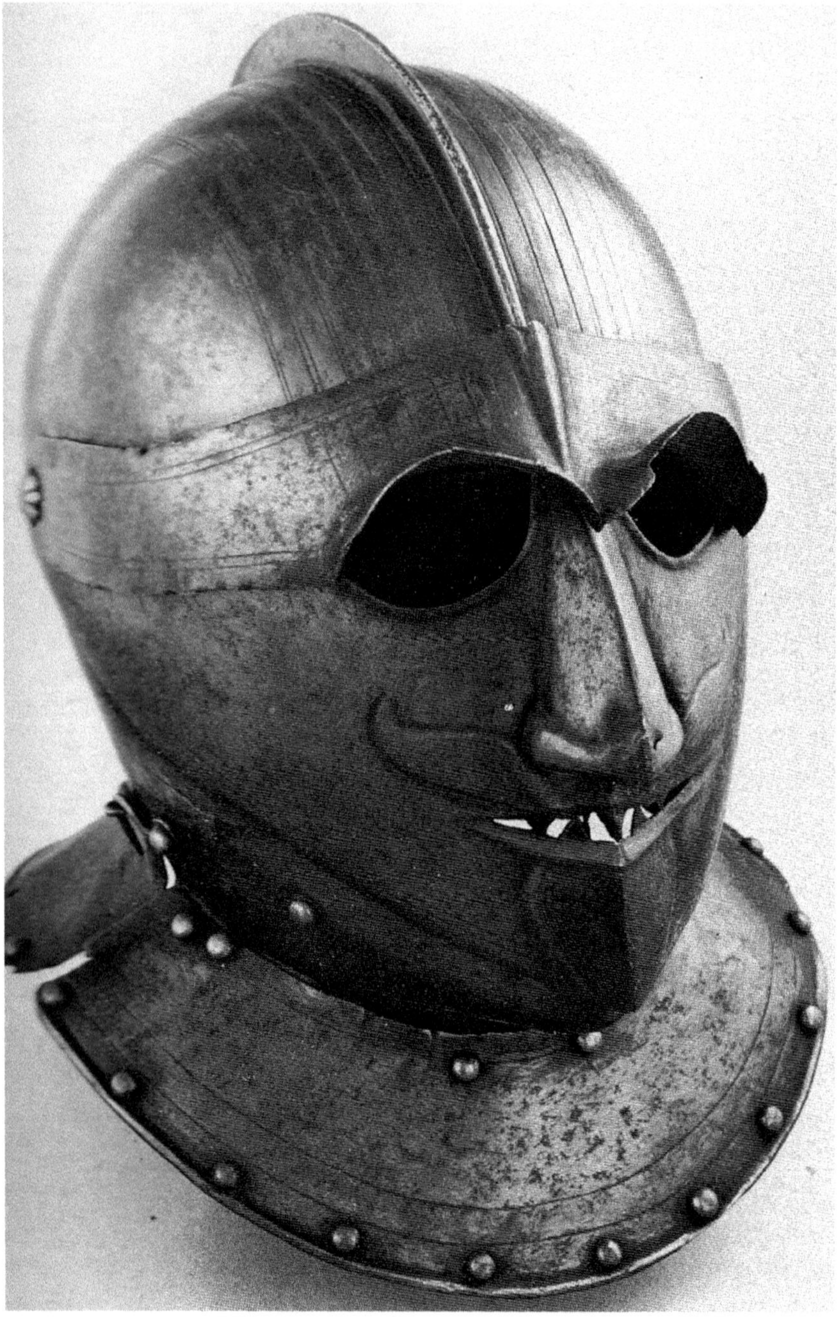

Elmetto alla savoiarda; Italia Settentrionale, circa 1630. La costruzione è molto grossolana: gronda e guardacollo sono di una sola lama rigida, mentre il coppo è costituito da due metà unite da una piegatura lungo la sommità della cresta. Il disegno della maschera è sommario e il lavoro di cesello molto più rozzo di quello di pochi decenni prima (Torino, Armeria Reale, cat. E 29. Foto Chomon Perino)

CAPITOLO 5

Il Punzone, il Traforo e il Godrone

Il punzone

Un semplice punteruolo usato con garbo può fornire già risultati gradevoli, anche se di effetto non grande. Il punzone, attrezzo usatissimo in ogni epoca per la marcatura di oggetti metallici di tutti i generi, dai preziosi alle armi, fu usato talvolta anche per la decorazione di quegli oggetti. Non è facile dare una definizione del punzone. In generale si può forse dire che è una robusta asticella d'acciaio con un'estremità foggiata secondo una forma qualsiasi, astratta (archetto, cerchietto ecc.) o di lettera, monogramma ecc., che, in seguito alla percussione col martello sull'altra estremità, imprime questa forma su un oggetto, in particolare un oggetto di metallo. Diversamente da altri attrezzi (scalpello, cesello, bulino) con cui si creano forme, il punzone imprime *la propria* forma.

Nel XII secolo per il Monaco Teofilo un *opus punctile* si fa col punzone, o *ferrum punctorium*, ed egli insegna a costruire un punzone che imprima un minuscolo cerchio:

> Si fa anche un attrezzo della medesima sagoma [di un cesello, cioè provvisto di una testa da battere col martello], ma sottile in fondo, dove c'è un foro fatto con un altro ferro più sottile e limato tutt'intorno, e quando lo si batte sull'oro, sull'argento o sul rame dorato, fa apparire come un piccolissimo cerchio

Si conservano alcune lastre metalliche del Tre o Quattrocento, forse destinate a essere stampate, portanti immagini, generalmente religiose. In esse le figure sono ottenute prevalentemente a bulino, ma i tessuti degli abiti, gli sfondi, le pavimentazioni e le cornici sono arricchiti mediante delicati e minuti punzoni di forma molto varia[1].

Nel Cinquecento un semplice punteruolo è usato anche per imprimere stemmi e monogrammi (un po' esili, visto lo scopo, e non di altissima qualità: fig. 05.01) su armi d'asta di guardie del corpo, mentre tra Quattrocento e Cinquecento sono abbastanza numerose quelle decorate con punzoni ad archetti, stelle o cerchietti variamente composti per costituire semplici motivi di gusto un po' rustico, ma non privi di garbo (fig. 05.03). Sulle armi popolari quest'uso continua a lungo e lo si ritrova ancora nei secoli XVII e XVIII, per esempio sulle *beidane,* armi manesche imparentate con le roncole e usate in alcune valli delle Alpi Occidentali. Col punzone, dunque, si ottenevano risultati molto vari, in dipendenza della destinazione dell'oggetto e dell'abilità e del gusto dell'artefice. Nella decorazione di armi difensive esso non è frequente, ma lo s'incontra e anche in quest'ambito i risultati sono assai vari. L'uso del punzone è elementare e intuitivo. Esso richiede ovviamente l'appoggio di un supporto resistente e di forma adeguata perché l'oggetto da decorare riceva l'impressione senza deformarsi. In teoria, infatti, il punzone dovrebbe deformare plasticamente il metallo della superficie senza che sul rovescio ne appaia traccia. Data, però, la relativa sottigliezza delle piastre d'armatura e la grande semplicità della tecnica, che invita a usarla anche persone di scarsa capacità e gusto grossolano, non sempre questo risultato si ottiene.

Tra le più antiche attestazioni di questa tecnica decorativa sulle armi difensive vi sono le parole e le brevi invocazioni a punteggiato che s'incontrano su alcuni pezzi della prima metà del Quattrocento. Un esemplare assai curato è l'armatura *Avant*, milanese, circa del 1440, sugli orli della quale compaiono il motto, dal quale prende il nome, e invocazioni religiose alternate a piccoli motivi[2]. Nel Cinquecento, sotto la mano di qualche virtuoso concorse alla creazione di opere d'alto livello, affiancandosi o sostituendosi agli zigrini e agli altri ferri, descritti a proposito del cesello, usati per il trattamento delle superfici e in particolare degli sfondi. Con questa funzione lo si trova usato in qualche rara opera decorata a bulino, per esempio la famosa armatura con barda di Enrico VIII d'Inghilterra, incisa a bulino e argentata, in cui i fondi sono punteggiati (fig. 05.04). Un corsaletto da barriera, parte di una guarnitura forse di Vincenzo I Gonzaga, circa del 1580, posseduto dall'Armeria Reale di Torino[3], dalla ricca, elaboratissima decorazione a bulino, oro a foglia e agemina d'oro e d'argento, ha gli sfondi alternamente trattati a puntini e a minutissimi cerchietti a punzone (fig. 05.01 e 05.02).

Circa alla stessa epoca in alcuni paesi mediorientali il punzone veniva usato, come già si è detto, per ritagliare dalla lamiera anelli per maglie metalliche e per imprimere su di essi una decorazione, talvolta costituita da due semplici cerchi, concentrici con l'anello, talaltra abbastanza complessa: un motivo intrecciato o una scritta in caratteri arabi. Questi, però, più che punzoni meritano di essere chiamati conii.

[1] Da parte di alcuni studiosi di storia della calcografia queste lastre incise a punzone vengono indicate col nome di *interràsili.* Questa parola, derivata dal latino *inter* (tra, in mezzo) e *radere* (tagliare), indica piuttosto il lavoro a traforo, come si vedrà. A nostro avviso, dunque, le matrici da stampa sarebbe più corretto chiamarle *punctili.* Per approfondimenti cfr. SALAMON 1961 e BIANCHI BARRIVIERA 1984.

[2] L'armatura è al Museo di Glasgow; cfr. CAPWELL 2007, p. 26 sgg.

[3] Cat. C 23.

Il traforo

Il traforo per qualche verso è simile al punzone. La maggior parte dei fori e degli intagli operati per ogni motivo, anche tecnico, nel metallo e particolarmente nelle lamiere, compresi quelli nelle armature (per esempio le aperture per l'aria e per la vista) erano praticati con un ferro da taglio (scalpello in generale) piuttosto che col trapano. Questo, infatti, non era ancora un attrezzo tipico di chi lavorava il ferro ed entrò con decisione nel settore solo con la nascita degli artigianati meccanici (delle serrature, delle armi da fuoco e degli orologi, in particolare). Nel traforo, chiamato in latino *opus interràsile* (dalle parole latine *inter,* «tra, dentro», e *radere,* «tagliare») la prima operazione consisteva nel tracciare il contorno dei fori mediante la punta d'acciaio o il bulino. In seguito i campi da traforare venivano perforati con l'attrezzo che Teofilo (1110-1140 circa) in tedesco chiama *meizel* (modernamente *Meissel:* «scalpello», appunto) battuto col martello sull'incudine o su un tasso. Infine questi fori erano perfezionati con *limis parvulis,* «lime piccole», allargandoli fino ai segni tracciati.

Si tratta di una tecnica che per l'intrinseca natura non può essere frequente né molto estesa nella decorazione delle armi difensive, ma che tuttavia s'incontra come decorazione degli orli delle piastre già su certe armature tedesche tardo gotiche, come quella dell'arciduca Sigismondo d'Austria prodotta da Lorenz Helmschmid attorno al 1480[4], mentre in qualche particolare minore, sempre sovrapposto a una superficie continua, lo si trova anche in seguito. Abbastanza eccezionale per l'estensione che vi ha questo tipo di decorazione è l'armatura infantile dell'arciduca Carlo[5], poi imperatore Carlo V, fatta da Konrad Seusenhofer di Innsbruck nel 1512-1514. Essa si colloca nel gruppo delle *Kostümharnisch,* o «armature ad abito», con moderati rigonfiamenti secondo la moda civile del momento, ma presenta vari particolari insoliti, come gli spallacci avvolgenti e un largo girello (ossia gonna) a protezione del bacino. L'orlo e vari «spicchi» del girello, parti degli spallacci e del petto portano liste d'argento dorato traforate sopra l'acciaio azzurrato. Sempre dal XV secolo si trovano speroni e staffe traforati, come quelli di Casimiro IV di Polonia circa del 1455[6], e specie sulle staffe l'uso proseguirà[7]. Nel XVI secolo, poi, nei Paesi tedeschi saranno di moda musoliere da cavallo, composte di vari elementi traforati a maglie larghissime e uniti tra loro con viti o ribattini[8], ma è probabile che le diverse parti siano, invece, forgiati e non ricavati dalla lamiera.

Una menzione particolare richiedono le non rare lame traforate di spade e pugnali che s'incontrano tra Cinquecento e Seicento, in genere lame di alta qualità e di fattura raffinata. La rifinitura comporta spesso numerose strette costole alternate a scanalature piuttosto profonde, al fondo delle quali sono teorie di fori di forma e dimensione varie, che è probabile siano ricavati a caldo.

Sulle armi d'asta, particolarmente alabarde, dei secoli XVI e XVII si trovano con frequenza decorazioni a traforo, che vanno dai semplici fori rotondi disposti più o meno ordinatamente, ai fori tondi e ovali disposti «a margherita», proseguendo in tutta una gradazione di estensione e qualità crescente (di rado, però, davvero elevata), fino ad alabarde da guardie del corpo con ampi trafori e intagli[9].

Qualcosa di particolare sono le mezze picche da sergente degli Archibugieri Guardie della Porta della Casa di Savoia, in particolare quella di Vittorio Amedeo II (circa 1686-1730), con monogramma, corona e volute traforate (fig. 05.04) e splendidamente rifinite anche a rilievo[10]. Qui, e in altri casi in cui i «vuoti» sono molto estesi, sembra probabile che la parte più pesante del lavoro venga compiuta, sempre con ferri da taglio, sul ferro caldo.

Pregevoli lavori si trovano sulle cocce di spade a tazza e sui fornimenti di altre armi simili prodotte in varie località italiane (Milano, Brescia, Napoli) e straniere (fig. 05.05 e 05.06) nella seconda metà del XVII secolo, in cui spesso il fitto traforo è combinato con un leggero rilievo ottenuto a bulino. Questi, al pari delle decorazioni dei fornimenti (contropiastre, calcioli, guardamano) di certe armi da fuoco occidentali, anch'esse soprattutto seicentesche, eseguiti su ferro assai pesante, andrebbero definiti non trafori ma piuttosto bassorilievi con trafori, per via della tridimensionalità e della ricchezza del lavoro di bulino. Tali sono i lavori di Carlo Bottarelli sulle note pistole di G.B. Francino[11] di Brescia del 1665-1666, e altri analoghi. Il vero, semplice traforo senza rilievo probabilmente raggiunge l'apice nelle delicate decorazioni in ferro incastrate nel legno e nei ponticelli a cucchiaio di molte delle note armi da fuoco bresciane del XVII secolo.

Attuato invece su lamierino d'ottone sottile è il traforo che appare nella decorazione delle casse di armi da fuoco spagnole e raramente (in ferro) sui fucili sardi, mentre qualche traforo in lamierino di ferro o d'ottone, di esecuzione e gusto però piuttosto grossolani, si trova anche su fucili balcanici. A Genova più tardi si preferirà il lamierino sottile d'ottone, o raramente d'argento, lavorato anch'esso a semplice traforo e fissato al legno con piccoli chiodi[12].

---

4 Vienna, Hofjagd- und Rüstkammer, n. A 62.

5 Vienna, Hofjagd- und Rüstkammer, n. A 109.

6 Vienna, Hofjagd- und Rüstkammer, n. A 27 e A 28.

7 Per esempio il paio di staffe dell'inizio del XVII secolo all'Armeria Reale di Torino, cat. D 79/80, e numerose altre in vari musei.

8 Per esempio due musoliere tedesche, delle quali una datata 1573, l'altra del 1560 circa; Torino, Armeria Reale, cat. D 155 e D 156.

9 Come a Torino, all'Armeria Reale, gli esemplari J 2, J 7 e altri.

10 Torino, Armeria Reale, cat. da J 245 a J 249.

11 Torino, Armeria Reale, N 41/42.

12 Cfr. RE 2007.

Il godrone

In epoca molto tarda, con la diffusione di macchine utensili più potenti e più robuste e rigide per via delle strutture non più in legno ma in ferro o ghisa, nell'industria si diffonde l'uso del *godrone*. Questo utensile è costituito da uno o spesso da due piccoli rulli d'acciaio posti all'estremità di un gambo a forcella e rotanti ciascuno sul proprio perno perpendicolare al gambo; sui rulli sono incisi motivi, dalla semplice zigrinatura a qualcosa di moderatamente più complesso. Facendo girare un pezzo ci lindrico di metallo (non troppo duro) su un tornio e premendovi contro il godrone, questo imprime il motivo che porta sul pezzo in lavorazione.

Sulle armi ne conosciamo un solo esempio: l'alabarda da *sapeur,* ossia da armaiolo o falegname, del Reggimento di Fanteria Genova del Regno Sardo, del 1815-1821. A ciascuna estremità l'asta di questa alabarda porta un manicotto d'ottone con piccolo bordo godronato a minute losanghe[13]. Da tempo, ormai, alabarde e altre armi d'asta sono solo distintivi di rango e infatti questa ha un ferro pesante e inefficace su un'asta lucidata a stoppino; asta di sezione rotonda, che appunto permette di decorarne a godrone i manicotti cilindrici.

[13] Di queste alabarde conosciamo due esemplari, ambedue a Torino: all'Armeria Reale, cat. J 504, e al Museo Storico Nazionale d'Artiglieria, cat. J 10/5113 (vecchia numerazione). Per quest'ultima si veda DONDI 2005, p. 187.

Fig. 05.01

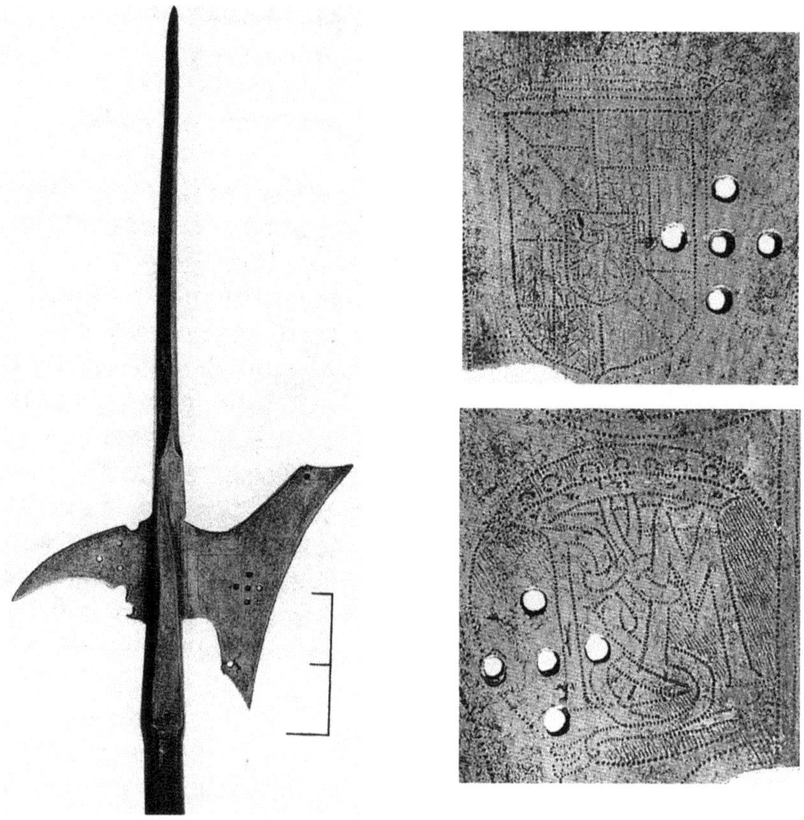

Alabarda; Germania o Svizzera, seconda metà del secolo XVI. Lo stemma e il monogramma (di personaggio ignoto) sono stati ottenuti con righe di piccoli punti impressi con un semplice punteruolo a punta conica (Museo Storico Nazionale d'Artiglieria, Torino, inventario J.61/5225, vecchia numerazione. Foto R. Chiaramonte)

Fig. 05.02

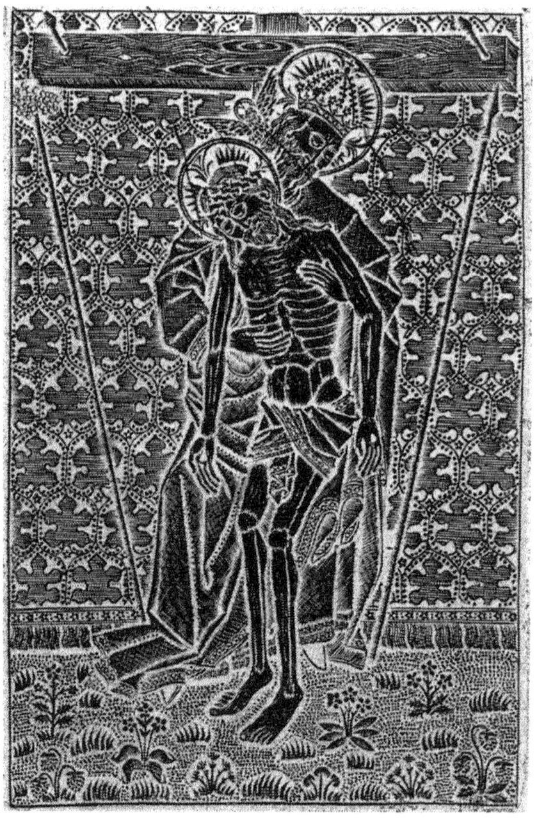

Stampa ottenuta da una lastra metallica incisa a bulino e, particolarmente sullo sfondo e sulla pavimentazione, a punzone; incisore ignoto, Italia, secolo XV. Queste matrici da stampa, molto rare, sono note come *interràsili*. Calcografia Nazionale, Roma (da BIANCHI-BARRIVIERA 1984, fig. 61)

Fig. 05.03

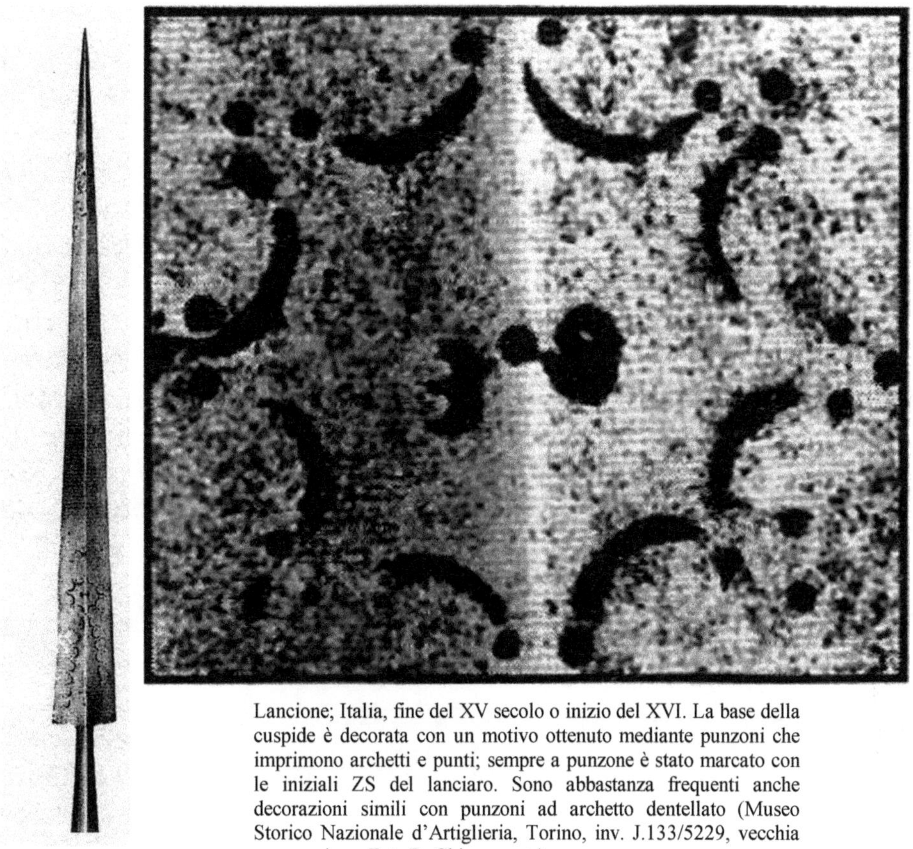

Lancione; Italia, fine del XV secolo o inizio del XVI. La base della cuspide è decorata con un motivo ottenuto mediante punzoni che imprimono archetti e punti; sempre a punzone è stato marcato con le iniziali ZS del lanciaro. Sono abbastanza frequenti anche decorazioni simili con punzoni ad archetto dentellato (Museo Storico Nazionale d'Artiglieria, Torino, inv. J.133/5229, vecchia numerazione. Foto R. Chiaramonte)

Fig. 05.04

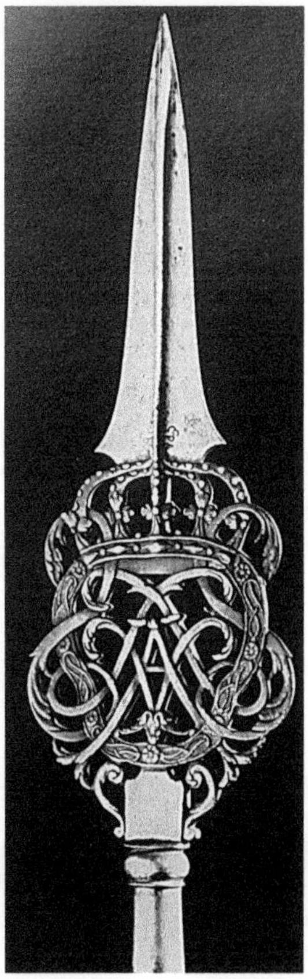

Mezza picca da sergente degli Archibugieri Guardie della Porta, circa 1686-1730, con iniziali di Vittorio Amedeo II di Savoia ottenute a traforo e rifinite col bulino a piccolo rilievo; restano tracce di doratura, mentre le perle della corona sono in argento (Torino, Armeria Reale, J 247. Foto Chomon Perino)

Fig. 05.05

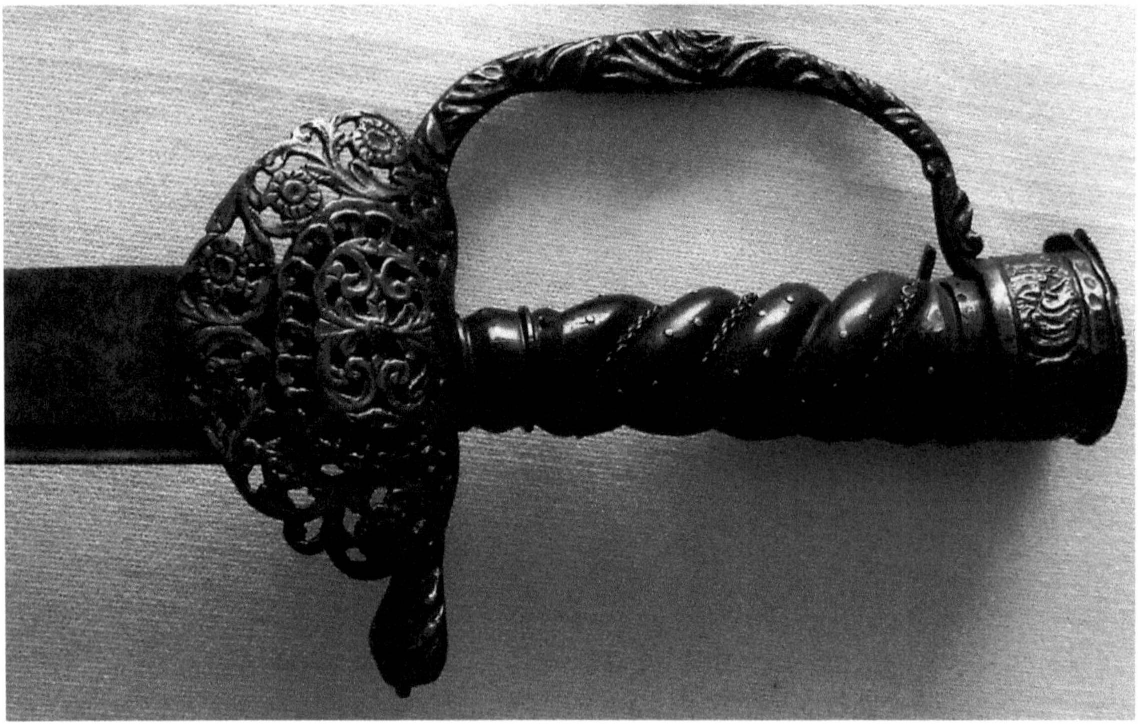

Coccia di paloscio da caccia; Italia, seconda metà del XVII secolo. È in ferro traforato, poi scolpito con un bulino a sezione tonda per creare un leggero rilievo; la placchetta al centro è di ottone lavorato allo stesso modo; la qualità non è eccezionale, ma permette di apprezzare anche il lavoro di bulino (Collezione privata)

Fig. 05.06

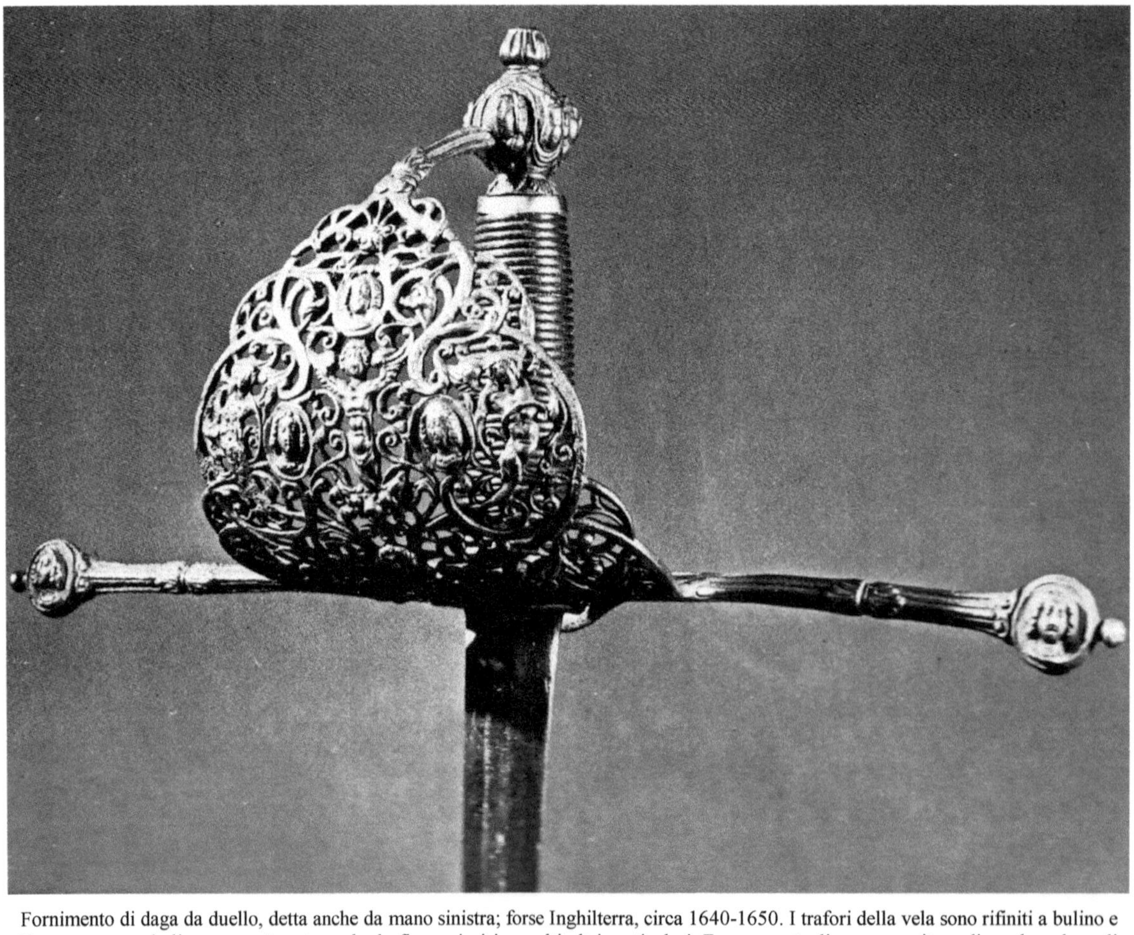

Fornimento di daga da duello, detta anche da mano sinistra; forse Inghilterra, circa 1640-1650. I trafori della vela sono rifiniti a bulino e lima; sempre a bulino sono ottenute anche le figure, i visi e molti altri particolari. Faceva parte di una guarnitura di spada e daga di qualità molto elevata (Torino, Armeria Reale, H 10. Foto Chomon Perino)

CAPITOLO 6

Il Bulino

La lingua italiana non possiede termini specifici per distinguere le diverse varietà d'incisione nel metallo, come invece hanno l'inglese e il tedesco, che indicano con *hetching* e rispettivamente *Ätzung* l'incisione indiretta (in particolare l'acquaforte) e con *engraving* e *Schnitt* (e più precisamente *Eisenschnitt* se in ferro) l'incisione diretta (a bulino). Per l'incisione a bulino alcuni studiosi d'armi italiani si servono del termine «gravato», che non condividiamo sia per il diverso significato che ha nella nostra lingua, sia perché non usato né da coloro che praticano l'incisione, né dagli studiosi di storia della calcografia, i quali parlano solo e sempre di «incisione». A Brescia e nei dintorni vari maestri, per la decorazione di armi da fuoco, usano tuttora il bulino con risultati tecnicamente egregi[1]. Insieme ad esso usano anche uno strumento (di cui si dirà meglio) che si batte col martello, e lo chiamano «punta», nome ambiguo del quale faremo un uso quanto più possibile limitato. Nella posizione in cui ci troviamo, da un lato abbiamo i meccanici e in generale tutti coloro che lavorano tecnicamente il metallo, i quali da secoli possiedono la *punta da tracciare* (una punta conica d'acciaio con la quale delineano i contorni di ciò che stanno lavorando), dall'altro abbiamo gli artisti e gli storici dell'incisione che non possono rinunciare alla *punta* da acquaforte (e anche alla *puntasecca,* praticata con uno strumento simile alla punta da tracciare, ma che non interessa i nostri discorsi). Questi problemi lessicali c'imbarazzano e saremo costretti a cercare di aggirarli, accontentandoci di perifrasi come, appunto, «incisione a bulino» e «incisione all'acquaforte».

Del bulino si servono gli orefici e gli argentieri, gli smaltatori a *champlevé* e a *bassetaille*, i niellatori, gl'incisori di lastre per la stampa e moltissimi altri artisti e artefici del metallo. Per la decorazione delle armi di livello più elevato il bulino è strumento essenziale poiché, come si vedrà, viene usato in numerose tecniche, tra le quali l'agemina e la tausia, e, come già si è accennato, per precisare e perfezionale il cesello e per arricchire il traforo (fig. 06.05). Un po' come lo scalpello per il legno, si usa poi nel lavorare il metallo a rilievo, salve le differenze dovute alle diverse caratteristiche dei materiali e, in genere, alle misure molto minute dei lavori in metallo. Servì poi anche ad apporre firme e date su oggetti d'ogni specie, tra l'altro le piastre di armi da fuoco. Vuole però grande esercizio e somma pazienza e, soprattutto su superfici estese come quelle delle armi difensive, non dà risultati proporzionati alla fatica e al tempo che richiede poiché, usato nel modo più tipico, consente solo di tracciare linee, producendo un ornato delicato e prezioso, ma non appariscente. Talvolta lo si usò anche per asportare una certa quantità di materiale su superfici non piccolissime, ma era un lavoro lungo e faticoso. In posizione preminente lo si trova, dunque, ben poche volte: nel XIV secolo su qualcuna delle liste d'ottone che orlano le piastre d'acciaio e raramente anche nei secoli successivi[2]. Gli esempi più importanti sono certo l'armatura e la barda di Enrico VIII, circa del 1514, di cui si dirà meglio. Tra i rarissimi esempi successivi vanno notati un corsaletto da barriera (fig. 06.01) dell'Armeria Reale di Torino, resto di una guarnitura forse di Vincenzo I Gonzaga della quale si conserva anche parte di un elmo, in cui con ciappole e bulini non solo si sono contornati i motivi, ma anche abbassati i fondi. L'opera del bulino, però, così come quella dei minutissimi punzoni, è apprezzabile solo con un esame attento e ravvicinato, mentre l'effetto maggiore è dato dalle dorature e dalle bronzature. Insomma, molto spesso il bulino è uno spreco.

Il bulino è uno strumento semplice e di uso concettualmente semplice (anche se richiede molta abilità manuale, come si è detto), e dunque è noto da epoca remotissima: ne esistono di selce con cui furono decorati oggetti di corno, osso e avorio in epoche preistoriche; forse se ne fecero anche di bronzo, ma questo si prestava meno, essendo abbastanza morbido. Esistono, però, delle lame micenee di bronzo con decorazione all'agemina (di cui si dirà), tecnica che richiede l'uso di bulini, ma di che specie e materiale questi fossero lo ignoriamo. Trascurando tuttavia le età più antiche, nel XII secolo il Monaco Teofilo insegna a costruire un bulino d'acciaio[3]:

> Si fa un attrezzo di acciaio puro, della lunghezza del dito più lungo, grosso come una festuca ma un po' più grosso verso la metà, e quadrato [di sezione]. Un'estremità di esso si mette nel manico e dall'altra parte lo si lima da uno spigolo, il superiore, fino all'in-feriore, in modo che questo, una volta limato, risulti più lungo e sottile e a punta; lo si scalda e lo si tempera in acqua. Di questo tipo se ne fanno diversi, più grandi e più piccoli

[1] Cfr. ABBIATICO-LUPI-VACCARI 1976, che dà anche notizie sulla tecnica.

[2] I pezzi più notevoli ornati da liste d'ottone incise sono l'armamento n. 13 del Castello di Churburg (Castel Coira) e le manopole R.12 del Museo Nazionale del Bargello, a Firenze, tutto del 1370 circa. Tra i rari esempi del secolo successivo noti all'autore è la celata IV.424 della Torre di Londra, circa del 1480. Cfr. BOCCIA 1980, nn. 12, 13, 68. Per la barda e l'armatura di Enrico VIII, opera probabilmente di armorari italiani ma decorata dal fiammingo Paul van Vrelant, cfr. DUFTY 1968.

[3] TEOFILO 1140, l. III, cap. XI, *De ferris fossoriis* («Attrezzi per scavare»):

> *Fit ferrum ex calibe puro, longitudine maioris digiti et grossum ut festuca, in medio uero grossius, et est quadrum. Vna cauda ponitur in manubrium et in altera summitate limatur una costa, quae est superior, usque ad inferiorem, sed inferior est longior, quae limata gracilis est in cuspide; quod calidum temperatur in aqua. Ad hanc speciem fiunt plures, maiores et minores.*

Nel XVI secolo il Vasari[4] lo descrive con parole molto simili; per lui il bulino

> [...] è un ferro quadro tagliato a unghia dall'uno degli angoli all'altro per isbieco, che così calando verso uno dei canti, lo fa più acuto e tagliente da due lati, e la punta di esso scorre e sottilissimamente intaglia. Con questo si fanno tutte le cose che sono intagliate nei metalli per riempirle o per lasciarle vote [...]

Noi, con Teofilo, diremmo prima di tutto che è d'acciaio ben temprato, di sezione quadrata, tagliato obliquamente secondo una diagonale così da formare una punta; non diremmo, invece, che scorre, e si preciserà il perché.

Il bulino tipico è lungo non più di sette od otto centimetri (ma il Cochin nel 1758 lo raffigura più lungo: figure 06.04 e 06.05) e provvisto di un'impugnatura a bulbo da collocare nel cavo della mano perché il palmo eserciti una pressione quanto più possibile parallela al piano, mentre le dita, e in particolare l'indice, orientano il ferro per tracciare il segno. Comunemente l'impugnatura è privata della parte inferiore per consentire all'attrezzo di disporsi quasi parallelo al piano da incidere. Per tracciare solchi più larghi, e poi per lavori a rilievo o addirittura a tutto tondo, praticamente assenti sulle armature ma frequenti sulle armi d'altro tipo e su vari altri oggetti, la sezione dell'acciaio è molto varia: circolare, ovale, triangolare e anche a forma di vero scalpello, confondendosi così con le ciappole di cui s'è parlato a proposito del cesello[5].

Lo strumento, sempre tagliato obliquamente, viene prima passato alla mola, avendo cura che non si scaldi perché non perda la durezza, poi viene ancora affilato su una pietra a olio di grana finissima, e già questo è un grande esercizio di precisione e di pazienza che si ripete svariatissime volte nel corso dell'esecuzione di un'opera, poiché non solo i ferri perdono il filo, com'è naturale, ma succede (soventissimo ai principianti, ma non di rado anche ai maestri sperimentati, come attesta il Cochin[6]) che, in seguito a una pressione maldestra, la punta si pianti nel metallo e si spezzi. L'affilatura è un'operazione che l'inciso-re cura da sé e la pietra a olio ha un posto definito sul suo banco. In passato egli curava anche la tempera e il rinvenimento, un po' per ottenere, verso il taglio, quel giusto equilibrio tra durezza e tenacia, un po' perché il codolo da piantare nel manico doveva essere meno fragile e più tenace: occorreva, perciò, una tempera differenziale.

Quello che viene usato più comunemente è il bulino tipico, a sezione quadrangolare (fig. 06.03). Se il pezzo da incidere non è grande, il maestro lo appoggia su un cuscinetto rotondo di cuoio pieno di sabbia, del diametro di una ventina di centimetri o poco più, tenendolo con la sinistra. Il movimento combinato della destra che spinge l'attrezzo e della sinistra che orienta il pezzo, consente di eseguire curve e linee diverse. In questo modo l'incisore può lavorare seduto. Attualmente si usano anche morse di vari tipi[7] che, almeno se fisse o pesanti, liberando la mano sinistra dall'incombenza di tenere il pezzo, permettono di usare un ulteriore attrezzo (quello attualmente chiamato «punta»), di sezione identica a quella del bulino (almeno verso la punta) ma più robusto, più lungo e privo di manico di legno, che viene battuto con un piccolo martello, sempre in direzione quanto più possibile parallela al piano da incidere. Alla morsa si lavora in piedi, poiché è il corpo che deve compiere i movimenti necessari per tracciare le curve. Non sappiamo quando le morse siano entrate nell'uso, ma riteniamo che ciò sia avvenuto in epoca recentissima. Per i secoli che c'interessano incontriamo solo il nome del bulino, e mai associato a un martello (ma le nostre fonti concernono solo l'oreficeria e l'incisione di lastre in rame per la stampa). Non sappiamo dunque con certezza se sui grandi pezzi d'armatura si operasse solo col bulino o anche con strumenti a martello: riteniamo però che in molti casi il martello fosse usato, vista la quantità di metallo da asportare (fig. 06.01). In questo caso i pezzi andavano fissati con mezzi simili a quelli usati per il cesello: una mezza sfera di pietra o qualche altro supporto pesante al quale il pezzo era incollato con una pece (ed è noto che pece e bitume venivano usati come collanti in vari ambiti); un'altra possibilità è che il pezzo fosse appesantito riempiendolo di piombo, come si è detto per il cesello; non abbiamo però nessuna indicazione. D'altra parte un mezzo di fissaggio come il bitume qui presenta qualche inconveniente: l'oggetto da incidere, spinto parallelamente al piano su cui appoggia, tende a scivolarvi e spostarsi nonostante il collante. (La cosa non si verifica col cesello, poiché questo esercita la sua pressione perpendicolarmente al piano.)

In qualche caso l'esame dell'opera fa pensare che essa fosse tenuta con la mano. Qualche indizio in questo senso si ricava dalla già citata armatura di Enrico VIII, costruita attorno al 1514 da Filippo de Grampis e G.A. Lit-

[4] VASARI 1550, *Proemio*, cap. XXXIII.

[5] TEOFILO 1140, l. III, cap. XI, *De ferris fossoriis*.

Fit et aliud similiter quadrum, sed est latius et tenue, cuius acumen fit in ipsa latitudine, ita ut duae costae sint superius et duae infe-rius longiores et aequales. Hoc quoque modo fiunt plures parui et magni. Fit etiam ferrum rotundum et grossum sicut festuca, cuius cuspis ita limatur ut tractus quem facit sit rotundus

(Se ne fanno anche altri parimenti quadrati, ma più larghi e sottili, e col taglio posto secondo la larghezza, in modo che due spigoli rimangano di sopra e due di sotto, più lunghi e uguali. E anche di questi se ne fanno diversi, piccoli e grandi. Si fa poi un ferro rotondo grosso come una paglia, con la punta limata in modo che il segno che traccia risulti rotondo).

[6] «dans le cas que votre burin vînt à rompre, ou à emousser sa pointe en gravant, ce qui n'arrive d'ordinaire que trôp.», così si esprime il Cochin, incisore sperimentato di lastre da stampa, peraltro parlando d'incisione in rame; BOSSE 1758, p. 104.

[7] Si trovano vari tipi di morse: una robusta morsa da banco, differente da quella da meccanico solo perché, mentre il basamento è fisso, la testa ruota e può essere orientata in ogni direzione e lì fissata, consentendo così di affrontare il pezzo dal lato più conveniente; se ne usa anche una variante leggera che è fissata non al banco, ma ad un cuscinetto di cuoio, e infine un morsetto facente corpo con una pesante sfera di ghisa, a sua volta appoggiata su un cercine di cuoio o collocata in un foro rotondo del banco di lavoro; la sfera può essere non solo orientata nel piano, ma anche inclinata nel modo più vario. Perché le ganasce della morsa non ammacchino l'oggetto da incidere, si applica il vecchio accorgimento di interporre fogli di piombo.

ta, argentata e incisa dal fiammingo Paul van Vrelant. Nell'esecuzione di quest'incisione i pezzi, probabilmente appoggiati su un cuscino o qualcosa di simile, devono essere stati tenuti semplicemente con la mano sinistra, che li ruotava con movimento continuo secondo l'andamento della curva da tracciare, mentre la destra premeva sul bulino (un vero bulino impugnato direttamente), senza modificarne l'orientamento, ma imprimendogli un movimento ondulante da un lato e dall'altro. Il tratto che vi si osserva, infatti, è leggero e di larghezza uniforme e forma come un piccolo zig-zag regolare e continuo, con poche riprese; da una distanza anche piccola, le linee appaiono così molto più larghe di quanto non siano i tratti incisi dal bulino e l'effetto è simile a quello che si otterrebbe con una matita su un foglio creando una riga mediante un grandissimo numero di sottili e brevi tratti diagonali. Questa però non è la maniera tipica di usare il bulino. Sembrerebbe che, considerata l'enorme superficie da decorare, l'incisore abbia scelto questo modo per risparmiare fatica. Così, infatti, il segno non può essere graduato; il risultato è molto uniforme, privo della vivezza e nervosità del vero bulino, privo anche di ogni nitidezza di contorni ma come sfumato e, in sostanza, inferiore a qualunque acquaforte (che proprio adesso si stava diffondendo). Mentre si sa che ancora un buon secolo dopo ogni incisore all'acquaforte aspirava ad imitare i bulinisti.

Nell'agire il bulino asporta un truciolo, cioè un sottile ricciolo di metallo, creando un solco ai lati del quale rimangono delle «barbe» di metallo sollevato, che a loro volta vanno eliminate col raschietto, strumento d'acciaio a spigoli affilati, e allontanate con un pennello o una spazzola. Quando il bulino è condotto su una superficie nel modo più tipico (cioè non nella maniera dell'armatura di Enrico VIII), il tratto generato è ben distinguibile (in particolare è distinguibile dal segno ottenuto all'acquaforte) poiché è nettissimo, con bordi diritti e perfettamente definiti, che in generale conservano la loro individualità anche se la superficie del metallo è degradata. Il bulino più comune, poi, traccia un segno a sezione di V con estremità (almeno una delle estremità) acute: l'attrezzo entra nel metallo all'inizio del tratto e ne esce alla fine e, data la sua forma a spigolo, dapprima allarga il solco, di mano in mano che penetra. Ugualmente, alla fine esso esce progressivamente, creando un'altra punta. I tratti curvi brevi somigliano allora a parentesi, o talvolta a virgole se, come capita, il ricciolo distaccato dal bulino si spezza, volutamente o no, e il solco s'interrompe bruscamente.

Soprattutto nelle opere in acciaio di gran mole, come sono appunto le armi difensive, anche di ottima qualità, la cosa non è rigorosamente vera. I tratti lunghi non possono essere fatti in una sola volta ma vanno ripresi e quasi tutti, lunghi e corti, devono essere ripassati per ottenere una sufficiente profondità: esaminando con attenzione, l'effetto dello sforzo si nota soprattutto sui tratti brevi. Anche nell'acciaio, però, fra il tratto a bulino e quello all'acquaforte la differenza è grandissima e, in ogni caso, si osserva un diverso tipo d'imprecisione, dovuta al fatto che, a differenza dell'acquaforte, l'attrezzo in pratica non risente della struttura microcristallina del materiale inciso. Proprio questa «incertezza» e «granulosità» del segno delle prime stampe all'acquaforte, che furono incise in ferro e non in rame, fecero sì che il procedimento chimico fosse scartato da vari maestri che, come il Dürer, Hans Baldung Grien e altri, pure l'avevano sperimentato. Nell'uno e nell'altro caso, però, quella che conduce il gioco è la mano del maestro e da essa dipenderanno i risultati.

Varie decorazioni a bulino su cartelle di acciarini di armi da fuoco erano tecnicamente tanto simili alle incisioni destinate alla stampa che poterono effettivamente essere impresse mediante un torchio calcografico, proprio come si faceva con le lastre di rame[8]. Così fece nel 1660 l'incisore parigino Jaquinet[9] per il suo volume di modelli per archibugeria (fig. 01.01): alcuni li incise lui (certamente in rame), per altri non fece che inchiostrare le cartelle fornitegli dal Thuraine e dall'Olandese, «archibugiari ordinari di Sua Maestà», imprimendole poi alla stessa maniera. Le cartelle autentiche si distinguono perché appunto sono semplici cartelle, prive di cane, batteria e altri particolari aggettanti e poi perché sono invertite (il cane di un acciarino alla moderna risulterebbe davanti anziché dietro); inoltre i fori di viti e perni mostrano sbavature d'inchiostro, che lo stampatore non poté o non si curò di pulire bene.

Il bulino ben condotto, inoltre, consente di avere tratti di larghezza e profondità molto variabili, e variabili progressivamente, come si può vedere soprattutto nelle volute, nelle piccole foglie e in altre decorazioni simili: esemplari (e molto frequenti) sono i tralci con stelo relativamente sottile e di larghezza e profondità uniformi, dal quale dipendono foglie curve, sinuose e di larghezza e profondità varie. Questo consente di ottenere, sempre nel piano, un certo effetto di ombreggiatura e quasi di tridimensionalità, effetto che può essere esaltato con l'uso di bulini di sezione diversa da quella quadrata tipica. Con l'acquaforte, di cui si dirà, l'ottenere effetti simili (ma non uguali) non è proprio impossibile, ma certo molto più laborioso e meno «naturale».

La differenza tra l'uso del bulino e quello dello strumento ora detto «punta» (fig. 06.03) dovrebbe scorgersi, almeno in teoria (ossia su oggetti ottimamente conservati ma in origine non rifiniti perfettamente nella decorazione), così come l'abbiamo vista su oggetti recenti: all'esa-

[8] Diversamente dal torchio tipografico, in cui un piano abbassato da una vite esercita una pressione sul foglio posato sulla forma dei caratteri, il torchio calcografico è costituito da due cilindri rotanti, tra i quali si fa passare la lastra incisa su cui è appoggiato il foglio. La pressione, dunque, si esercita non su tutta la superficie contemporaneamente, ma lungo una linea costituita dalle due generatrici dei cilindri, e può essere molto più elevata, come occorre per premere la carta *dentro* i solchi dell'incisione, estraendone l'inchiostro.

[9] JAQUINET 1660, *passim*.

me con una lente d'ingrandimento, i tratti della punta risultano sempre un po' seghettati, segnando i diversi colpi del martello. La cosa è difficilmente verificabile se la superficie dell'oggetto è un po' degradata o se il lavoro «pesante» della punta è stato perfezionato con un bulino a mano.

Talvolta, se il lavoro non è rifinito più che perfettamente, sulle curve più ampie si osserveranno delle «riprese», punti in cui l'attrezzo si è fermato dopo un tratto di una certa lunghezza poiché occorreva modificare la posizione o l'orientamento del pezzo. I maestri qualificati, però, riuscivano (e riescono) a fare scomparire anche queste pur minute irregolarità.

I caratteri distintivi del tratto a bulino sono, in sostanza, la nettezza del segno, la diversa profondità di esso, la larghezza variabile, armonicamente se la mano è abile, e l'acutezza di almeno una delle estremità (ma spesso di ambedue), caratteri che il degrado della superficie maschera, ma che difficilmente spariscono del tutto.

Tra il secolo XVIII e il XIX entrò nell'uso un attrezzo di forma particolare detto in francese *vélo* (e ora a Brescia *ombreggino),* propriamente un bulino a molte punte (tre, quattro o anche di più), regolarmente distanziate. Era l'epoca della stampa di riproduzione e di illustrazione: con incisioni in rame (generalmente, però, all'acquaforte) si illustravano libri di viaggi, manuali tecnici, libri d'arte e altro ancora, opere spesso grandi, talvolta imponenti (si pensi alle tavole dell'*Encyclopédie*). Il *vélo* facilitava l'esecuzione dei tratteggi degli sfondi, delle ombreggiature e così via. Esso, dunque, studiato per gli incisori in rame, non dovrebbe rientrare fra i mezzi di nostro interesse. È accaduto, però, che l'incisione di qualche arma o altro oggetto in ferro o acciaio abbia richiesto di essere restaurata ed è avvenuto che certi tratteggi, preesistenti ma degradati, siano stati ripresi (a noi pare) mediante il *vélo*. Se la decorazione originale era già a bulino, l'unico indizio è la regolarità della distanza dei tratti (che d'altra parte non tengono conto degli eventuali difetti che col tempo si sono manifestati sulle superfici, e vi passano sopra); se invece il disegno d'origine era all'acquaforte si noteranno le differenze di cui si è detto. Succede anche che simili re-stauri (o, qui sarebbe meglio dire, interventi di manutenzione) siano stati eseguiti nel corso della «vita attiva» dell'oggetto, centocinquanta o duecento anni fa, e allora le certezze naturalmente si riducono. Ma è quanto si sospetta che sia avvenuto su alcune almeno delle alabarde delle Guardie Svizzere dei Savoia conservate all'Armeria Reale di Torino, armi che, accantonate al momento in cui Carlo Emanuele IV dovette abbandonare i suoi Stati di terraferma, furono rimesse in uso con la Restaurazione. Al centro del ferro esse portano una croce di Savoia, che in origine fu incisa all'acquaforte e che poi forse fu ripresa, forse con quel particolare bulino.

Il bulino, peraltro, o un attrezzo assimilabile fu usato anche da mani incolte e i risultati sono quelli che si possono immaginare: i tratti sono incerti e irregolari, lo strumento sfugge alla fine del tratto. Esistono pugnali berberi (fig. 06.11) con rustici motivi incisi nel ferro, nell'ottone e nel rame, e coltelli italiani con motivi popolari (fig. 06.12 e 06.13) ricavati nell'acciaio del tallone della lama. E un bulino, o qualcosa di simile, fu usato anche per falsificare firme, cercando di imitare (in genere con esiti molto modesti) marchi famosi[10] (fig. 06.14).

Per converso, non si deve dimenticare che il bulino è l'attrezzo più versatile per lavorare ferro e acciaio (oltre che altri metalli, beninteso) e in mano a maestri abili e sperimentati, che sapevano anche di disegno, permise di creare capolavori straordinari, a bassorilievo e anche a tuttotondo (fig. 06.15). E infine è lo strumento principe di chi lavora all'agemina. Insomma, in un modo o nell'altro il bulino interviene in quasi tutti i lavori in metallo.

[10] Cfr. DONDI-CARTESEGNA 1982c.

Fig.06.01

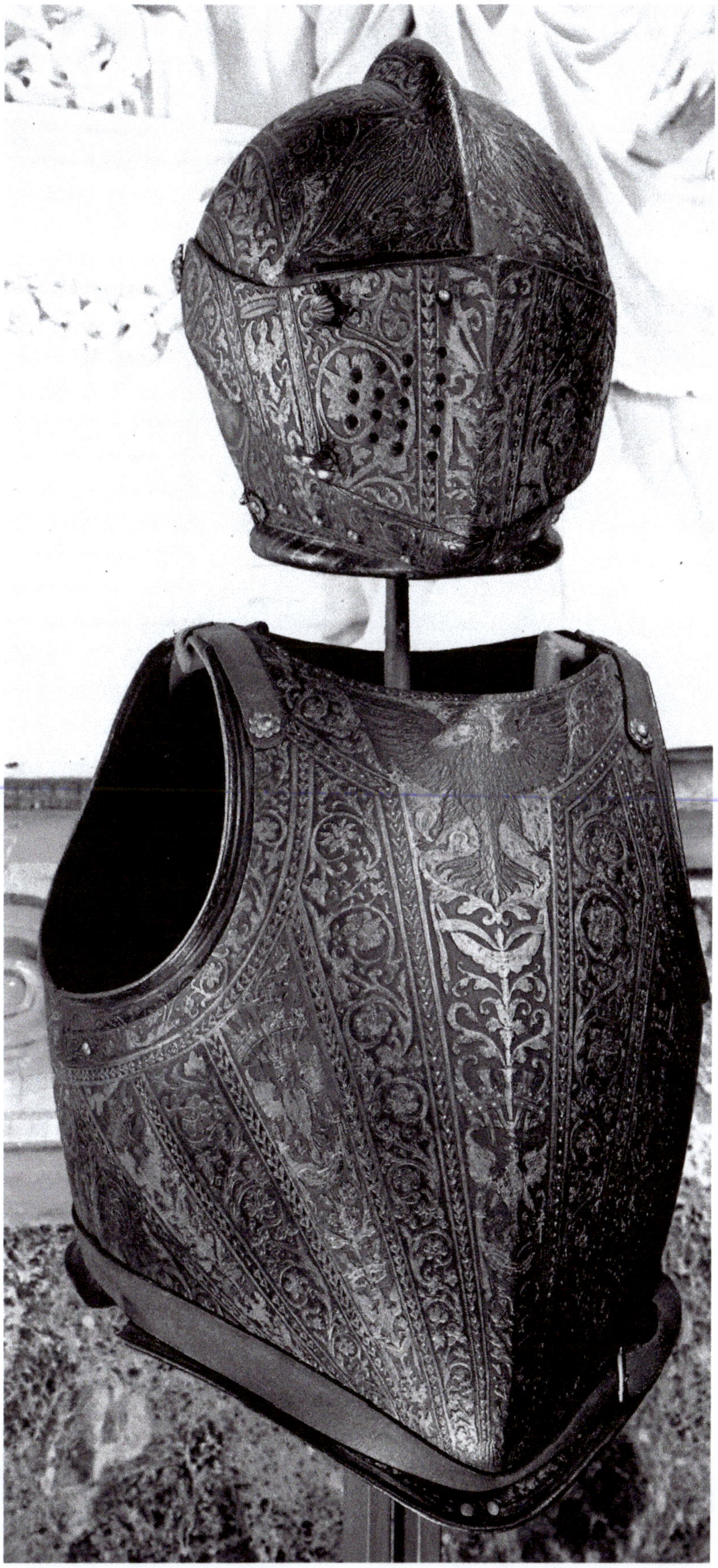

Resti del corsaletto da barriera da una guarnitura forse di Vincenzo I Gonzaga; Mantova (o Milano?), circa 1585. Oltre la precisione del lavoro di bulini e ciappole e dei punzoni, è stato molto curato l'aspetto coloristico: i fondi sono bronzati, i motivi sono dorati a foglia, le piccole perle sono d'argento e le grandi aquile sul petto e sulla visiera dell'elmo sono nere opache a lumeggiature d'oro (Torino, Armeria Reale, cat. C 23. Foto Chomon Perino)

Fig.06.02

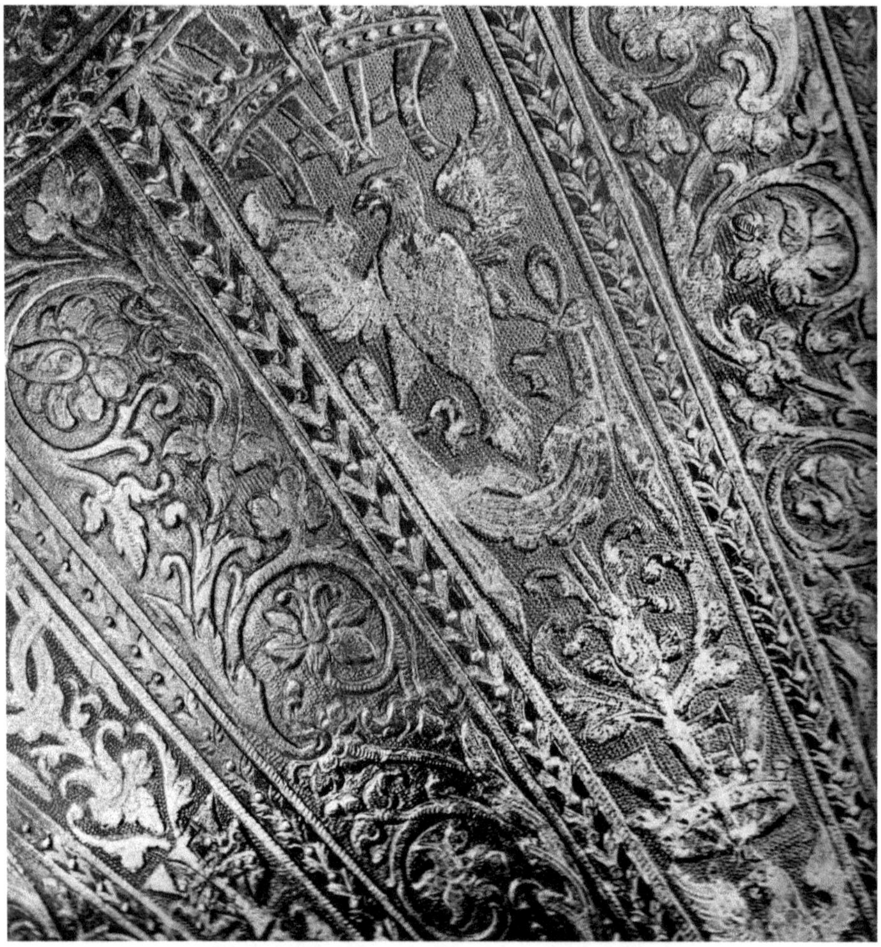

Particolare del petto del corsaletto da barriera forse di Vincenzo I Gonzaga; Mantova (o Milano?), circa 1585. I fondi ribassati e bruni sono stati trattati con minuti punzoni, a semplice punto nelle liste a volute, a cerchietto in quelle con le iniziali. Non si può escludere categoricamente che nell'abbassamento dei fondi il lavoro delle ciappole sia stato preceduto dall'acquaforte, ma non pare probabile; in ogni caso il lavoro è minuziosissimo (Torino, Armeria Reale, cat. C 23. Foto Chomon Perino)

Fig.06.03

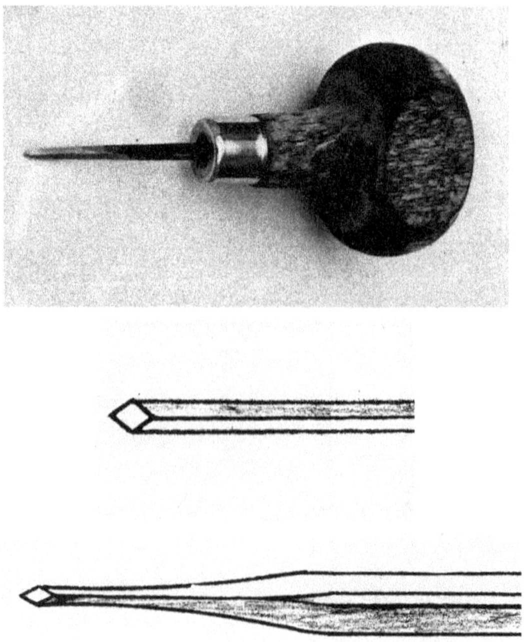

Dall'alto: un bulino montato sull'impugnatura a bulbo. Particolare della punta di un bulino: l'astina d'acciaio di sezione quadrata è stata molata in diagonale. *In basso:* particolare dell'attrezzo che attualmente gl'incisori bresciani chiamano «punta»: ha la medesima sezione del bulino, ma è fatto per essere battuto col martello.

Fig.06.04

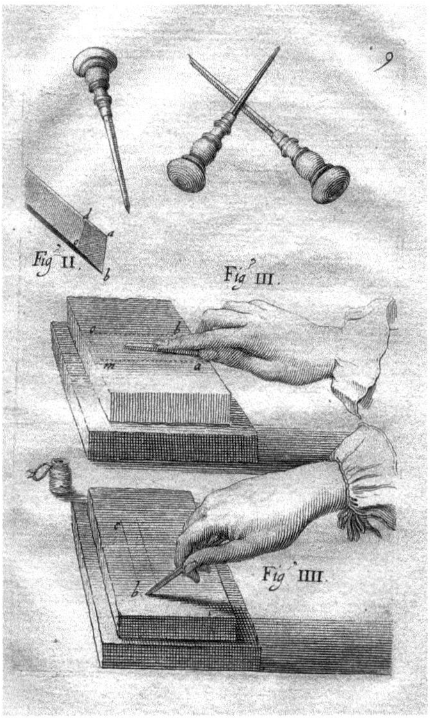

Fig.06.05

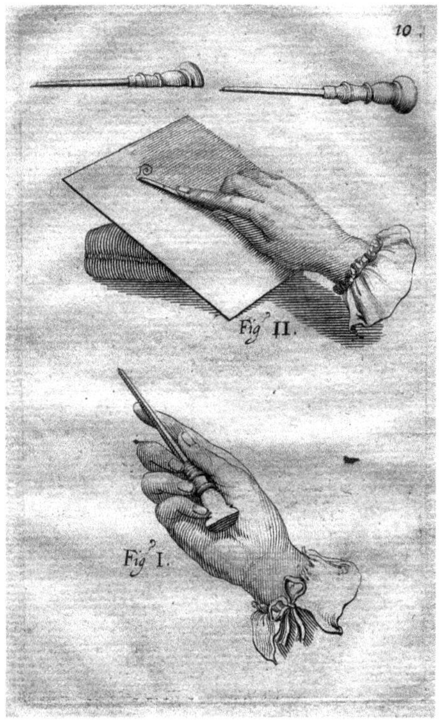

A sinistra: affilatura del bulino, dapprima *(Fig. III)* sui lati per avvivarne gli spigoli, avendo cura di tenerlo ben piatto sulla pietra a olio, poi sulla faccia obliqua *(Fig. IIII),* conservando invariato l'angolo.
A destra: modo d'impugnare e di usare il bulino (da Bosse 1758, tavole 9 e 10)

Fig.06.06

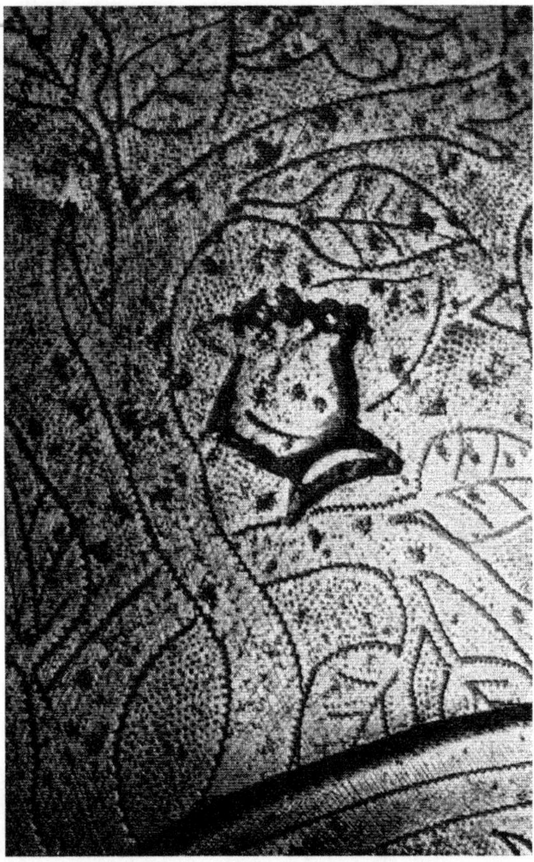

Particolare dell'incisione a bulino dell'armatura di Enrico VIII d'Inghilterra decorata dal fiammingo Paul van Vrelant, circa 1514. Il bulino, certamente spinto a mano, ha creato un segno molto esile, che l'ondulazione da un lato e dall'altro fa apparire un po' più energico, ma incerto e privo dei caratteri del vero bulino. Le superfici sono argentate e dorate a foglia (traspaiono i tratteggi incrociati sul metallo sottostante) e vari campi sono poi stati punteggiati con un semplice punzone conico, che in qualche caso ha fornito anche una specie di ombreggiatura ai tratti. Al centro è il marchio punzonato (Tower of London Armoury, II.5; da Dufty 1968)

Fig.06.07

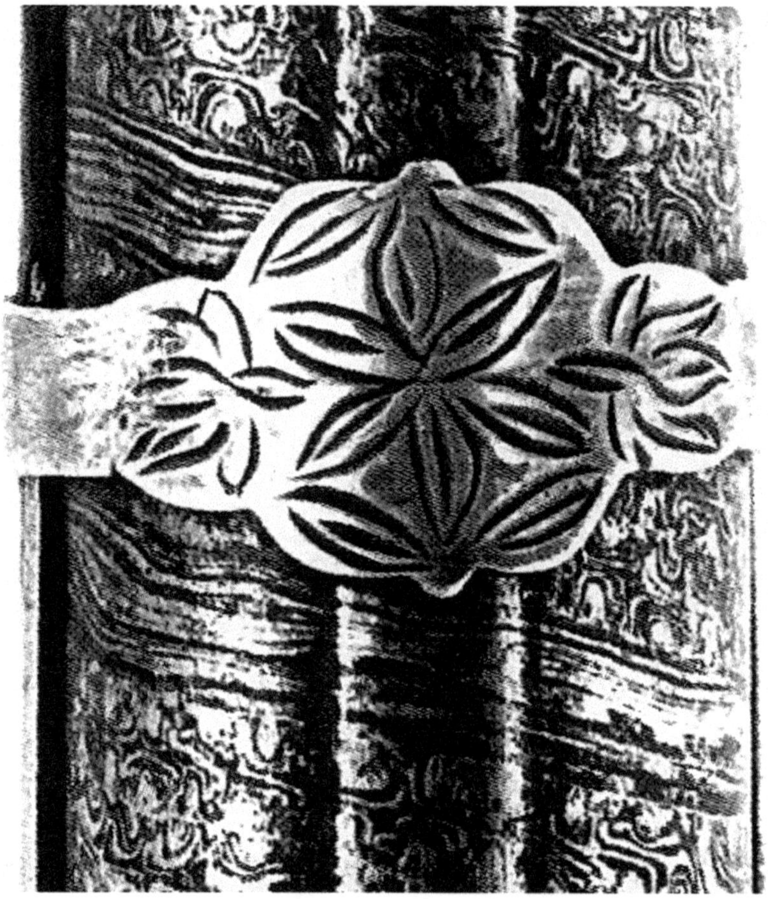

In questa fascetta di archibugio indiano o persiano del XVIII secolo si distingue bene la forma tipica dei tratti di bulino, quasi tutti acuti ad ambedue le estremità: l'argento di cui è costituita, molto dolce, ha opposto scarsa resistenza alla pressione dello strumento e il poco sforzo richiesto ha consentito all'artigiano di tracciare gran parte dei segni in un solo tratto con pochissime riprese e correzioni. In alcuni casi il truciolo si è spezzato all'estremità di uscita; altri tratti sono stati tracciati col bulino non esattamente verticale, come mostra la curva sensibilmente più pronunciata su un lato. In materiali più duri il bulino avanza invece a piccoli scatti e il segno, se non è ripreso con un secondo passaggio, risulta dunque meno nitido (da FIGIEL 1991, fig. 58)

Fig.06.08

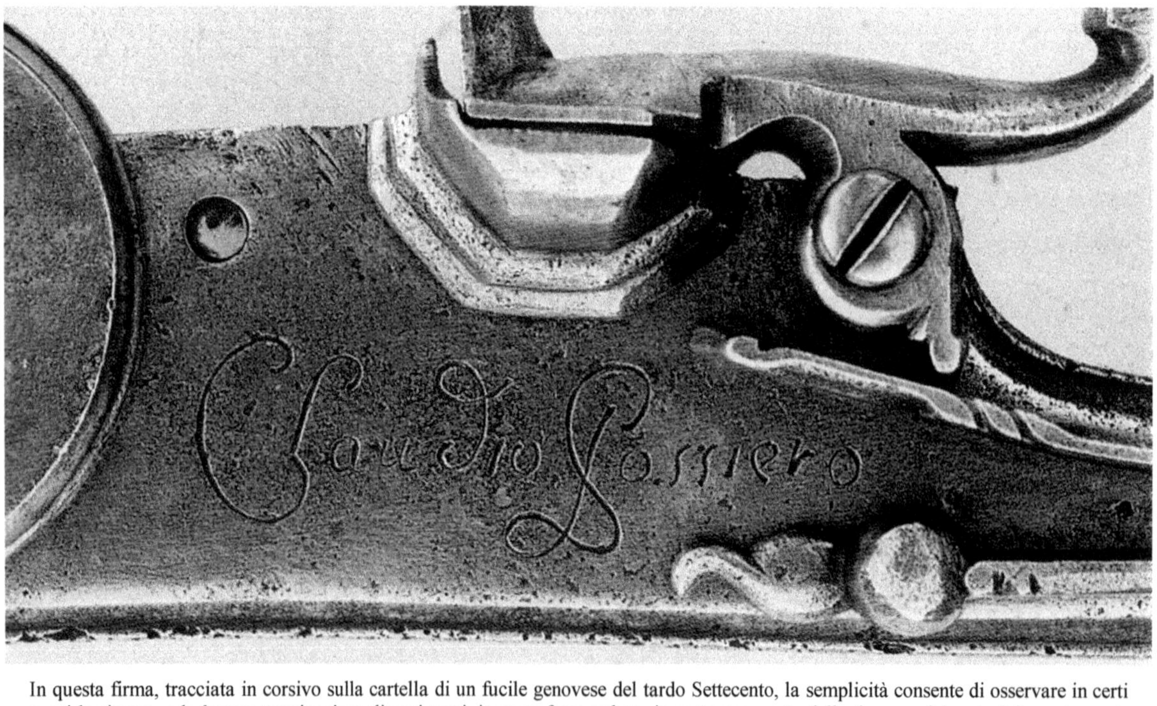

In questa firma, tracciata in corsivo sulla cartella di un fucile genovese del tardo Settecento, la semplicità consente di osservare in certi punti le riprese, e la brusca terminazione di vari tratti, in parte forse voluta, in parte provocata dalla durezza del materiale, certamente ferro cementato (Collezione privata. Foto MR)

Fig.06.09

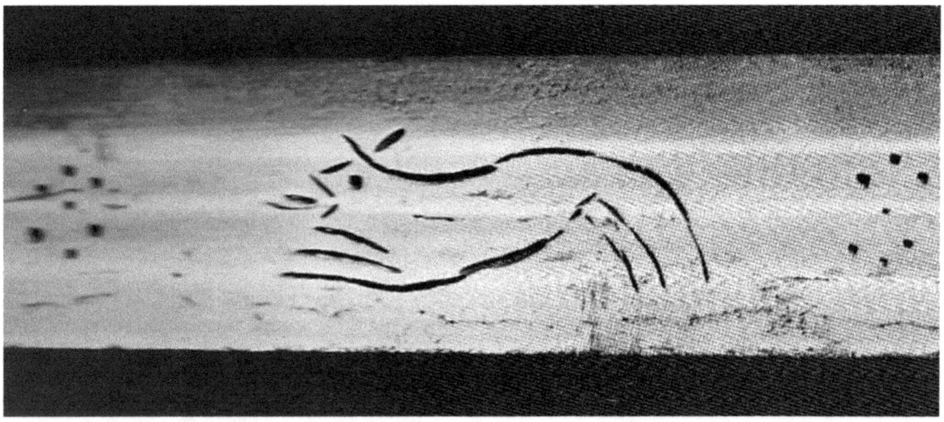

Particolare di una lama tedesca montata con fornimento svizzero; inizio del secolo XVII. La nota marca del "lupo di Passau" è incisa grossolanamente a bulino e affiancata da punti di punzone di forma irregolare (Torino, Armeria Reale, G 22. Foto Chomon Perino)

Fig.06.10

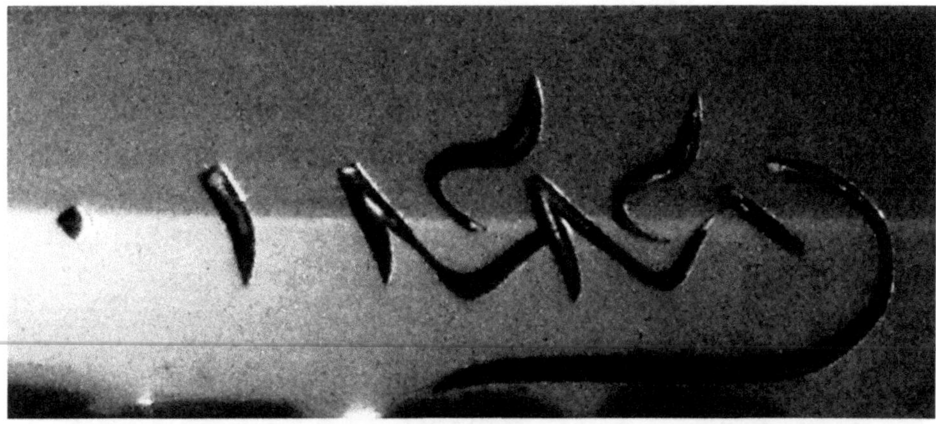

Particolare di lama di *naginata* (arma d'asta curva) trasformata in *tanto* (spada corta); Giappone, datazione incerta. Anche in questa scritta a bulino, pur di alta qualità e con tratti nettissimi, si scorgono alcune «riprese» e incertezze (Collezione privata)

Fig.06.11

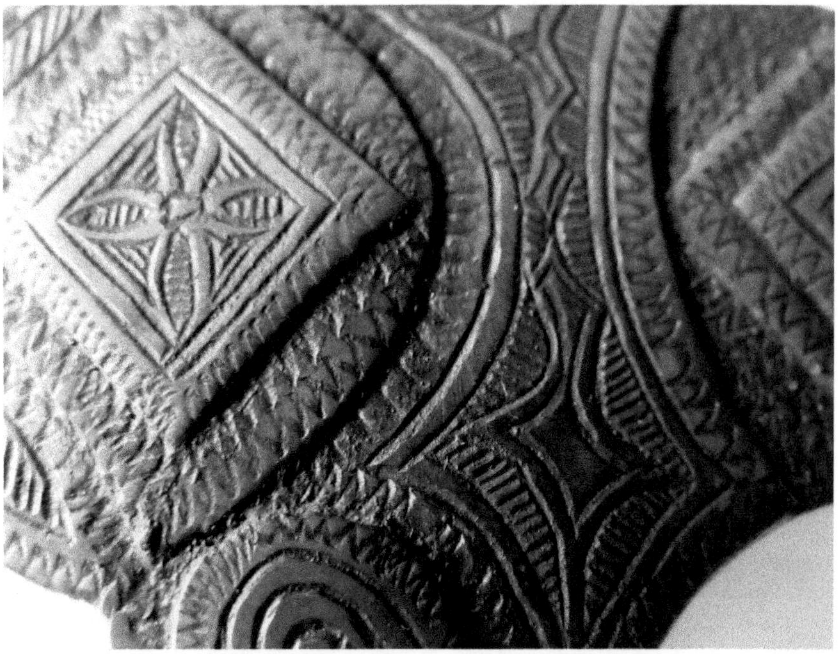

Particolare del fodero di un coltello proveniente dalla zona interna del Marocco, forse XIX secolo. Tutti i fornimenti sono di lamiera di ferro sulla quale sono saldati piccoli quadrati di rame e sopra questi altri d'ottone; i motivi incisi sono rustici e la mano è piuttosto incolta: i segni sono irregolari, di larghezza variabile per le frequenti riprese, e spesso lo strumento è sfuggito alla fine del tratto. Le bordure sono ottenute imprimendo al bulino un movimento ondulante, che crea uno zig-zag simile a quello che si è visto sull'armatura di Enrico VIII (fig.06.06), ma molto più grosso e più irregolare (Collezione privata)

Fig.06.12

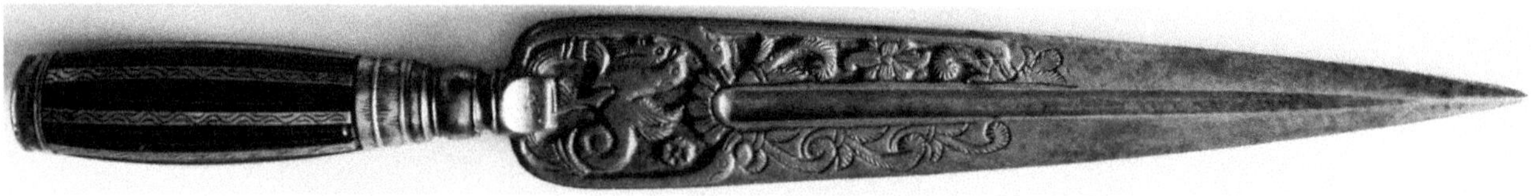

Pugnale decorato con bassorilievo a motivi popolari; Campobasso, secolo XIX (Collezione privata)

Fig.06.13

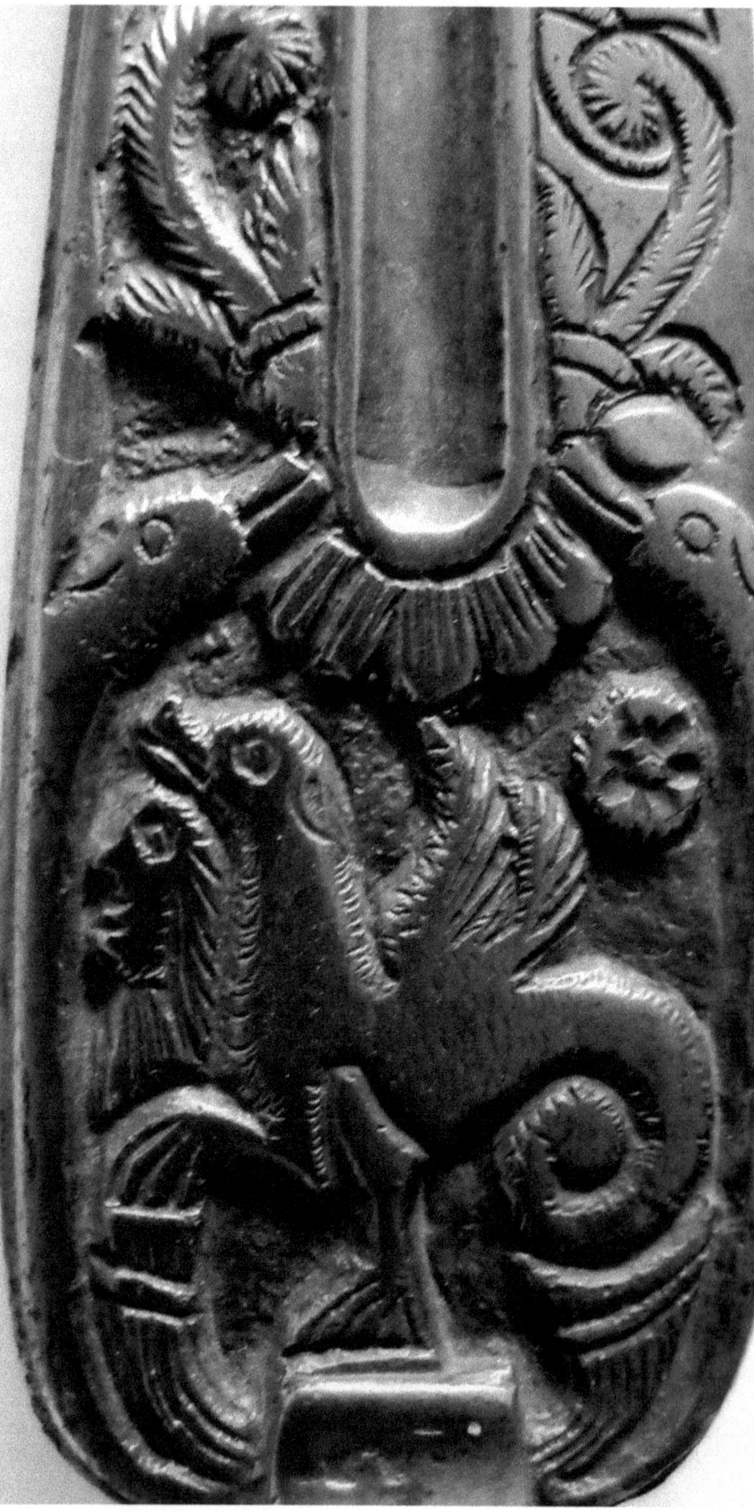

Tallone della lama del pugnale della Fig. 06.12. Qui, con un pesante lavoro di bulino che ha asportato molto materiale per abbassare i fondi, si sono ottenuti motivi a rilievo schiacciato. La mano non è molto raffinata, i segni irregolari, ma si sono usati attrezzi di varia dimensione e vario tipo per tracciare segni a sezione non solo di V ma anche arrotondati. Quel che difettò in primo luogo fu però il disegno (Collezione privata)

Fig.06.14

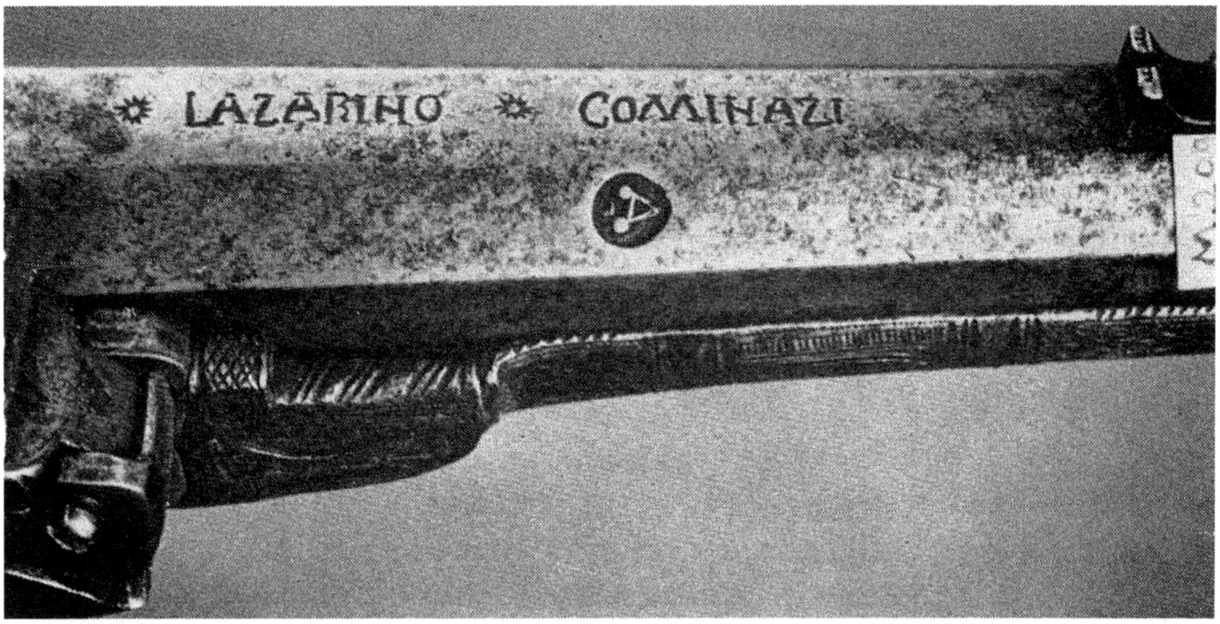

Culatta di una canna a grecone esportata nei Balcani e là montata su un archibugio alla morlacca di tipo albanese; Gardone Val Trompia, poi Balcani, secolo XVIII. La canna non è straordinaria, ma è autenticamente gardonese, come attesta anche il punzone circolare, e potrebbe recare al disotto anche la firma del vero autore (se ne conoscono altri casi), probabilmente un buon artigiano che però su quel mercato era meno noto dei famosi Cominazzo. La firma di questi, perciò, è stata "riprodotta" al disopra (certo dal montatore locale) con una specie di bulino, ma non modernamente per creare un falso, bensì per attuare a quell'epoca una comune truffa commerciale. Anche il lamierino che copre tutta la cassa è stato decorato con rustici motivi a bulino, grossolani anche nell'esecuzione (Torino, Armeria Reale, cat. M.209. Foto Chomon Perino)

Fig.06.15

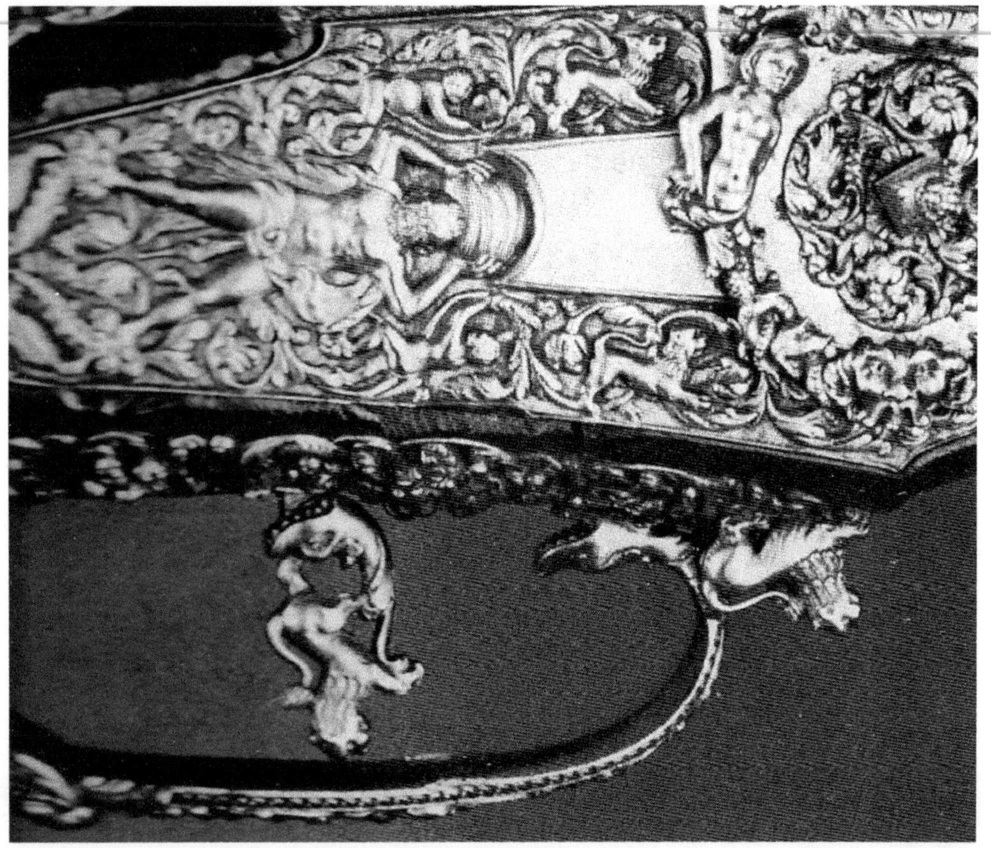

Il grilletto con parte della ruota e del ponticello scolpiti da Carlo Bottarelli su una pistola di Giovanni Battista (III) Francino; Brescia, 1665-1666 (Torino, Armeria Reale, N 41/42. Foto Chomon Perino)

CAPITOLO 7

L'Acquaforte

L'acquaforte è l'incisione del metallo con mezzi chimici. In essa il segno nel metallo non viene prodotto direttamente da uno strumento condotto dalla mano dell'artefice, ma incavato da un agente chimico, detto *mordente*. Nella forma di acquaforte più tipica ed evoluta, tuttora in uso sul rame e sullo zinco per produrre lastre da stampare, il metallo da incidere viene lucidato, sgrassato e coperto con una *vernice* resistente all'agente chimico. In questa con una *punta* (una vera punta conica, più o meno sottile) si tracciano segni, così da scoprire linee e aree del metallo secondo il disegno desiderato, si protegge il pezzo anche sul dietro e sui bordi e lo si sottopone all'azione del mordente. Risciacquato e liberato dalla vernice, mostrerà incavate le parti che la punta aveva scoperto. Nel nostro caso lo scopo è di ornare direttamente il metallo, che è ferro o acciaio.

Non abbiamo indagato circa l'importanza che il diverso tenore di carbonio può avere sull'azione del mordente. Certamente quest'importanza non è modesta, e lo si vede nei damaschi, in particolare quelli saldati, in cui i componenti della «stoffa», che sono ferro e acciaio a diverso tasso di carbonio, rispondono in modo diverso, mostrando in superficie la struttura dell'oggetto con colori o livelli differenti. Quest'indagine sarebbe indubbiamente interessante, ma solo per noi, moderni: l'artefice che praticò l'incisione si basava sull'esperienza e probabilmente sondava le cavità con una punta per rendersi conto del procedere dell'incisione.

L'acquaforte non può fornire un ornato propriamente tridimensionale, ma solo permette di graduare la larghezza e la profondità degl'incavi rispetto al piano. Contrariamente al solco praticato dal bulino tipico, che ha sezione triangolare, quello dell'acquaforte ha sezione circa rettangolare e, usando certi mordenti, può anche essere più largo del segno tracciato. Non si possono, poi, fare solchi di sezione realmente arrotondata, come praticano certi bulini particolari. In compenso, non richiedendo uno sforzo importante, l'acquaforte consente alla mano esercitata di eseguire quasi degli schizzi (fig. 07.01), mentre con vernici e mordenti appropriati si ottiene una precisione poco inferiore a quella del bulino.

L'acquaforte è nota principalmente perché serve per l'incisione di lastre da stampa, ma è molto più vecchia dell'arte calcografica. Se ne ha qualche indizio, o diciamo meglio qualche sospetto, già nella prima metà del XII secolo, mentre in seguito si incontrano varie ricette e tutte concordemente si occupano solo dell'incisione di iscrizioni su ferro e acciaio e, in particolare, su lame di spade. È dunque certo che armi decorate, o almeno iscritte, all'acquaforte, compaiono prima del Trecento, ma non ne conosciamo alcun esempio; uno degli esemplari più antichi di acquaforte che ci siano pervenuti, e forse il più antico databile con certezza, è la lama della spada dell'imperatore Sigismondo, prodotta nell'Italia Settentrionale circa nel 1433, recante una scritta e qualche semplice ornato[1]. Nell'ultimo decennio del secolo, ancora nel-l'Italia Settentrionale, le lame decorate all'acquaforte non solo si fanno relativamente numerose, ma sono lavorate con tecnica e stile già molto consumati: meritatamente apprezzate sono le cinquedee di quei maestri emiliani, il più noto dei quali è Ercole dei Fedeli. In questi stessi lustri che chiudono il Quattrocento, l'acquaforte compare anche sulle armi difensive. Tra i primi esemplari italiani ci sono un petto d'armatura tradizionalmente attribuito al Colleoni, ma probabilmente risalente solo al 1490 circa (mentre il condottiero era morto nel 1475), e alcune celate pressappoco coeve. Alla stessa epoca, però, la tecnica era già applicata anche in Germania, in Spagna e nelle Fiandre, e ne restano testimonianze su armi e armature[2].

Ancora nei primi anni del XVI secolo la decorazione ottenuta all'acquaforte non ha grande risalto: il segno è sottile e i motivi delineati dalla punta hanno un contrasto molto scarso, ottenuto unicamente con un fine tratteggio, parallelo o incrociato, degli sfondi. Forse le linee sono originariamente annerite, ma la doratura a fuoco che copre uniformemente le aree incise, come si vede ancora sui pezzi meglio conservati, soffoca il disegno. Ne risulta una decorazione raffinata ma esile, e l'incisione, anche quando i tratti sono anneriti, contribuisce poco all'effetto generale. Come esempi possono ricordarsi il corsaletto da cavallo leggero inciso da un Maestro Nicodemo e una coppa di ginocchiello al Museo Stibbert, il corsaletto di Francesco Maria I della Rovere al Museo del Bargello[3] e vari altri pezzi a Londra, Parigi, Vienna e altrove. Per ben comprenderne l'evoluzione, occorre tener presente che l'acquaforte viene introdotta come un surrogato del bulino, che abbrevia i tempi di lavoro. Attorno al 1516 il Dürer proverà ad incidere con l'acquaforte qualche lastra (in ferro) da stampa, ma ne rimarrà insoddisfatto e

1 La spada si conserva a Vienna alla Hofjagd- und Rüstkammer, cat. A 49. Cfr. THOMAS-GAMBER 1976, p. 74.

2 Il petto detto «del Colleoni» si conserva a Vienna (Hofjagd- und Rüstkammer, cat. A 183); le celate rispettivamente a Leningrado (Ermitage, I 165) e a Madrid (Real Armeria, D 12 e 13). Cfr. rispettivamente THOMAS-GAMBER 1976, p. 85; BOCCIA 1980, nn. 66 e 70; e per Spagna e Fiandre, GODOY 1992, p. 105 e 124.

3 Rispettivamente: Firenze, Museo Stibbert, nn. 3146 e 2419; Firenze, Museo del Bargello, M.756; cfr. inoltre BOCCIA 1980.

l'abbandonerà rapidamente; al contrario, già da alcuni anni (circa dal 1510) gli Hopfer l'hanno adottata. Forse sono stati proprio loro ad importarla dall'Italia[4]: si sa che i Gonzaga e gli Este ebbero rapporti con i Colman, armorari di Augsburg, e questi affidarono a Daniel Hopfer la decorazione, eseguita all'acquaforte, di varie armature. Il collegamento basterebbe da solo a spiegare come l'arte dell'acquaforte sulle armature sia stata introdotta in Germania. Questo, però, contrasta con quanto dicono altri studiosi, secondo i quali il *Goldschmelz*, o «smalto d'oro» (del quale si dirà nel capitolo sulla doratura a fuoco), in uso nei Paesi tedeschi fin dagli anni Novanta del Quattrocento, sarebbe eseguito mediante l'acquaforte[5]. Gli Hopfer nella calcografia sono noti come copiatori e anche nella produzione di immagini su carta adottano la nuova tecnica, meno laboriosa e più economica del bulino[6]. Anche il Cellini avverte che le lastre all'acquaforte sono molto meno laboriose di quelle a bulino mentre si stampano allo stesso modo, ma i risultati sono corrispondentemente inferiori. Osservazione comprensibile, dato che viene da un virtuoso del bulino (quale era stato anche il Dürer). Questi maestri, ambedue orafi, almeno all'origine, parlano però di lavori piccoli, o abbastanza piccoli, e molto raffinati, da guardare da vicino, non di vaste superfici quali si trovano sulle armature.

Certo è che, prima di acquisire una certa importanza per l'incisione di lastre da stampa (e per tutto il Cinquecento nella grafica d'arte quest'importanza resterà ancora relativa), l'acquaforte viene usata per molti anni unicamente per decorare armi e in seguito armature. Essa si diffonderà solo verso il Seicento, ma ancora a lungo sarà guardata come un surrogato: nel 1645 il Bosse[7], infatti, ritiene che «il principale proposito che possono avere quelli che incidono o vogliono incidere all'acquaforte, sia di fare in modo che la loro opera sembri incisa a bulino» e che si debbano imitare i virtuosi bulinisti del Cinquecento. Di un certo incisore, ora dimenticato (poiché fu ottimo artigiano ma non artista, come anche il Bosse), egli dice che sarebbe perfetto se i suoi tratti non finissero così bruscamente, «cosa che permette agl'intenditori di rendersi conto che si tratta di acquaforte» (mentre i tratti di bulino, come si è detto, cominciano e terminano a punta). Solo a quest'epoca si arriva alla tanto stimata «netteté & fermeté» di tratto, ma ci si arriva solo nella grafica, e piuttosto in quella di riproduzione e d'illustrazione che non in quella creativa, d'arte[8]. La decorazione delle armature ha sempre, anche nei primi tempi, un tratto molto sciolto e talvolta addirittura disordinato, soprattutto in Italia (fig. 07.01). Questo, però, è l'epilogo di una lunga storia, che ha inizio nei laboratori degli alchimisti. Nel perseguire i loro fini, che in origine erano di trovare il modo di trasmutare i metalli vili in oro, idearono procedimenti, come la distillazione, la sublimazione, la calcinazione, coi quali ottennero sostanze interamente nuove, come l'acquavite *(aqua vitae)* e, appunto, l'*aqua fortis*, che i metalli non li trasmutava, ma li corrodeva. Due delle più antiche ricette di mordente da acquaforte, benché riportate da manoscritti latini alquanto più tardi, sembrano risalire al perduto *Secretum philosophorum* del XIII secolo[9]. La prima consiglia:

> Per scrivere sull'acciaio. Per preparare un'acqua con la quale scrivere sull'acciaio, prendi un'oncia di salnitro [cioè nitrato di potassio] e una di vetriolo romano, ossia vetriolo verde di rame [solfato ferroso] e polverizzali molto finemente e mettili in un alambicco e distillali esattamente come si distilla l'acqua di fuoco. Con un'acqua distillata in questo modo puoi scrivere sull'acciaio quello che vuoi e il successo sarà sicuro

Questa ricetta, dunque, insegna a scrivere direttamente sul metallo, presumibilmente con uno stilo o un pennello intinto nel mordente. La seconda espone:

> Per incidere lettere su una spada d'acciaio. Se vuoi incidere una spada d'acciaio, prendi sale comune e mettilo in una pentola nuova di terracotta e mettila in un forno con pane [*sic*][10] finché non sia ben secco, di quello che si chiama sale bruciato. Inoltre prendi rami di salice e accendili, e quando bruciano bene, mettili in un recipiente da cui il fumo non possa sfuggire, finché il fuoco non si spenga da solo, e così hai del carbone di salice. Prendi ora il sale bruciato e il carbone di salice in parti uguali e mescolali con un po' di aceto [in tedesco, letteralmente: «vino acido»] e così hai un buon mordente col quale puoi incidere il ferro. Quando vuoi incidere l'acciaio, stendi sulla tua spada o il tuo acciaio uno strato di biacca, che avrai mescolato con olio di lino, e aspetta un po' che asciughi bene, e quando è ben asciugato, gràttavi lettere a tuo piacere e fa in modo di allontanare la biacca fino all'acciaio seguendo la forma delle lettere. Poi mettici sopra il mordente ed esso corroderà il ferro secondo la forma delle lettere che hai scalfito nella biacca; e devi lasciare il mordente un mese intero. Quando il mordente secca, inumidiscilo con aceto [qui il tedesco: *Essig*]. Dopo un mese allontana sia il mordente che la biacca e pulisci la spada, e troverai le lettere benissimo incise

Tra la prima e la seconda delle ricette si osserva un importante cambiamento, indipendente dalla differenza dei componenti. Nella prima, come si è detto, il mordente viene usato come un inchiostro per scrivere direttamente sul metallo. Il mordente distillato è abbastanza energico, ma la quantità che si applica è piccola e, a meno di non ripetere l'operazione, i tratti non possono risultare molto

---

4 MANN 1940; POST 1957.

5 THOMAS-GAMBER 1957.

6 Comunicazione verbale del 24 marzo 1997 del Dottor Silverio Salamon, esperto di grafica antica della Galleria *L'Arte Antica* di Torino, che ringrazio vivamente.

7 BOSSE 1645, p. 3:

> Et me semble que la principale intention que peuvent avoir ceux qui gravent ou veulent graver à l'eau forte, est de faire que leur ouvrage paroisse comme s'il estoit gravé au burin

E parlando dello svizzero Matthieu Merian osserva che «ce que l'on trouve à desirer en son ouvrage est que les sorties de ses acheures finissent fort à coup, qui fait connoistre aux clairs-voyants que c'est à l'eau forte» (BOSSE 1645, p. 2).

8 I nuovi incisori d'arte, però, non affrontano l'acquaforte come un surrogato del bulino, bensì come un mezzo nuovo con caratteristiche nuove. Non cercano, dunque, di piegarla a forme che non le sono proprie, ma acquistano maestria proprio nell'usare quella tecnica, come si vedrà nel Seicento con nomi come Rembrandt (1606-1669), Callot (1593 ca-1635, il grande illustratore della Guerra dei Trent'anni), Della Bella (1610-1664), Van Dyck (1599-1641) e altri. E questo sarà facilitato dalle grandi esperienze compiute nel Cinquecento proprio sulle armature.

9 Queste ricette, pubblicate da Hermann W. Williams nel 1934 e riportate da POST 1957, provengono rispettivamente da un manoscritto del British Museum di Londra (ms. Add. 32622) del XIV secolo e da uno della Bodleian Library, di Oxford, circa del 1400. Gli studiosi indicati ritengono, però, che ambedue i testi risalgano al *Secretum philosophorum*, attribuito ad Aristotele, in realtà medievale.

10 Così (*mit Brot:* «con pane») recita il testo tedesco che conosciamo.

profondi cosicché, se anche qualcuna delle poche lame di quest'epoca che ci sono pervenute, fosse stata iscritta in questo modo, facilmente i segni sarebbero scomparsi con le lucidature o la ruggine. Nella ricetta più recente, la prima operazione consiste nella stesura di una vernice protettiva, nella quale si graffisce la scritta scoprendo il metallo, e solo a questo punto si applica il mordente. La novità è importante e, con numerosissime varianti nella composizione della vernice e del mordente, resterà sostanzialmente il sistema usato fino ai nostri giorni. La vernice formata da biacca e olio di lino è però fragile e poco resistente agli agenti chimici, cosicché il mordente non deve essere troppo energico: il primo, distillato da salnitro e solfato ferroso, contiene acido nitrico e acido solforico, sia pure a bassa concentrazione, e probabilmente risulta troppo potente. Questo potrebbe spiegare l'apparente incongruità di una ricetta più tarda recante un mordente più lento, così lento da richiedere tempi di un mese. Un altro documento, dell'inizio del XV secolo, apporta qualche ulteriore novità[11]:

> Come si deve dipingere e incidere qualcosa sul ferro. Si prende carbone di legna incandescente e ci si sparge sopra del sale e si copre con una pentola rovesciata e si lascia stare finché i carboni non sono spenti; poi si triturano il carbone e il sale accuratamente e si mescolano con aceto e si lascia riposare. Quando si vogliono dipingere sul ferro delle lettere o qualcos'altro, si prende del colore bianco, nero, rosso o di una qualunque altra tinta, mescolato con olio di lino, in modo che il ferro rimanga intatto (cioè scoperto)[dappertutto] tranne che là, dove si vuole dipingere qualcosa con la vernice a olio. Quando questa è diventata secca, si copre con la suddetta miscela di sale e carbone e si lascia seccare. Quando è seccata, si strofina tutto il ferro a fondo. La miscela di sale e carbone corrode il ferro dappertutto, solo la vernice a olio resiste così che esso (il ferro) non viene asportato nei punti in cui c'era la vernice.»

Il mordente, come si legge, non è che la miscela di carbone, «sale bruciato» e aceto già incontrata, e neanche la vernice è nuova: un pigmento qualunque in olio di lino. Nuova è invece la tecnica d'uso: invece di distendere la vernice su tutta la superficie del metallo e graffire i segni che si vogliono incidere, si «dipinge» il soggetto e si usa il mordente per abbassare i fondi, in modo che il soggetto stesso acquisti un risalto in qualche misura plastico. Questa tecnica di applicazione in tedesco viene detta *Ätzmalerei*, ossia «pittura incisa» o « incisione a pittura»; il risultato è ciò che in italiano si chiama *acquaforte a risparmio,* in cui quello che viene scavato è il fondo, mentre il soggetto viene «risparmiato». È tecnica di grande effetto e sulle armature si ritroverà diffusamente in tutto il XVI secolo e oltre.

Un quarto manoscritto[12] contiene una ricetta inglese abbastanza primitiva, del XV secolo. Essa descrive il medesimo procedimento della seconda, e la sua importanza sta principalmente nel fatto che parla dell'uso della cera come vernice, come sarà comune in seguito. In questo secolo, però, le ricette che si tramandano sono ormai molto numerose: un solo codice[13], noto come *Manoscritto veneziano,* compilato tra il 1424 e il 1456 da uno studioso inglese in Italia, ne comprende non meno di otto, qualcuna ricavata da fonti precedenti (in particolare, ancora lo Pseudoaristotele), altre dovute a un'indagine originale presso vari artefici. Queste ricette non portano novità nella composizione del mordente, né in quella della vernice. Sale «armoniaco», vetriolo romano e salnitro sono gl'ingredienti solidi più comuni, e talvolta vengono stemperati, talvolta applicati in polvere sul ferro bagnato con un liquido. Tra questi se ne incontrano di usuali, come l'acqua e l'aceto, ma anche di meno comuni (per noi), come l'orina, la liscivia fatta con la cenere, l'acqua «de Po» e il «suogo de melaranzo», ossia succo d'arancia (ma s'incontrerà anche il succo di limone). Sono mordenti deboli o debolissimi, e così sono anche le due vernici indicate: una di minio e olio di lino, l'altra addirittura di biacca e gomma arabica. Tutte queste ricette sono, dunque, varianti su di un tema noto, ma danno l'idea del fervore di sperimentazione che allora era in corso. Chiariscono poco i procedimenti, e questo è un peccato, poiché tra quel poco si trova qualche piccola anticipazione di sistemi che in seguito saranno usati lungamente.

Con il XVI secolo e con la diffusione della stampa le raccolte di ricette non scompaiono subito, ma ad esse si affiancano i trattati, in cui i vari temi sono affrontati con altra organicità. Le ricette che questi contengono, pur abbastanza varie, non apportano nessuna novità essenziale, ma provano l'assestarsi dei procedimenti dimostratisi efficaci. Come si sa anche dalla storia della calcografia, l'uso della vernice (di una vernice) è generalizzato e i mordenti, abbastanza complessi, per lo più non sono distillati, ma consentono tempi di morsura molto più brevi. Il più antico trattato a stampa finora noto viene pubblicato a Norimberga nel 1531, seguito a Strasburgo nel 1539 da un'opera dal titolo *Von Stahel und Eisen* («Sull'acciaio e sul ferro»), il capitolo sesto della quale è intitolato *Wie zu etzen in Stahel und Eysen* («Come incidere all'acquaforte su acciaio e ferro») e contiene una serie di ricette. In questo, per la prima volta a stampa, l'armatura compare come supporto dell'acquaforte.

In Italia nel 1540 si pubblica la *Pirotechnia* di Vannoccio Biringuccio (ma l'autore è morto nel 1537) in cui, sempre per il ferro, si raccomanda:

> È anchora secreto di farlo venire [il ferro] sublimato in ruggine & con una acqua forte fatta con sale armoniaco, sulimato, verde rame & una pocha di galla con aceto, & ciò che di sopra n'haverete prima con uno stil disegnato avendovi dato una coverta di vernice o cera chel defenda dove voi non volete che l'acqua levi. Delle quali cose il ferro vostro imbrattato & con esso tenuto un cinque o sei hore vi si trovano tutti quei disegni incavati[14]

---

[11] Londra, British Museum, ms. Sloane 962, fol. 171, pubblicato da P. Post in Z.h.W.K. 5, 1935-36, e riportato in traduzione tedesca in POST 1957.

[12] Oxford, Bodleian, ms. Ashm. 1397, fol. 119 r, pubblicato da Williams e ripreso da POST 1957.

[13] British Library, ms. Sloane 416, pubblicato da TOSATTI 1991. La maggior parte delle ricette è d'interesse medico; altre riguardano la tintura dei tessuti, la pittura su tela e su vetro, la ceramica e temi diversi. Per quelle che c'interessano cfr. p. 112 n. 33, p. 131 n. 220, p. 142 n. 309, p. 160 n. 374, p. 216 n. 612, p. 237 n. 673, 674 e 677.

[14] BIRINGUCCIO 1540, libro IX, cap. VI, carta 137 v.

Nell'ordine i componenti del mordente sarebbero cloruro d'ammonio, cloruro mercurico (sublimato corrosivo), solfato di rame, tartaro delle botti (tartrato acido di potassio) e, come sempre, aceto. L'autore non fornisce le proporzioni né illustra il modo di prepararlo, ma la presenza dell'aceto fa pensare che si tratti semplicemente di una soluzione, eventualmente bollita ma non distillata. Nella frase contorta, l'accenno alla vernice è sommario e incerto («una coverta di vernice o cera»), ma non occorre pensare a una vernice molto resistente, dato che il mordente è abbastanza lento. Il Biringuccio, del resto, è un metallurgista, non un incisore.

Negli stessi anni è attivo il Cellini (che è nato nel 1500, ma scriverà solo attorno al 1568) e dà la ricetta di un mordente da rame comprendente sublimato corrosivo, solfato ferroso, allume di rocca e verderame disciolti in succo di limone o aceto, il tutto bollito brevemente[15]. La situazione, per così dire, si stabilizza e un centinaio d'anni più tardi il Bosse consiglia una composizione assai simile: aceto, sale comune, sale «armoniaco» e verderame, anche questa bollita rapidamente[16]. La prima edizione del Bosse è del 1645, ma la quarta, ampliata dal Cochin, ha ancora ottima accoglienza a Parigi nel 1758 e l'opera è tuttora consultata dagli acquafortisti più attenti.

Non bisogna, però, compiere l'errore di figurarsi questo progresso come un percorso continuo e, per così dire, unidirezionale. L'alchimia è ancora vivacissima e le antiche credenze tuttora largamente diffuse. Contemporanee di quelle del Bosse sono le ricette che il fiorentino Antonio Petrini espone nel suo manoscritto sull'*Arte fabrile* del 1642[17]. Due di esse, generiche e sommarie, non si discostano da quelle già vedute, mentre la terza è decisamente curiosa: «Pigliasi di quegli animaletti i quali stanno in acque morte, quali si chiamano guarda pesci, e poi si lambicchi [cioè si distilli] per bagno maria, e quell'acqua, che uscirà, si metti sopra il ferro che roderà molto et assai». Ignoriamo di che animaletti si tratti (e forse l'opinione di uno zoologo sarebbe interessante), così come ignoriamo quale potesse essere l'effetto di quel distillato, ma si deve comunque tener presente che alla pagina successiva il Petrini parla con tutta serietà del moto perpetuo. E il 1642, vuole il caso, è l'anno della morte di Galileo e della nascita di Newton (il quale, però, oltre che ai temi per cui va famoso, dedicherà moltissimo tempo agli studi di alchimia e di altre discipline ermetiche[18]).

Con le ricette di cui si è detto i tempi di morsura sono attorno alla mezz'ora e la composizione della vernice un poco più elaborata. Come dice ancora il Cellini:

> [...] piglia vernice ordinaria, cioè di quella che si vernicia i fornimenti da spada e altri ferri, e la metterai a scaldare dolcemente, e farai struggere con essa vernice un poco di cera, quale si fa perché, disegnando sopra, la vernice non schizzi [... e] avvertisci che la non sia troppo cotta [...]

Le vernici più antiche, come quelle di biacca e olio di lino, oltre che essere poco resistenti ai mordenti, hanno il difetto d'indurire abbastanza rapidamente. Per evitare che si scheggiassero sotto l'azione della punta riteniamo occorresse profittare del breve periodo in cui erano pastose e incidere rapidamente. In quelle condizioni non era possibile, poi, riportare su di esse un disegno di guida: si doveva passare subito all'incisione definitiva ed era laborioso anche correggere gli errori prima della morsura. Con l'aggiunta di cera il problema va risolvendosi e il Cellini non fornisce le proporzioni dei componenti sia perché la consistenza viene scelta secondo le preferenze dell'incisore, sia perché dipende dalla temperatura dell'ambiente in cui si lavora. Mordenti e vernici come questi possono essere stati usati non solo per l'incisione di lastre, ma anche per la decorazione delle armature e delle armi in genere.

Nel frattempo, però, i maestri tedeschi interessati si sono impadroniti della tecnica e ben presto si sono dati a produrre armature di altissima qualità. Hanno anche ideato un loro stile, così come hanno fatto nella forma generale delle armi, e nell'acquaforte trovano forse un mezzo di decorazione più confacente. Già negli anni Venti del Cinquecento producono robuste armature da combattimento con almeno i bordi decorati così[19], e continueranno.

Attorno alla metà del XVI secolo, però, almeno in Italia dev'essersi verificato un importante cambiamento che, a nostro avviso, varrebbe a spiegare sia quell'esplosione di decorazione all'acquaforte che si osserva sulle armature della seconda metà del secolo, sia l'evolversi dello stile e la diffusione dell'incisione a risparmio. L'acquaforte a risparmio, opportunamente usata, è l'unico mezzo che permetta di rendere efficace decorativamente, soprattutto a una certa distanza, qualunque sgorbio, come nei più modesti degli esemplari a liste di trofei. A differenza della tecnica precedente, la vernice di quello che dovrà essere lo sfondo non viene tratteggiata, ma incisa in modo da lasciare solo dei punti, talvolta molto piccoli, oppure decisamente asportata; lo sfondo, dunque, viene morso e

---

[15] CELLINI *Oreficeria*, XXXIV.

[16] La nostra abitudine ai prodotti chimici sintetici ci rende difficile comprendere il valore di agenti naturali come l'aceto e il sale, ospiti ormai solo delle cucine. Il sale da cucina (cloruro di sodio: NaCl), arroventato con carbone di legna, si trasforma in carbonato di sodio (Na^2CO^3) e con l'aggiunta di acido acetico (CH^3COOH) in acetato di sodio (NaCOOH), che resta in soluzione nell'acido acetico e nell'acqua dell'aceto. Con la bollitura si può anche controllarne la concentrazione. L'azione di un mordente dipende non solo dalla natura, ma anche dalla concentrazione di esso; con i metodi allora in uso, questa dipendeva dalla temperatura e dalla miscelazione con l'aceto. Altro elemento di grandissima importanza era la composizione del ferro che, ottenuto non per fusione ma per saldatura del massello, era eminentemente eterogeneo e presentava addensamenti di elementi estranei soprattutto nella scoria inglobata. Carbonio, silicio e manganese, ma specialmente zolfo e fosforo, che hanno maggior tendenza a concentrarsi localmente, potevano così influire sull'azione del mordente. Per una buona trattazione di questo tema cfr. WEGNER 1957.

[17] Cfr. PETRINI 1642.

[18] Cfr. ROSSI 1997.

[19] Come, per esempio, l'armatura doppia che Kolman Helmschmid, di Augsburg, produce nel 1525 per Wilhelm von Boxberg, di Norimberga: Torino, Armeria Reale, cat. B 2.

abbassato interamente. Al disopra di esso, che con l'attacco chimico ha acquistato un aspetto opaco per via della struttura del metallo, i motivi risparmiati risaltano perfettamente forbiti. Questa superficie un po' scabra si presta poi assai bene ad essere annerita, creando un grande contrasto. Sulle armature di pregio, poi, l'effetto può essere aumentato con l'aiuto di qualche colore più ricercato, come il blu e il bruno, e naturalmente con l'oro.

Ricostruito così, almeno sommariamente, come si ottenga l'acquaforte a risparmio, riesce però difficile precisare quando, e dove, compaia sulle armature. L'idea non è nuova e l'applicazione è graduale: i primi motivi a risparmio si trovano limitati alle bordure e a qualche altra area ristretta e periferica dei pezzi, mentre l'abbassamento dei fondi è modesto. Già tra il 1516 e il 1523 Lorenz e Kolman Helmschmid, di Augsburg, introducono delle bordure e qualche lista con motivi a risparmio sull'armatura e sulla barda di Ottone Enrico, principe elettore del Reno, sull'armatura a costume di Guglielmo di Rogendorf, sull'armatura di Wilhelm von Boxberg[20] e su altri pezzi. Anche a Innsbruck e altrove, però, Hans e Jörg Seusenhofer, Valentin Siebenbürger e altri artefici non tardano ad applicare il nuovo sistema. In Italia è possibile che un accenno d'acquaforte a risparmio si trovi già, intorno al 1500, su qualche cinquedea, come quella di Giovanni II Bentivoglio[21], ma tanto l'effetto che la tecnica sono lontani da quelli della seconda metà del secolo. Qui il risalto è modestissimo mentre il fondo, liscio e compatto, denuncia l'uso di un mordente lento. Sul panorama delle armature «all'antica», che nascono poco prima del 1530, l'acquaforte ha rilevanza decisamente minore di quanto non abbia il cesello, ma qualche artefice riesce a comporre dei capolavori anche con questo mezzo. Un esempio di rara eleganza è il corsaletto di Girolamo Martinengo (fig. 04.02, 04.03 e 07.04)[22], opera verosimilmente bresciana circa del 1540, interamente decorata all'acqua-forte: le superfici sono trattate a liste alternamente larghe e strette, le strette ribassate a martello, incise a volute e candelabre col tratto sottile che è della prima tradizione non solo italiana, e uniformemente dorate; quelle larghe con una minuziosa riproduzione di maglia di ferro in cui gli anelli color acciaio sono risparmiati sul fondo ribassato e dorato. Per l'uso dell'acquaforte sul cesello non è proprio un'eccezione poiché si trova anche dell'altro, come la barda dell'armatura da giostra[23] di Carlo V, del 1520 circa, le cui bozze, a forma di mascherone un po' sommario, sono rifinite all'acquaforte. Per l'acquaforte a risparmio è però un'anteprima, studiata per un oggetto non comune. Per vedere l'acquaforte a risparmio applicata con larghezza, tuttavia, occorrerà attendere ancora qualche tempo finché, dopo il 1560, se ne avrà il trionfo e l'inflazione: negli ultimi decenni del secolo si troveranno numerose armature, anche di livello non eccelso, con la decorazione estesa all'intera superficie.

Per altro verso, quello delle armature decorate a liste di «scope e strofinacci» (come le ha definite qualche studioso straniero), cioè di oggetti che vorrebbero essere trofei d'armi e parti d'armature, in realtà cose informi, è l'estremo limite di un fenomeno che in Italia ha radici antiche. La disinvoltura nel tratto ben oltre i limiti della semplice scioltezza e dello schizzo si trova già negli acquafortisti decoratori d'armi dei primi decenni del secolo, come illustrano gli esemplari elencati poco sopra. In questi disegni, per altro verso delicati, le simmetrie sono approssimative, le linee spesso malamente raddoppiate, i tratteggi disordinati e sconfinanti, insomma, la precisione è quasi assente anche su pezzi di prestigio, come il corsaletto di Francesco Maria della Rovere. Questa osservazione sembra confortare l'opinione manifestata da Lionello Boccia che le più «disordinate» tra le armature milanesi a liste di trofei siano un effetto non dell'inflazione dell'acquaforte, ma di una moda particolare, paragonabile a quella che adesso viene detta *casual*. Anche nell'uso delle armature, infatti, si osserva un certo «scivolamento» di quello che è «l'abito formale» da tipi più ricercati a tipi più sportivi: l'abbigliamento nel quale il sovrano o il capitano si fanno immortalare nel ritratto dapprima è il corsaletto all'eroica o alla romana, poi diviene il corsaletto da piede o da cavallo leggero (come Carlo V, Emanuele Filiberto e vari altri) e verso la fine del secolo si trasforma spesso nel corsaletto da barriera, decisamente sportivo: questo mostrano, per esempio, i ritratti del maestro di campo Lucio Foppa, circa del 1575, di Carlo Emanuele I di Savoia, circa del 1580, di Robert Radcliffe, conte di Sussex, del 1593 e altri[24]. Però, sia che nasca da un modificarsi più generale della moda alla quale la tecnica si adegua, sia che all'origine ci sia un'evoluzione dei mezzi decorativi stessi che stimolano una simile abbondanza, in ogni caso ambedue questi elementi dopo la metà del Cinquecento cambiano in modo evidente.

La superficie di un'armatura di tutto punto per un uomo di corporatura non molto grande supera largamente il metro quadrato[25]. Per lavorare su aree tanto estese un mordente più rapido e una vernice adeguata sono, se non necessari, certo molto convenienti. In parte è una questione di costi: se alcune ore di lavoro in più o in meno

[20] Nell'ordine: Vienna, Hofjagd- und Rüstkammer, A 239 e A 239b; ibid., A 374; Torino, Armeria Reale, B 2; cfr. principalmente THOMAS-GAMBER 1976, ai numeri, e THOMAS 1978; inoltre DONDI-CARTESE-GNA 1981, n. 5.

[21] Bologna, Museo Civico.

[22] Torino, Armeria Reale, C 11.

[23] Madrid, Real Armeria, inv. A 37.

[24] Il ritratto di Lucio Foppa è a Milano, Pinacoteca di Brera; quello di Carlo Emanuele I di Savoia al Castello di Racconigi, presso Torino; Robert Radcliffe alla Torre di Londra, cat. I.36. Si possono notare, però, anche il *Ritratto di gentiluomo*, di G.B. Moroni, e quello del conte Faustino Avogadro, che compaiono in farsetto tra le diverse parti dell'armatura che si preparano a indossare. Per queste informazioni ringrazio vivamente Giovanni Cerino Badone.

[25] Come sanno i medici, esistono formule per calcolare la superficie della pelle del corpo umano. Parlando all'ingrosso, la superficie della pelle di un uomo alto metri 1,60 e pesante 75 chili (quindi non molto alto né grasso) è di circa 1,75 metri quadri. Con questo si può avere un'idea della superficie di un'armatura.

non influiscono sensibilmente sul prezzo di un'armatura di lusso, possono avere un significato quando il prodotto è mediocre. Le botteghe (o aziende?) lombarde che producono queste armature (o soprattutto corsaletti) sono poi organizzate in maniera praticamente industriale e ciò che ha poca importanza per un esemplare singolo, può averne quando i pezzi divengono varie decine e anche centinaia. Se la verniciatura del pezzo può farla un garzone e anche il disegno sul ferro è tracciato da personale poco qualificato che copia rapidamente e malamente dei modelli presto divenuti stantii, occorre che anche la morsura impegni l'operatore, sia pure un semplice lavorante, per un tempo minimo. Attorno alla metà del XVI secolo, o subito dopo, collocheremmo dunque l'adozione di questi mezzi. L'adozione, non l'ideazione, perché sono già disponibili.

Esiste un indizio che i pezzi più tardi sono stati trattati con un mordente più energico. Parlando all'ingrosso, il segno è tanto più nitido, quanto più il mordente è lento, e i pezzi dell'inizio del secolo erano imprecisi *come disegno* (fig. 07.01): la punta era condotta disinvoltamente, in modo pittorico, modernamente diremmo da acquerellista; erano, però, nitidi e precisi nel segno, spesso molto sottile, come si è detto. Molti dei pezzi più tardi mostrano, invece, contorni erosi e fondi sgranati, che fanno appunto pensare all'azione di un mordente piuttosto rapido. A quest'epoca appunto, secondo noi, per la decorazione del ferro viene adottato quel reagente già noto come *acqua forte da partire*, cioè da separare l'oro dagli altri metalli con cui sia legato, che è un distillato sostanzialmente simile a quello di salnitro e solfato ferroso che compariva già in una ricetta del XIII secolo. All'epoca di cui si parla, ricette di preparazione se ne trovano nei soliti Biringuccio e Cellini. Il primo[26] suggerisce di distillare una parte di salnitro (nitrato di potassio) e tre di «alume di rocha» (solfato doppio di potassio), avvertendo però che altri preferiscono proporzioni differenti o vi aggiungono vetriolo o arsenico o seguono procedimenti diversi. Molto più sommariamente, il Cellini[27] consiglia appunto salnitro, allume e vetriolo romano[28]. Ad ambedue gli autori quest'acqua interessa solo per raffinare l'oro e nessuno accenna a un possibile uso di essa per incidere, ma in qualche momento non lontano da quello indicato quest'adozione avviene sicuramente, dal momento che abbastanza presto viene applicata anche in calcografia. Cent'anni dopo, nel 1645, infatti, Abraham Bosse[29] manifesta il massimo disprezzo per coloro che l'adoperano per l'incisione di lastre da stampa, perché secondo lui con quel mezzo non è possibile ottenere una sufficiente «nettezza» di tratto. E quanto alla preparazione, si limita a dire che è fatta «di vetriolo e di salnitro e talvolta anche d'allume di rocca, distillati abilmente insieme», ma non scende in maggiori particolari, poiché ai suoi tempi può essere acquistata dai raffinatori. (Un altro secolo più tardi, però, le opinioni del Bosse sono interamente abbandonate e nella quarta edizione, del 1758, della sua opera, molto ampliata dal Cochin, si afferma che ormai anche in calcografia si usa quasi solo «l'acqua forte da partire».) Questo mordente, però, è ben più energico di quelli a base di aceto, «non è adatto che sulla vernice molle e non vale niente su quella dura, poiché la dissolve». Cambiato il mordente, bisogna dunque modificare anche la vernice.

Come si è visto, le prime ricette di vernice del XV secolo prescrivono semplice biacca, o un altro pigmento, e olio di lino, miscela che causa varie difficoltà. Poco più tardi, con l'introduzione della cera si ha un certo miglioramento, e un'altra discreta evoluzione si ha prima dei tempi del Biringuccio e del Cellini, che consiglia di mescolare cera e vernice trasparente a base di resina. Prima del 1645 il Bosse per le sue lastre di rame da stampare preferisce una vernice a base di pece, resina e olio di noci o di lino, mentre il grande incisore francese Jacques Callot (1593 circa - 1635) si fa mandare dall'Italia una vernice costituita da olio di lino e resina mastice[30]. Queste vernici sono definite dure e il binomio costituito da vernice dura e mordente lento è più apprezzato dagli incisori di lastre da stampa perché consente segni più precisi e controllati[31]. Diverse, come si è rilevato, sono le esigenze del decoratore d'armature che, togliendo una grande quantità di metallo, mira ad ottenere un'incisione d'effetto anche a scapito della nitidezza e che cerca di ottenerla con una certa speditezza, vista l'estensione delle superfici e in qualche caso anche il numero dei pezzi da lavorare. Per lui, dunque, come va bene un mordente energico, così va bene anche una vernice molle. Di una delle varianti

[26] BIRINGUCCIO 1540, libro IV, cap. I, carte 64 sgg.: *Modo di fare l'acqua acuta comuna da partire.* La descrizione è dettagliatissima, a partire dalla costruzione dell'alambicco e del fornello di esso, attraverso le avvertenze per non correre pericoli nel produrla, fino al modo di usarla.

[27] CELLINI *Oreficeria,* XXXV, *Per fare l'acqua da partire.*

[28] Il vetriolo e l'allume, riscaldati, liberano acido solforico, che disgrega il salnitro dando acido nitrico. La produzione di acido nitrico da salnitro iniziò attorno al 1300 in Italia, sviluppandosi nei successivi due secoli. Uno dei mordenti attualmente più usati sul rame è appunto l'acido nitrico.

[29] BOSSE 1645, p. 2 e p. 45: questa «eau forte de depart ou des afineurs», è fatta «de vitriol & de salpetre, & parfois encore d'alun de roche, distillés artistement ensemble», ma essa «n'est bonne que sur le vernis mol, & ne vaut rien sur le dur, à cause qu'elle le dissous».

[30] Le formule, assai precise, dell'una e dell'altra vernice sono in BOSSE 1645, pp. 3-5, ma non ci sembra il caso di riportarle, interessando solo la calcografia. Jacques Callot, uno dei più raffinati acquafortisti del suo tempo, attivo lungamente in Italia (1608-1621), illustrò fra l'altro vari aspetti ed episodi della Guerra dei Trent'anni (*La battaglia di Avigliana, Le miserie della guerra* e altri).

[31] I termini di «duro» e «molle» qui si riferiscono unicamente alla consistenza relativa di queste due varietà di vernice e non implicano particolari modi d'incisione. Esiste infatti una tecnica (piuttosto poco diffusa) per l'incisione di lastre da stampa detta appunto «a vernice molle». Sulla lastra viene stesa una vernice che rimane pastosa anche a temperatura ambiente e su questa si adagia un foglio di carta leggera. Sul foglio l'artista disegna con una normale matita, invece che con la punta, avendo l'avvertenza di non strappare o forare la carta. Terminato il disegno, il foglio viene staccato e con esso si stacca anche la vernice in tutti i punti in cui la matita ha premuto il foglio. La lastra sarà poi protetta ai bordi e al rovescio, sottoposta a morsura e stampata come una normale lastra all'acquaforte. Le stampe che ne riescono mostrano tratti patinati, come disegnati a matita. Non riteniamo che questa tecnica interessi la decorazione di armi e armature, poiché fornisce un segno troppo poco nitido. Per le armature decorate a risparmio del secondo Cinquecento italiano abbiamo però esaminato anche questa possibilità.

di questa vernice molle ancora il Bosse[32] ci fornisce la ricetta: «un'oncia e mezza di cera vergine ben bianca e pulita, un'oncia di mastice in lacrime ben pulito e puro, mezza oncia di asfalto» vengono fusi insieme, cosa che può avvenire «nel tempo di circa la metà d'un mezzo quarto d'ora». D'inverno occorre aggiungere un altro po' di cera, poiché altrimenti il composto risulterebbe troppo duro. Altre mescolanze sono possibili, avverte l'autore (e in pratica ogni incisore si studia la sua), ma a suo giudizio questa è la più soddisfacente. E questa resiste al più energico mordente distillato.

A questo punto tenteremmo una ricostruzione del procedimento d'incisione all'acquaforte di un oggetto di ferro come un pezzo di arma difensiva.

Dopo essere stato rifinito e lucidato, l'oggetto giunge allo specialista. Non conosciamo documenti sul modo di operare di questi, ma l'articolo 20 dei *Capitoli dell'Università dei dessignatori de armature ed dessignatori de cortelli* di Brescia[33], del 1514, riporta le norme da seguire per esaminare coloro che desiderano essere iscritti alla corporazione come maestri decoratori all'acquaforte di armi. Esso prescrive:

> Quando nascerà occasione di far experientia [ossia di esaminare] qualche persona che volesse essere admessa nell'Arte [...] alla loro [del massaro e dei sindaci della corporazione] presentia debba questo tale dessignare una armatura smeriata cioè invernizarla righarla dessignarla, et sentimentarla, et incavarla et tutto sia fatto di sua mano senza adoperar spolveri, ne altra sorte di dissegno acciò si possa vedere la sua sufficientia, qual armatura debba essere di quello che doverà essere experimentato

In queste poche righe sono indicati in sintesi tutti i passaggi che portano dall'armatura bianca («smeriata», cioè smerigliata) al completamento della decorazione all'acquaforte. Tra gli altri particolari del procedimento, non viene menzionata la sgrassatura, ma immaginiamo che il candidato maestro debba sapere che essa è essenziale per la buona riuscita del lavoro. A questo scopo la cenere finemente setacciata è efficace, ma si usano anche vari altri prodotti meno abrasivi, dal bianco di Spagna alla mollica di pane (usata per le lastre da stampa). Il pezzo viene poi scaldato dolcemente per «invernizzarlo», cioè applicarvi la vernice: quella dura va distribuita dapprima a gocce regolari e uniformemente distanziate e, quando sia ben sciolta dal calore, va distesa con un tampone o col palmo della mano; quella molle (che a temperatura ambiente è solida e appena plastica) viene avvolta in una tela, da cui trasuderà a contatto col metallo caldo. Con tamponi si rende lo strato sottile, uniforme e perfettamente coprente: continuamente bisogna fare attenzione che sulla lastra non si fermino polvere, cenere, pelurie della stoffa e altro, che creerebbero fori piccolissimi, ma sufficienti a lasciar passare il mordente, dando infine un metallo butterato. (Per ogni operazione gli autori ripetono più e più volte l'avvertenza di usare acqua pulita, attrezzi puliti, tessuti puliti, recipienti puliti, materie prime pulite, con un'insistenza che a noi pare eccessiva, ma che non lo è quando ci figuriamo gli ambienti coi pavimenti di terra, le pareti malamente intonacate, le fucine senza tiraggio, i soffietti e i mantici che sollevano nuvole di cenere, le aperture senza vetri di queste botteghe in cui si lavora e si vive.)

Allo scopo di meglio distinguere le parti in cui la punta scoprirà il metallo, attualmente la vernice viene annerita. Il pezzo, nuovamente intiepidito, viene sospeso con la superficie cerata rivolta in basso e vi si passa al di sotto una candela o una lucerna fumose: in questo modo la vernice si ammorbidisce e ingloba il nerofumo. Non sappiamo se l'accorgimento fosse già in uso nel Cinquecento; lo era nella prima metà del Seicento, come si apprende dal Bosse. Una volta raffreddata e rappresa la vernice, sulla superficie si traccia il disegno: il candidato dovrà segnare di sua mano sia le righe che delimitano le liste, i bordi e gli altri eventuali campi (così interpretiamo la dizione «righarla»), sia il disegno ornamentale. Gli è proibito aiutarsi con mezzi come lo spolvero attraverso una carta fittamente perforata secondo le linee del disegno e, crediamo, anche il ricalco con carta alla sanguigna, di uso simile all'attuale carta carbone ma tale da fornire segni rossi. Se vengono proibiti negli esami, però, c'è da credere che nelle botteghe siano usati, probabilmente da lavoranti e garzoni per la decorazione di pezzi di serie, mentre il maestro si limita a sovrintendere.

Non sappiamo come interpretare il termine «sentimentare», se non come «completare» il disegno con i particolari che lo forniscono di garbo. In questi ultimi termini, però, è anche indicata la seconda delle operazioni fondamentali: incidere la vernice. Con strumenti che si è fatto lui stesso (al pari della carta alla sanguigna e della vernice) l'incisore può cominciare a scoprire il metallo nelle parti che vuole risultino in cavo; punte coniche, ottenute aguzzando sulla pietra a olio aghi di varie dimensioni montati su asticciole di legno, servono per le righe più o meno larghe, ciappole (cioè specie di piccoli scalpelli) per solchi più ampi e superfici estese. Raramente, però, i fondi vengono interamente abbassati e conservati lisci; fin dai primi lustri del XVI secolo questi sono generalmente operati a cerchietti strettamente contigui, quasi delle squame, oppure a minuto punteggiato in rilievo.

Una serie di operazioni abbastanza diversa comporta l'uso di quella *Ätzmalerei*, ossia «pittura a incisione» o «incisione pittorica» della quale, come si è detto, si ha notizia già dal Quattrocento. Qualche studioso[34] ritiene che nella decorazione a risparmio delle armature la *Ätzmalerei* abbia avuto grande importanza, soprattutto in Germania. Non siamo in grado di dire se questo metodo fu usato, e per quali oggetti, nel XV secolo, epoca (tolto in pratica solo l'ultimo decennio) nella quale non cono-

[32] Bosse 1645, p. 41 sgg.:
Prenez une once & demi de Cire vierge bien blanche & nette, une once de Mastic en Larme bien net & pur, Demie once de Spalt ou Spaltum

[33] In Gaibi 1961.

[34] Post 1957 (completato da A. von Reitzenstein), col. 1075 sgg.

sciamo armature incise. Non riteniamo, però, che a partire dalla fine di quel secolo e per tutto il Cinquecento abbia mai avuto una qualche vera importanza e non conosciamo alcun pezzo, arma o altro, di nessuna provenienza che ci faccia pensare di essere stato lavorato in quel modo. Ci sembra, anzi, che per le armature ampiamente decorate del Cinquecento avanzato il metodo sia tutt'altro che conveniente. È possibile che la *Ätzmalerei* sia stata usata un po' in ambito tedesco, che conosciamo poco, ma anche intorno a questo avanziamo qualche riserva. Con questa tecnica, ricordiamo, il soggetto verrebbe «dipinto» sul ferro nudo mediante la vernice di copertura applicata a pennello, dopo di che il pezzo verrebbe sottoposto alla morsura. In altri termini: se dipingiamo con la vernice una figura al centro di una superficie che poi sottoponiamo a morsura, la figura verrà risparmiata, ma verrà morso *tutto il resto* della superficie. A nostro avviso la decorazione delle armature, non solo italiane, comporta aree risparmiate così numerose e articolate, anche all'interno delle liste o zone incise, che non si vede la convenienza di stendere la vernice col pennello, quando il tampone fornisce uno strato molto più uniforme. I soggetti sono tanto ricchi di particolari minuti, da rendere antieconomico un primo minuzioso intervento a pennello seguito da un secondo intervento, altrettanto minuzioso, con la punta. È chiaro che qui il termine «minuzioso» non ha il medesimo significato che gli danno un Bosse o un Callot, che per le loro lastre da stampa cercano una precisa graduazione d'intensità nei grigi, o di un Rembrandt che percorre tutta la scala del possibile tra i bianchi splendenti e i neri più profondi. Se però si esamina un particolare del motivo risparmiato, come può essere un cartiglio o uno scudo, per non parlare di una figura, umana o d'altro genere, si troverà che questo campo, benché ristretto, è pieno di piccoli particolari (le ferrature dello scudo, la cornice della targa, i chiodi dei ferri del cavallo, le ombre e così via) resi mediante tratti incisi, che non possono essere tracciati che con la punta. L'esame dei pezzi, in particolare le armature italiane a liste di trofei ma non solo quelle, ci consente di affermare che in generale l'esecutore proteggeva l'intera superficie con la vernice, sulla quale tracciava con la punta filetti e listelli e, una volta delimitati i campi, li riempiva delle figure e «trattava» i fondi.

Un piccolo dubbio ce l'hanno fatto nascere proprio i fondi graniti, così diffusi non solo in Italia, e li abbiamo esaminati con particolare attenzione. Essi sono coperti di punti più o meno accostati, generalmente disposti in file parallele e perpendicolari ai contorni dei soggetti o alle cornici. Nei pezzi meglio curati l'ordine è perfetto, i punti piccolissimi e di dimensioni rigorosamente costanti, la forma circolare: sono, insomma, il frutto di un lavoro minuzioso e preciso. Su pezzi meno curati[35] i punti hanno dimensioni poco costanti, mentre le forme tendono grossolanamente al rettangolo e alla losanga. Si tratta dunque di un'evoluzione del tratteggio incrociato, eseguito con una punta talvolta un po' più grossa di quelle usate all'inizio del secolo (quale, dopo i primi decenni del Cinquecento, si usa comunemente), e sottoposto all'energica azione dell'acqua forte «da partire», che erode i vertici di quegli approssimativi quadratini[36]. Su pezzi di livello decisamente basso, come un morione aguzzo bresciano[37] della fine del Cinquecento costruito in due pezzi, cosa vietata dagli statuti dell'Arte[38], il decoratore è intervenuto con disinvoltura ancora maggiore, trascurando gli allineamenti e, con l'intento di disegnare una serie di circoletti, ha tracciato invece tante piccole mezzelune e altre forme bislacche. Nell'uno e nell'altro caso secondo noi non può esservi dubbio che il lavoro è stato compiuto con la punta.

Secondo i sostenitori dell'uso della *Ätzmalerei* i punti sarebbero invece segnati con un piccolo pennello sul metallo nudo. Qualche caso che fa pensare all'esecuzione di punti col pennello l'abbiamo trovato (per esempio su un'armatura del Maestro LB del Globo, fig. 07.10 e 07.11, e su qualche altro oggetto), ma sono punti molto grossi, spesso disposti lungo la mezzeria di nastri e volute (mentre i fondi sono punteggiati finemente mediante la punta). In generale l'uso del pennello ci sembra molto più laborioso e dunque soggetto a errori, ma noi non siamo riusciti a trovare un solo caso, neanche sulle armature più correnti, in cui l'esecutore si sia sbagliato e col pennello abbia segnato il punto a contatto col soggetto o con la cornice. E del pari ci riesce difficile credere che una nervatura di foglia, larga due o tre millimetri, sia stata interamente scoperta per poi essere completata con l'aggiungervi lungo l'asse una nitida fila di piccoli punti. È possibile, certamente, e in qualche caso sarà anche stato praticato, ma ci sembra poco conveniente anche nel caso di un oggetto costoso come l'armatura ad abito *(Kostümharnisch)* della Wallace Collection[39] fabbricata ad Augsburg circa nel 1520: in essa il minuto motivo a foglie, fiori e piccole mezzelune parrebbe di primo acchito essere stato dipinto, ma secondo noi non lo è, proprio per via del fondo ordinatamente punteggiato, che denuncia il lavoro della punta. Ma questo non è l'unico caso.

Terminato il lavoro con la punta, il candidato può iniziare a «incavare» cioè, dopo qualche altro preliminare, può dare inizio alla morsura. Una ricetta[40] precedente il 1456

[35] Per esempio lo spallaccio 2435 e la goletta 1035 dello Stibbert di Firenze, per i quali si veda BOCCIA 1980; al Palazzo Ducale di Venezia il morione C 5, per il quale cfr. FRANZOI 1990.

[36] Prove eseguite anni addietro con l'aiuto del prof. Francesco Franco e della prof. Lea Gyarmati portarono a questa conclusione.

[37] Firenze, Museo Stibbert, morione cat. 2185; si veda BOCCIA 1980, n. 187.

[38] Si veda qui stesso cap. 3.

[39] Wallace Collection, cat. A 28.

[40] British Library, ms. Sloane 416, in TOSATTI 1991, p. 237 n. 673:

> A fare polvere da chavare fero. R. [*recipe*, «prendi»] vedriolo romano once una, ariento sulimà once una, salnitrio once ½, verderame once ½ e possa [poscia] pista ogni chossa sotilmente. E poi to' [togli, prendi] el tò [tuo] fero, e mitege suxo vernixe liquida; e poi sechalo al fogo. E quando serà secho, desegniage sovra quelo che te piaxe de chavare. E quando arai designiato, torai de la cira, e farage dintorno le sponde a quelo designiamento. E poi aibi del axedo ben forte, e mitegene suxo. E possa, sopra l'axedo, mitege le dite polvere, e lassala stare tantoché el te vegnierà fato

a questo punto consiglia di trasformare la lastra in una specie di vaschetta, costruendovi all'intorno una «sponda» di cera, e di riempirla di mordente. Il sistema sarà applicato per non meno di due secoli. Nel XVI secolo, infatti, il Cellini suggerisce lo stesso metodo: «Di poi che tu arai intagliato, quando vorrai mettere la tua acqua, farai un orlo di cera alla tua stampa»; e cent'anni più tardi il Bosse[41] lo consiglia a coloro che intendono lavorare con vernice molle e «acqua forte da partire». Lavorando invece con vernice dura e mordente meno energico egli, dopo aver protetto la lastra anche sui bordi e sul retro con una miscela di sego e olio d'oliva, dispone la lastra inclinata, appoggiandola ad un'asse al disopra di un recipiente che raccolga ciò che ne cola, e versa il mordente con un boccale, girando spesso la lastra in tutti i sensi, così che risulti morsa uniformemente in ogni punto. Ambedue sono sistemi un po' macchinosi e, se riusciamo a spiegarci il primo con la necessità di economizzare il mordente distillato, non comprendiamo il secondo che, anche secondo l'opinione di chi attualmente pratica quest'arte, rende difficile la valutazione dei tempi di morsura. E tuttavia questo è quanto troviamo scritto, e solo nel Settecento[42] s'incontra qualche cenno alla morsura per immersione, ma non ancora nella forma elementare che si usa adesso.

Dal momento, però, che l'acquaforte per la decorazione dell'acciaio ha aperto la strada alla calcografia in quasi tutti i particolari tecnici, a cominciare dalla sua stessa esistenza, non ci stupirebbe se la morsura a immersione fosse già praticata nel Cinquecento dai decoratori d'armature. Non riusciamo a immaginare come, se non per immersione, possano sottoporsi a morsura pezzi di forma varia e complessa e di grande ingombro come un petto d'armatura o un coppo di elmo o qualche altro componente di arma difensiva. Il versarvi sopra il mordente ci sembra metodo molto lungo e fonte di difficoltà per via della forma irregolare dei pezzi. L'ipotesi, avanzata da qualcuno, che il mordente venisse applicato con una spugna, non ci pare accettabile per via dei numerosi rischi, in primo luogo quello di danneggiare la vernice, aprendo indebiti varchi all'acido e così guastando il lavoro. (I danni alle mani degli esecutori ci sembra che in passato fossero tenuti in poco conto, come si legge a proposito della lucidatura dell'acciaio diamantato.) Riteniamo, dunque, che i pezzi, verniciati, incisi e protetti anche sui bordi e al rovescio, venissero immersi nel mordente, ma non ne abbiamo le prove.

Per le lastre di rame i tempi di morsura superano di poco la mezz'ora, mentre tratti sottili o perfezionamenti di tratti già morsi richiedono tempi dell'ordine di «un mezzo quarto d'ora» e anche meno[43]. È ragionevole pensare che per il ferro i tempi siano del medesimo ordine: con un mordente debole si otterrebbe in questo modo la decorazione a tratti sottili della fine del Quattrocento e dell'inizio del Cinquecento; con un mordente rapido si avrebbero i profondi scavi dell'acquaforte a risparmio della seconda metà del Cinquecento. Tempi sensibilmente più lunghi renderebbero i fondi eccessivamente sgranati e i contorni troppo imperfetti.

Il risciacquo con abbondante «acqua comune e pulita» deve seguire immediatamente la fine della morsura e dev'essere accurato per fermare l'azione dell'acquaforte. Per finire, si libera il pezzo dalla vernice: quella dura va raschiata con pezzi di carbone molto dolce (di legno di salice, di preferenza); la vernice molle, molto più rapidamente, cola via riscaldando il pezzo, che poi viene lavato con olio caldo e che dovrà essere sgrassato per sottoporlo agli ulteriori trattamenti. Come si vede, anche in questo passaggio, relativamente secondario, l'uso di vernice molle e mordente rapido presenta qualche vantaggio.

Poco sopra s'è fatto cenno alla progressione dei grigi ottenuta dai grandi acquafortisti di grafica del Seicento, Callot, in primo luogo, e alcuni altri (tralasciando però Rembrandt, che per ottenere i suoi grandi risultati si servì anche di altri artifici). Trascuriamo i pentimenti, le correzioni, le riprese, le accentuazioni di certi particolari e le attenuazioni di altri, cose che possono aver dato luogo a incisioni e morsure ripetute, ma che in questa sede non interessano perché sono inerenti la creazione artistica. Esaminiamo, dunque, una stampa supponendo che sia stata creata di getto quale la vediamo, senza dubbi né ripensamenti. Anche in un caso come questo (invero raro), una simile gradualità di toni non sarebbe stata ottenibile con un solo ciclo d'incisione e morsura. Certamente molto si può fare scegliendo opportunamente le punte, più o meno sottili, coniche o di altra forma: una mano esercitata e guidata dall'esperienza può, con un ferretto opportuno, tracciare nella vernice segni calligrafici perfetti, larghi e stretti come quelli di un corsivo inglese. Oppure può ottenere una già buona progressione di grigi mediante i tratteggi più o meno fitti, paralleli o incrociati, con punte di varie dimensioni. In genere, però, per una stampa davvero bella, piena e ricca di toni, questi mezzi non bastano. Occorrono più morsure. La cosa è possibile operando in due modi. Col primo, detto «per coperture successive», sulla vernice si traccia l'intero disegno e lo si sottopone a morsura. Com'è chiaro, tutti i segni vengono morsi nella stessa misura ma, ottenuta una profondità di tratto corrispondente ai valori più leggeri che si desiderano, l'azione del mordente viene interrotta. Sulla lastra lavata e asciugata, quelle parti che si considerano finite vengono coperte con vernice applicata a pennello. Dopo di che si riprende la morsura fino ad ottenere, saggiando con la punta i segni rimasti scoperti,

[41] Questi passaggi, da BOSSE 1645, p. 45 e CELLINI *Oreficeria*, XXXIV, non ci sono interamente chiari dal momento che la gran maggioranza delle incisioni stampate ancora sufficientemente integre mostra l'impronta del rame così accostata alla linea marginale incisa racchiudente il soggetto da non lasciare, a nostro avviso, spazio sufficiente per questa sorta di argine.

[42] BOSSE 1758, quarta edizione dell'opera del 1645 notevolmente ampliata dal Cochin.

[43] BOSSE 1645, p. 88 e sgg.

una profondità adeguata ai valori intermedi. Di nuovo s'interrompe la morsura, si lava, si asciuga con cura per non danneggiare la vernice, si coprono i segni giudicati abbastanza profondi e si procede con una nuova morsura. In questo modo si può proseguire per un numero indefinito di volte, ricoprendo di volta in volta i segni finiti e mordendo ancora quelli che si vogliono più profondi, fino al completamento. Tre o quattro morsure, però, unite all'uso di punte diverse, erano, e sono, sufficienti per ottenere ottime scale di toni.

Il secondo metodo è il contrario del primo. Sulla lastra verniciata si cominciano a tracciare i segni che dovranno risultare più profondi e li si sottopone a morsura per un certo tempo. Lavata e asciugata la lastra come prima, si tracciano poi i segni che dovranno risultare un po' meno marcati. Alla ripresa della morsura, il mordente inizierà ad agire su questi nuovi segni e approfondirà la corrosione dei primi. Ulteriori interruzioni permetteranno di tracciare altre serie di segni e le nuove morsure approfondiranno via via quelli tracciati in precedenza. Gli ultimi segni tracciati risulteranno i più leggeri, mentre i precedenti avranno una profondità proporzionata alla somma dei tempi. Dal Seicento i grafici consumati si servono di più morsure ed è cosa nota agli storici della grafica. Credevamo, però, che l'uso di esse si fosse limitato agl'incisori di lastre da stampa. Esaminando, invece, qualche armatura, con nostra viva sorpresa abbiamo trovato che si può sospettare che anche alcuni incisori d'armature abbiano applicato questo artificio. Talvolta il non troppo buono stato di conservazione dei pezzi rende difficile decidere se il sistema usato sia proprio questo o non piuttosto il più comune uso di punte diverse, come su un corsaletto bresciano del 1550-1555 conservato al Museo Nazionale di Ravenna[44].

Può capitare, però, che si sia dimenticato qualche particolare, o che la morsura non sia abbastanza profonda, o che siano richiesti altri perfezionamenti. Se i ritocchi sono pochi, si può anche intervenire col bulino, ma l'operazione è lunga e laboriosa e facilmente resta visibile per via della diversità fra i tratti segnati con i due mezzi: il bulino crea un taglio, l'acquaforte corrode. I tratti di bulino sono spesso acuti alle estremità e più netti, mentre l'acquaforte, come si è detto, risente della struttura cristallina del metallo e dà tratti meno netti e terminanti bruscamente, dal momento che il mordente agisce allo stesso modo lungo i tratti e alle estremità di essi. Talvolta, soprattutto se i segni sono sottili come nelle decorazioni del primo Cinquecento, l'inizio del tratto è segnato da un piccolissimo «pallino» che denuncia l'ingresso della punta nella vernice. In ogni caso, il segno risulta a sezione di U (mentre il tipico tratto di bulino, sempre astraendo dai danni sopraggiunti, ha una sezione a V). Il mordente, soprattutto quello rapido contenente anche acido nitrico, tende poi a erodere il metallo anche dai due lati, allargando il solco sotto la vernice. Insomma, un segno di bulino è molto diverso da uno all'acquaforte. Per evitare queste differenze occorre, allora, ripetere il procedimento e attualmente si utilizza non la vernice annerita descritta prima, ma una vernice trasparente che consenta di vedere l'incisione già esistente per aggiungervi le parti mancanti o modificare quelle difettose. A vero dire l'uso della vernice trasparente per le correzioni lo riprendiamo dalle consuetudini dei maestri dei nostri giorni. Il Bosse, invece, dice di annerire la vernice col nerofumo anche per questa operazione. Riportiamo la notizia, certamente vera vista la fonte, ma non comprendiamo come si possa correggere qualcosa operando alla cieca[45].

Molto raro è il caso di pezzi incisi all'acquaforte e sistematicamente ripresi a bulino: una mano ben esercitata permette di ottenere senza interventi di bulino tutta la precisione richiesta dalla decorazione di un'armatura, anzi, molta di più, come mostrano le stampe di ogni epoca a partire dal Cinquecento per arrivare fino ai nostri giorni. In calcografia il bulino fu usato talvolta per correzioni o aggiunte dopo la morsura e qualche caso del genere s'è verificato anche sulle armature[46], ma secondo noi assai di rado. A nostro avviso casi d'intervento a bulino su pezzi difensivi già decorati all'acquaforte vanno guardati con grande attenzione, se non con sospetto, potendo essere aggiunte tese a nobilitare un oggetto altrimenti anonimo, o tentativi più o meno recenti di rinfrescare una decorazione stanca. Va anche ricordato che in generale un acquafortista non aveva grande dimestichezza col bulino, e così un bulinista aveva scarsa competenza di mordenti e vernici: erano persone diverse con preparazioni diverse. Casi come quelli di Dürer e Cellini, maestri del bulino che tentarono anche l'acquaforte, sono unici, non rari. Secondo noi bisogna anche tener conto delle figure di cui parliamo, non artigiani, sia pure eccellenti, e magari artisti, come si trovavano nelle botteghe di Milano o Innsbruck o Norimberga, ma uomini pervasi dall'ansia della sperimentazione.

Di regola l'acquaforte viene seguita da alcuni trattamenti destinati a dare maggior risalto al disegno. Questi sono la verniciatura dei fondi, la bronzatura o azzurratura nelle varie tinte e la doratura a fuoco. La combinazione dell'acquaforte con tecniche diverse dalle precedenti è abbastanza rara dovunque. Come raramente si trova l'acquaforte unita al bulino, così non la si trova associata all'agemina, e in effetti i caratteri di questa forma di decorazione contrasterebbero con quelli della prima, quale

[44] Ravenna, Museo Nazionale, inv. 1724; cfr. BOCCIA 1989, n. 23.

[45] BOSSE 1645, p. 48, e anche BOSSE 1758, p. 95.

[46] Alla Wallace Collection si conserva l'armatura di Otto Heinrich, conte palatino del Reno, opera di Hans Ringler di Norimberga, datata 1532-1536, che secondo MANN 1962 (vol. I, p. 28) mostra segni di ritocco in alcune parti delle bordure all'acquaforte. La finezza e il carattere di alcuni tratti ci fanno trovare d'accordo. Il medesimo autore in un altro scritto (MANN 1961, p. 14 sgg.) presenta un'armatura da corazza circa del 1600, decorata dal «Maestro delle chiocciole e delle libellule». Ricchi fogliami all'acquaforte formano come una rete, nella quale sono disposti serpenti intrecciati, e questi sarebbero incisi a bulino (p. 23). Non abbiamo esaminato l'originale e, dovendo accontentarci della fotografia, preferiamo non esprimere giudizi.

era praticata sulle armature. Occorre ricordare che, come si è detto, ancora molto tempo dopo la scomparsa delle armature, l'acquaforte era stimata un surrogato del bulino. L'acquaforte, poi, si sposa male e con difficoltà con il cesello, ma quest'affermazione richiede che torniamo su un tema già trattato parlando del cesello, poiché armature cesellate e ulteriormente decorate all'acquaforte si trovano con una certa frequenza, almeno tra i pezzi di alta qualità di una cert'epoca.

Nelle armature a rilievi geometrici o quasi geometrici, come possono essere quelle spigolate e quelle a costume, tipicamente tedesche del primo quarto del Cinquecento, l'acquaforte occupa non di rado un posto importante: i campi tra i rilievi e le parti abbassate imitanti gl'intagli degli abiti di tessuto sono quasi sempre arricchite da disegni minuti ottenuti all'acquaforte. Anche un po' più tardi, altri esemplari mostrano ampi motivi rilevati coperti con larghezza da un fine lavoro all'acquaforte e accompagnati da aree che creano un effetto di ombreggiatura, così che dopo l'aggiunta delle bronzature e dell'oro se ne avrà un effetto sontuoso (fig. 04.06 e 04.07)[47]. In particolare questi ultimi sono stati di certo ottenuti col cesello poiché i rilevati o i cavi sono mossi e vivaci; non superano però di molto il piano di base, motivo per cui non si hanno notevoli differenze di spessore tra i diversi punti di una medesima piastra. Sono dunque molto diversi dai ceselli delle armature milanesi «all'antica» e simili. In Germania un cesello paragonabile a quello si trova quasi solo negli elmetti a visiera grottesca (fig. 04.04 e 04.05) che talvolta completano le armature dei primi decenni del secolo. Come si è detto nel capitolo sul cesello, sono pezzi di grandissima maestria, ma sui più originali e arditi di essi l'acquaforte, se non è assente, interessa solo le parti non rialzate dal cesello, mentre su alcuni altri[48] l'uso è molto parco, limitato quasi solo alle bordure e alle aree non deformate dall'attrezzo. Un solo oggetto, peraltro molto importante, a nostra conoscenza desta qualche sospetto: l'elmetto grottesco dell'armatura, opera di Conrad Seusenhofer di Innsbruck del 1511-1514, donata da Massimiliano I a Enrico VIII d'Inghilterra, arricchito da motivi che parrebbero all'acquaforte. Va detto, però, che le forme di esso sono un po' meno esasperate che in altri elmetti circa coevi, che i tratti sono piuttosto sottili e che la superficie è alquanto degradata[49] e richiederebbe un esame più approfondito di quello che abbiamo potuto dedicarle.

Passata questa breve moda, nei Paesi tedeschi il cesello ha un uso molto diverso da quello italiano. Nella seconda metà del Cinquecento un uso simile si trova in alcuni esemplari prodotti dal Royal Workshop di Greenwich[50].

In Italia nella prima metà del Cinquecento gli unici pezzi di qualità veramente alta sono i corsaletti all'antica. In essi il cesello è accompagnato solo da agemine, bronzature e dorature. Qui l'artefice crea superfici molto mosse, con sensibili aggetti e vivaci sottosquadri (motivo emblematico è il mascherone), affaticando notevolmente il metallo, e agisce in maniera irregolare nei diversi punti del pezzo, rendendo la lamiera ancora più sottile nei punti a forte rilievo. È rischioso intervenire con un mezzo chimico, del quale non si può controllare l'azione di momento in momento, su un materiale come questo che, già poco omogeneo per natura, può poi contenere inclusioni di scoria non visibili dall'esterno, e le cui caratteristiche sono state ulteriormente modificate dall'azione meccanica del cesello. È possibile che gl'incisori sapessero rimediare a un guasto provocato dal mordente, ma non riusciamo a immaginare come, mentre sappiamo con certezza che con martello e cesello anche artefici non di primissimo piano correvano pochi pericoli. Su questi pezzi, dunque, l'acquaforte è rara e, quando c'è, si limita a qualche bordura. Il già citato corsaletto all'antica di Girolamo Martinengo (fig. 04.02, 04.03 e 07.04), presumibilmente bresciano non più tardo del 1540, non è un'eccezione, poiché non è propriamente a cesello, ma a liste ribassate: gli aggetti sono moderati e non creano spigoli vivi cosicché su ambedue i piani così ottenuti l'acquaforte può essere applicata con una certa tranquillità.

Con il Seicento l'armatura esce dall'uso fino a scomparire; pochi corpi a cavallo e qualche ufficiale conservano petto e schiena armati[51], ma le sontuose guarniture del Cinquecento sono dimenticate: l'armatura, che da tempo ormai era scaduta come mezzo bellico, perde ora anche il suo valore di simbolo di stato. Vari esemplari compaiono ancora nei ritratti ufficiali di sovrani e altri personaggi, ma pochissimi ormai se ne produrranno e non di rado quelli raffigurati sono esemplari vecchi conservati nelle armerie dei palazzi e non compresi dai pittori poiché sono ormai fuori dal loro mondo. Anche la decorazione s'impoverisce nei temi e nella tecnica che, anzi, in molti casi diviene decisamente grossolana. E il fatto è curioso dal momento che in questo secolo prende slancio la stampa calcografica, non tanto di creazione, d'arte, che già nel Cinquecento aveva visto capolavori straordinari[52], bensì d'illustrazione per libri; e le lastre sono incise all'acquaforte. La tecnica si diffonde e si stabilizza e poco prima della metà del Seicento Abraham Bosse, che abbiamo citato più volte, pubblica il suo trattato sul mo-

[47] Oltre l'armatura illustrata (Torino, Armeria Reale, C 12) fatta da Desiderius Helmschmid e incisa da Jörg Sorg il Giovane, di Augsburg, nel 1551, si notano a Londra, Wallace Collection, gli esemplari A.39 e A.43; a Vienna, Hofjagd- und Rüstkammer, A532, A639; e varie altre.

[48] Per esempio sull'elmetto H 123 del Musée de l'Armée, di Parigi, molto simile a quello di Torino, Armeria Reale, E13 (fig. 05.03), che però non mostra traccia d'incisione.

[49] Tower of London Armouries, n. IV.22. Il famoso elmetto è l'unica parte sopravvissuta dell'armatura.

[50] Museum of the Royal Armouries, n. II.81, II.83 e altri.

[51] Ancora nel 1703, però, un'ordinanza di Luigi XIV imporrà a tutti gli ufficiali francesi di Gendarmeria e Cavalleria di indossare regolarmente «des cuirasses» (REVERSEAU 1982b, p. 87).

[52] Non è che nel Seicento la grafica d'invenzione non produca capolavori: basta pensare a Rembrandt (1606-1669), e al già citato Jacques Callot (1593-1635), ma i grandi nomi sono pochi: non c'è più quel fervore che, soprattutto in Italia e in Germania, s'era visto nel secolo precedente.

do d'incidere all'acquaforte, trattato destinato a una fortuna lunghissima. Sulle armi, però, in pratica scompare, almeno come creazione d'arte. Secondo un uso nato almeno nel Cinquecento, numerose armi d'asta continuano nel Settecento a portare stemmi o altri simboli tracciati all'acquaforte, mentre un gran numero di spade e poi sciabole sia da fanteria sia da cavalleria hanno lame decorate, ma i disegni sono convenzionali e l'esecuzione è sciatta, quando non grossolana. L'acquaforte si usa anche per apporre sulle lame simboli e frasi inneggianti ai sovrani («Vive le Roy de Sardaigne») o al Corpo o al Reggimento. Sono lame da truppa prodotte in serie e l'esecuzione è molto grossolana.

Nell'Ottocento si assiste a una certa reviviscenza e in qualche caso s'incontrano veri capolavori, come le opere del russo Ivan Bushuiew, in particolare una sciabola (fig. 07.16) e una daga da caccia con lama in damasco orientale. Nella prima, appartenuta a Carlo Alberto e datata 1823, la lama è incisa all'acquaforte a risparmio e in parte (fig. 07.17 e 07.18) non colorata né dorata; della seconda sono decorati la cappa e il puntale del fodero, ma le scene, sempre a risparmio, sono dorate su fondi blu intenso, con grandissimo effetto.

Fig. 07.01

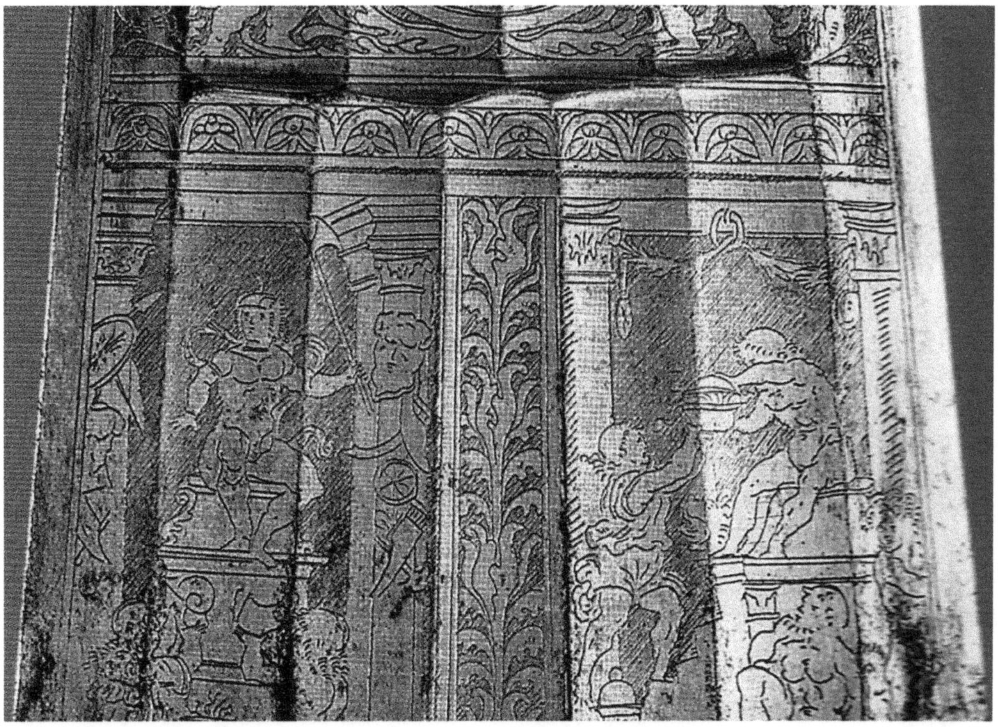

Particolare della lama di una cinquedea; Emilia, fine del secolo XV o inizio del XVI. Sulla superficie attentamente lavorata a scanalature le immagini d'ispirazione rinascimentale sono state incise all'acquaforte. Le figure risaltano poco sugli sfondi a fini tratteggi paralleli. I segni, tutti molto sottili, hanno larghezza e profondità costanti per tutta la lunghezza; talvolta un punto più marcato e più largo segna l'inizio del tratto, dove la punta è entrata nella vernice. Il tutto è stato infine dorato a fuoco (Torino, Armeria Reale, cat. H 7. Foto Chomon Perino)

Fig. 07.02

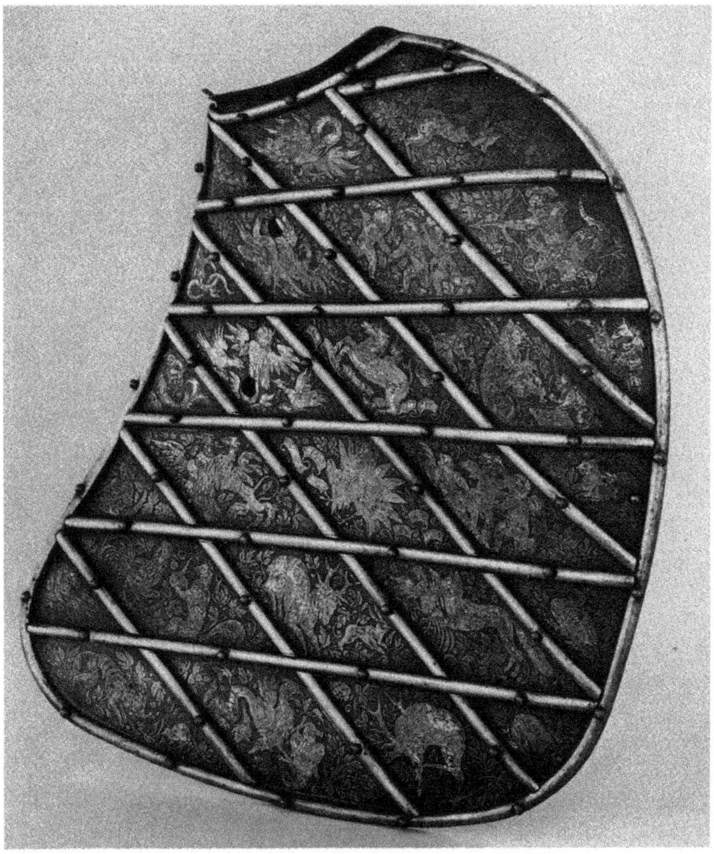

Gran pezza da giostra, forse opera di Wolfgang e Franz Grosschedel, Landshut (Baviera), 1549. L'intera superficie, divisa in piccoli campi, è trattata all'acquaforte a risparmio: immagini di animali, poi dorate, risaltano sul fondo abbassato e regolarmente punteggiato (Torino, Armeria Reale, cat. C 85. Foto Chomon Perino)

Fig. 07.03

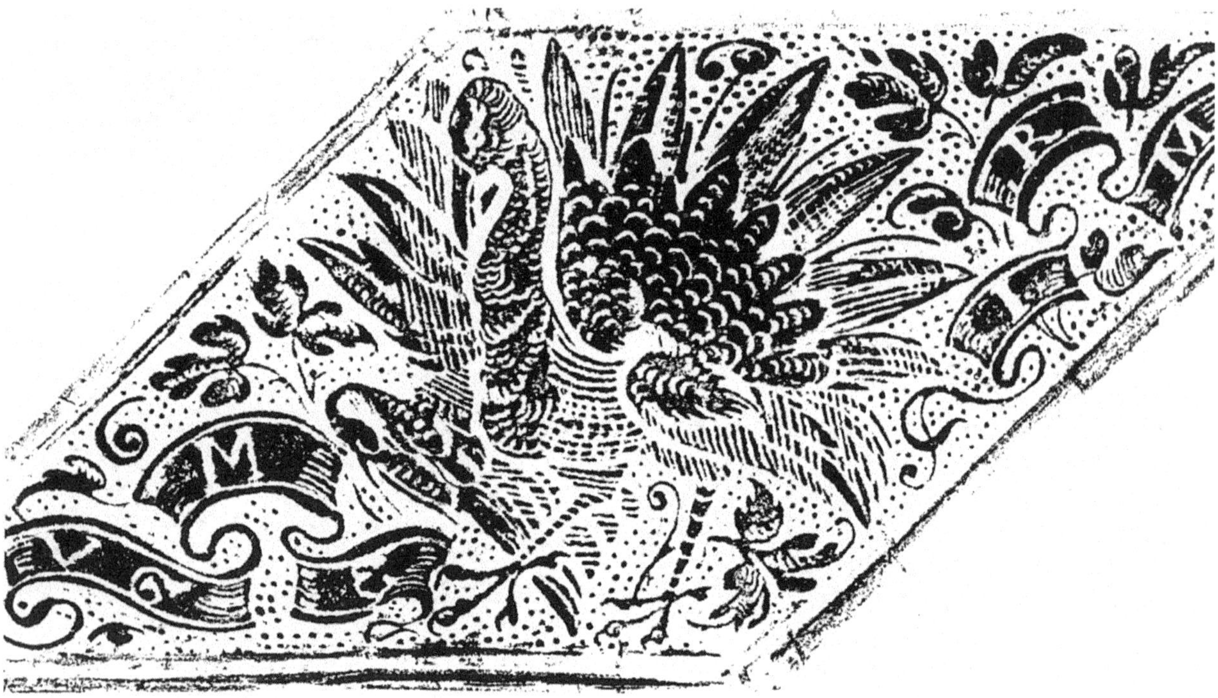

Calco di un particolare della gran pezza della figura precedente: il fondo è abbassato, inscurito e trattato a punti in rilievo, tra i quali risaltano le figure dorate di animali tra fogliami. (Torino, Armeria Reale, cat. C 85)

Fig. 07.04

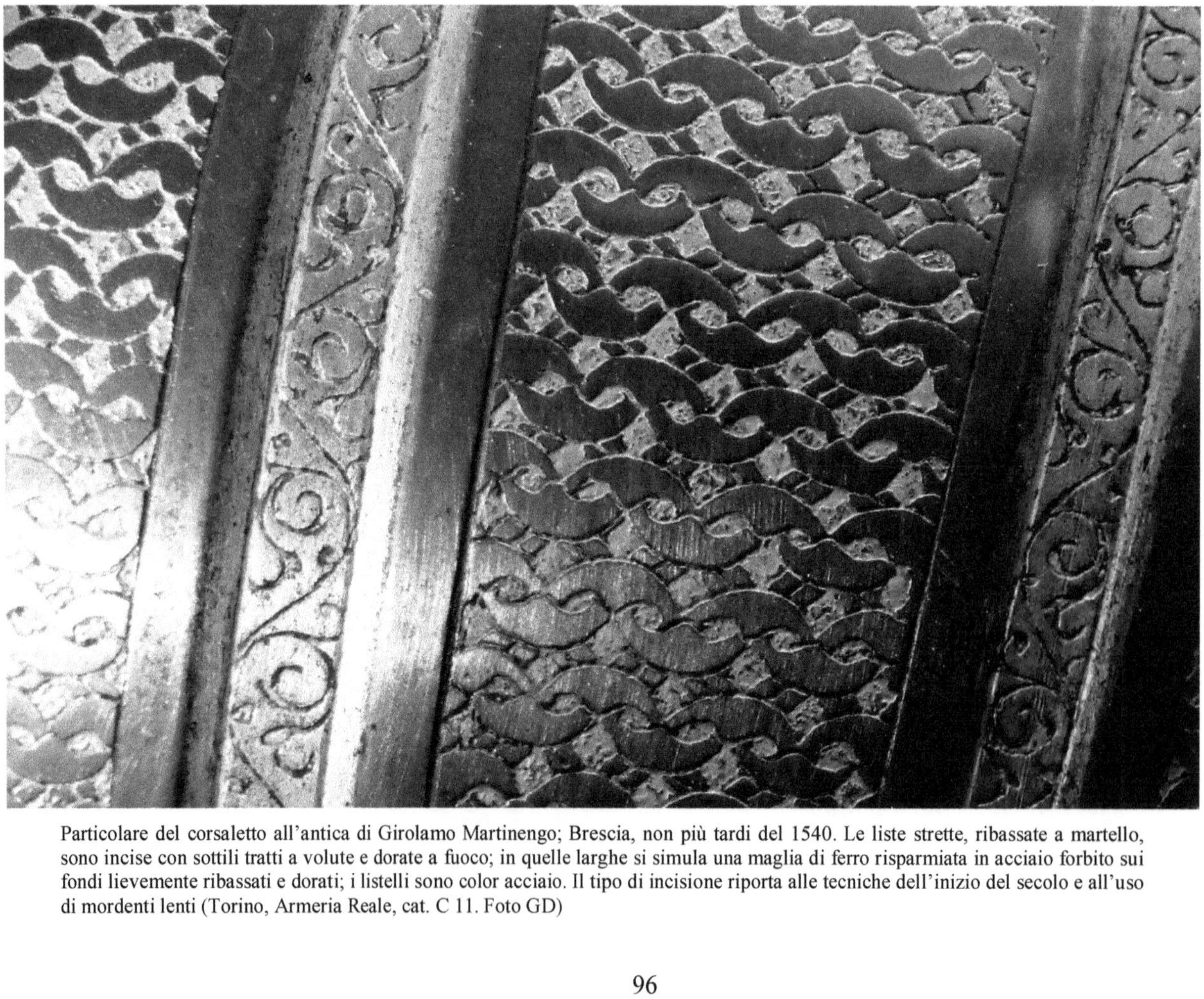

Particolare del corsaletto all'antica di Girolamo Martinengo; Brescia, non più tardi del 1540. Le liste strette, ribassate a martello, sono incise con sottili tratti a volute e dorate a fuoco; in quelle larghe si simula una maglia di ferro risparmiata in acciaio forbito sui fondi lievemente ribassati e dorati; i listelli sono color acciaio. Il tipo di incisione riporta alle tecniche dell'inizio del secolo e all'uso di mordenti lenti (Torino, Armeria Reale, cat. C 11. Foto GD)

Fig. 07.05

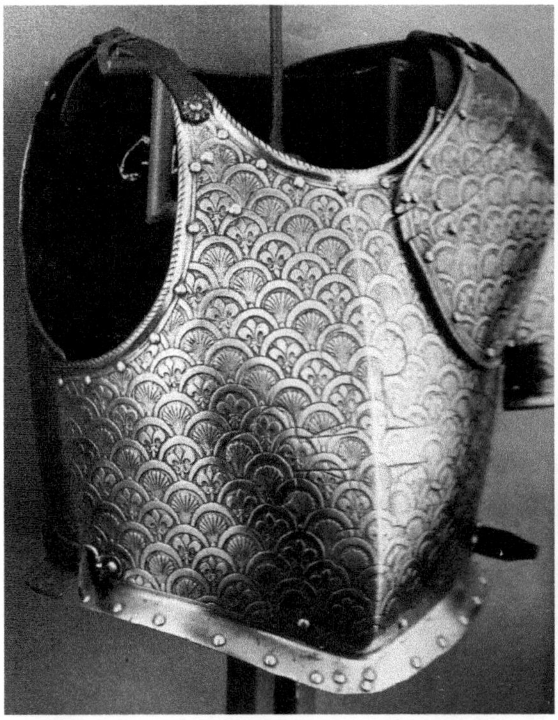

Fig. 07.06

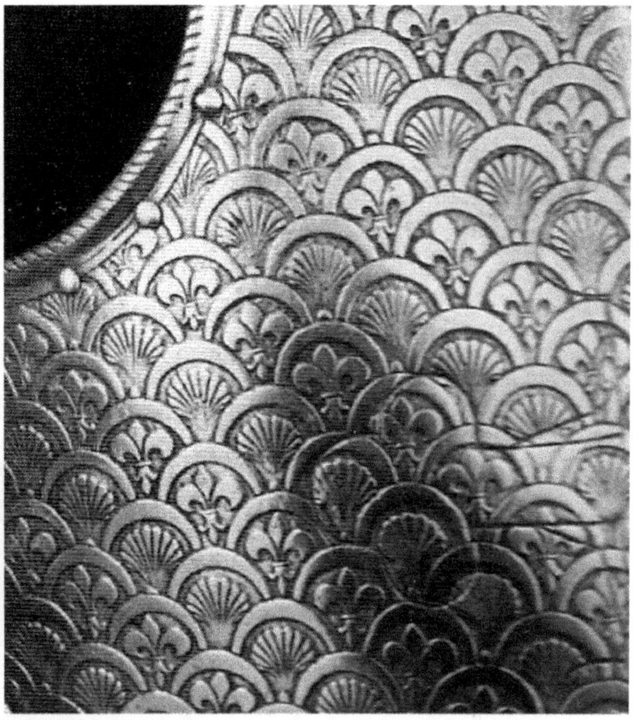

Resti di un corsaletto appartenuto a un cavaliere dell'Ordine dei Santi Maurizio e Lazzaro: intero e particolare; probabilmente Milano, circa 1590-1600. Il semplice, regolare motivo ad archetti con gigli e conchiglie (in origine dorati? ma non ne resta traccia) su fondi ribassati e lisci, probabilmente in origine anneriti, è di grande effetto. Al centro del petto sono state successivamente incise a bulino, non troppo finemente, le due croci dell'Ordine, certamente dipinte in bianco e verde (Torino, Armeria Reale, cat. C 35, C 58, C 145, C 226. Foto Chomon Perino)

Fig. 07.07

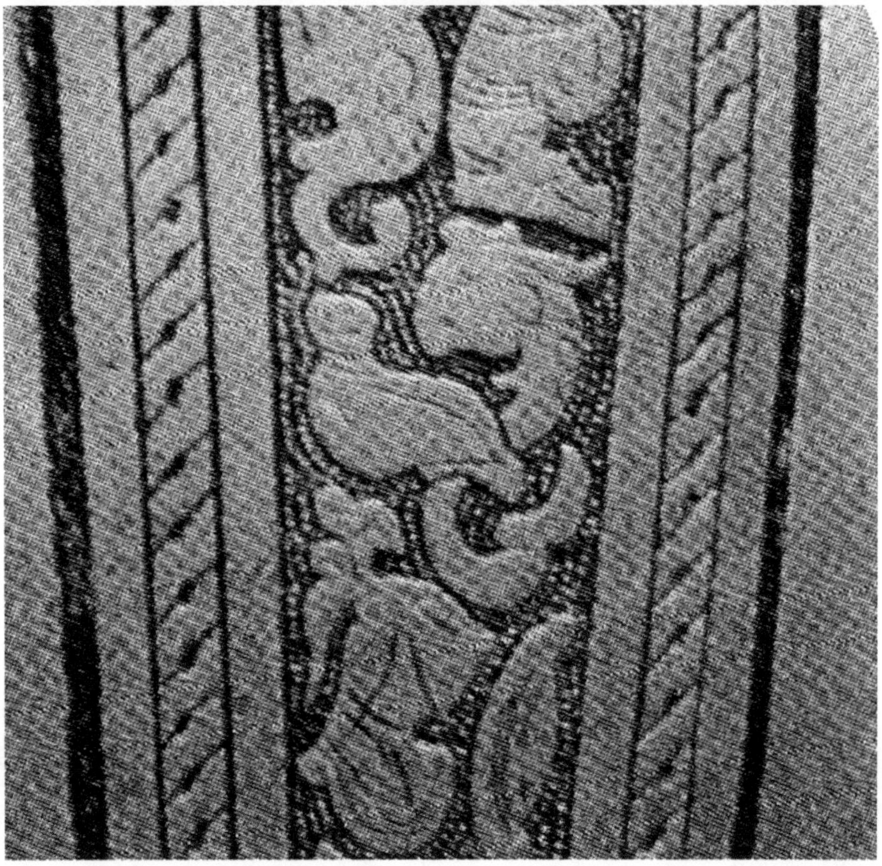

Particolare di petto di corsaletto da piede; Milano, circa 1580. Esempio di decorazione all'acquaforte "a liste di trofei" e non uno dei casi estremi, in cui gli oggetti che s'intenderebbe raffigurare sono ancora più informi (Torino, Armeria Reale, C 76. Foto Chomon Perino)

Fig. 07.08

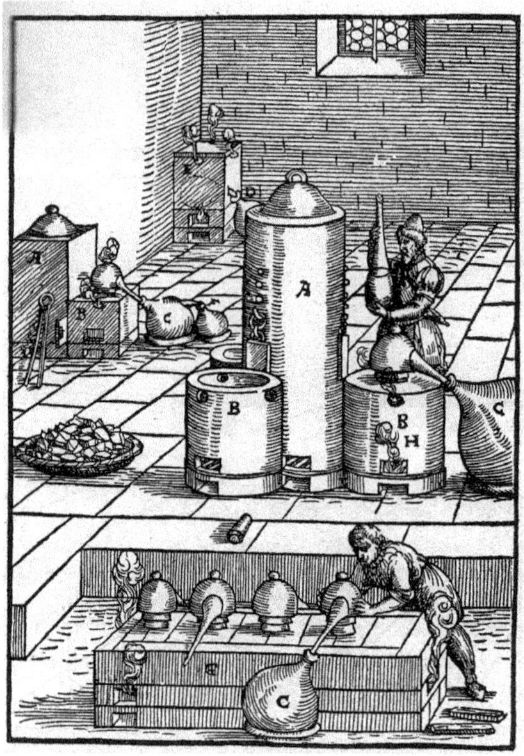

Vari tipi di fornelli con alambicchi per distillare l'acqua forte «da partire». Da L. Ercker, *Beschreibung allerfürnemsten Mineralischen Ertzt- und Berckwercksarten,* Praga 1574, fol. 70 (da SMITH-FORBES 1963)

Fig. 07.09

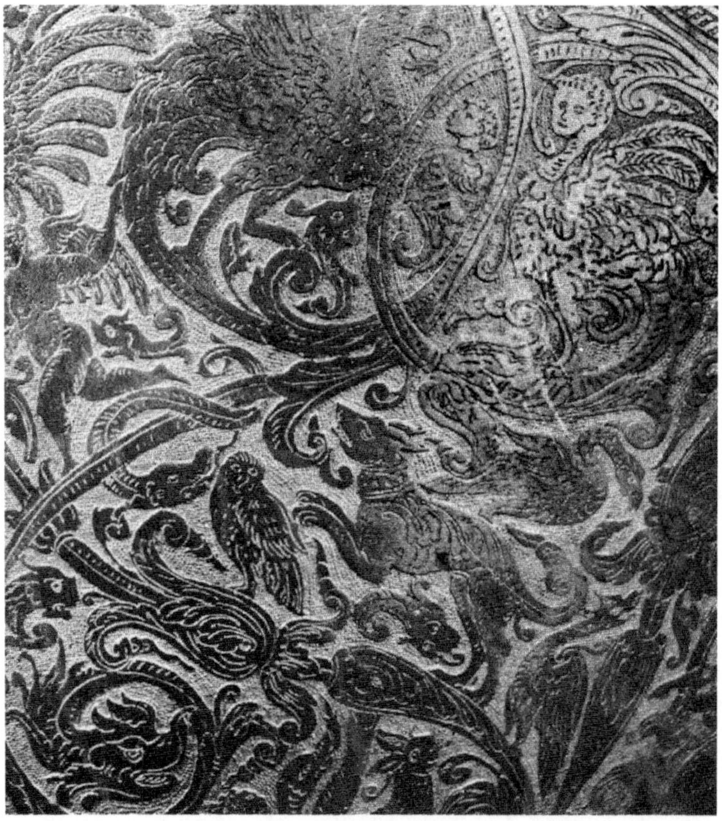

Particolare del petto di un'armatura; Pompeo della Cesa, Milano, circa 1590-1600. Questa splendida armatura, a decorazione bianca risparmiata sui fondi fittamente punteggiati e dorati, rende evidente che, almeno per oggetti decorati così abbondantemente, la *Ätzmalerei,* ossia il dipingere a pennello i soggetti mediante la vernice protettiva prima della morsura, è assolutamente antieconomica, poiché in ogni caso è richiesto un intervento con la punta per creare tutti i particolari delle figure. I minuti puntini dei fondi, in file regolari parallele ai contorni dei soggetti o alle cornici, non possono essere stati eseguiti che con la punta (Torino, Armeria Reale, B 3. Foto Chomon Perino)

Fig. 07.10

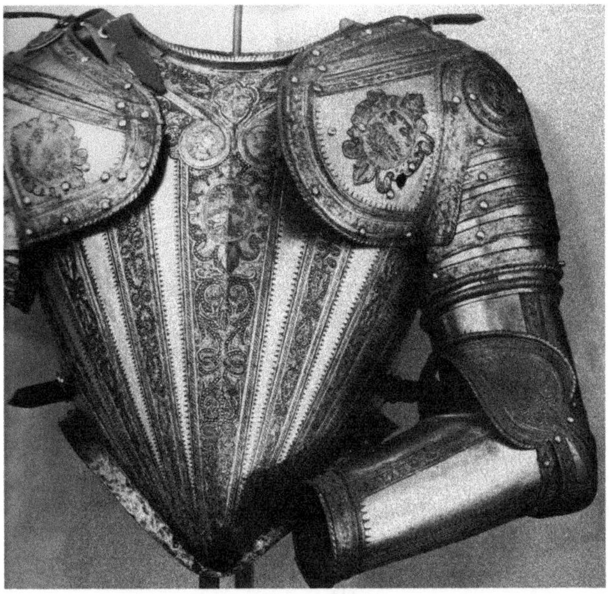

Fig. 07.11

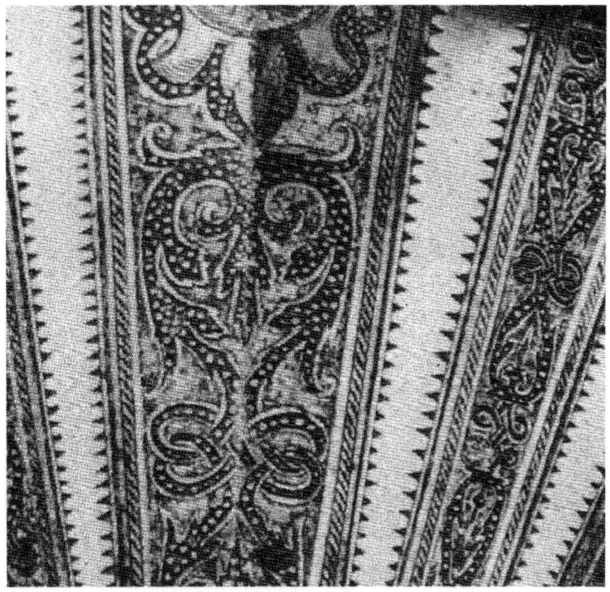

Resti di una guarnitura d'armature; Maestro LB del Globo, Milano, circa 1580-1590. Le volute hanno fondi anneriti e sono occupate da grossi punti in rilievo. Vista anche l'irregolarità della forma e delle dimensioni, non si può escludere che per ottenerli la vernice protettiva sia stata applicata, come ultima operazione precedente la morsura, con un piccolo pennello dopo che il campo era stato interamente liberato dalla prima vernice mediante un attrezzo simile a una ciappola o ad un piccolo scalpello; tutte le altre decorazioni, però, sono state ottenute incidendo la vernice con la punta (Torino, Armeria Reale, C 14 e C 173. Foto Chomon Perino)

Fig. 07.12

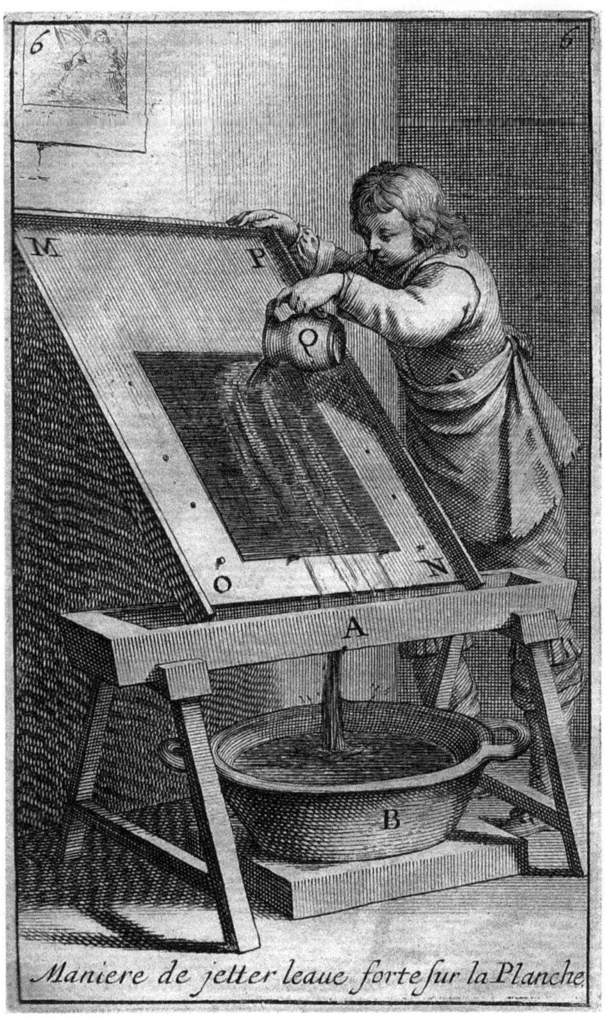

«Maniera di versare l'acquaforte sulla lastra» con un boccale. Così suggerisce di operare il Bosse (tav. 6), incisore reale a Parigi, nel 1645, e ancora si trova nell'edizione del 1758 curata dal Cochin

Fig. 07.13

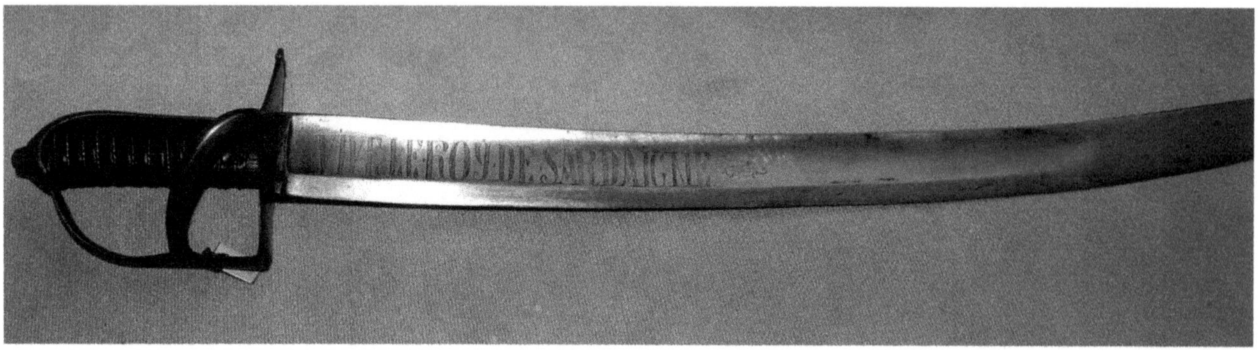

Sciabola corta, detta «sabro», da truppa di Fanteria del Regno di Sardegna, modello 1775. Sul piatto destro della lama porta l'iscrizione «Vive le Roy de Sardaigne», sul sinistro l'aquila di Savoia e alcuni ornati, tutto eseguito all'acquaforte molto grossolanamente (Collezione privata. Foto RG)

Fig. 07.14

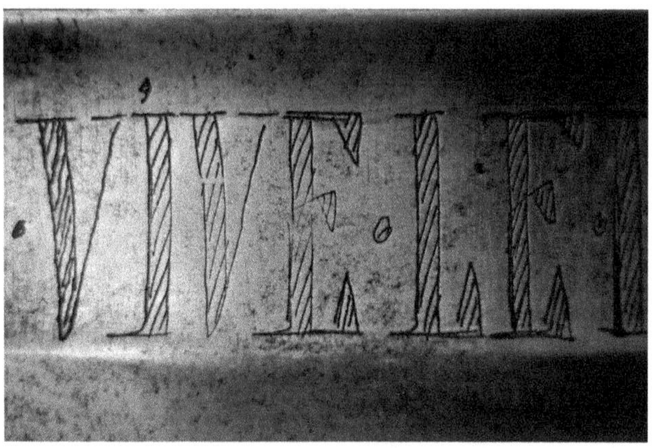

Fig. 07.15

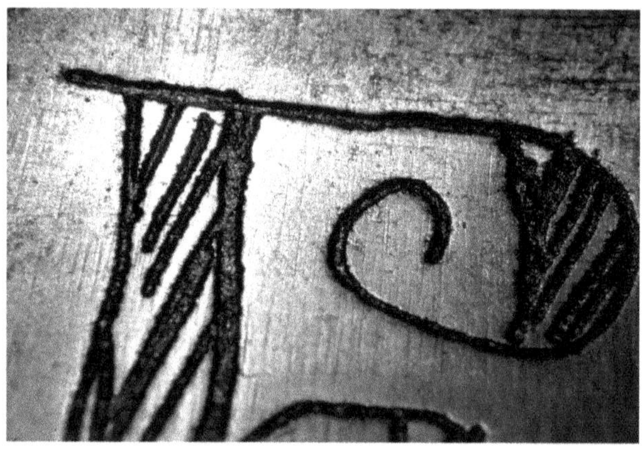

Due particolari a diverso ingrandimento della scritta sul sabro della fig. 07.13. Si osservano i caratteri tipici dell'acquaforte, in particolare le estremità arrotondate dei tratti e i contorni erosi. Si nota anche la grossolanità dell'esecuzione in serie: tratti sconfinanti o troppo corti, raddoppiati, incerti, e così via (Collezione privata. Foto RG)

Fig. 07.16

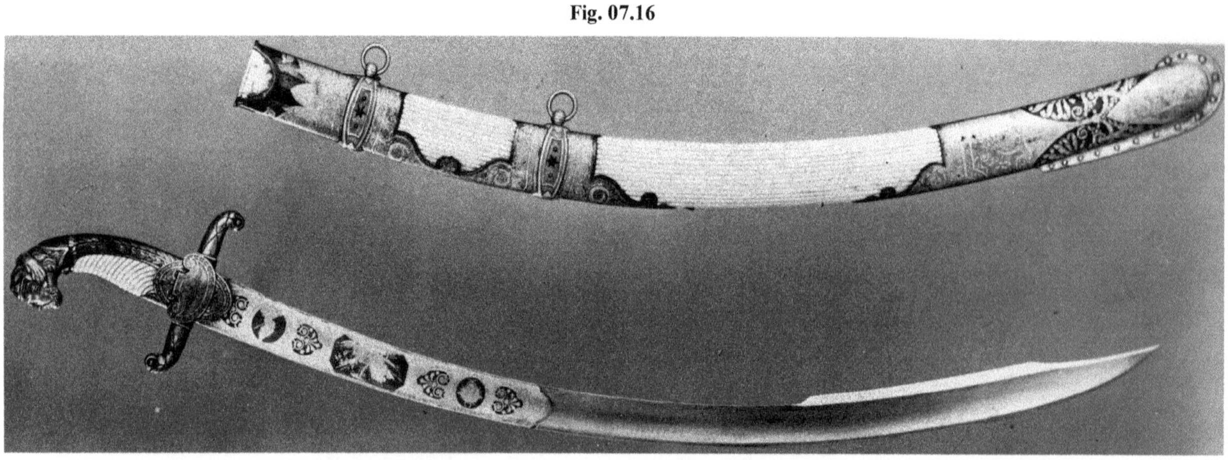

Sciabola appartenuta a Carlo Alberto; Ivan Bushuiew, Zlatoust (Russia), 1823. Arma sfarzosa con impugnatura e fodero d'avorio; parti metalliche in acciaio in gran parte incise all'acquaforte, pesantemente dorate a fuoco e azzurrate in color blu pavone; i due terzi estremi della lama, che nel profilo conserva reminiscenze orientaleggianti, sono incisi all'acquaforte a risparmio (Torino, Armeria Reale, S 18. Foto Chomon Perino)

Fig. 07.17

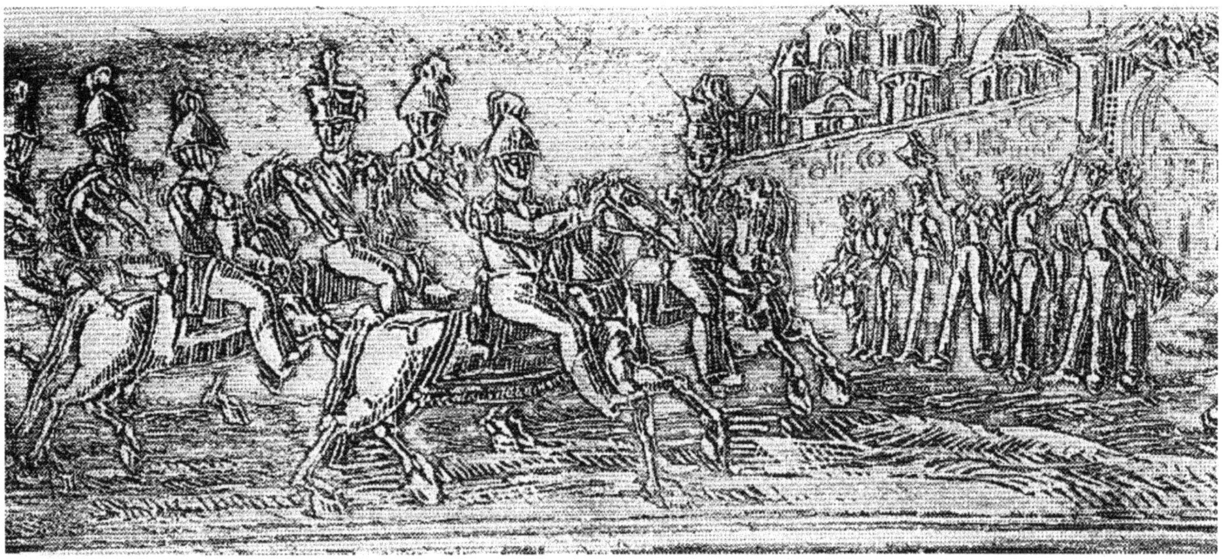

Fig. 07.18

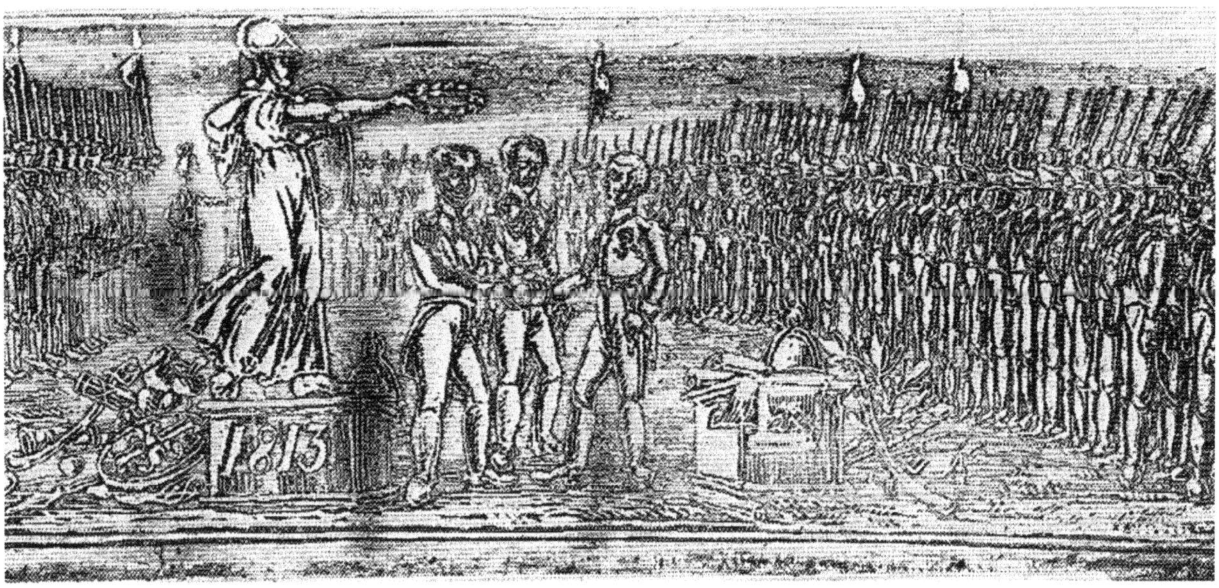

Due particolari della parte estrema della lama della sciabola della fig. 07.16; Ivan Bushuiew, Zlatoust (Russia), 1823. (La data 1813 sul piedestallo della statua della Vittoria probabilmente allude alla battaglia di Lipsia, vinta dalla VI coalizione contro Napoleone.) Questa parte è lavorata all'acquaforte a risparmio con un risalto minimo su fondi non colorati, cosicché l'effetto è molto discreto e la ricchezza del lavoro può apprezzarsi solo osservandolo con un'illuminazione adeguata (Torino, Armeria Reale, S 18. Foto Chomon Perino)

CAPITOLO 8

L'Agemina e la Tausìa

Per le tecniche finora descritte non s'erano incontrate serie difficoltà semantiche, almeno nei testi d'epoca. Anche questi, però, tradiscono quando ci avviciniamo al settore della decorazione di ferro e acciaio con metalli preziosi, dove *tre* termini *(agemina, tausìa* e *damaschinatura)* già nell'italiano del Cinquecento sono usati con ammirevole confusione per indicare *due* tecniche ben diverse. Queste sono note da epoca molto antica (dell'una o dell'altra si hanno reperti dagli antichi imperi del Vicino Oriente, dalla Grecia micenea e da altre culture[1]), sono applicate nell'Alto Medioevo e sono descritte con cura già da Teofilo nella prima metà del secolo XII d.C. Egli, però, scrivendo in latino, non fa distinzioni di terminologia e per ambedue si serve dell'espressione «*decorare auro et argento*».

Già sul finire del secolo XV, nell'inventario redatto alla morte di Lorenzo il Magnifico[2], s'incontra «una maza ferrata lavorata alla dommaschina», che non è detto di dove provenga e potrebbe dunque essere di fabbricazione orientale ma, visto lo stile del personaggio a cui apparteneva, potrebbe anche essere stata fatta appositamente per lui, magari in Italia. Nel secolo XVI c'è una discreta importazione dal Levante di oggetti in ferro decorati con «arabeschi alla damaschina», come si dice. Si sa che l'espressione indica una decorazione mediante metalli preziosi ed è probabile che si tratti della tecnica, più diffusa in tutto l'Oriente, detta *koftgari,* o *kuftgari*[3]. Di questa esistono nei musei e nelle collezioni innumerevoli esempi a tutti i livelli di finezza, su armi e armature d'ogni epoca e d'ogni provenienza, dai Balcani al Sudest Asiatico, alcune giunte certamente in Occidente in quel secolo o pressappoco[4]. Non si può, però, essere sicuri che nei testi italiani dell'epoca le dizioni «lavoro alla damaschina» o «damaschinatura» indichino solo questa maniera di decorare, appunto perché in svariati Paesi, se non in tutti, essa coesiste con un'altra tecnica, del tutto diversa[5].

In sintesi, una tecnica consiste nell'applicare mediante compressione o battitura il metallo nobile in foglia[6] o in filo *sopra* la superficie del ferro, resa opportunamente scabra; con la seconda il metallo (generalmente nobile, ma si trovano anche rame e ottone), più spesso in filo, viene forzato *dentro* un solco scavato nel ferro. Quest'ultima è la tecnica che intrinsecamente permette la maggior precisione e nettezza di contorni. Dovendo compiere una scelta terminologica[7], applicheremmo il termine di *agemina* alla tecnica che vede ciascun filo metallico o laminetta forzato in un solo solco o cavità. Riprendendo il termine antico, chiameremmo invece *tausìa,* e se molto estesa *doratura o argentatura a foglia,* quella in cui la decorazione è ottenuta con una foglia o un filo di metallo nobile applicati *sopra* il ferro (e continueremmo a denominare *koftgari* le varianti orientali di quest'ultima tecnica, che sono numerose). Trascureremmo invece il termine *damaschinatura* (o *lavoro alla damaschina*) anche per evitare confusioni con i *damaschi* che, com'è noto, sono acciai prodotti con metodi particolari in Oriente e in Occidente, metalli di bellissimo aspetto per le loro proprie caratteristiche, non per la decorazione aggiunta[8]. Abolliremmo poi senz'altro l'espressione, che talvolta s'incon-tra, di «falsa agemina» poiché non c'è nulla di falso[9]: si tratta di tecniche diverse, scelte secondo il giudizio, il gusto, lo scopo, la moda, la capacità dell'autore e così via.

La tausìa

Della *tausìa* prendiamo la descrizione, sintetizzandola, dal Monaco Teofilo[10]. Egli prescrive di rifinire

[1] L'Armeria Reale di Torino possiede, per esempio, una spada del IX secolo a.C., della cultura dei Campi d'Urne (cat. A'100), interamente in bronzo con un disegno decorativo ageminato, probabilmente in ferro, sul pomo. Si veda GAMBARI in VENTUROLI 2002.

[2] Pubblicato in SCALINI 1979.

[3] Una precisa descrizione di una delle varianti del *koftgari* si trova in EGERTON OF TATTON 1896, p. 69. Un accurato esame di esemplari indiani con corredo di microfotografie si trova in BAUER 1979; inoltre nello stesso volume, *passim*, fotografie di armi diverse.

[4] Un gruppo di finissime lame quasi identiche fra di loro, fabbricate forse nella bottega imperiale d'Istanbul da artefici persiani tra il 1560 e il 1610, giunse in Occidente a quella stessa epoca; ben presto furono montate e ora sono distribuite in svariati musei; cfr. MELIKIAN SHIRVANI 1982. Due di queste lame furono montate da Emanuel e Daniel Sadeler, «scultori» in ferro della scuola di Monaco, all'inizio del Seicento e si trovano ora all'Armeria Reale di Torino (cat. G 98 e G 99).

[5] Secondo qualche autore, come RAWSON 1968, p. 70, anche questa tecnica avrebbe avuto origine in Persia, però l'unico esemplare antico che abbiamo potuto esaminare direttamente (la già citata spada di bronzo decorata in ferro del IX secolo a.C. dell'Armeria Reale di Torino) ci sembra lavorato con la tecnica che definiremo *agemina.*

[6] La tecnica per ottenere la foglia d'oro è antichissima. Si partiva da un blocchetto che veniva battuto direttamente fino a ridurlo allo spessore di un foglio di carta. Lo si tagliava poi a quadrati di 2 o 3 centimetri di lato che venivano messi entro un «libro» di pelle sottile o di intestino di bovino alternati ai «fogli» di questo; il libro veniva poi battuto con mazzuoli di tre pesi diversi. Si ottenevano foglie da 34 a 47 decimetri quadri per grammo d'oro. Il filo, invece, si otteneva per trafilatura, come si è detto nel capitolo 3 sulla produzione delle armi.

[7] Qualunque sia la nostra scelta, dovremo continuare a faticare per capire i testi stranieri recenti, poiché i Francesi hanno solo *damasquiner*, gli Inglesi *damascening* ma anche *inlay, inlaing* e *overlaing* e i Tedeschi *damascieren, einlegen* e *Goldintarsien*, e ogni autore ha le sue preferenze. Ma è così anche in italiano.

[8] Di varie specie di damasco si è parlato nel capitolo 3 sulla produzione delle armi.

[9] Tutt'altra cosa è il falso damasco, in cui si mira a riprodurre sulla superficie dell'oggetto dei disegni simili a quelli dei damaschi autentici, cioè degli acciai di damasco: «falsi» perché non riproducono la struttura interna di questi acciai, ma solo l'aspetto esterno. Si veda sempre al capitolo 3.

[10] TEOFILO 1140, l. III, cap. XCI, *De ferro.*

accuratamente il pezzo a lima (una lima molto dolce, evidentemente), riscaldarlo «finché volga al nero» e, lasciatolo raffreddare, inciderlo con sottili solchi paralleli e ravvicinati, in due serie incrociate[11] (*incide subtiliter per omnia exterius in longitudine, et rursum dupliciter in latitudine*)[12]. Su questa superficie scabra, dei pezzetti di foglia o dei fili di metallo prezioso vengono incastrati mediante strofinio e martellatura. Si riscalda e si lucida con un brunitoio d'acciaio ben levigato; si riscalda ancora e si forbisce energicamente un'altra volta. Si scalda un'altra volta ancora e, quando sia raffreddato, si batte «diligentemente» con un martello di peso medio perché scompaiano i solchi non coperti dal metallo prezioso «e il lavoro sembri quasi un niello» per via del colore scuro acquistato dal ferro o dall'acciaio coi riscaldamenti.

La tecnica, identica nelle linee generali a una delle forme del *koftgari* orientale, è dunque nota in Occidente già nella prima metà del XII secolo, ma non solo: circa di quel-l'epoca e anche di prima si conservano esemplari europei (generalmente lame e pomi di spada) così decorati.

Quattro secoli più tardi, il Biringuccio[13] fornisce una descrizione identica nella sostanza:

> Tenendo sempre il vostro lavoro con tanaglie pontute senza tocchare respetto all'ontuosità della mano & con un ferro tagliente per tutto minutamente a guisa di lima l'intaglierete & attraversandolo incrociarete. Dipoi questo scaldato in fuocho per fine appresso quando è in sul pigliare del rosso si cava & netta dalle ceneri, & sopra per tutto vi si mette una pannella [foglia] d'argento grossetta & con uno brunitoro di lapis ematitis duro o d'acciaro temperato si calcha

Salvo qualche sottigliezza esecutiva, come il riscaldarlo più volte oppure una sola volta ad una temperatura forse un po' più elevata, e l'uso di un brunitoio di ematite (*lapis ematitis duro*, detta anche *oligisto*, cioè ossido di ferro nella varietà cristallina, di colore grigiastro e durezza 5,5 - 6,5), è quanto già si è visto. Il Biringuccio, pur non essendo orafo, va però oltre:

> Dipoi sopra a questo [argento] se li dà un pocho di mercurio & sopra vi si mette una pannella d'oro o d'argento, & dipoi due o tre, & per meglio dorare quante volete; sopra a tal oro messo con un ciselletto vi si batte su & s'incalcha fogliami arabeschi, o quel che più vi piace. Dipoi in alcuni luochi sotto li riversi o profili con uno raschiatoro si rade destramente l'oro fino o l'argento che pare cosa più bella & artificiosa mostrando argento & oro insieme. Anchora dipoi con uno pennello si profila con vernice d'ambra & in uno calore d'un forno si seccha & riarde & riarsa fa el profilo nero e lustro, è secreto grandissimo & a me per diligentia che io n'habbi fatto per saperlo non mi è anchora bene noto. Et questo è il modo che si fanno quei lavoretti sottili d'oro dove sonno arbori, figure, animaletti minutissimi sopra a pugnali & altri armi che si chiamano lavori di tanccia [tausìa], & come in Damascho fanno gli azzimini [ageminatori] che cometteno in quei loro vasi pezzetti d'oro che anchora che si vegga non pare che quel sia el modo che dimostrano, perché tempo patientia molta demostra bisognarlo

In questo perfezionamento si applica, mediante del mercurio, un certo spessore d'oro sopra l'argento e lo si lavora con piccoli strumenti («ciseletti») adatti a modellarlo e con un raschietto s'intaglia in qualche parte fino a scoprire l'argento sottostante. Infine si profila con vernice che, passata in forno, brucia, lasciando un contorno nero. Di quest'ultima variante non abbiamo notizia che esista alcuna decorazione su armature[14], e neanche su armi d'altra specie. Su fornimenti di spade e altre armi con superfici meno estese s'incontrano, però, figure e altri motivi in un solo metallo, a loro volta incisi e lavorati con i «ciselletti». La variante più semplice, con una sola foglia d'oro o d'argento, s'incontra proprio nelle forme descritte, con due serie fittissime di tratti non proprio ortogonali tracciati a bulino. Le «barbe» sollevate dallo strumento ai lati del solco tengono incastrato il metallo nobile, quasi sempre in foglia.

Quando si tratta di applicazione di foglia metallica sopra il ferro, non siamo in grado di tracciare un confine preciso fra una decorazione a tausìa secondo un motivo definito e una doratura o argentatura. La tecnica è la medesima; quella che cambia è solo l'estensione. Questa tecnica, poi, è tuttora invariata. La superficie viene graffita con solchi incrociati, decapata con una soluzione debolmente acida (qualcuno usa un infuso di albicocche verdi seccate), asciugata e arroventata appena sotto il calor rosso e la foglia è fatta aderire strofinandola con un brunitoio di agata. Proprio come Teofilo. Interessa osservare che il metallo prezioso applicato meccanicamente, cioè in foglia compressa, è quasi sempre più lucido e conserva tuttora, anche se usurato, una certa lucidezza; effetto evidentemente in parte del trattamento col brunitoio, con cui lo si spiana perfettamente, coprendo con una superficie liscia le piccole asperità del ferro sottostante, in parte anche della purezza del metallo.

A scopo di confronto giova esaminare qualche esemplare prodotto in Oriente, dove il sistema è comune e si trova su armi d'ogni specie e d'ogni epoca. Nella più tipica delle forme del *koftgari* il metallo nobile è spesso applicato solo in filo, e questo è sottilissimo cosicché, quando occorre coprire delle superfici, il filo viene condotto avanti e indietro numerose volte fino a ottenere la larghezza richiesta. Per il resto, tra gli esemplari esaminati s'incontra qualche piccola variante tecnica, ma non sappiamo se a queste differenze si possa attribuire un valore di elemento distintivo per una scuola o per un'area comunque estesa. Per un discorso di questo tipo occorrerebbero indagini molto più ampie. Nell'ottimo studio del Bauer[15] su due *khanda* (spade diritte) indiani, le fotografie a maggior ingrandimento mostrano non due serie di tratti, ma tre o forse quattro, formanti angoli di

---

[11] In studi moderni si trova talvolta che i solchi verrebbero incisi «con una lima», ma certamente si tratta di un malinteso e si deve intendere «come una lima», come appunto dice il Biringuccio, che riportiamo qui sotto; una lima, infatti, per quanto piccola, non può produrre solchi né così sottili, né di forma adatta a questo scopo, poiché non hanno le «barbe», cioè i sollevamenti laterali, importanti per trattenere il metallo nobile.

[12] Per fare queste incisioni Teofilo consiglia una piccola macchina costituita da una ruota dentata mossa a manovella che farebbe vibrare una molla di legno dotata di un piccolo utensile d'acciaio che, battendo sul metallo, lo inciderebbe. Alcuni studiosi, però, sono persuasi che essa non possa dare risultati soddisfacenti.

[13] BIRINGUCCIO 1540, libro IX, cap. VI, c. 137 v.

[14] È possibile che porti qualche particolare lavorato a questo modo un'armatura alla Real Armeria di Madrid, ma non abbiamo potuto esaminarla.

[15] BAUER 1979.

circa 45°; di una però, forse tracciata per prima, i resti sono evanescenti e incerti. Le immagini permettono di azzardare qualche ipotesi sul modo in cui vennero tracciate: il bulino doveva essere del tipo più comune, con una sola punta (poiché non si vedono fasci di tratti equidistanti, come si avrebbero con un bulino a più punte, il moderno *vélo* od ombreggino) ma, almeno per la serie tracciata per ultima e sovrastante le altre, sembra condotto con un movimento di va e vieni poiché ogni tratto ben inciso è accompagnato da un tratto più leggero formante un piccolissimo angolo col precedente. In sostanza, la superficie, più che incisa, sembra graffita. Abbiamo esaminato un *bazu-band* (bracciale) interamente coperto da una non troppo raffinata decorazione floreale a bulino. Per via dello scadente stato di conservazione, i piccoli motivi d'oro a koftgari che lo ravvivano mostrano la struttura, costituita da (parrebbe) due sole serie di tratti formanti piccole losanghe abbastanza regolari. Le tracce, ormai evanescenti, del tratteggio sembrano estese a tutta l'area dei cartigli che accolgono i motivi in oro. Un *dha* (spada) cerimoniale siamese, del XVIII o del XIX secolo, mostra che il semplice tralcio in argento che decora la lama è trattenuto da quattro serie d'incisioni formanti angoli diversi. Come nei pezzi indiani, anche qui il fondo non è stato lisciato e presenta, appunto, il caratteristico aspetto di lima. Il campo da decorare è stato delimitato con un sottile tratto di bulino, dal quale il tratteggio ha poi sconfinato rare volte.

L'agemina

Il Biringuccio usa come sinonimi *tausìa, agemina* e in pratica, dato l'accenno alla città di Damasco, anche *lavoro alla damaschina.* Il Vasari, invece, identifica solo due dei termini: *tausìa* e *lavoro alla damaschina,* ma descrive quella che qui, seguendo l'uso corrente, denominiamo *agemina,* che è tutt'altra cosa dalla precedente. Anche in questo caso partiremo da Teofilo che nel XII secolo dà la descrizione della variante più semplice di quest'altro procedimento[16].

> Se vuoi ottenere su coltelli o altri oggetti di ferro delle lettere, per prima cosa incidile con un bulino, poi, fatto un grosso filo d'argento, formane le lettere con una pinzetta e inseriscile nei solchi, che riempirai battendovi sopra con un martello

Il solco, dunque, è uno solo, ha l'andamento del motivo e viene riempito con un filo. Doveva però essere frequente il caso che da questo solco, di sezione triangolare o tutt'al più quadrata, il filo si staccasse. Qualcuno rimediava all'inconveniente intagliando i solchi a sottosquadro, e questo è il metodo seguito dal Cellini[17]. Nel 1524, venuto in possesso di «certi piccoli pugnaletti turcheschi» interamente in ferro e «intagliati per virtù di ferri [con] molti bellissimi fogliami alla turchesca, e pulitissimamente commessi d'oro», si dedica a «quella professione tanto diversa da l'altre: e veduto ch'ella benissimo mi riusciva, ne feci parecchi opere. Queste tali opere erano molto più belle e molto più istabile che le turchesche, per più diverse cause. L'una si era che in e' mia acciai io intagliavo molto profondamente a sotto squadro; che tal cosa non si usava per i lavori turcheschi. L'altra si era che li fogliami turcheschi non sono altro che foglie di gichero.»

Nel passaggio del Cellini si vede che gli oggetti importati dal Levante sono sì decorati all'agemina, ma nel modo più spiccio, con il solco di sezione più semplice e facile da ottenere. In effetti per intagliare a sottosquadro, cioè per incidere un solco più largo sul fondo che in superficie, occorrono grande abilità, tempo e fatica, e anche in Europa non è probabile che fossero numerosi i maestri che lo facevano. Svariati oggetti sono decorati in questo modo e anche a Milano questa tecnica era comune (fig. 08.09). Qualche maestro, però, seguiva un metodo ancora più elaborato, e questa variante è descritta dal Vasari[18] nel capitolo intitolato *Della tausia, cioè lavoro a la damaschina.*

> E così abbiamo veduto nello acciaio le opere intagliate a la tausia altrimenti detta a la damaschina per lavorarsi di ciò in Damasco e per tutto il Levante eccellentemente [...] e negli antichi abbiamo veduto anelli d'acciaio con mezze figure suvi e fogliami. E di questa spezie di lavoro se ne sono fatte a' dì nostri armadure da combattere lavorate tutte d'arabeschi d'oro commessi e similmente staffe, arcioni di selle e mazze ferrate; et ora molto si costumano i fornimenti delle spade, de' pugnali, de' coltelli e d'ogni ferro che si voglia riccamente ornare e guernire; e si fa così: cavasi il ferro in sotto squadra e per forza di martello si commette l'oro in quello, fattovi prima sotto una tagliatura a guisa di lima sottile, sì che l'oro viene a entrare ne' cavi di quella et a fermarvisi. Poi con ferri si dintorna o con garbi di foglie o con girare di quel che si vuole; e tutte le cose co' fili d'oro passati per filiera [cioè trafilati] si girano per il ferro e col martello s'amaccano e fermano nel modo di sopra. Advertiscasi nientedimeno che i fili siano più grossi et i proffili più sottili, a ciò si fermino meglio in quegli

Secondo questa descrizione, si taglia dunque il solco a sottosquadro e sul fondo di esso s'incidono dei dentelli che migliorano la presa del filo. Questo può poi essere di diametro sensibilmente maggiore di quanto non basti a riempire il solco fino al piano dell'acciaio, e allora dà un rilievo che viene regolarizzato e plasmato con ferri adeguati, ossia con quei «ciseletti» e col raschiatoio di cui parla il Biringuccio a proposito dell'altra tecnica.

Nel Rinascimento le due tecniche impreziosiscono e colorano quasi tutte le armi cesellate milanesi. Alcune di queste non ne mostrano più traccia: nel corso del tempo la ruggine, formatasi nell'impercettibile fessura tra l'oro e l'acciaio, ha staccato il filo o la foglia, mentre talvolta la successiva pulitura ha distrutto anche i solchi nel ferro. Pezzi che ora appaiono bianchi, ai loro bei tempi erano bronzati e certamente dorati con abbondanza (fig. 04.15 e 4.16).

La distinzione tra le due tecniche è di solito abbastanza semplice. Nella tausìa quasi sempre, per via dell'età, si distingue il tratteggio incrociato del fondo e, se è il caso, l'andirivieni del filo, di solito molto sottile. L'agemina, invece, richiede un solco più profondo e largo, e più largo

[16] TEOFILO 1140, l. III, cap. XCI:
Si vero in cultellis sive in aliis ferris litteras habere volueris, cum fossorio ferro fode eas imprimis, deinde facto filo argenteo grosso, forma cum gracili forcipe litteras et impone eas fossuris illis, percutiensque superius cum malleo imple eas

[17] CELLINI *Vita*, libro I, XXXI.

[18] VASARI 1550, *Introduzione*, XXXIIII.

risulterà anche il filo. Su uno stesso pezzo, però, è normale trovare più tecniche associate e, dal momento che l'agemina consente piuttosto di delineare dei contorni che di coprire superfici, quando si presenta questa esigenza si fa ricorso all'altra tecnica (fig. 08.09).
Talvolta s'incontra anche una variante semplificata dell'agemina. Il disegno viene segnato con un solo tratto di bulino e attraverso questo si incidono numerosi brevi tratti perpendicolari. È una tecnica molto grossolana e in genere è eseguita anche grossolanamente cosicché il filo, spesso d'ottone, rimanendo fissato in modo precario, si è staccato in molti degli esemplari noti. Questa tecnica è stata riscontrata solo in alcuni marchi di lame tedesche del XVI secolo (fig. 08.08).

Il *koftgari* e altre tecniche orientali

Su armi orientali abbiamo trovato diverse varianti del *koftgari,* cioè di quello che poco sopra abbiamo chiamato tausìa. Un'esatta assimilazione tra i due procedimenti, quindi, non è possibile, anche se il più diffuso (dall'area ottomana al Dagestan, alla Persia e all'India Settentrionale) resta quello descritto parlando appunto della tausìa.

Qualche canna turca di damasco saldato[19] porta motivi, assai rilevati, contornati a bulino e con i campi fittamente punteggiati, sui quali la foglia d'oro, abbastanza spessa, è stata poi applicata battendola con un minuscolo punteruolo e incidendo i particolari, per esempio le nervature delle foglie; i solchi laterali non sono riempiti, ma l'oro è cacciato molto a fondo. L'impressione è che la canna sia stata decorata *prima* della rifinitura del damasco, ossia prima di effettuare la morsura che ne rivela la struttura, e che dunque l'oro, inattaccabile dai comuni mordenti, abbia compiuto la funzione della vernice nell'acquaforte. Questa spiegazione non ci convince interamente e la presentiamo con molte riserve, ma dopo un attento esame a 40 ingrandimenti non ne troviamo un'altra. D'altra parte una canna di *tüfenk* (archibugio) ottomano in damasco saldato sembra essere stata decorata a rilievo con lo stesso procedimento con cui si è evidenziata, sempre a rilievo, la struttura del damasco (fig. 08.12).

Su un'altra canna di archibugio turco[20] della seconda metà del XVIII secolo, molto lussuoso, i motivi decorativi (foglie, palmette o simili) portano un tratto centrale di bulino, robusto e a sezione di V, e un tratteggio trasversale più leggero su tutta l'area da coprire. Questo modo di fissare l'oro sembra, però, molto debole poiché il pezzo esaminato ha perso tutto il metallo prezioso, pur essendo nel complesso molto ben conservato.

In numerosi Paesi mediorientali si pratica anche la vera agemina, con il filo affondato in un singolo solco (fig. 08.13). Ed esistono forme ibride, che hanno qualcosa dell'agemina e qualcosa della tausìa (fig. 08.14). Infine s'incontra anche una tecnica che potremmo dire di «agemina a risparmio» (fig. 08.15), in cui il motivo decorativo è risparmiato e resta di color acciaio, mentre i fondi sono ribassati a bulino e lasciati scabri: non possiamo escludere che si trattasse di smalto poiché, nel paio di esemplari che conosciamo, dell'oro non resta più traccia, ma la nostra opinione è che i fondi fossero realmente riempiti con oro e che questo sia stato sottratto già in passato poiché l'operazione era semplice (bastava un coltello aguzzo) e redditizia, dato il relativo spessore della foglia.

[19] Come, all'Armeria Reale di Torino, la carabina cat. M 146.
[20] Torino, Armeria Reale, archibugio cat. M 139.

Fig. 08.01

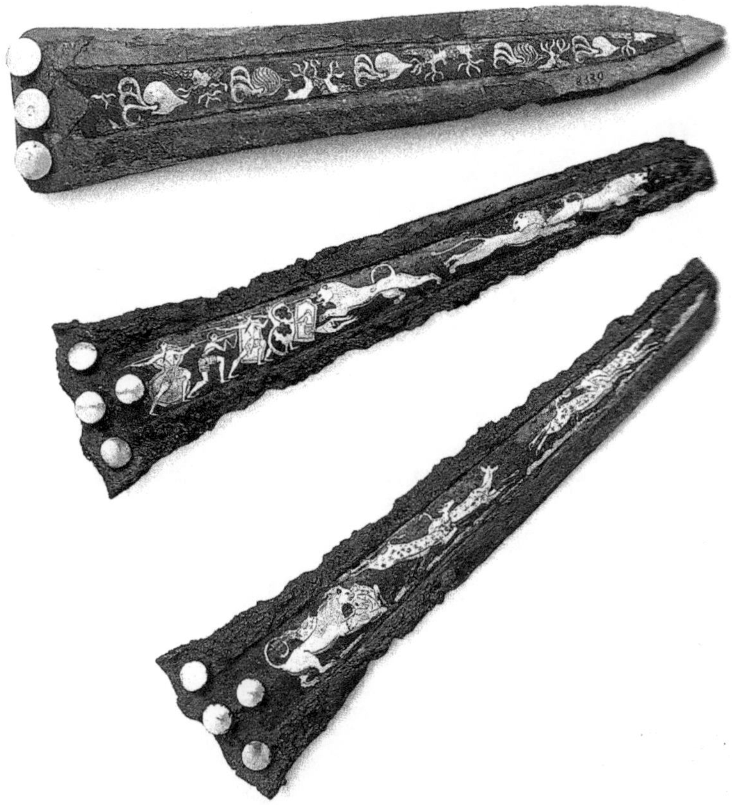

Tre ben noti pugnali micenei, XVI secolo a.C. Non sono stati esaminati direttamente, ma il tipo di disegno fa pensare che siano decorati con la tecnica che chiameremo tausìa: il metallo prezioso è applicato sul bronzo sottilmente inciso con tagli incrociati (Atene, Museo Nazionale)

Fig. 08.02

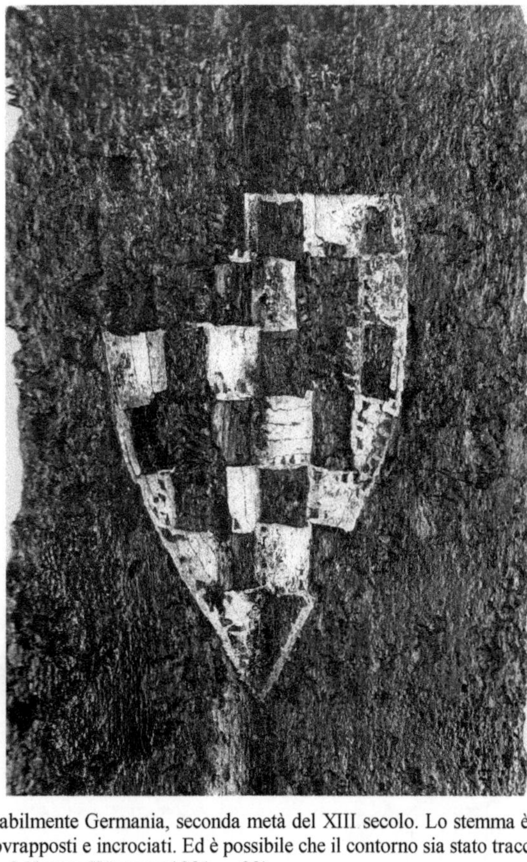

Particolare di lama di spada; probabilmente Germania, seconda metà del XIII secolo. Lo stemma è eseguito a tausìa, ma sembra che vi siano due strati di filo d'argento sovrapposti e incrociati. Ed è possibile che il contorno sia stato tracciato all'agemina, della quale forse si scorge il solco in qualche punto (da MÜLLER-KÖLLING 1981, n. 22)

Fig. 08.03

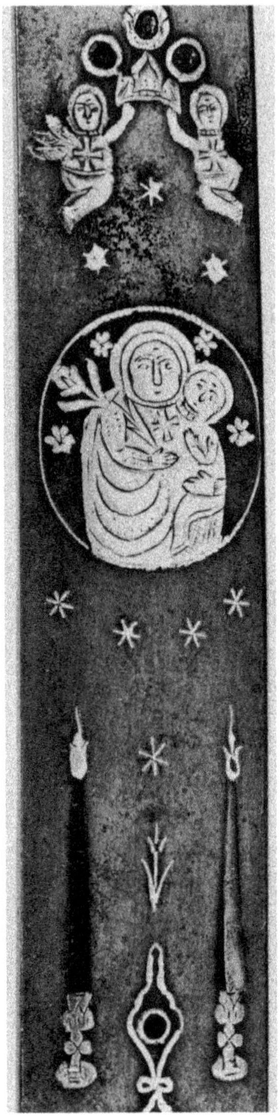

Particolare di una lama di sciabola appartenuta a Constantin Brancoveanu, principe di Valacchia; lama turca di damasco, tausia di Maestro greco ignoto, circa 1690-1710. La Madonna, gli angeli e altri particolari sono in oro, i ceri d'argento. Il cero di sinistra mostra l'intaglio incrociato sul quale era stato battuto l'argento in lamina molto pesante, ora perduto. I tre cerchietti sopra gli angeli e quello tra i due candelieri sono castoni d'oro che trattengono pietre rosse (Torino, Armeria Reale, G 350. Foto GD)

Fig. 08.04

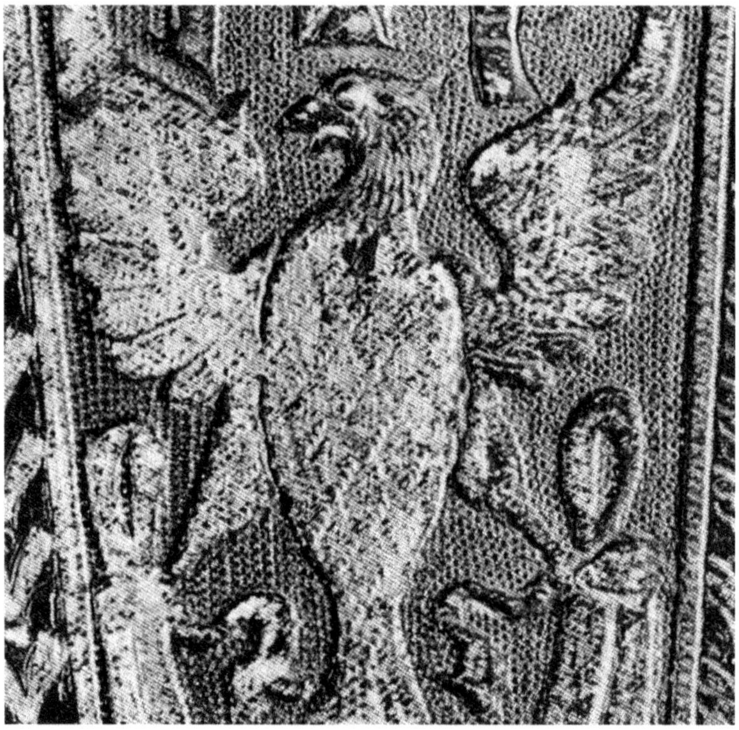

Particolare del petto di un corsaletto da barriera decorato a bulino, punzone e oro in foglia; Italia Settentrionale, forse Mantova, circa 1585. Sulle aquile e gli altri motivi, l'acciaio è stato intagliato con due o forse tre serie incrociate di sottili solchi paralleli e l'oro in foglia è stato compresso e lisciato con un brunitoio. Gli sfondi sono stati trattati con punzoni, che in questa lista hanno forma di cerchietti, in quelle alternate sono semplici punti (Torino, Armeria Reale, cat. C 23. Foto GD)

Fig. 08.05

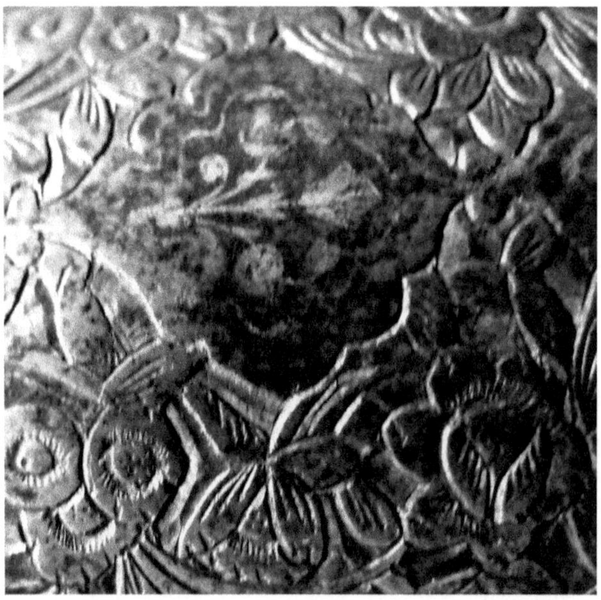

Particolare di *bazu-band* (bracciale); Persia, secolo XVIII. Porta una decorazione a bulino (piuttosto pesante e di qualità non straordinaria) e a *koftgari* tipico. I tratti di bulino mostrano le tipiche terminazioni a punta; del *koftgari* (piuttosto consumato) si distingue il sottile filo d'oro condotto avanti e indietro per coprire le aree un po' larghe (Collezione privata)

Fig. 08.06

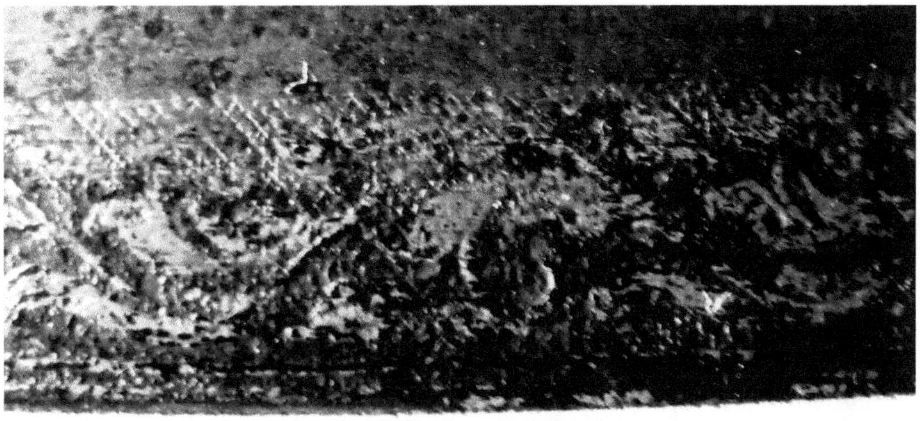

Particolare di spada cerimoniale; Siam, secolo XVIII o XIX. Della decorazione in argento a *koftgari* tipico che segue il dorso si vedono il sottile tratteggio incrociato e i fili, singoli per il tralcio, condotti avanti e indietro per creare le foglie, più larghe (Collezione privata)

Fig. 08.07

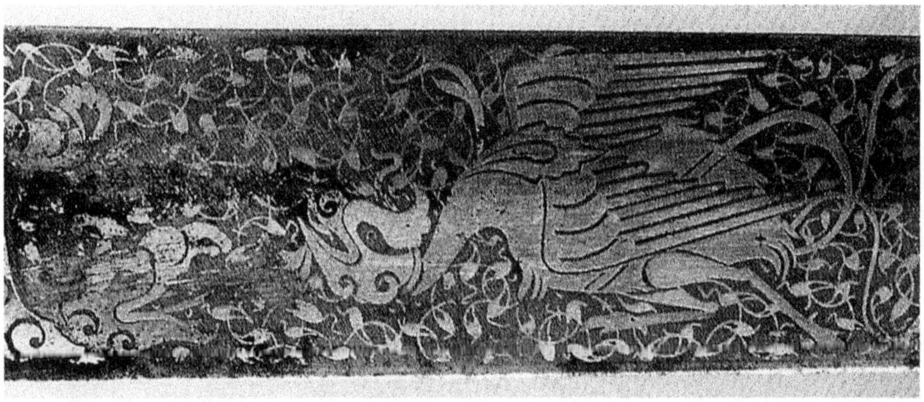

Particolare di lama di spada di acciaio *wootz* decorata da artefice forse persiano attivo a Istanbul, seconda metà del XVI secolo. La lotta fra un drago e un *simurgh* (fenice) è raffigurata a *koftgari* d'oro e d'argento in un viluppo di arabeschi fogliati. La qualità è altissima (Torino, Armeria Reale, cat. G 423. Foto Chomon Perino)

Fig. 08.08

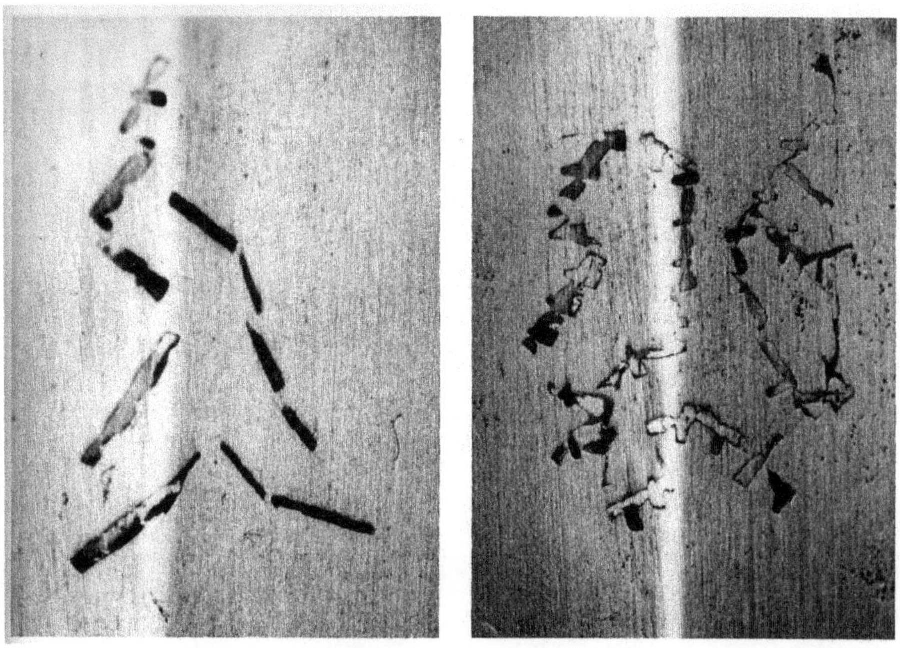

Particolari della lama di una spada da cavallo; Germania (Passau), circa 1530. L'esecuzione frettolosa e sommaria ha provocato il distacco di gran parte del filo d'ottone che in origine li riempiva. Si conoscono numerose lame con marchi eseguiti con questo mezzo (Vienna, Historisches Museum, Kat. 2/9/14; da DURIEGL 1986)

Fig. 08.09

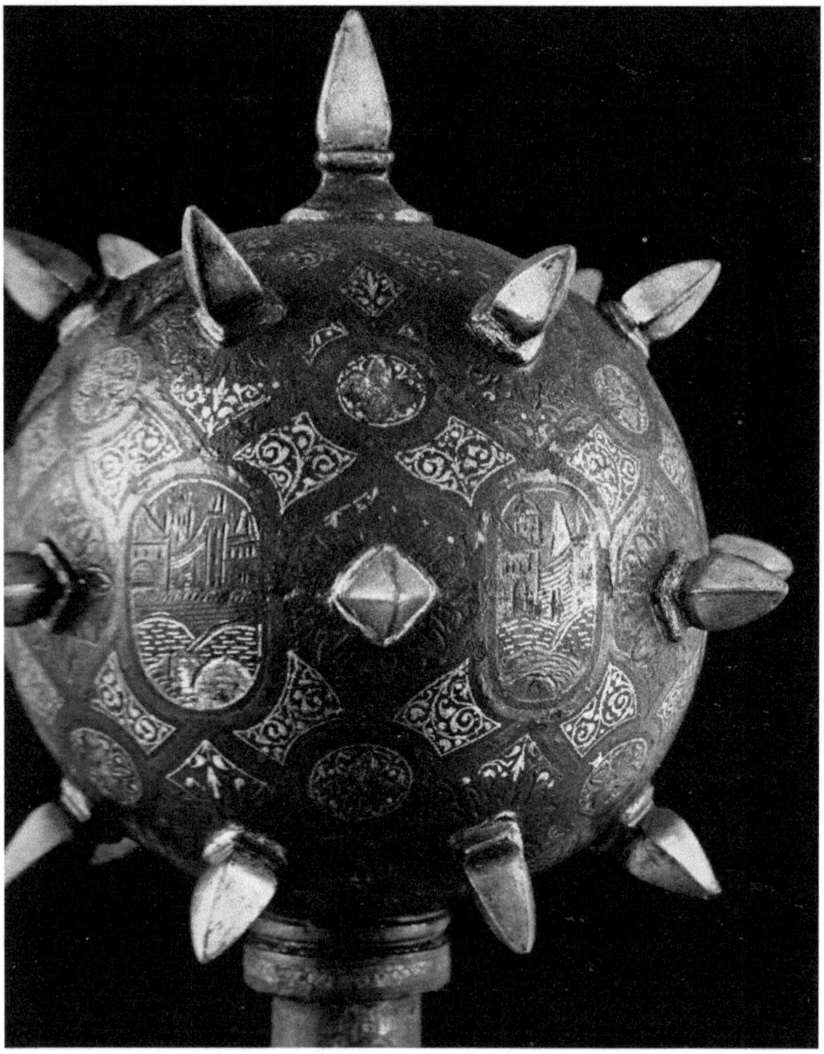

Testa di mazza di ferro; Milano, circa 1575. Nelle formelle è decorata in oro all'agemina e sono visibili, per effetto dei danni del tempo, i solchi che delineano i paesaggi architettonici, un tempo tutti raffigurati in metallo prezioso: il solco è unico, ma non molto profondo, e non pare intagliato a sottosquadro. Le piccole formelle a volute sono invece ottenute alla tausia. L'acciaio è bronzato e i brocchi sono dorati a fuoco (Torino, Armeria Reale, cat. I 35. Foto Chomon Perino)

Fig. 08.10

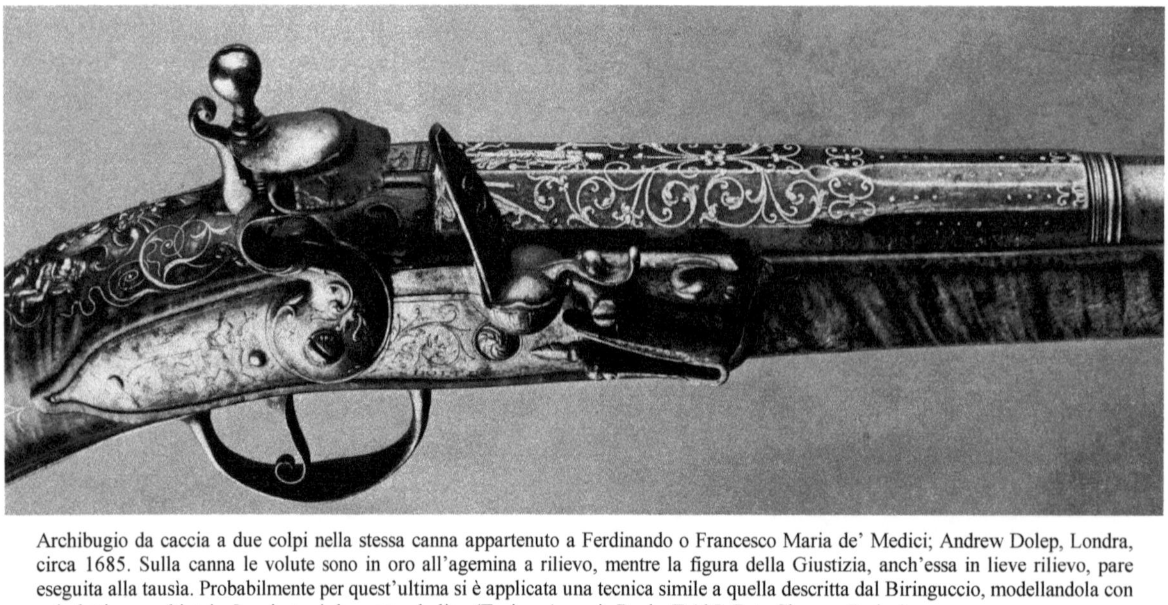

Archibugio da caccia a due colpi nella stessa canna appartenuto a Ferdinando o Francesco Maria de' Medici; Andrew Dolep, Londra, circa 1685. Sulla canna le volute sono in oro all'agemina a rilievo, mentre la figura della Giustizia, anch'essa in lieve rilievo, pare eseguita alla tausia. Probabilmente per quest'ultima si è applicata una tecnica simile a quella descritta dal Biringuccio, modellandola con «ciseletti» e raschiatoio. La piastra è decorata a bulino (Torino, Armeria Reale, T 105. Foto Chomon Perino)

Fig. 08.11

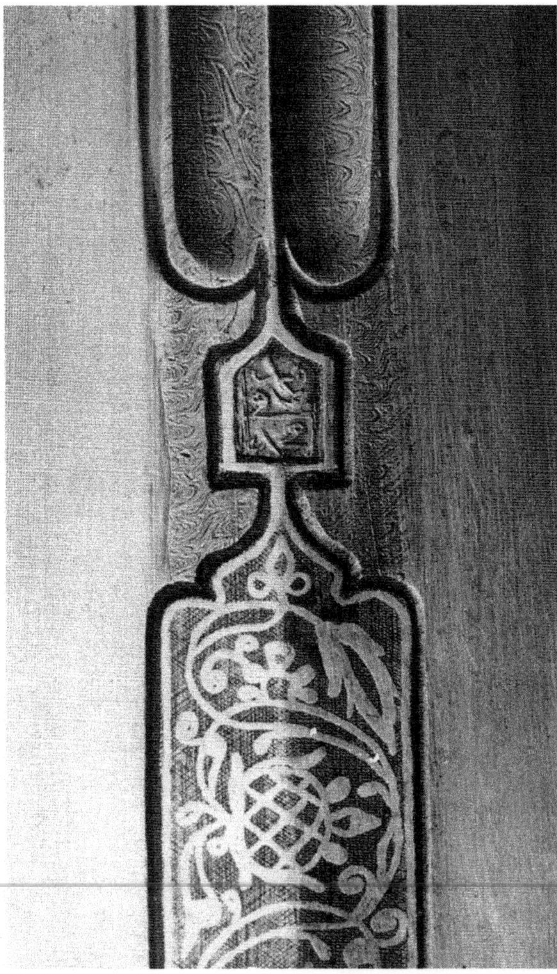

Particolare di una lama di *kama* (pugnale) greco o caucasico; XVIII secolo. Nella lista centrale si distingue la struttura del damasco saldato, obliterata dalla mola sui biselli di affilatura. Nella parte bassa l'arabesco è ottenuto col *koftgari* più tipico: su tre serie di solchi (una longitudinale e due diagonali), non cancellati da un buon trattamento finale col brunitoio, il sottile filo d'oro descrive il motivo ed è condotto avanti e indietro dove occorre coprire superfici appena un po' larghe (Torino, Armeria Reale, cat. H 170. Foto GD)

Fig. 08.12

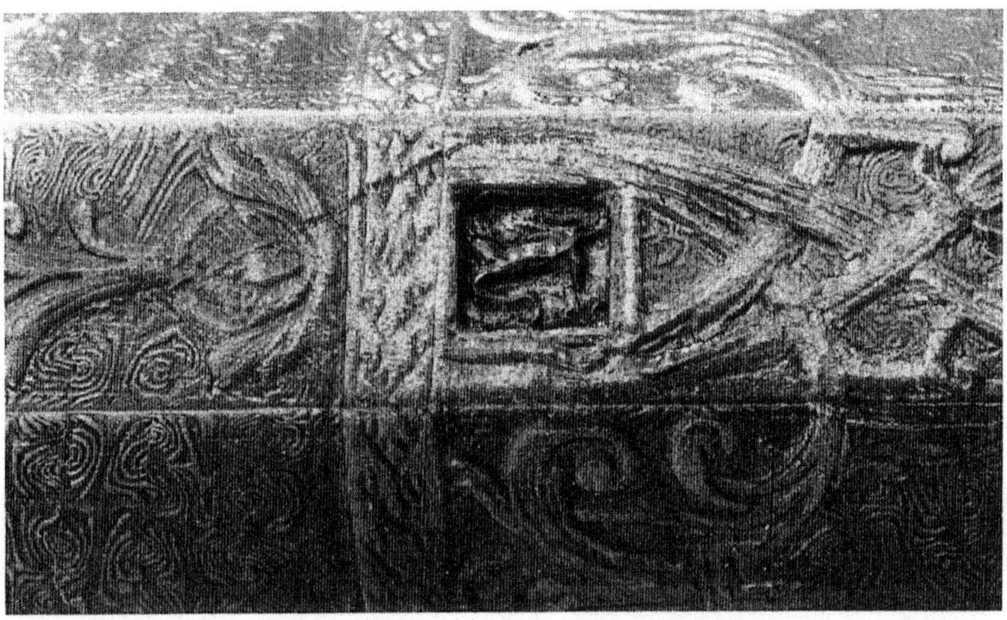

Particolare di canna di un *tüfenk* (archibugio) ottomano; secolo XIX. Sul fondo di damasco saldato, il motivo decorativo a rilievo potrebbe essere stato ottenuto con un processo simile all'acquaforte e con la stessa morsura che ha evidenziato il disegno del damasco. È in ogni caso un esempio di altissima maestria (Torino, Armeria Reale, cat. M 187. Foto GD)

Fig. 08.13

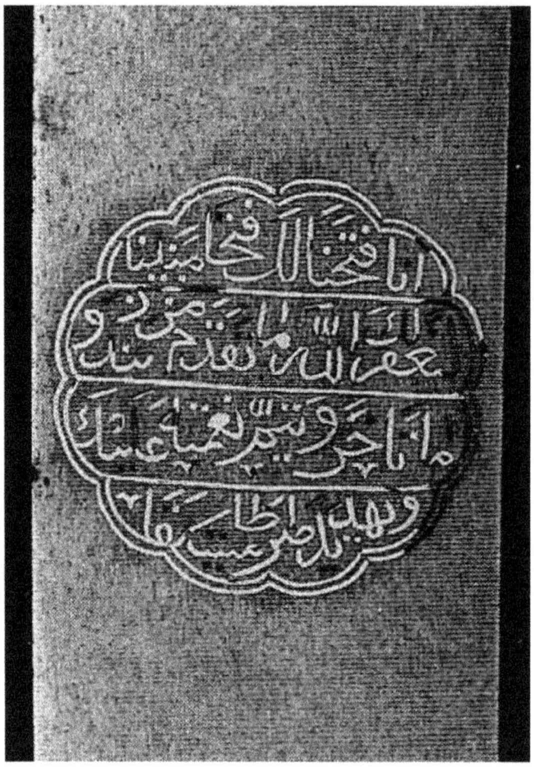

Particolare di lama persiana di *shamshir* (sciabola), XVIII secolo (?). Nel durissimo acciaio *wootz* il bulino ha tracciato solchi di sezione triangolare, i più semplici, e in ciascuno di essi è stato inserito un singolo filo d'oro molto sottile che, non trattenuto molto saldamente, in alcuni punti si è staccato (Torino, Armeria Reale, cat. G 318. Foto Chomon Perino)

Fig. 08.14

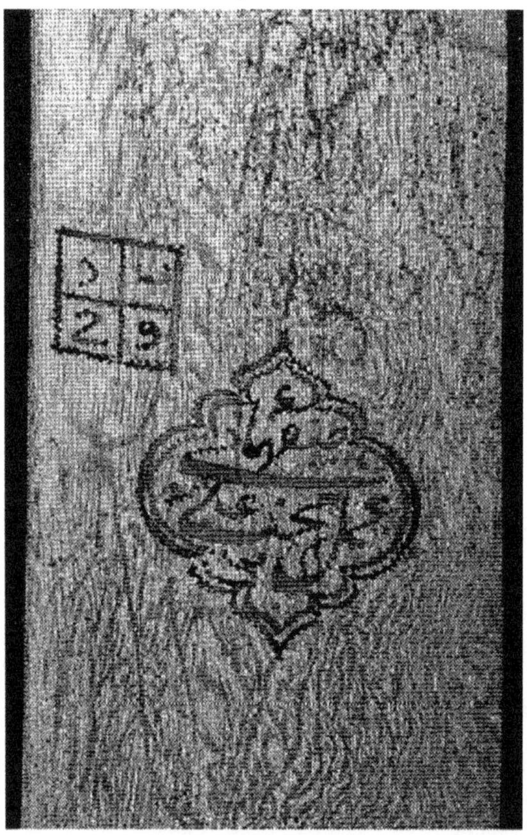

Particolare di lama, probabilmente persiana, di una sciabola tatara, XVIII secolo (?). Sull'acciaio *wootz* la decorazione è ottenuta con una tecnica ibrida tra l'agemina e il *koftgari:* il solco procede a zig-zag e più o meno profondo, così che l'esilissimo strato d'oro è ancorato solo per punti (Torino, Armeria Reale, cat. G 303. Foto Chomon Perino)

Fig. 08.15

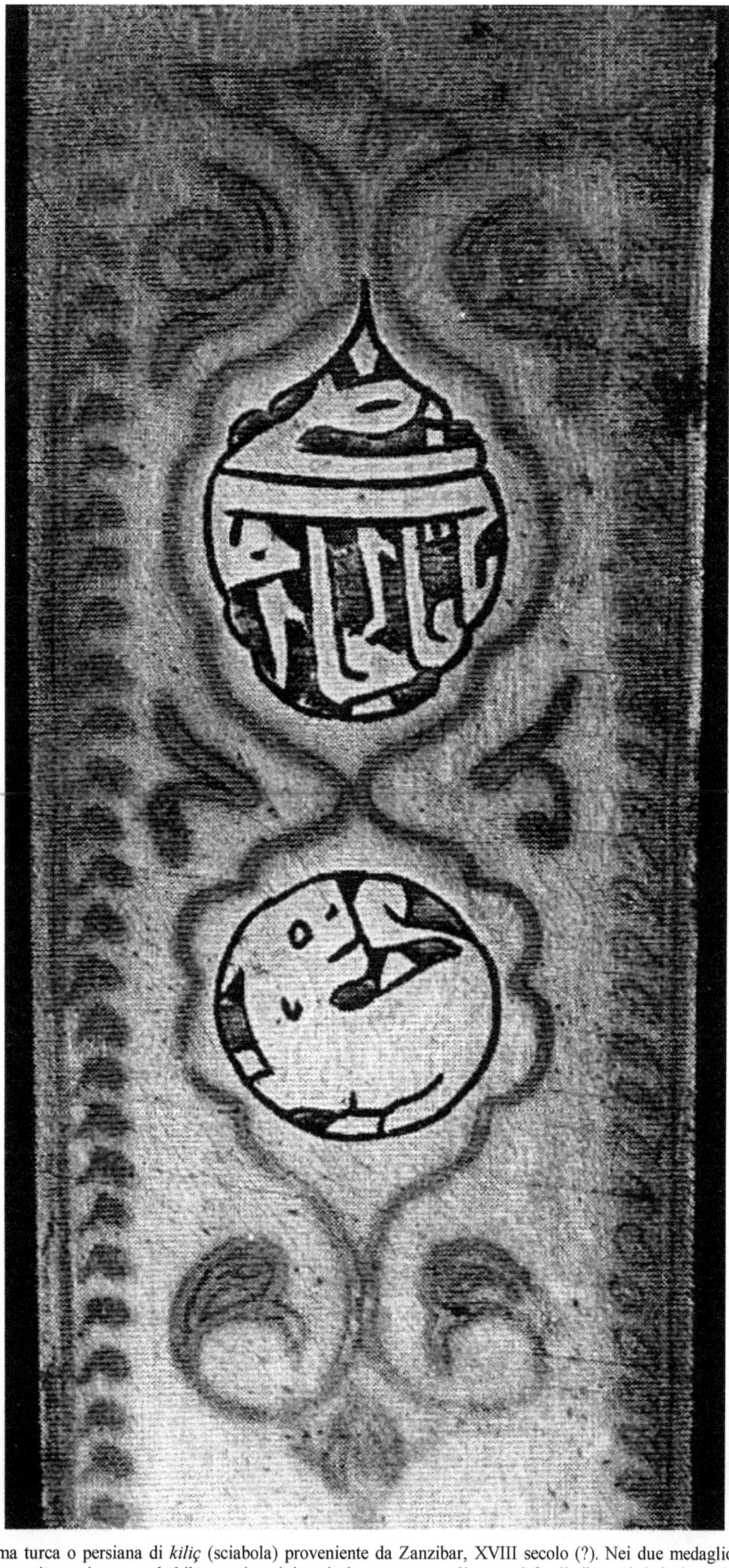

Particolare di lama turca o persiana di *kiliç* (sciabola) proveniente da Zanzibar, XVIII secolo (?). Nei due medaglioni la scritta e la figura di leone sono risparmiate e probabilmente in origine risaltavano contro l'oro: sui fondi ribassati, infatti, i colpi di bulino sono grossolani e irregolari, forse per dare una presa migliore alla foglia di metallo prezioso, piuttosto spessa. Le cornici e le volute sono a *koftgari* (Torino, Armeria Reale, cat. U 5. Foto Chomon Perino)

CAPITOLO 9

La Doratura a Fuoco

Rispetto all'oro applicato meccanicamente con agemina e tausìa, la doratura che viene detta a fuoco è un po' meno brillante. In parte questo dipende dalla minor purezza dell'oro, in parte dal grado di rifinitura del ferro sottostante. Questo è molto elevato sulle parti forbite, mentre è abbastanza basso, in particolare, sui pezzi decorati all'acquaforte nei quali, come si è visto, spesso i motivi risparmiati risaltano sui fondi abbassati e resi scabri dalla morsura, fondi che vengono appunto dorati. L'oro a foglia, poi, è anche rifinito col brunitoio d'acciaio o di agata, che lo lucida. Con il che si ritrova un argomento d'importanza non secondaria: accanto allo sfruttamento dei valori cromatici, il gioco dei lucidi e degli opachi. Lo si era visto negli oggetti a cesello con l'uso dei *camosci,* dei *ferri a pelle* e di strumenti simili, e in qualche altro pezzo con l'applicazione di punzoni fitti e delicati. Nel supporre che anche per le dorature valgano criteri verificati nel cesello, si corre naturalmente il rischio di attribuire ai committenti, prima ancora che agli artefici, una ricerca di effetti che forse esulavano dal gusto del tempo. In un'epoca in cui ne circolava tanto poco, l'oro, in primo luogo, importava in sé: lucido o meno lucido, occorreva che ci fosse, e che fosse abbondante, o almeno che apparisse tale. E infatti sono frequenti le ricette e gl'insegnamenti non proprio per imitarlo, ma per «moltiplicarlo», ricoprendone argento, rame e filo di lino tinto con lo zafferano, cosa che «se non si fa in questa arte per fraude, è cosa bella & di grande consideratione», come avverte pudicamente il Biringuccio.

Richiedendo un'attività manuale molto minore per quantità e meno raffinata di quanto non vogliano agemina e tausìa, la doratura a fuoco si adatta a tutte le superfici, per ampie che siano. Il rovescio della medaglia è la necessità di servirsi dell'amalgama d'oro, cioè della lega d'oro e mercurio, e questo «argento vivo» nel corso dell'opera-zione, che avviene a caldo, sprigiona vapori che hanno effetti terribili sul fisico degli artefici. La cosa era ben nota già al Monaco Teofilo, mentre più tardi il Cellini[1] dice che

> [...] lo argento vivo è un veleno smisurato il quale guasta gli uomini talmente che pochi anni servono a questa proffessione e ad altro [...]

Per proteggersi in qualche modo, i doratori a fuoco usavano

> [...] in lavorando [...] una sorta di berretta chiamata buffa, con cui resta loro coperto tutto il capo, il collo, la gola, il mento, le gote e le narici [...],

ma, com'è chiaro, era un ben misero rimedio[2].

Trascurando il mondo antico, s'incontrano ricette per dorare almeno a partire dal tempo del solito Monaco Teofilo, ossia dal XII secolo, e poi in svariati ricettari medievali. In sintesi, tutte queste ricette prescrivono di trattare il metallo da dorare con qualche specie di «acqua», stendervi del mercurio e applicarvi poi sopra una foglia d'oro. In questo modo si mira a legare il mercurio sia col metallo di base che con l'oro, che così resta fissato. La ricetta di Teofilo[3] per tracciare lettere dorate sul rame è un po' troppo sintetica

> Quando avrai raschiato diligentemente la lamina [di rame], subito coprila con il preparato di tartaro delle botti e con argento vivo e dorala e, una volta dorata, non raffreddarla nell'acqua, ma lascia che si raffreddi da sola

Un po' più esauriente è la ricetta per dorare l'argento[4]. L'amalgama d'oro si prepara in vari modi, il più semplice dei quali consiste nel porre l'oro a pezzi minuti insieme al mercurio in un recipiente di terracotta rovente, agitandolo poi con l'aiuto di un paio di tenaglie. Quando l'amalgama sia del tutto liquido, lo si butta in acqua, lo si lava e lo si fa asciugare. Occorre poi una specie di piccola spatola di rame, strofinata con mercurio finché non appaia bianca. A parte, l'acqua nella quale si è lavato l'amalgama si usa per preparare una soluzione di una parte di tartaro delle botti e un terzo di parte di sale, a cui si aggiunge un po' di mercurio. Con un tampone e con pennelli o spazzole bagnati con questo preparato e col mercurio che ci si è messo, si strofina energicamente l'oggetto d'argento. Si taglia l'amalgama a piccoli pezzetti, con la spatolina di rame lo si pone sopra l'oggetto, lo si pareggia con un pennello bagnato e, tenendo con pinze protette con panno, si pone sul fuoco. Si ripete l'operazione due o tre volte, sempre strofinando con una spazzola, lucidando poi e lavando alla fine. Le restanti tracce di mercurio si eliminano con un ultimo riscaldamento, che fa apparire il colore giallo dell'oro.

---

[1] CELLINI *Oreficeria,* XXV. Il Monaco Teofilo, invece, raccomandava di non operare dorature a digiuno poiché *foetor vivi argenti magnum periculum est ieiuno stomacho et infirmitates diversas generat,* contro le quali infermità si dovevano prendere *ziduar,* bacche di lauro, pepe, aglio e vino; TEOFILO 1140, l. III, cap. XXXVII.

[2] BALDINUCCI 1681, alla voce *Dorare a fuoco.*

[3] TEOFILO 1140, l. III, cap. LXXI:
Quomodo denigretur cuprum: «*Cum vero lamina diligenter rasa fuerit, statim invivabis eam cum confectione vinicei lapidis et vivo argento, et mox deaurabis, deauratamque non extingues in aqua, sed per se refrigerabitur*

[4] TEOFILO 1140, l. III, cap. XXXVIII, *De invivandis et deaurandis auriculis.* È curioso osservare come il termine latino *invivare,* con significato di «rivestire, coprire», si conservi poi anche in italiano: il Cellini per quell'operazione si serve di una piccola spatola che chiama *avvivatoio.*

Il mercurio, però, mentre si amalgama facilmente con rame e argento, non altrettanto fa col ferro. Prima bisogna, dunque, deporvi qualcosa che faccia da legame tra questo e il mercurio. A questo appunto servono le «acque» più o meno complicate che compaiono nelle ricette per dorare il ferro. Il cosiddetto *Manoscritto veneziano*, vasto ricettario composto tra il 1424 e il 1456, contiene non meno di nove ricette per questo scopo[5]. La più semplice è composta di 6 once di allume di rocca, 6 once di verderame, e di sale comune «più cha tute li altre chosse», bolliti in una quantità non precisata di «aqua piuvialle o de fiume o de zesterna» finché si riduca alla metà. Le altre arrivano ad avere fino a sette componenti; l'allume compare in tutte, il verderame in sette di esse. Una delle più complesse è costituita da

> [...] lume de roça oz. 2, sale chomune oz. 1, taxo [tartaro] de vino oz. ½, verderame quarto 1, orpimento quarto 1, vedriolo romano oz. 1, sal armoniago oz. 1, e vole esser piste ogni chossa setilmente e mitela a bolire in 3 bochali de aqua e fa che la romagna el terzo [ne rimanga un terzo] e possa [poscia] l'adrova [adoperala] ed è perfeta. Provada da Mengo da li Arme

Se questo maestro Mengo (Domenico?) fosse realmente legato al mondo della produzione di armi o se si trattasse di un soprannome casuale non sappiamo, ed è difficile appurarlo, dal momento che non è noto neanche in quale città dell'Italia Settentrionale le varie ricette siano state raccolte, cosicché non possiamo neanche dire con certezza se la ricetta servisse per dorare armi.

Generalmente il procedimento per comporre le «acque» è semplice: i componenti macinati vengono sciolti in acqua (in un paio di casi in aceto) e bolliti; in un paio di casi vengono distillati. L'uso di antiche ricette come queste si protrae a lungo e anche il Biringuccio[6] rivela un simile

> [...] secreto di fare per virtù d'unaltra acqua fatta di verderame & tartaro [delle botti] & sal comuno bagnato el ferro che volete dorare o tutto o parte, & dipoi rasciutto & di nuovo così caldetto ribagnato, fa che piglia el mercurio sopra al quale fregato la malgama de l'oro o messo con pannelle [ossia foglie], resta dorato

Il Cellini, però, non condivide questo procedimento. Secondo lui,

> [...] quantunque molti usino ciò fare con l'argento vivo stesso, e di poi vi distendano sopra l'oro macinato [cioè in foglia], non perciò è da seguitare tal modo; perciocché il troppo argento vivo, che di necessità vi si pone, toglie il colore e la bellezza all'oro [...]

Egli prescrive[7] invece di usare l'amalgama d'oro e ne descrive la preparazione. Preso dell'oro a ventiquattro carati, ossia perfettamente puro, lo si batte con incudine e martello puliti fino allo spessore di un foglio di carta da scrivere, con «un paio di forbice che taglino bene» lo si riduce a pezzetti e lo si mescola con otto volte tanto (in peso) di mercurio, o poco meno. Nel frattempo si mette un crogiolo nuovo da orefice su braci non troppo vive evitando di usare mantici e, quando il crogiolo sia rosso, vi si versano il mercurio e l'oro mescolati. Tenendo il crogiolo con una pinza, con un'altra si mescola

> [...] avendo preso un carboncino acceso lunghetto, capace a poter mescolare detto argento vivo e oro insieme, e con l'occhio e con la discrezione della mana sentirai e vedrai che il tuo oro sarà disfatto, e unito con lo argento vivo [...]

Ottenuta la consistenza di una pasta, si versa l'amalgama caldo in un recipiente pieno di acqua fresca e lo si lava cambiando ripetute volte l'acqua (che dev'essere «nettissima»). A parte, il pezzo da dorare è stato pulito e strofinato con una «grattapugia»,

> [...] le qual grattapuge si fanno di fila di ottone, il quale è grosso quanto un fil di refe da cucire, e fassi un volume grosso quanto un dito di un uomo, e più e manco secondo l'opera che tu vuoi grattapugiare, e questo si lega medesimamente con filo di ottone o di rame assai più grosso [...]

Strofinate dunque le parti da dorare mediante questa grattapugia, vi si distende «l'oro macinato» servendosi di un *avvivatoio,* «verghettina di rame [con manico ...] della grossezza e lunghezza di una forchetta da mangiare a tavola»: in sostanza una piccola spatola come quella descritta dal Monaco Teofilo (che anch'egli aveva parlato della spazzolina qui chiamata grattapugia). Infine «si rasciuga tanto che lo argento vivo, per virtù di un dolce fuoco, tutto se ne va in fummo». Si controlla il pezzo e, mentre è ancora caldo, si possono correggere le manchevolezze.

Sulle armature la doratura a fuoco è generalmente associata all'acquaforte, mentre su altre armi (bianche, da fuoco) la si trova anche unita a lavori di bulino e persino a sculture a rilievo o a tutto tondo. La si trova anche su poche, sontuose armi d'asta di guardie personali, in Germania e altrove, tra le quali spiccano le partigiane delle guardie di Luigi XIV di Francia. L'opportunità di valorizzare l'oro consiglia di accostarlo non solo all'acciaio forbito, ma anche a qualche coloritura di esso, coloritura che può andare dal bronzo pacato all'azzurro smagliante all'azzurro acqua tipico della Scuola di Monaco[8] degli ultimi anni del Cinquecento e della prima metà del Seicento, fino al nero.

Una tecnica decorativa[9] che con i metodi della doratura a fuoco dà però risultati in qualche modo analoghi a quelli dell'agemina è il *Goldschmelz*, o «smalto d'oro», così chiamato per il fatto che il metallo nobile viene incassato nel metallo di base quasi come uno smalto *champlevé.* Su armature e armi bianche lo si trova documentato nei Paesi tedeschi (in Italia non ne abbiamo notizia) tra l'ultimo decennio del Quattrocento e il 1530 circa, mentre su armi da fuoco e lame di spade compare ancora nel XVIII secolo. Il *Goldschmelz* richiede però una notevole quantità d'oro, cosicché non si estende mai su superfici molto ampie; in compenso consente l'esecuzione di disegni assai minuziosi e ricchi di particolari. Le parti (su-

[5] TOSATTI 1991: ricette p. 112, n. 31 e 32; p. 127, n. 193A; p. 131, n. 225; p. 133, n. 247; p. 134, n. 251; p. 135, n. 263; p. 213, n. 604; p. 237, n. 675. Inoltre un paio di ricette per «dorare senza oro»: p. 135, n. 260 e 261.

[6] BIRINGUCCIO, c. 137 v.

[7] CELLINI *Oreficeria*, XXVI, *Modo di dorare.*

[8] Torino, Armeria Reale, catalogo M 9, M 10, M 11, M 12, pistole N 27/28 e corrispondenti accessori N'12 ecc.

[9] THOMAS-GAMBER 1957.

perfici o linee) da dorare sarebbero abbassate all'acquaforte, le cavità ottenute sono ramate, riempite con amalgama d'oro e riscaldate come nella doratura ordinaria. Data la notevole riduzione del volume dell'amalgama per via dell'evaporazione del mercurio, generalmente è necessario ripetere l'operazione anche più volte, così che alla fine l'oro riempia interamente le cavità fino al livello della superficie primitiva. A questo punto si spiana e lucida perfettamente con i metodi soliti. Con questa tecnica è decorata la lama dell'*Hi-schfänger* (spada a un taglio)[10] di Massimiliano I, fatta nel 1496 da Hans Sumersperger, di Hall in Tirolo. Un processo così costoso non può, però, avere grande diffusione e neanche si adatta alle vaste superfici delle armature. Decade, dunque, rapidamente anche in ambito tedesco e dopo il primo terzo del XVI secolo viene sostituito dall'ordinaria doratura a fuoco stesa sui motivi incisi all'acquaforte.

La descrizione del modo di esecuzione del *Goldschmelz* fornita sopra non ci convince interamente, data la presenza dell'acquaforte. Secondo altri studiosi[11], infatti, l'ac-quaforte si userebbe nei Paesi tedeschi solo a partire da un po' più tardi e vi sarebbe importata dall'Italia, come si è detto. Vista la modesta estensione di queste decorazioni, gl'incavi potrebbero anche essere eseguiti col bulino (come si trova su certe lame orientali già descritte), tecnica che spiegherebbe anche meglio la precisione di questi lavori: vent'anni dopo il Dürer non sarà soddisfatto dei suoi tentativi di incidere all'acquaforte sul ferro. Non sia-mo però in grado di prendere una posizione netta: occorrono ulteriori studi sugli oggetti così decorati, peraltro piuttosto rari.

Nel generale decadere dell'armatura che si ha nel Seicento anche la doratura sull'acciaio scade di qualità. Avviene per l'acquaforte, come si è detto, e il connubio tra queste due tecniche, che nel secolo precedente ha dato risultati talvolta straordinari, scade ovviamente anch'esso. Verso la metà del secolo i tratti dell'acquaforte sono sommari e approssimativi, già lo si è detto, e la doratura spesso ne sconfina. Ormai non si seguono più direttive come quelle del Cellini, ma ci si limita a spalmare un po' di amalgama mediante un pennello: è ciò che in tedesco si dice *Malergold*, ossia «oro dipinto», che si trova anche fuori dai Paesi tedeschi. Un paio di corsaletti da mare italiani[12] del 1640-1650 circa possono essere un esempio per quest'epoca, e una dimostrazione del decadimento tecnico di cui si diceva.

Questa doratura a pennello si diffonde però in altri ambiti e ancora nel XX secolo la s'incontrerà sulle lame, spesso associata all'acquaforte. I risultati saranno generalmente modesti, ma nel XIX secolo alcuni artisti di vaglia, ben in possesso di questa e di altre tecniche, produrranno esemplari di pregio non comune, come il russo Ivan Bushuiev[13], già citato, circa del 1820-1830, e alcuni altri.

[10] Vienna, Hofjagd- und Rüstkammer, catalogo D 11.
[11] MANN 1940, e soprattutto POST 1957.
[12] Torino, Armeria Reale, catalogo C 38 e C 80.
[13] Torino, Armeria Reale, fodero della daga da caccia a forma di yatagan, catalogo H 229.

Fig. 09.01

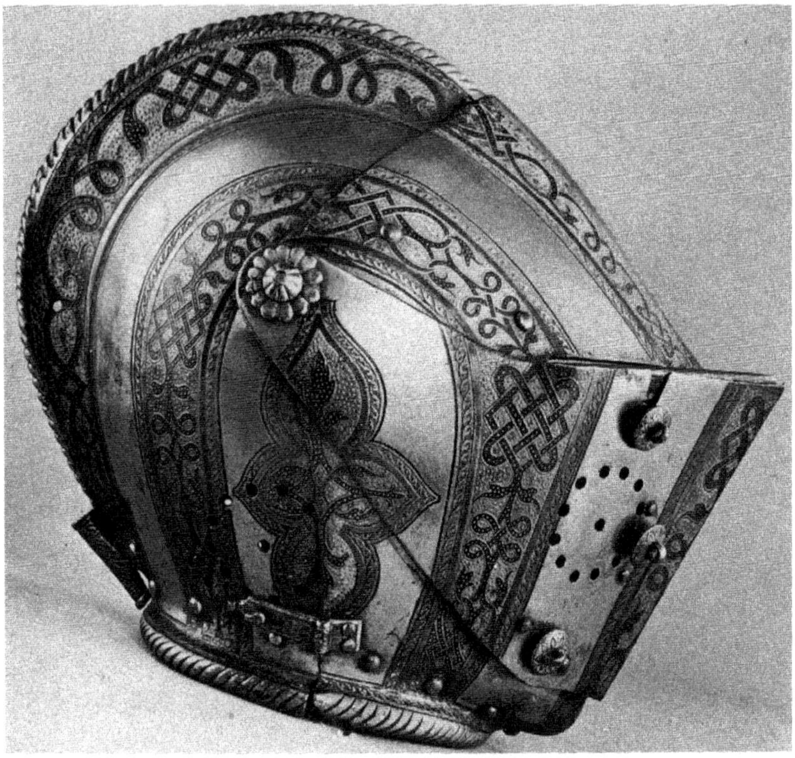

Elmetto da giostra, da una guarnitura d'armature appartenuta a Emanuele Filiberto di Savoia; Milano, circa 1550-1560. Le liste e le altre decorazioni all'acquaforte hanno fondi ribassati, punteggiati e dorati a fuoco, che contrastano col metallo forbito e coi motivi a nastro, che invece sono anneriti e portano punti color acciaio (Torino, Armeria Reale, cat. E 12. Foto Chomon Perino)

Fig. 09.02

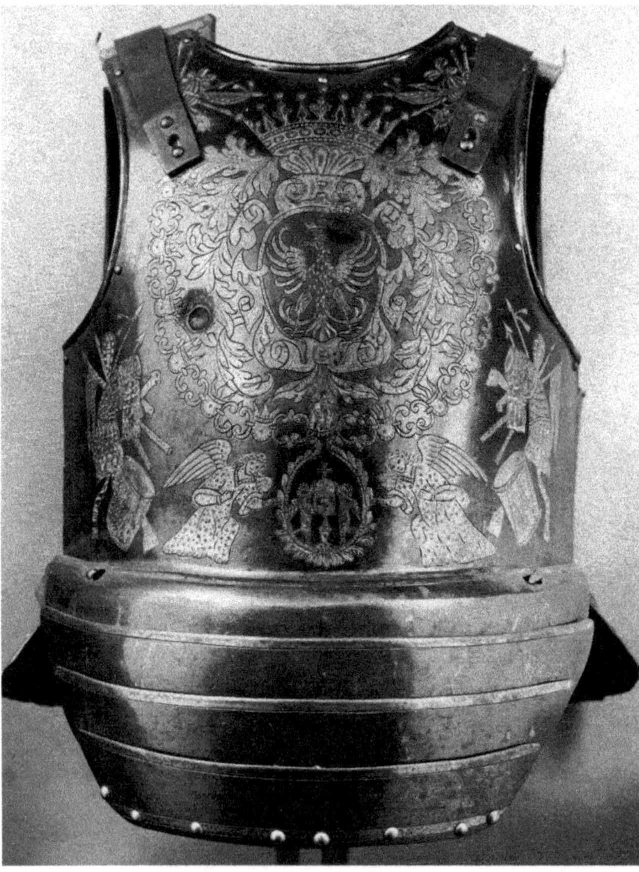

Corsaletto da mare appartenuto al conte Pietro Antonio Martinengo, di Brescia; Brescia, circa 1645-1650. L'incisione è grossolana sia nel disegno, sia nell'esecuzione, e la doratura in alcuni punti sconfina. La suntuosità, tuttavia, rimane ancora poiché quest'oro risalta moltissimo contro l'azzurratura scura delle altre superfici (Torino, Armeria Reale, C 80. Foto Chomon Perino)

CAPITOLO 10

La Verniciatura

Le vernici in generale

Il trattamento di una superficie qualunque può avere vari scopi: può limitarsi a proteggerla, può decorarla, o può fare le due cose insieme. Una vernice come la intendiamo ora nel parlare comune, ossia un materiale che, liquido al momento dell'applicazione, indurisce fino a formare sulle superfici una pellicola colorata solida, continua e aderente, sembrerebbe il mezzo più semplice per ottenere ambedue gli scopi. Questa valutazione dipende dalla dimestichezza che abbiamo con prodotti che si distendono facilmente con un pennello o altrimenti e che rapidamente asciugano, fornendo una decorazione e anche una protezione stabile, resistente e di ogni desiderabile colore. Pitture con queste caratteristiche non sono propriamente recenti, ma non è neanche vero che sono sempre esistite, anzi, la creazione di esse fu laboriosa e lunga. Nel-l'antichità fusioni di cere e resine con l'aggiunta di pigmenti, del tipo dell'encausto, applicate a caldo col pennello, venivano usate sia per scopi tecnici, per esempio per verniciare navi, sia per opere d'arte, per esempio per colorare statue. Vernici in qualche modo simili alle nostre vengono ideate nel Medioevo e si perfezionano, pare, prima del 1350.

Secondo alcuni linguisti il termine «vernice» deriverebbe da Berenice, città della Cirenaica da cui il prodotto sarebbe stato importato; secondo altri verrebbe dal greco *berenìke* o *beronìke* (*verenìche, veronìche* nella pronuncia bizantina), parola che indicava un albero resinoso e forse la sua stessa resina; da cui *veronìce*, «resina», nel latino dell'VIII secolo. Le resine, e una di esse in particolare, come si dirà, divennero componenti tanto importanti delle vernici da trasferire a queste anche il nome. Prima del 1294, Brunetto Latini già usa il termine col nostro significato, però ancora nelle ricette del XV e XVI secolo lo si trova nei due sensi: «A fare vernixe liquida: to' [togli, prendi] vernixe salda [solida] ecc.» secondo il *Manoscritto Veneziano*[1] del 1424-1456.

Al momento dell'applicazione le vernici sono liquide (più o meno dense) e la solidificazione avviene per evaporazione di componenti volatili o per trasformazione chimica dovuta, tra l'altro, all'ossigeno dell'aria; più spesso per evaporazione, ossidazione e polimerizzazione combinate. Il calore, dunque, accelera il processo, ma non lo determina e i prodotti che agiscono come solventi o diluenti sulla vernice fresca, possono non avere alcun effetto sulla vernice secca. Nella sua forma più elementare una vernice di solito è trasparente o quasi, incolore o debolmente colorata, e dunque assolve essenzialmente funzioni protettive. Per averne anche un effetto decorativo occorre aggiungere qualcosa di colorato, generalmente dei pigmenti. Nel secolo VIII la resina, che è trasparente e giallastra, viene usata per dare un colore dorato alle foglie di stagno, avendone una specie di similoro. Non sappiamo come venga usata e dunque non possiamo dire se questo possa già dirsi l'inizio delle vernici moderne. Prima del Trecento, però, è pratica diffusa il coprire i dipinti a tempera con una vernice trasparente di questo tipo per proteggerli e renderli brillanti. L'uso continua e il quattrocentesco *Manoscritto veneziano*[2], già citato, insegna «a fare vernice da depinturi e da balestre». Nel Cinquecento il Cellini[3], nel parlare dell'acquaforte cita una «vernice ordinaria, ciò è di quella che si vernicia i fornimenti da spada e altri ferri». Vernici a base di resina si usano dunque su vari oggetti anche metallici, in particolare sulle armi, probabilmente anche su qualche arma difensiva, appunto per proteggere il metallo e per conservarne ed esaltarne la lucentezza; sulle armature l'uso di esse è più delicato, poiché il reciproco movimento dei pezzi le abrade rapidamente in molti punti, ma non vi sono motivi intrinseci che lo vietino.

L'aggiunta di pigmenti e l'ideazione di una vernice molto simile a quelle che conosciamo noi, avviene però certamente non più tardi dell'inizio del XII secolo, poiché tra il 1110 e il 1140 il Monaco Teofilo prescrive:

> Se vuoi dipingere di rosso delle porte, prendi dell'olio di lino, che puoi preparare in questo modo. Prendi del seme di lino e seccalo in una padella sul fuoco senz'acqua. Poi mettilo in un mortaio e pestalo fino a ridurlo in polvere finissima, rimetti in padella e, con l'aggiunta di un po' d'acqua, scalda forte. Avvolgi poi [la farina di lino] in un panno nuovo e mettila sotto il torchio col quale d'abitudine si spremono le olive, le noci e i papaveri, così da spremerla allo stesso modo. Con quest'olio tempera [stempera] del minio o del cinabro su una pietra senz'acqua, stendilo con un pennello sulle porte o le tavole che vuoi colorare di rosso e fa asciugare al sole. Stendine un'altra mano e fa asciugare di nuovo. Alla fine, copri il tutto con una mano della sostanza appiccicosa chiamata *vernition*, che si fa come segue. Metti dell'olio di lino in un vasetto nuovo e aggiungi quella *gummi* che è detta *fornis* [cioè sandracca, una resina] macinata finemente. Questa ha l'aspetto di incenso lucidissimo, ma quando si spezza dà un brillio ancora più lucente. Metti il tutto sui carboni e cuoci diligentemente in modo che non bolla, finché sia ridotto di un terzo, e fa attenzione alla fiamma, poiché è abbastanza pericoloso e, se s'incendia, si spegne con difficoltà. Tutte le pitture coperte con questa vernice diventano lucide e decorative e perfettamente durevoli. La stessa cosa [si può fare anche] in un altro modo. Prendi quattro sassi che sopportino il fuoco senza rompersi e mettici sopra un recipiente di terracotta robusto; mettici dentro la suddetta *gummi fornis* (che i Romani chiamano *glassa*) e sulla bocca del

[1] TOSATTI 1991, p. 191, n. 495.

[2] TOSATTI 1991, p. 243.

[3] CELLINI *Oreficeria*, XXXIV.

vaso metti un vasetto più piccolo, che abbia nel fondo un piccolo buco, poi sigilla con luto la fessura tra i due vasi, in modo che non ne esca neanche un soffio. Accendi un fuoco sotto il vaso più grande e fa attenzione, finché la gomma non sia fusa. Procurati anche un ferro sottile provvisto di manico, col quale poter mescolare la gomma e sentire quando è interamente liquefatta. Lì accanto sui carboni devi avere anche un terzo recipiente, nel quale tener caldo l'olio di lino; e appena la gomma sia diventata liquida, al punto che estraendo il ferro si tiri dietro una specie di filo, aggiungici l'olio caldo e mescola col ferro, e così cuocili insieme senza che bollano, e di tanto in tanto estraine un po' col ferro e mettilo su un legno o su un sasso per controllarne la densità. E abbi cura che in peso ci siano due parti d'olio e una di gomma. E quando ti sembrerà cotto bene, allontanalo dal fuoco e lascialo raffreddare scoperto [4]

Per la vernice colorata Teofilo non si serve ancora di olio cotto; usa però già un olio molto essiccativo, qual è quello di lino, a preferenza di ogni altro, e si limita a farlo asciugare al sole. Lo cuoce invece (ma solo parzialmente, poiché non lo fa bollire) per la vernice protettiva. Del procedimento, ancora in corso di definizione, fra il XIII e il XV secolo parlano anche altri autori e si perfeziona la «pirogenazione», ossia la cottura, come si dirà meglio, di due parti di olio di lino, canapa o noci e di una parte di resina.

Varie miniature, tra cui una dell'*Eneide* di Berlino, intanto, sembrano provare la presenza di pitture a colori su elmi all'inizio del XIII secolo[5]. Un'indicazione positiva circa il tipo di vernice usato su queste superfici metalliche si ricava da una ricetta, riportata dal professor Post[6], per l'incisione all'acquaforte[7] probabilmente risalente al XIII secolo, in cui si parla di una composizione di biacca e olio di lino. Un altro manoscritto circa del 1400 parla, allo stesso proposito, di olio di lino con pigmenti di diversi colori. Lo studioso ritiene che coloro che decoravano all'acquaforte fossero i medesimi che verniciavano o dipingevano e che per ambedue le operazioni usassero la medesima mistura di pigmento e olio di lino. Sempre secondo il professor Post[8], questa miscela sarebbe addirittura stata definita, in ambito tedesco, «vernice da armature» (*Panzerfirnis*) e pensa che «queste relazioni conducano alla supposizione finora non mai avanzata che, come l'acquaforte, anche l'invenzione della pittura a olio, che si serve dei medesimi mezzi, abbia avuto inizio per servire alle armi». Questa affermazione ci sembra un po' eccessiva, poiché fin dal XII secolo il monaco Teofilo insegna a usare vernici sugli oggetti più diversi, per esempio porte, come si è visto. È però possibile che i mezzi e l'ispi-razione per la pittura a olio «artistica» abbiano avuto origine da vernici «tecniche» o «quasi tecniche», in seguito usate anche sulle armi, in particolare quelle difensive con le loro ampie superfici, dopo l'ideazione dell'armatura di piastre. Ancora per gran parte del Quattrocento, però, varie armi difensive non metalliche, come scudi, rotelle e pavesi, sono dipinte a tempera e protette con vernice trasparente. Del pari, riteniamo fossero dipinti a tempera i cimieri che i cavalieri inalberavano sull'elmo, ma anche queste fantasiose costruzioni erano fatte in gran parte di legno, cartapesta e altri materiali leggeri, con poco metallo. A quest'epoca la tecnica più diffusa è probabilmente la tempera, ma sono molti quelli che sperimentano nuovi mezzi. Ricorda il Vasari, per esempio, che nella seconda metà del Quattrocento, dunque molto tardi, il pittore fiorentino Alessio Baldovinetti (1425-1499) tenta una mescolanza di tempera all'uovo e vernice liquida, ma che dovrà tornare alla vecchia tecnica poiché la pellicola si frammenta e si stacca. E non è il caso di ricordare gli esperimenti di Leonardo.

Prima del 1400, comunque, i colori a olio sono introdotti nell'arte della pittura. In Italia Cennino Cennini[9] ne parla nel 1398: afferma che «l'usano molto i tedeschi», descrive la preparazione dell'olio con cui consiglia di macinare i colori, ma non mostra di avervi grande dimestichezza. Sporadicamente è usata su tavole e tele già prima delle innovazioni introdotte dal van Eyck (circa 1390-1441) e diffuse in Italia attraverso Antonello da Messina (1430-1479), e anche qui era usata piuttosto nelle arti applicate, tra l'altro nella decorazione o protezione delle armi. Non vi è però nessuna distinzione tra pitture «tecniche» e pitture «artistiche» e la cosa non deve stupire: come già si è osservato, dalla medesima bottega escono prodotti molto diversi, dalla pala d'altare all'insegna per la taverna, e infatti il già citato *Manoscritto veneziano* quattrocentesco, espone[10] ricette di vernice (trasparente, ma per il presente discorso è lo stesso) da «depinturi» e da balestrai.

Vernici trasparenti, veicoli, diluenti e solventi

Una vernice coprente è composta di veicolo e pigmento, con l'eventuale aggiunta di diluenti per renderla più fluida al momento dell'applicazione. Secondo la natura del veicolo, le vernici si distinguono in «grasse» e «magre». Grasse sono quelle composte esclusivamente o in larga parte di un olio; magre quelle costituite in prevalenza da resina. All'epoca che c'interessa, esisteva una discreta scelta di questi materiali, forniti dal commercio europeo o mediterraneo, e nel corso di alcuni secoli si sperimentarono varie misture. Le grandi scoperte geografiche diedero forse un certo impulso alla ricerca, ma a nostro avviso non furono così importanti come in altri settori, poiché quei prodotti di terre lontane erano solo varianti di ciò che già si conosceva, e magari in qualche caso erano anche i medesimi, arrivati attraverso l'Atlantico invece che per il Levante.

---

[4] TEOFILO 1140, libro I, cap. 20, 21 e 22.
[5] POST 1957, col. 1079: cod. germ. fol. 282, Preuss. St. B., fol. 34 v.; ed. Alb. Boeckler, Lpz. 1939, t. 42.
[6] Londra, British Museum, ms. add. 32622, del XIV secolo, e Oxford, Bodleian, ms. Ashm. 1397, circa 1400; POST 1957 la riprende da H.W. Williams, in Z.h.W.K. 1935/36.
[7] Vedi sopra, capitolo 8.
[8] POST 1957.
[9] CENNINI 1398, capitoli 89 - 94. Prendiamo le successive osservazioni da TOSATTI 1991 (p. 31, n. 2) nel suo commento al *Manoscritto Veneziano* del 1424-1456.
[10] TOSATTI 1991: ricette p. 243, n. 19 e p. 191, n. 495.

Gli oli usati erano quelli essiccativi: di noce, di canapa e soprattutto di lino. Quello ottenuto dalla spremitura di noci mature e secche è il più chiaro (e perciò era preferito da molti pittori «perché ingialla meno», come informa il Vasari), ma è meno essiccativo; quello di semi di lino è giallo-rossastro, ma di essiccazione molto rapida, specialmente quando sia stato «cotto», cioè scaldato lungamente a 300°-350°C sia da solo, sia con «piombo bruciato» cioè litargirio (monossido di piombo), che ne accelera l'ossidazione. Un trattamento più complesso era consigliato da Jacopo da Toledo, nel 1440: durante la cottura si aggiungeva del minio (tetrossido di piombo), poi l'olio veniva acceso in superficie e lasciato bruciare per la durata di tre *Paternoster*. Doveva essere l'ultimo ritrovato della tecnica, poiché il *Manoscritto veneziano*[11] del 1424-1456 consiglia procedimenti meno drastici. Prescrive, infatti, di bollire dieci libbre d'olio di semi di lino in una pignatta di rame, schiumandolo bene, fino a tanto che non produca più schiuma; in un'altra pignatta si pone una libbra e mezza di vernice (una resina) in grana e, poco per volta, vi si aggiunge il suddetto olio cotto, lasciando bollire a lungo e facendo attenzione «che 'l fogo no ge intra dentro. Ed è fina vernixe da invernigare zò [ciò] che tu vòi». Il bruciare l'olio stesso, però, entra certamente nell'uso, poiché qualcosa di simile sarà applicato ancora all'inizio del Novecento dai fabbricanti di vernici dense per litografia.

Per diluire l'olio cotto quando si faceva troppo denso, dapprima si usò aggiungere un po' d'olio d'altra specie, anche d'oliva, che però ritardava l'essiccazione della vernice una volta stesa. Miglior diluente, anche se non ideale poiché toglieva alla superficie un po' della brillantezza, era l'essenza di trementina (più tardi detta anche acquaragia), che è molto volatile e praticamente non rallentava l'essiccazione. Questa, nota almeno dai primi decenni del Trecento (si trova in Pietro Ispano volgarizzato, prima del 1320), si otteneva dalla distillazione della trementina o terebentina, resina che colava dal terebinto, piccolo albero diffuso nel Levante. L'essenza era la parte liquida che colava dall'alambicco, mentre la distillazione lasciava un residuo solido giallastro, noto come pece greca o colofonia (ossia «resina di Colofone», città dell'Asia Minore).

Accanto a queste vernici grasse, le vernici magre erano ottenute con resine disciolte in poco olio o anche in sola essenza di trementina. La vernice per eccellenza era a base di sandracca, una resina prodotta in Marocco e Algeria da incisioni nella corteccia di una pianta, la *Callitris quadrivalvis*, riconosciuta nella *gummi fornis* di cui parla, come si è visto, anche il Monaco Teofilo. Fra Duecento e Trecento si trova in uso una vernice trasparente composta da una parte di sandracca sciolta in tre parti di olio di lino, che veniva applicata a mano o con una spugna e seccata al sole. Dei medesimi componenti parla Cennino Cennini[12] nel 1398. L'introduzione dell'essenza di trementina come diluente volatile consentì una migliore stesura a pennello. Altre resine usate, oltre la già citata colofonia, erano la gomma mastice, prodotta a Chio dall'albero di lentisco *(Pistacia lentiscus)*, e la gomma lacca, unica resina di origine animale (è secreta da una varietà di coccinìglia), che si riteneva prodotta in Arabia[13] perché di lì passava nel suo viaggio dall'India. Erano d'importanza rilevante anche l'ambra del Mare del Nord e altre resine fossili, provenienti da Paesi meridionali: quelle che più tardi, con parola di derivazione azteca, sarebbero state chiamate *copali*, usate ancora recentemente per legno e per pellami (in particolare per le scarpe «di vernice»).

Data la loro difficile solubilità, le resine, soprattutto fossili, esigevano il trattamento che ora viene detto pirogenazione. In un recipiente alto si espone la resina a fuoco fortissimo, portandola a 340° o 380°C; nel riscaldamento si forma moltissima schiuma, che cade quando la resina ha raggiunto la fluidità adatta; a questo punto si aggiunge l'olio, riscaldato a parte, e si cuoce a circa 300°C fino ad ottenere una perfetta soluzione, indi si lascia raffreddare e, sotto i 200°C, cautamente si unisce l'essenza di trementina. Questa descrizione, con l'indicazione delle temperature, l'abbiamo presa da un testo recente, ma non differisce sostanzialmente da ciò che prescrive Alcherio intorno al 1350.

Pigmenti, coloranti e lacche

Per rendere «coprente» e colorato lo strato formato dalla vernice e averne, così, l'effetto decorativo e di contrasto di cui si diceva, occorre mescolare alla «vernice ordinaria» qualche altro prodotto. I *coloranti* noti all'epoca sono svariati, ma quasi tutti adatti alla tintoria o alla pelletteria poiché sono solubili in acqua o altro mezzo acquoso con cui formano soluzioni colorate che tingono in profondità i materiali permeabili[14].

I *pigmenti* sono insolubili in acqua e in solventi organici. Per questo vanno ridotti in polvere finissima, operazione da svolgere con la massima cura poiché «è certo che è un risguardo da non se ne far beffe», come dice l'Armenini[15] nel 1586. Tra i prodotti per pittori gli azzurri e i cinabri (o vermiglioni) «artificiati» si trovano in commercio già in forma polverulenta, e così «si distemprano benissimo col predetto oglio» di noci o di lino; gli altri vanno macinati in mortai di materiale adatto o su pietre piane o leggermente concave. Si raccomanda che, al momento di tritare un nuovo colore, si tolga da queste pietre ogni traccia del precedente, soffregandovi della

---

[11] TOSATTI 1991, p. 116, 191, 216, 243.

[12] Citato da TOSATTI 1991, p. 31.

[13] Secondo Franco Sacchetti (1332circa-1400).

[14] Probabilmente si tingeva in questo modo anche l'avorio che in altri tempi, soprattutto in Oriente, veniva apprezzato piuttosto nei colori azzurro, rosso, verde o giallo che non nel suo colore naturale.

[15] ARMENINI 1586, libro II, cap. 9.

mollica di pane (l'eterno problema della pulizia). La polvere, poi, ulteriormente si setaccia e si decanta in acqua o in un altro liquido per separarne i granuli imperfettamente macinati e le impurità eventualmente presenti. Aggiunta infine al veicolo e ben mescolata, forma una sospensione colloidale, in cui i piccolissimi granuli sono distribuiti uniformemente, e conservano questa distribuzione anche nel corso dell'essiccazione. Oltre a fornire il colore, i pigmenti aumentano la resistenza e la durevolezza delle vernici perché impediscono la penetrazione in profondità dei raggi ultravioletti, di alto potere disgregatore; rendono la pellicola più spessa, più compatta e meno permeabile all'umido; influiscono sul ferro neutralizzando l'azione corrosiva dell'idroge-no nascente e le coppie galvaniche dovute a discontinuità del metallo (e si sa che paglie e inclusioni di scoria anche macroscopiche sono frequenti in tutti i ferri e gli acciai antichi); col formare aggregati microcristallini a struttura intrecciata, ritardano la riduzione di volume dovuta all'invecchiamento, causa, a sua volta, di screpolature (il ben noto *craquelé*), e anche in questo modo aumentano la durevolezza.

La lavorazione delle vernici era dunque un'operazione delicata e abbastanza lunga. Benché per la macinazione di alcuni pigmenti fin dal medioevo si usassero batterie di mulini a pestelli, ossia mortai mossi da ruote idrauliche o altrimenti (simili a quelli usati almeno dal tardo Quattrocento per la polvere da sparo[16]), la fabbricazione industriale delle vernici iniziò molto tardi: in Inghilterra nel 1790, in Francia nel 1820, in Austria nel 1843, in Italia nel 1860[17].

Per quanto attiene la ricchezza dei colori, la tavolozza (per così dire) dei pittori quattro e cinquecenteschi non aveva nulla da invidiare a quella dei moderni, ed è cosa nota dalla storia dell'arte. Ne diamo un elenco, che sicuramente è incompleto, ma che forse serve a dare un'idea dei mezzi in uso in passato e dei modi per ottenerli.

§ *Pigmenti bianchi*

Fin dall'antichità il bianco era fornito principalmente dalla *biacca*, o *bianco di piombo*, prodotta appendendo delle lastre di piombo in un vaso di terracotta contenente un po' d'aceto; sulle lastre si formava un deposito di acetato di piombo che l'anidride carbonica dell'aria trasformava parzialmente in carbonato; la miscela veniva raschiata via, macinata e bollita. Nel secolo XVI il procedimento fu migliorato mantenendo caldo il recipiente in un letto di letame o paglia umida in fermentazione, così da accelerare la reazione[18]. Molto usato era anche il bianco d'ossa, principalmente fosfato di calcio, che si ricavava dalla calcinazione delle ossa.

§ *Pigmenti rossi*

I rossi erano svariati. Comune era l'*ocra rossa*, un minerale di ferro argilloso, variabile nella tonalità a seconda del luogo d'origine; quella di Sinope, città sul Mar Nero, detta *sinopia*, era tanto pregiata e diffusa da aver dato nome ai disegni preparatori degli affreschi e fu spesso adulterata. Il *minio* (tetrossido di piombo) ora diciamo che non è molto stabile ma, oltre che per le vernici, fu usato comunemente nei manoscritti (da cui il termine «miniatura») e veniva ricavato arrostendo la biacca in presenza di aria. Il *cinabro* (solfuro di mercurio), detto anche *vermiglione*, si trovava in natura in masse compatte o polverulente sul Monte Amiata, in Istria e in Spagna, oppure si poteva produrre artificialmente macinando insieme mercurio e zolfo fino ad averne una massa nera che, sublimata, dava la forma rossa[19]. Da tempo era noto il *lapis sanguinarius*, o *pietra sanguigna*, o *matita*, ossia l'*ematite* (sesquiossido di ferro); l'*arzica*, un ossido di piombo rosso scuro, il *rosso di conchiglie*, che si ritiene ricavato dalle conchiglie di *Tellina fragilis* e di *Tellina pulchella*, e vari prodotti di derivazione vegetale, generalmente poco stabili, come l'*oricello*, ricavato da certi licheni, il *rosso indiano* (dal legno di sandalo), il *rosso di càrtamo*, il *sangue di drago*, varie lacche rosse e altri.

§ *Pigmenti gialli*

Altre varietà di *ocre* (limonite e simili), chimicamente poco diverse da quelle rosse, sono gialle, colore fornito anche dall'*orpimento* (l'*auri pigmentum*, «tinta d'oro» degli antichi, trisolfuro di arsenico), presente tra l'altro sul monte Amiata, che dava un arancione poco stabile, e dal *giallorino* o *giallo di Napoli*, antimoniato di piombo. Vari pittori usarono pigmenti organici come *zafferano*, *reseda* e altri, ma non sappiamo come avvenisse la scelta quando il fondo non era la tavola o la tela.

§ *Pigmenti azzurri*

L'*indaco*, estratto dall'*Indigofera tinctoria*, era usato come pigmento (ma non come colorante) già dai Romani, mentre altri azzurri erano dati dall'*azzurrite* (carbonato basico di rame) e dallo *smaltino* o *fritta d'Alessandria*, un vetro di cobalto blu. L'*azzurro della Magna* era una combinazione naturale di ossidi vetrosi di cobalto, potassio, silicio e arsenico. Il *blu di montagna* o *pietra d'Armenia* era una combinazione di azzurrite, malachite e altri composti del rame. L'azzurro migliore, l'*oltremare*, era ritenuto quello ricavato dal *lapislazzuli* (la francese *pierre d'azur*); la pietra, macinata con gran cura, si mescolava con cera, olio e resina, impastando lungamente la massa soffice entro una liscivia (soluzione alcalina) debole: mentre le impurità aderivano alla cera,

[16] Come si vede in una tavola dei *Trionfi di Massimiliano*, il treno d'artiglieria di questo imperatore comprendeva anche mulini da polvere di questo tipo, montati su carri e mossi a mano.
[17] D'altra parte, ancora attorno al 1960 era comune acquistare un barattolo di olio di lino cotto e un cartoccino di «terra» del colore preferito (o di minio, come antiruggine) in polvere, da mescolare al primo per ottenere le vernici usate comunemente non solo in ambito domestico.
[18] TAYLOR-SINGER 1962, p. 367.

[19] BIRINGUCCIO 1540, c. 13 v.

l'oltremare finemente suddiviso si diffondeva nel liquido, da cui poi veniva decantato. Vi era anche un turchino, forse un fosfato di ferro.

§ *Pigmenti verdi*

Erano quasi tutti derivati dal rame. La *malachite* (carbonato basico di rame), pregiata pietra ornamentale color verde smeraldo, era usata come pigmento fin dai tempi antichi. Il *verderame* (acetato basico di rame con un po' di carbonato dovuto all'anidride carbonica dell'aria) era prodotto bagnando il rame con aceto oppure ponendo in un recipiente di terracotta lastre di rame alternate a strati di mosto spremuto e bagnato. Esisteva poi una *terra verde*, che veniva usata da sola mentre, insieme a ocra e nero, entrava nella composizione del *verdaccio*; un'altra varietà di questo era data dalla mescolanza di ocra, nero, cinabro e un particolare tipo di bianco. Infine si usavano composti vetrosi («fritte») colorati con rame.

§ *Pigmenti bruni*

Il *bitume*, miscela di idrocarburi solidi o semisolidi (non un pigmento, dunque), si legava bene agli oli e alle resine e forniva varie gradazioni dal bruno al nero brunastro. Con qualche sorta di «cottura» (un po' come nell'attuale distillazione secca) il bitume era ricavato anche dal legno, in particolare di betulla poiché, afferma Plinio, *bitumen ex ea (betula) Galli excoquunt* («i Galli estraggono il bitume dalla betulla con la cottura»). Le fonti più importanti erano tuttavia i giacimenti naturali della Siria e della Palestina e una varietà era detta proprio «bitume di Giudea». Il *morello* era un'ocra rosso-bruna, e altri bruni si ottenevano da argille calcinate o da mescolanze di pigmenti diversi.

§ *Pigmenti violetti*

Un violetto si ritiene che fosse ricavato da conchiglie di quel colore; un altro da sali ferrosi e ferrici.

§ *Pigmenti neri*

Per il nero un pigmento assai usato era il carbone di legna dolce, ottenuto riscaldando o bruciando parzialmente la legna in un recipiente chiuso. La produzione, però, presentava difficoltà perché la legna, bruciata eccessivamente, s'inceneriva dando un prodotto chiaro; bruciata troppo poco, conservava sostanze catramose e tendeva al brunastro. Il miglior nero era senz'altro il nerofumo, ottenuto bruciando cera, resina, ma soprattutto qualche olio. La fiamma, volutamente fumosa mediante una regolazione «sbagliata» dello stoppino, veniva portata a lambire una superficie fredda, generalmente metallica, sulla quale si depositava il nerofumo. Questo è di propria natura già finissimamente suddiviso e non richiedeva ulteriore macinazione.

§ *Altre tecniche*

In tutto questo lungo periodo, e anche in seguito, si usano però anche mezzi del tutto diversi, a cui non sapremmo che nome attribuire, non essendo vernici poiché richiedono una sorta di arrostimento, né smalti o niello poiché non ne hanno la natura. Per «verniciare» oggetti di metallo il Monaco Teofilo[20] tra il 1110 e il 1140 suggerisce:

> Quando avrai fatto speroni, morsi e particolari di selle per umili preti e frati, dopo averli ben levigati con la lima, scaldali moderatamente e soffregavi sopra del corno di bue o delle penne d'oca. Questi, parzialmente sciolti dal calore, aderiranno al ferro, cui conferiranno un colore nero che per qualche verso gli si addice [...]

Il corno resta in uso almeno per altri sei secoli, non propriamente per verniciare ma per dare al ferro un certo tipo di brunitura[21]: in Piemonte lo troviamo usato per canne da fucile nel 1775. Ad altre date non abbiamo informazioni e, nell'assenza di esemplari riconosciuti, non possiamo che supporre l'uso del procedimento anche su armi, armature e altri oggetti prodotti in questo lungo intervallo. Si sa che alla fine del Trecento certi tipi di speroni di qualità corrente (forse corrispondono a quelli «per umili preti» del monaco Teofilo) vengono verniciati di nero, ma non sappiamo con quale mezzo[22]. La stessa cosa dobbiamo dire di un altro metodo suggerito ancora dal monaco Teofilo[23], consistente nel distendere sul metallo dell'olio di lino in strato uniforme, scaldando poi energicamente sulla forgia, fino a ottenere qualcosa che somiglia a una lacca scura. Dalle prove fatte risulta che attorno ai 280°C uno strato sottile di olio d'oliva si fa bruno-nero in pochi minuti, uno strato più spesso richiede un riscaldamento più lungo, ma può dare una patina lucida e dura assai gradevole. Ricette come queste paiono perfettamente verosimili anche nei secoli XVI e XVII, benché non si abbia notizia dell'uso di esse su armi e armature; verosimili, ma non raccomandabili, dal momento che il riscaldamento a temperatura relativamente elevata provocava un ulteriore rinvenimento, anche se non proprio una ricottura, pur breve, che non esaltava le qualità di resistenza del metallo.

Le vernici sulle armi

L'uso esteso di vernici pigmentate sulle armi difensive è accertato in Italia almeno dall'ultimo quarto del XV secolo. Secondo un documento notarile[24], nel 1479-1480 i *coyrasarii* genovesi fabbricano e vendono *coiracie* fatte *de lamis* e *lazanie ferri cum suo canavatio*. Le corazze possono essere *stagnate vel amorate vel virnisate rubee* («stagnate o bronzate o verniciate rosse»), mentre le corazze *ferri molli* sono *vernisate nigre et coperte tella*. C'è da pensare che queste vernici, al pari della stagnatu-

---

[20] TEOFILO 1140, l. III, cap. XCIII.
[21] Si veda al cap. 12.
[22] FRANGIONI 1995, che si rifà a un documento del 1392 nell'Archivio Datini.
[23] TEOFILO 1140, l. III, cap. LXX.
[24] GATTI 1980, p. 75.

ra e della bronzatura, avessero scopo principalmente protettivo, ma il fatto che le corazze «di ferro molle», più scadenti, andassero verniciate di nero e non di rosso come le altre, esemplifica un uso del colore originale e molto moderno per la distinzione dei prodotti. Ancora nel 1548 l'inventario dell'armeria del Consiglio dei Dieci di Venezia[25] comprende numerose «celade vernichade, celade vernichade Dorade, cossaletti [*pro* corsaletti?] vernicadi» e altro ancora. Il fatto che queste vernici e stagnature si trovino a Genova e a Venezia, fa nascere il sospetto che tali metodi fossero usati per proteggere il metallo principalmente nelle località di mare, o addirittura che distinguessero le armi difensive delle fanterie imbarcate ma, in mancanza d'informazioni coeve da altre località, non si può andare oltre il dubbio.

L'uso sulle armature metalliche di vernici policrome a scopo unicamente decorativo non sembra invece essere stato molto esteso, ma c'è da pensare che qui il degrado delle superfici ci abbia privato delle testimonianze molto più che per gli oggetti trattati con altre tecniche. In effetti una tale scarsità è curiosa, dal momento che in Italia nel Quattrocento si producevano rotelle non solo con stemmi, ma anche con scene dipinte se non sempre con maestria, almeno con decoro[26]. La cosa era continuata nel secolo successivo, quando la tecnica più tipica era stata il chiaroscuro generalmente su fondo nero. Tutte queste, però, in genere erano di legno e cuoio, non di metallo. A Venezia, invero, si trova[27] che svariati dei «cossaletti (o corsaletti?) vernicadi» sono provvisti di un «san marco d'oro», e la Wallace Collection possiede anche uno zuccotto con la raffigurazione policroma del leone di San Marco, ma non sappiamo se la cosa possa essere presa come indizio di un uso più esteso o se non sia dovuta alle circostanze particolari, come si è detto sopra. C'è anche da dire che, se non associata a tecniche più raffinate, la vernice è un mezzo decorativo assai povero.

Nel Quattrocento in Italia conosciamo un solo esempio di arma difensiva metallica dipinta, ed è quasi un incidente: nella celata a testa di leone dorata del Metropolitan Museum[28] circa del 1475-1480, la lingua dell'animale è dipinta di rosso e qualche altra piccola parte lungo l'orlo è verniciata di bianco. La costruzione di questa celata, del resto, è molto particolare: sopra il copricapo in acciaio liscio dalla tipica forma della celata alla veneziana è stata investita una sorta di «fodera» di rame sbalzato e dorato a forma di ceffo leonino, tra le cui fauci aperte e al di sotto della criniera si vedono ridotte superfici dell'acciaio, che appunto sono verniciate.

Verso la fine del secolo si fa un certo uso delle vernici in ambito tedesco e ne restano alcuni esempi: una gran celata circa del 1490 con la superficie interamente coperta di piccoli stemmi; una celata probabilmente di Norimberga, del 1500 circa, con il coppo a liste e la visiera dipinta a ceffo di leone nei colori bianco, nero, giallo, giallo bruno, bruno e rosso; un'altra simile a fiamme rosse; e qualche altra[29]. Ma si tratta quasi sempre di decorazioni abbastanza grossolane. Di fattura poco più raffinata è un'arma-tura[30] di Norimberga, circa del 1510, interamente verniciata di nero con una gran croce rossa contornata da un piccolo motivo in oro sul petto; si sospetta, però, che la verniciatura sia assai più tarda, forse seicentesca[31]. Dubbi come questo, del resto, colgono anche in presenza di altri esemplari e sono difficili da risolvere anche con analisi chimiche poiché, come si è detto, i materiali usati nel Cinquecento non si discostano molto da quelli usati ancora nel XX secolo.

In seguito in Germania le vernici policrome decorative hanno un'applicazione sporadica. L'esemplare più vivace (e ciò non ostante di raffinata lavorazione) è certamente la guarnitura di Nicola IV Radziwill[32], opera di Kunz Lochner di Norimberga, circa del 1555, interamente inciso all'acquaforte con fondi verniciati di bianco da cui emergono minute spirali a rilievo e sui quali s'intrecciano tre serie di nastri rispettivamente dorati e verniciati di rosso e di nero. Verso la fine del secolo le armature policrome verniciate sono di moda in Francia e tra i pochi esempi rimasti si nota un corsaletto da corazza francese[33], circa del 1590, decorato a liste diagonali finemente lavorate all'acquaforte a palmette e volute dorate su fondi a cerchietti, alternate ad altre liste similmente lavorate e verniciate in rosso e in nero.

In questo secolo, però, cominciano a tenersi tornei «fantasia», nei quali l'uso di armature rese, appunto, fantasiose mediante vernici policrome è certo più diffuso. Ne sono un esempio le visiere da scambiare[34] a forma di maschere turche e moresche dipinte a colori naturali, prodotte per il «torneo all'ussara» tenuto a Praga nel 1557 dall'arciduca Ferdinando. Questi tornei non sono che gli antesignani dei più tardi caroselli, qualcosa come dei «balletti armati» con copioni scritti da letterati e costumi progettati da pittori e architetti, per i quali verranno usate parti di armature precedenti verniciate (piuttosto grossolanamente, per quanto si può vedere) con i colori e i simboli delle squadre che fintamente contendono. Un e-

---

[25] FRANZOI 1990, p. 231 sgg.
[26] CAMBIN 1987.
[27] FRANZOI 1990, p. 231 sgg.
[28] Metropolitan Museum, Dick Fund, 23.141; cfr. BOCCIA 1980, n. 67; inoltre PYHRR-GODOY 1998, p. 92-94.

[29] Rispettivamente Tower of London Museum, Leeds, IV.12, e Wallace Collection, cat. A82; cfr. MANN 1962. Oltre quanto già citato, la Wallace Collection possiede anche un corsaletto da corazza con petto verniciato (cat. A66).
[30] Glasgow Museums, già Tower of London, II.171; cfr. CAPWELL 2007, p. 40.
[31] Comunicazione personale del 18 giugno 2009 del Dottor Tobias Capwell, già ai Musei di Glasgow, ora conservatore delle armi della Wallace Collection, che ancora ringraziamo vivamente.
[32] La guarnitura purtroppo è incompleta e ciò che ne resta è diviso tra vari musei: un corsaletto è a Vienna, Hofjagd- und Rüstkammer (A1412), una celata da giostra *(Rennen)* a Parigi, Musée de l'Armée (H.52) e sei elementi, tra cui una buffa da spallaccio e una testiera, a New York, Metropolitan Museum.
[33] Parigi, Musée de l'Armée, cat. GPO547, con la testiera 5471; si veda anche REVERSEAU 2006, p. 60 e 63.
[34] Vienna, Hofjagd- und Rüstkammer, cat. B65, B67 ecc.

sempio di quest'uso tardo si trova in due gruppi di pezzi cinquecenteschi italiani (ora nella collezione del castello di Konopiste, in Boemia), dipinti coi simboli, rispettivamente, del leone e della Medusa[35].

Va segnalato, intanto, qualche altro uso meno frivolo. L'uno è quello del verniciare armi difensive, in particolare elmi e manopole[36], a scopo funebre, per accompagnare la bara del nobile cavaliere e deporle su di essa. Sembra ragionevole pensare che il lavoro non fosse raffinatissimo, mentre i colori che si sa essere stati usati per questo scopo sono il nero e il giallo. Si fa poi generale l'impiego di vernici per dipingere sui petti di armature il simbolo araldico (generalmente una o più croci dei vari tipi) dell'ordine cavalleresco al quale appartiene il proprietario. Il caso si osserva su numerosi ritratti, per esempio di personaggi della Casa di Savoia, come il principe Emanuele Filiberto (1588-1624), terzogenito di Carlo Emanuele I, duca di Savoia. Questi, che avrebbe compiuto una rapidissima carriera alla corte dello zio materno, il re di Spagna Filippo III, fin dall'infanzia aveva ricevuto il titolo di Gran Priore di Castiglia e León dell'Ordine di Malta e in almeno un paio di ritratti compare con due diverse armature che, sopra la ricca decorazione incisa e dorata, portano la croce di Malta (fig. 10.01) ottenuta con quella che, per i motivi che si diranno, dev'essere intesa come vernice bianca[37].

I ritratti di cavalieri di quest'Ordine con la croce dipinta sul petto dell'armatura sono relativamente numerosi (se ne conoscono quattro o cinque). Al contrario, si conoscono due soli esemplari di armi difensive portanti la nota croce a otto punte di quest'Ordine in altra forma. Il primo è un sontuoso busto da cavallarmato di produzione francese, circa del 1610, con grande croce in argento liscio che, fra intrecci di volute all'acquaforte parzialmente dorate, occupa tutto il petto, dallo scollo alla vita[38]. Il secondo[39] è altrettanto tardo (circa 1605-1620) e meno sontuoso, ma sul fondo azzurrato porta anch'esso una grande croce in pesante argento. Ambedue sono destinati a bambini e questo fatto spiega forse la rarità di oggetti simili: l'accettazione del giovane nell'Ordine è motivo d'orgoglio per tutta la famiglia, che per la circostanza si sobbarca una grossa spesa pur di poter anche in futuro esibire nelle sale del palazzo una tale testimonianza, anche se ben presto resa inutile per un uso pratico dalla crescita somatica del proprietario (e, a quest'epoca, dall'abbandono delle armature). Al contrario, sembra che normalmente i cavalieri che già posseggono armature o corsaletti di qualità ma privi del simbolo specifico, continuino a servirsene, limitandosi ad aggiungervi, con spesa modestissima, la croce semplicemente verniciata[40]. L'uso valeva anche per altri ordini e che non sia un artificio dei ritrattisti, ma che tali simboli compaiano realmente in quella forma su corsaletti e armature anche decorate riccamente, lo provano alcuni esemplari conservati: tra gli altri, il petto di un modesto corsaletto circa del 1610 del Museo Storico Nazionale d'Artiglieria, a Torino (fig. 10.02), e il petto di un corsaletto circa del 1590-1600 all'Armeria Reale di Torino[41], che invece doveva essere di grande effetto per la decorazione ad archetti contenenti gigli e conchiglie all'acquaforte a risparmio (fig. 08.05 e 08.06), certamente messi in risalto da contrasti di vernici o bruniture e forbiture (e forse oro, ma non ne resta traccia). Su questi la doppia croce dell'Ordine dei Santi Maurizio e Lazzaro è grossolanamente delineata a bulino senza riguardo per l'eventuale decorazione precedente e all'epoca fu certamente completata coi colori delle due croci, rispettivamente bianco e verde.

Per tutto il Cinquecento e anche oltre, però, l'unico colore usato diffusamente sembra essere il nero, che dà risalto alle incisioni di tutte le armature, soprattutto a quelle di livello non eccelso. Secondo il Post[42] si tratterebbe solo di una miscela di nerofumo e olio rancido, strofinata sul metallo inciso fino a farla penetrare in tutte le cavità. Il nerofumo dava un ottimo nero, ma l'olio rancido non ci convince; e lo strofinarlo per farlo penetrare è lento come procedimento e aleatorio nei risultati. A nostro avviso, questa miscela può (ma, in mancanza di documenti, restiamo dubbiosi) adattarsi alle incisioni a tratti sottili dell'inizio del secolo, non ai motivi a risparmio posteriori alla metà del Cinquecento, in cui le aree da annerire sono assai estese. Benché tutti gli oli in qualche misura secchino, ormai da alcuni secoli è noto che l'olio di lino, cotto o no, è dotato di specifiche qualità di essiccazione e non può non essere preferito nella produzione organizzata. L'aggiunta, poi, di altri materiali, oltre che del pigmento, può migliorare ulteriormente il prodotto.

---

[35] Cfr. *Armi estensi* 1986, nn. 686, 3473, 3449, 3481, 3810 ecc.

[36] Una manopola sinistra dell'inizio del XVII secolo, dipinta appunto in nero con una lista larga e due strette in giallo attorno al manichino, era conservata nella Hartington Church di Buxton, nel Derbyshire, di dove fu rubata nel 1983, come si segnala sul «Journal of the Arms & Armour Society», dicembre 1983.

[37] Per il primo di questi ritratti (in collezione privata), del 1603 circa, in cui il principe compare con un'armatura a liste, si veda la riproduzione in DONDI-CARTESEGNA 1982a, tav. XXIV e scheda 45. Un ritratto (Londra, Dulwich College Picture Gallery) con figura a tre quarti, opera di van Dyck precedente di pochi mesi la morte del principe, lo raffigura ancora con l'armatura qui raffigurata alla fig. 10.01, ma senza la croce di Malta poiché a quel momento è stato dispensato dai voti ed è rappresentato in veste di viceré della Sicilia spagnola.

[38] Roma, Museo di Palazzo Venezia, già Collezione Odescalchi, n. 388.

[39] Firenze, Museo del Bargello.

[40] In realtà esistono altri petti d'armatura o corsaletto portanti la croce di Malta in forma inamovibile, nella fattispecie sbalzata nella parte alta e come pendente da un cordone, ma sia per la modesta qualità degli oggetti e del lavoro di sbalzo, sia per la piccola dimensione della croce, si è propensi a credere che si tratti non di armamenti appartenuti a cavalieri dell'Ordine, ma a loro servitori o a militari assoldati, un po' come facevano le Città con i ben noti corsaletti delle loro guardie, sui quali lo stemma era sia distintivo di chi lo portava, sia marchio di proprietà dell'oggetto. Due esemplari con la croce a otto punte si trovano a Roma, al Museo di Palazzo Venezia, già Collezione Odescalchi, n. 1105 e 1113. Cfr. anche DONDI 2000.

[41] Torino, Armeria Reale, cat. C35; cfr. DONDI-CARTESEGNA 1982a, n. 41.

[42] POST 1957, col. 1082.

Fig. 10.01

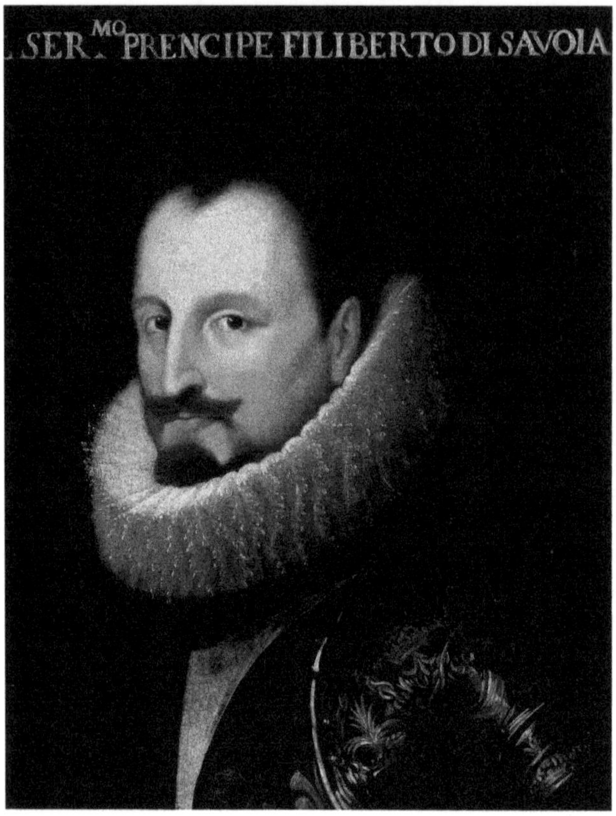

Ritratto di Emanuele Filiberto (1588-1624), figlio di Carlo Emanuele I di Savoia (e dunque nipote di Emanuele Filiberto detto «il Grande»), in veste di priore di Castiglia e León dell'Ordine di Malta, dipinto di autore ignoto, secolo XVII. Il principe porta un corsaletto del Maestro del Castello, milanese, vecchio ormai di vari anni, ma finemente decorato all'acquaforte e dorato. Sopra la decorazione, la croce a otto punte dell'Ordine (qui visibile solo in parte) è stata apposta con vernice bianca. Questo corsaletto è conservato alla Reàl Armeria di Madrid, ma i resti di due altre guarniture, appartenute a suoi fratelli, sono rispettivamente a Torino, all'Armeria Reale (C 230/231, E 18) e in una collezione privata (Collezione privata)

Fig. 10.02

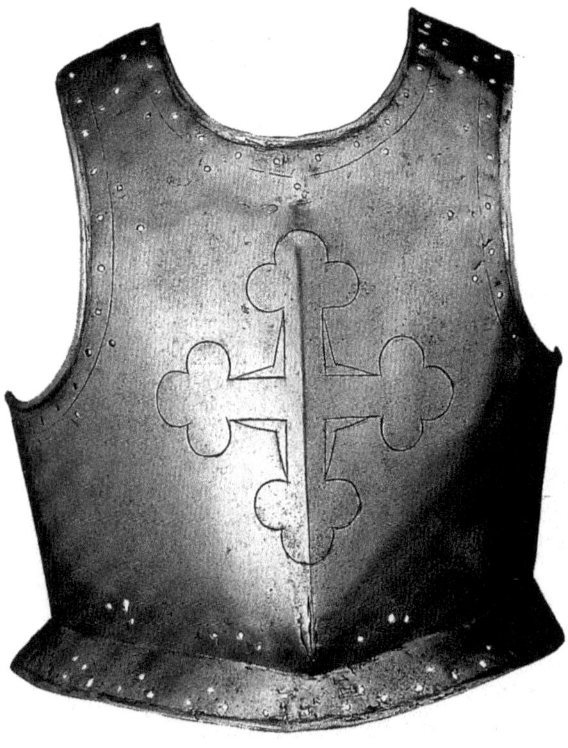

Petto di corsaletto; Piemonte (?), circa 1610. Sull'acciaio liscio sono incise le due croci dell'Ordine dei Santi Maurizio e Lazzaro, che in origine furono certamente dipinte, la prima (trifogliata) di bianco, la seconda (che sarebbe una croce a otto punte, ma qui ha forma semplificata) di verde (Torino, Museo Storico Nazionale d'Artiglieria, inventario C 14/5763, vecchia numerazione; foto GD)

CAPITOLO 11

Bronzature e Azzurrature

Inventari e altri documenti specificano talvolta (con le dizioni in uso all'epoca nei vari luoghi) se le armature e altre pezze difensive sono verniciate, stagnate, dorate, bianche, nere. In italiano l'interpretazione dei primi di questi termini di solito non presenta problemi mentre, nonostante i dubbi sorti in qualche caso[1], si è assunto che in generale la parola «bianco» indichi un oggetto d'acciaio lasciato del colore naturale del metallo. Il termine «nero» dovrebbe essere applicato, invece, genericamente ai pezzi che sono stati sottoposti a bronzatura o azzurratura o altro procedimento del tipo che adesso va sotto il nome collettivo di bruniture. L'interpretazione del termine «nero» si appoggia anche ad una certa terminologia che per l'epoca pare accertata. I *Capitoli della Università di doratori et lustratori*[2] di Brescia del 31 maggio 1574, al punto terzo stabiliscono:

> Che per l'avenire alc.° non possa essercitar essa arte d'adorar in ferro di foglia né *lustrar in nero* p. modo alcuno da sua posta, et come maestro lavorando in casa sua, né in bottega, se prima non sarà stato sperimentato dalli sindici ecc.

Al pari di altri termini già incontrati, la parola «brunire» resta invece ambigua, potendo significare, secondo il comune vocabolario, sia «scurire i metalli», sia «lucidare», in particolare strofinandoli col brunitoio, arnese d'acciaio duro o d'agata con estremità arrotondata perfettamente liscia. Attualmente nell'ambito delle armi antiche sembra usato principalmente col primo significato, che però è anche il meno antico, mentre nel senso di «lucidare» lo si trova già nel XIV secolo. Per non contribuire all'aumento della confusione, cercheremo di farne un uso moderato, preferendogli termini più specifici.

Con la vernice il metallo viene colorato coprendolo con un materiale estraneo. Diversamente da ciò, bronzature e azzurrature sono, per così dire, generate dal metallo stesso in seguito a trattamenti chimico-fisici i cui effetti perdurano anche dopo l'allontanamento dell'agente; è il metallo stesso che produce una pellicola colorata.

> In linea di principio, l'azzurratura/bronzatura non è nient'altro che un arrugginimento artificiale, ottenuto mediante particolari composti [...]

oppure mediante il solo calore[3]. Secondo le apparenze, ossia stando a quel che si vede nelle collezioni, questi procedimenti dovrebbero essere stati applicati più diffusamente degli altri, ma un giudizio corretto è difficile da formulare, dal momento che la maggioranza dei pezzi sopravvissuti è di qualità almeno discreta, quando non superiore: manca, cioè, una rappresentanza significativa di armature da munizione, di corsaletti da pedone, di quelli portati nel Cinquecento dalle «picche armate» e dagli alabardieri dei quadrati di fanti. Il punto è già stato trattato, ma non si può fare a meno di ritornarvi sopra. Con un'appendice.

Molte delle armature che ora appaiono bianche, nacquero colorate, certe sicuramente sgargianti, ma attraversarono vicende avventurose, arrugginirono e ora vediamo (già lo si è detto) gli effetti delle ripuliture. Collezionisti e conservatori di musei, però, in tempi più o meno recenti, furono talvolta fin troppo coscienziosi e, dopo aver fatto pulire i pezzi, ripristinarono anche quella che ritenevano la tinta originaria. È un restauro integrativo, quale fu praticato anche su altri oggetti d'arte e su edifici. Nel guardare un'armatura azzurrata o bronzata, dunque, ci troviamo a non sapere con certezza se quello che vediamo è realmente il colore originale o non piuttosto il frutto di un'altra delle interpretazioni «romantiche» del cavaliere. Questo, naturalmente, per la nostra ignoranza. Un'azzur-ratura rifatta dovrebbe potersi riconoscere, ma non è detto che sia sempre così facile. Occorre esaminare il pezzo con grande attenzione, cercandovi i punti che mostrano qualche irregolarità: cavità anche piccole dovute alla corrosione, alla mancanza di particolari (specialmente fili di agemine), a un troppo pesante lavoro di spazzola, che tuttavia mostrino lo stesso colore dell'area circostante, sono il marchio di un intervento posteriore. Posteriore, però, non vuol dire necessariamente recente e se l'azzurratura è stata fatta, per esempio, nell'Ottocento, il riconoscimento si fa più problematico. Infine ci sono i lavori fatti molto bene su pezzi ancora in buone condizioni, a proposito dei quali c'è poco da dire se non, appunto, che sono troppo belli per essere veri. Ma quando casi come questi riguardano pezzi di proprietà di grandi e rinomati musei, c'è solo da sperare nella serietà e competenza dei precedenti direttori e conservatori di quei musei.

I mezzi per colorare il ferro e l'acciaio sono numerosissimi: un manuale[4], non recentissimo ma tuttora molto valido, elenca un paio di centinaia di ricette, tutte alla portata dell'amatore che voglia restaurarsi il fucile da caccia con mezzi domestici; e avverte che la serie completa è certamente molto più estesa. Il sistema più semplice è quello di scaldare il metallo e certamente è noto fin dal-l'antichità. La lavorazione del ferro e dell'acciaio, come già si è detto, comporta immancabilmente dei riscaldamenti, praticati, secondo i casi, per

[1] Cfr. *supra*, cap. 2.

[2] Pubblicati in GAIBI 1963, p. 33.

[3] ANGIER 1936.

[4] ANGIER 1936.

forgiare, temprare, rinvenire, ricuocere. Ridiventato freddo, il pezzo ha acquistato un certo colore, generalmente poco regolare e non sempre gradevole, che si può eliminare solo con una pulitura meccanica o con un decapaggio. Molto presto ci si dovette accorgere che questa colorazione dava però al metallo una certa protezione contro la ruggine e l'uso di essa si diffuse e fu, per così dire, sistematizzato. Che le cose siano proprio andate così è un'ipotesi, e non si può parlare di date per quest'uso protettivo, così come per la scoperta degli altri colori che il ferro può assumere poiché, come si è detto, sono connaturati con la lavorazione stessa del ferro. Infatti un pezzo di ferro nello scaldarsi, prima di diventare rovente (che significa «rosso» come il fuoco) e di emettere luce, ciò che avviene solo a partire da 500°C circa, assume via via vari colori, ciascuno dei quali appare ad una temperatura molto precisa: verso i 221°C *giallo paglia*, a circa 232°C *oro*, verso i 243°C arancio o *rame*, a 254°C *giallo bruno*, a 266°C *bruno porpora*, a 277°C *porpora*. Queste tinte furono (e sono) sempre sfruttate dai maestri per riconoscere le temperature, ma non si pensò certamente mai di utilizzarle a scopo decorativo perché poco attraenti esteticamente o troppo pallide. Se però si scalda ancora, comincia ad apparire l'*azzurro*: pallido verso i 280°C, intenso verso i 293°C, scuro sui 317°C, e questo è un colore bellissimo, che vale la pena di sfruttare. (In seguito, attorno ai 332°C, il metallo assume un colore verde, poi ridiviene bianco o grigio chiaro, ed è detto *cinerino*, percorre ancora rapidamente la serie dei colori e finalmente si arroventa.)

Queste temperature, però, sono nell'intervallo termico in cui si compiono la ricottura del metallo incrudito e il rinvenimento dell'acciaio temperato (tra l'altro quello, di un bellissimo blu, da molle e da lame di sega che tutti, una volta o l'altra, abbiamo visto), cosicché è sempre presente il rischio che nella ricerca di certi effetti estetici si perdano importanti caratteristiche di resistenza. È un caso osservato anche nella doratura a fuoco. Qualunque procedimento a caldo, poi, comporta la grave difficoltà di scaldare uniformemente e contemporaneamente l'intero pezzo, difficoltà molto sentita nella produzione delle armature per via delle grandi dimensioni e delle forme complesse e tridimensionali dei pezzi. Almeno uno degli artifici ancora usati dalle officine artigiane dei nostri giorni per cercare di ovviare a questo inconveniente, ossia lo scaldare i pezzi non direttamente sui carboni della forgia, ma sopra una lastra metallica, era noto già molti secoli addietro: nel 1589 G.B. Della Porta[5] lo consiglia per il rinvenimento delle maglie d'acciaio temperate. Per una buona comprensione dei procedimenti sarebbe dunque conveniente esaminare anche la possibilità che gli oggetti riconosciuti come *doble*[6], ossia «doppi», riproducenti in ghisa la forma di copricapi e altre parti d'armatura fossero non «tassi» destinati alla battitura dei pezzi ma, come si è già detto, forme per i trattamenti termici, dalla tempera dell'azzurratura.

In questi procedimenti a caldo l'aggiunta di un reagente può in vari modi facilitare l'operazione. Reagenti adeguati possono abbassare alquanto la temperatura richiesta, con vantaggio non solo economico, ma anche della qualità del metallo. L'ampliare l'intervallo di temperatura nel quale un certo colore si forma e permane, consente di avere un colore più uniforme; in altri casi permette di ottenere colori più gradevoli e anche molto diversi. E infatti si trovano armi e armature di colori vari, non facenti parte della scala ottenibile semplicemente col calore, in particolare sono frequenti le armature brune, bronzate, e si trova anche il nero. Il manuale già citato fa cenno alla coloritura delle armi difensive, oltre che con il solo riscaldamento, anche con l'aggiunta di grassi, fiele di bue, soluzioni contenenti zolfo o antimonio, e altro ancora. Un velo d'olio d'oliva, per esempio, abbassa un po' (forse di 10° o 15°C) la temperatura a cui si forma il blu: l'olio, però, dev'essere in strato sottilissimo e perfettamente regolare, e assolutamente occorre che non bruci, poiché in questo caso lascerebbe macchie nere lucide. Un altro prodotto sicuramente conosciuto era il corno di bue, che il Monaco Teofilo usa per ottenere una specie di vernice nera a caldo[7]; se, invece, lo si strofina sul metallo scaldato al color cinerino, lo si allontana poi con uno straccio e si olia il pezzo, si ottiene una specie di bronzatura. Questa è di un colore grigiastro non troppo gradevole, ma talvolta fu usata: nel 1775 in Piemonte sono trattate così le canne dei fucili della Legione Truppe Leggere[8], ma non piacciono. Un colore più gradevole si ottiene con l'ematite rossa o «pietra sanguigna» (sesquiossido di ferro nella forma terrosa). Anche questa era usata in Piemonte a quest'epoca tarda (tra l'altro, per i fucili degli ufficiali dello stesso Corpo), ma ci sembra estremamente probabile che lo fosse anche nel XVI secolo. Già conosciuta come minerale dal quale ricavare il ferro, per altri usi l'ematite viene «scoperta» proprio in questo secolo. Dice il Cellini nel discorso *Sopra l'arte del disegno*:

> Si disegna con una pietra rossa e nera, la quale viene di ponente; questa s'è trovata a' tempi nostri, il nome suo si domanda lapis amatita

È dunque probabile che nel Cinquecento si faccia ogni sorta di esperimento su questo nuovo materiale, scoprendo così che esso serve anche a colorare il ferro. Infine, se reagenti come questi abbassano la temperatura, altri consentono addirittura di operare a freddo.

Con questo s'intende parlare non solo dei procedimenti praticati alla temperatura ambiente, ma anche di quelli in cui la temperatura non arriva a livelli tali da avere, da sola, effetti di rilievo sul metallo. Vi sono compresi, quindi, anche quelli in cui il pezzo viene bollito in una soluzione acquosa o sottoposto all'azione del vapore

[5] Citato al cap. 2.

[6] Se n'è parlato al cap. 2.

[7] Si veda al cap. 10.

[8] Comunicazione verbale del 2 dicembre 1997 del Signor Francesco Sterrantino, che qui ancora una volta ricordo.

d'acqua, poiché temperature attorno ai 100°C o poco sopra non influenzano la struttura del metallo e da sole non basterebbero neanche a modificarne il colore. I processi a freddo comportano vari cicli uguali, inducendo sul metallo arrugginimenti regolari e controllati, che vengono parzialmente puliti e ripetuti più volte. Procedimenti analoghi sono seguiti attualmente e, se un tempo richiedevano svariati giorni, ora, mediante l'impiego di reagenti più attivi e di ambienti a umidità e temperatura controllate, si completano in poche ore. Sia una volta sia adesso, però, i passaggi essenziali restano identici. Prima, essenziale operazione è una perfetta sgrassatura, dopo la quale il pezzo andrà maneggiato esclusivamente con le pinze: la presenza di grassi, anche in piccola quantità come possono essere quelli depositati dalla mano, porta sicuramente a cattivi risultati. I mezzi sono quelli di cui già si è parlato, meccanici (e dunque sempre più o meno abrasivi) come la cenere, il bianco di Spagna, il carbone dolce o la mollica di pane, oppure chimici come l'urina. Si applica poi il reagente, che talvolta è relativamente complesso e comprende vetriolo (solfato) di ferro, di rame o di zinco, stibina (solfuro d'antimonio), tartaro delle botti o «cremor di tartaro» (tartrato acido di potassio, naturale o raffinato), alcol, decotti e tinture d'aloe e di legno di Campeggio, e altri componenti ancora, ma che può anche essere semplicissimo: soluzioni di sale comune o di sale (cloruro) ammonico. Nel giro di qualche ora o di qualche giorno i reagenti fanno comparire sulla superficie del ferro una «ruggine» di vario colore, che viene allontanata con una spazzola metallica. Il reagente viene applicato una seconda volta e di nuovo spazzolato, e così varie volte (anche una quindicina) fino all'ottenimento dell'intensità desiderata. Infine il pezzo viene unto, riscaldato per far evaporare l'olio e strofinato con uno straccio.

Con mezzi come questi è dunque possibile dare al ferro e all'acciaio moltissimi colori, dall'azzurro chiarissimo al blu intenso, al bruno, al nero, da affiancare al ferro «bianco» e ai metalli preziosi. Questa ricca tavolozza si raddoppia poi ancora per effetto, come già si è detto, dei diversi gradi di lucido, semilucido e opaco. Il tipo di rifinitura del metallo prima della coloritura (forbitura perfetta, decapaggio, scamosciatura o granitura coi ferri) consente di modificare a piacere la lucentezza, creando gli accostamenti più favorevoli e introducendo su pezzi «scultorei» un'ulteriore serie di valori pittorici. Le parti morse dall'acquaforte risultano, in pratica, come sottoposte a un decapaggio particolarmente energico. Questi, però, sono casi che si incontrano solo dal XVI secolo, quando la decorazione raggiunge il massimo splendore. In precedenza se n'era fatto un uso più parco, anzi, come si è detto, l'applicazione dell'azzurratura aveva avuto scopo eminentemente funzionale: già si è ricordato[9] che a Genova attorno al 1480 le *coiracie* (sicuramente non di lusso) potevano essere stagnate, verniciate oppure «amorate», cioè bronzate. E quest'uso era continuato anche in seguito.

Il primo colore usato a scopo decorativo fu certamente il blu, il più semplice da ottenere, ed è documentato dalla seconda metà del XV secolo. Il procedimento ha qualche somiglianza con l'acquaforte: il pezzo viene interamente azzurrato alla forgia e, una volta freddo, le parti da conservare colorate sono protette con una vernice del tipo di quella da acquaforte e il pezzo è decapato con aceto caldo, che sbianca il ferro in pochi istanti. Rimossa la vernice, il disegno risulta bianco e blu. L'esempio più raffinato che ne sopravviva è offerto dalla barda sbalzata e azzurrata da Lorenz Helmschmied di Augsburg nel 1477 per l'imperatore Federico III[10]. In seguito, sempre in ambito tedesco, si moltiplicano i corsaletti e le armature decorate da grandi motivi a rilievo, di andamento abbastanza semplice, messi in risalto dal blu. Dall'uniforme azzurratura si ottengono poi effetti di eccezionale splendore con l'accostamento all'oro: l'esemplare giustamente più noto è la guarnitura prodotta ad Augsburg nel 1557 per Massimiliano II d'Asburgo[11].

In Italia, a partire dal quarto decennio del Cinquecento, un favore particolare sembra incontrare il bruno. Somiglia al bronzo e i pezzi milanesi a cesello ne acquistano un'ulteriore nobiltà; anch'esso, poi, si accoppia perfettamente coll'oro delle minutissime agemine. Preferenze simili mostra anche il grande cesello francese, erede della Scuola di Fontainebleau. Tutte le coloriture, però, hanno fortuna e si deve credere che il Cinquecento, e soprattutto la seconda metà del secolo, sia un momento di continue sperimentazioni, alla ricerca di mezzi e metodi sempre nuovi. Una soluzione di sale comune a temperatura ambiente lentamente produce sul ferro una ruggine bruna fortemente aderente, che va grattata via con pazienza, tenendo anche conto dell'eterogeneità del metallo del tempo. Dopo svariati passaggi (da otto a quindici) si ottiene una copertura bruno-grigia di aspetto terroso che, con l'immersione per una mezz'ora in una debole soluzione (0,2% circa) di solfato di rame e poi per altrettanto tempo in un decotto caldo di legno di Campeggio (2 grammi per litro), volge al bruno-prugna. L'aggiunta di un pizzico di solfato ferroso può portare quasi al nero e il pezzo può essere rifinito strofinandolo con olio o applicandovi una vernice trasparente. La bollitura dopo ogni passaggio ne riduce il numero a tre o quattro e migliora grandemente il risultato: il nero con riflessi bruni che si ottiene è molto soddisfacente e non richiede speciali lucidature. Una soluzione allo 0,5% di cloruro d'ammonio produce in cinque o sei passaggi senza bollitura un nero simile a quest'ultimo, mentre una soluzione al 2% con la bollitura dà in tre soli passaggi il più bel nero profondo.

Questi procedimenti sono stati studiati da uno sperimentatore del XX secolo[12] e in realtà non sappiamo quali

[9] *Supra*, cap. 10.

[10] Vienna, Hofjagd- und Rüstkammer, cat. A69.

[11] Vienna, Hofjagd- und Rüstkammer, cat. A578.

[12] Il già citato ANGIER 1936, p. 61 sgg.

processi venissero seguiti in passato: la ricetta a base di cloruro d'ammonio sembra fosse applicata alle armi da fuoco dei pionieri americani già nel Settecento, mentre nell'Hannover attorno al 1781 si brunivano mediante «burro d'antimonio» i fucili dell'esercito. Per epoche più remote, però, non abbiamo trovato ricettari che ne parlino, anche se siamo persuasi che qualcosa esista, soprattutto tra le raccolte più spicciole e meno approfondite di carattere medico. Nonostante quest'ignoranza non possiamo non ritenere che si siano applicati prodotti e procedimenti abbastanza vari, perché vari sono i colori che s'incontra-no. Per esempio, si è detto che l'azzurro si può ottenere con il solo riscaldamento, ma quello che gli «scultori in ferro» Daniel ed Emanuel Sadeler e Caspar Spät, della cosiddetta Scuola di Monaco, all'inizio del Seicento davano alle canne delle loro armi era di un tono e di una tenuità così particolari da non potersi avere senza l'aiuto di qualche reattivo. Insieme, però, era resistentissimo e si può ammirarlo tuttora su svariati pezzi[13]. I reattivi usati devono essere stati del tipo di quelli indicati, che nel XVI secolo erano tutti conosciuti. L'ematite (di cui si è già detto) e il legno di Campeggio (*Haematoxylon campechianum*), che aveva cominciato ad affluire sui mercati europei in seguito alla conquista del Messico (1519-1521), erano probabilmente le acquisizioni più recenti. Il cloruro d'ammonio («sal armoniaco»), il solfato di ferro («vetriolo romano») e vari altri erano già allora vecchie conoscenze. Altrettanto vari devono essere stati i processi, e relativamente complessi, poiché alcuni pezzi portano più di un colore, per esempio nero e bruno (oltre che oro e argento, ma quelli sono un'altra cosa). In casi come questo, che il processo fosse a caldo o a freddo, debbono di necessità essere intervenuti almeno due reagenti, poiché nessuno di questi due colori è ottenibile con il solo riscaldamento. Un esempio è il corsaletto C 23 dell'Armeria Reale di Torino (fig. 06.01, 06.02 e 11.01), a fondi bronzati decorati in oro a foglia e con grandi aquile nere sotto lo scollo del petto e sul davanti della visiera. Situazioni simili non debbono neanche essere state troppo rare, poiché le botteghe prestigiose amavano distinguersi non solo per la precisione e la qualità della lavorazione, ma anche per qualche raffinato segreto che rendesse «unici» e immediatamente riconoscibili i loro prodotti.

Degli abbinamenti possibili con altre tecniche già si sono dati vari esempi. In sintesi si può dire che le bronzature e azzurrature possono dare splendidi risultati in unione con qualunque altra tecnica, (salvo forse - ma non è certo - le vernici). Questa è una tecnica, poi, eminentemente versatile e si adatta in pratica a qualunque oggetto di ferro o d'acciaio e in primo luogo a tutti i tipi di armi, anche bianche e da fuoco, come già si è detto. Il più antico esempio sopravvissuto di lama di gran lusso è probabilmente la già citata spada da cerimonia dell'imperatore Massimiliano I, opera di Hans Sumersperger di Hall, nel Tirolo, del 1496, riccamente decorata in blu e «smalto d'oro». A partire dal XVII secolo, però, si moltiplicano le lame con disegni all'acquaforte poi azzurrate e dorate a fuoco anche con lavoro abbastanza corrente.

Tecniche simili si trovano anche in varie aree orientali. Dalla Turchia alla Persia all'India colori generalmente tra il grigio e il nero, talvolta con sfumature gialle, si ottengono mediante una soluzione di un solfato di ferro naturale assai impuro, applicato caldo mediante uno straccio, e vengono usati per rendere visibile la struttura del damasco orientale, l'acciaio al crogiolo (*wootz*), eminentemente eterogeneo, che costituisce le belle lame di quella zona. Nell'area indonesiana le lame di varie armi, tra le quali i *kris* sono i più noti, sono anch'esse trattate con reagenti (il più tipico sembra comprendere succo di limone e acido arsenioso) per dare risalto al *pamor*[14]. Le due diverse varietà di acciaio, che si alternano nello spessore delle lame di questo particolare «damasco saldato», rispondono in modo diverso all'attacco chimico e si manifestano con colori diversi o con un diverso rilievo, formando disegni di grande fascino. In Giappone, invece, i mezzi chimici sono poco usati e l'elaborata struttura delle lame per lo più viene resa visibile attraverso delicate variazioni di lucentezza ottenute unicamente con una lunga e meticolosa lucidatura a mano su pietre di grana via via più fine.

Come si è già detto[15], molte armi da fuoco orientali, soprattutto turche, persiane e indiane, portano canne di damasco saldato, e anche qui la struttura è resa visibile mediante una morsura e assume colori o rilievo diversi di grande valore decorativo. Dell'uso in Occidente di canne per fucili da caccia costruite in questo modo a partire dalla fine del XVIII secolo si è già parlato e non solo i disegni ma anche le coloriture furono molto vari. Anch'esse, come le lame dei kris, avevano una struttura eminentemente eterogenea, talora elaboratissima, che veniva messa in luce mediante adeguati reagenti. Sulle armi da fuoco si usano tuttora varie coloriture, generalmente scure e abbastanza sobrie, ma non sono rari effetti fantasiosi, come i «tigrati» e i «tartarugati».

[13] Per esempio, all'Armeria Reale di Torino, le varie armi da fuoco M 9, M 10, M 11, M 12 e le armi bianche e gli accessori che le accompagnano.

[14] STONE 1934, p. 661.

[15] *Supra*, cap. 2.

Fig. 11.01

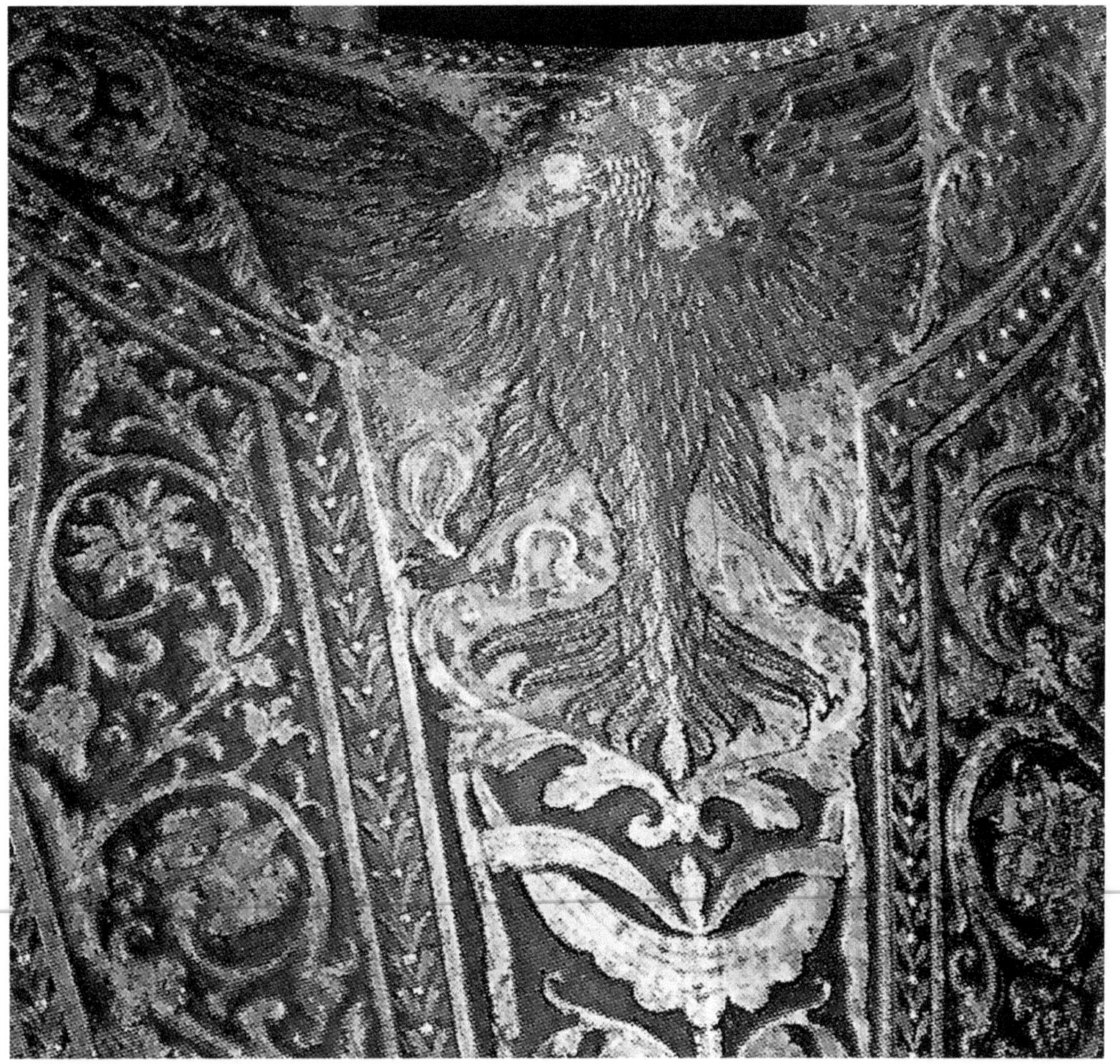

Particolare del petto del corsaletto da barriera dubitativamente attribuito a Vincenzo I Gonzaga; Mantova (o Milano?), circa 1585. I fondi ribassati sono bruni, le decorazioni in oro a foglia, l'aquila è nera a lumeggiature d'oro (Torino, Armeria Reale, cat. C 23. Foto Chomon Perino)

CAPITOLO 12

Lo Smalto e il Niello. La Filigrana

Delle tecniche di cui si dirà non dovremmo interessarci in questa sede, poiché non vengono o non possono neanche, come il niello, applicarsi al ferro e all'acciaio. Talvolta, però, praticate su altri metalli, si trovano a complemento di qualche arma, cosicché se ne parlerà brevemente.

Lo smalto

La smaltatura consiste nella fusione di materiale vetroso su una superficie metallica ed è nota dall'antichità. Generalmente quella che si applica è una pasta vitrea tenera contenente circa il 50% di silicio (sabbia o selce), il 35% di minio (che è una miscela di sali di piombo), soda e potassa, a cui si aggiungono vari ossidi metallici per colorarla: ossidi di rame o di cobalto per i blu, ossidi di rame o di ferro per i verdi, l'ossido rameoso (Cu^2O) in sospensione nella matrice vetrosa per il rosso opaco, il biossido di stagno in sospensione per il bianco opaco, e così via[1]. Su un'arma, strettamente parlando, lo smalto è un nonsenso poiché è fragile e inadatto a qualunque arma, offensiva o difensiva, che si voglia realmente usare. È ben noto, però, che molte armi ebbero funzioni di pura rappresentanza, e su queste talvolta lo si usò; un esempio è una mazza borgognona circa del 1460, con funzione essenzialmente di bastone di comando, smaltata in blu e verde[2]. Un piccolo medaglione smaltato si trova sull'elsa, della fine del Quattrocento o dell'inizio del Cinquecento, di una cinquedea dell'Armeria Reale di Torino (fig. 12.04). Più noto e più importante è il gioco di morione e targa a mandorla dorati e smaltati, fatti attorno al 1570 dall'orafo parigino Pierre Redon per Carlo IX di Francia e attualmente al Musée de l'Armée[3]. Eccessivamente esuberanti sono forma e decorazione in smalto blu translucido dei fornimenti di una spada fatta a Dresda all'inizio del Seicento[4].

In Europa dal Medioevo vi furono centri che produssero per lungo tempo rilevanti quantità di oggetti smaltati e tra essi acquistarono fama le valli del Reno e della Mosa ma soprattutto Limoges. Anche qui, però, benché lo si usasse per decorare oggetti d'ogni specie, dagli scrigni ai finimenti da cavallo di lusso, sulle armi restò raro. In Italia era poco praticato poiché occorreva importare gli smalti e, dice il Biringuccio[5], l'orafo otteneva buoni risultati solo se trovava materiali buoni, cosa che non sempre si verificava. Più di frequente, almeno a certe epoche, lo si trova, invece, in alcuni Paesi orientali, come la Persia, e saltuariamente altrove.

Lo smalto va sempre collocato in cavità sulla superficie metallica e il modo per ottenere questi ricettacoli distingue le diverse varietà di smalto. Nello smalto *champlevé* il metallo (generalmente oro, argento o altro metallo dorato) deve avere un certo spessore, poiché in esso mediante il bulino vengono scavati dei ricettacoli, che ospiteranno gli smalti dei diversi colori, separati da setti o piccole aree metalliche, che delineeranno le figure o gli altri elementi decorativi. Nello smalto *cloisonné* i ricettacoli (le *cloison*) vengono ottenuti mediante sottili striscioline di metallo, di solito oro o dorate anch'esse, saldate sulla base metallica. Questa può essere piana o anche curva, come nelle figure a tuttotondo o sui foderi e fornimenti di armi.

Dello smalto parla il Monaco Teofilo, che lo chiama *electrum,* ma che sembra servirsi non di materiali specifici, bensì di vetri abbastanza generici e che illustra il metodo per lo smalto *cloisonné*[6]. Come farà anche il Cellini quattro secoli dopo, il Monaco ammonisce, però, di prendere una piccola quantità di ciascuno di essi, disporli su una lastra metallica uno accanto all'altro e controllarne sul fuoco la più o meno facile fusibilità, scegliendo quelli che fondono a temperature sufficientemente simili e scartando gli altri. Scelti i vetri utilizzabili, si fondono singolarmente in crogiolo e, roventi, si buttano in acqua fredda, al contatto della quale si spezzano in particelle minute. Sempre immerse in acqua, queste si polverizzano finemente, si lavano e si mettono in vasetti separati, coprendole con un panno di lino, così da avere a disposizione tutti i colori.

Nel frattempo si saranno preparate le *cloison,* cioè i ricettacoli, dapprima incollando sulla base le striscioline metalliche mediante farina impastata con acqua e seccando poi al fuoco, e in seguito saldandole nel solito modo degli orefici. Ci si munisce, allora, di una penna d'oca, tagliata circa come quelle per scrivere ma non spaccata, e con essa si raccolgono piccole quantità dei diversi smalti ponendole, con l'aiuto di una spatola minuscola, nei vari ricettacoli. L'oggetto può ora essere e-

[1] MARYON 1962, p. 466.
[2] Vienna, Hofjagd- und Rüstkammer, catalogo A 333.
[3] REVERSEAU 1982a, pp. 51-52.
[4] Dresda, Historisches Museum, VI/433. Il Museo possiede varie spade decorate a smalto, compresa una «alla giapponese». Cfr. SCHÖBEL 1975, n. 66, 89 e altri.

[5] BIRINGUCCIO 1540, libro IX, capitolo IV, *Del fabro orefice.*
[6] TEOFILO 1140, libro III, cap. LIV, *De electro,* e segg.: *omnia genera vitri, quod ad hoc opus aptaveris* [...]

sposto al fuoco. Per questo lo si colloca su una lastra di ferro che possa afferrarsi con le pinze e lo si copre con una specie di campana, anch'essa di ferro, provvista di numerosi fori fatti in modo da evitare che la cenere cada sull'oggetto. Con carboni grossi e lunghi si prepara il fuoco sulla forgia, lo si accende e vi si pone sopra la lastra di ferro con l'oggetto coperto dalla campana, a sua volta coperta e circondata da carboni, soffiando con un mantice e ventilando energicamente con un'ala d'oca montata su un manico di legno perché la combustione sia uniforme da ogni parte, fino a quando non si sarà visto attraverso i fori della «campana» che anche l'interno è rovente. A questo punto s'interrompe la ventilazione e, lasciata trascorrere una mezz'ora, si comincia pian piano a sollevare la copertura, fino a quando non si siano allontanate tutte le braci. Si aspetta ancora e, quando nulla più è rovente, si pone la lastra con l'oggetto e la copertura in un angolo sul dietro della forgia, finché tutto non sia freddo. Sollevata la campana e tolto l'oggetto, lo si lava, e si completa il riempimento dei ricettacoli che mostrano di non essere ben pieni, fondendo daccapo come la prima volta e ripetendo tutte queste operazioni fino a che tutte le cavità siano completamente piene.

Per finire, si pareggiano gli smalti strofinandoli su un pezzo d'arenaria continuamente bagnata, così da rendere visibile l'oro, e poi si passa ancora con una pietra da cote dura, che ha grana più fine, bagnata con saliva. Sulla stessa cote, sempre bagnata con saliva, si strofina un pezzo di terracotta ricavato da un vecchio vaso rotto, finché non si formi una pasta rossiccia; questa si distende su una lastrina liscia di piombo e vi si strofina delicatamente lo smalto. Allo stesso modo, si distende l'impasto di sottile polvere di terracotta su un pezzo di cuoio di capra fissato su una tavoletta e si liscia finché lo smalto sia lucido, al punto che «se metà di esso è bagnata e metà asciutta, nessuno possa distinguere la parte umida da quella asciutta».

Il Cellini[7] insegna invece a smaltare a *champlevé*. Egli non parla della produzione degli smalti «perché quella si è una certa arte molto grande» scoperta nell'antichità da uomini «soffistichi», ma elenca una decina di colori diversi. I vari smalti, «insieme con acqua nettissima», si pestano finemente «in una bacinella di grossezza quanto sia un palmo [...] tonda e si fa di bonissimo acciaio temperato», oppure anche su pietre di porfido o di serpentino, che sono durissime. Si prende poi una lastrina dello stesso metallo che si vuole smaltare, vi si fanno tante piccole cavità quanti sono gli smalti che s'intendono usare e in ciascuna di esse si pone una piccola porzione di ciascuno smalto, provando poi sul fuoco la fusibilità di essi, come dice Teofilo. Una volta polverizzati gli smalti scelti, si scola l'acqua e, in recipienti di vetro, li si mette a mollo «per spazio di un ottavo d'ora» in tanta acquaforte da coprirli; infine li si lava con acqua «chiara e fresca», poiché l'acquaforte «li purga da ogni lordura di untume, e l'acqua fresca li purga dalla terra». Le polveri vanno poi mantenute umide, avendo cura che non asciughino perché il mettervi nuova acqua porterebbe a cattivi risultati.

Sulla lastra da smaltare, che «vuole essere grossetta», figure e decorazioni si ricavano con bulini e ciàppole in una sorta di bassorilievo schiacciato dello spessore di «dua fogli di carta ordinaria». È raccomandabile che il soggetto abbia numerose cavità: per esempio, egli dice, i

> [...] panni sottili [che vestono le figure rappresentate] mostrano bene per le assai pieghe che si fa in essi. Il tutto importa che il tuo lavoro sia spesso di intagli o pieghette o fioretti [...] acciò che, finito il tuo smalto, egli non schizzi, cioè che e' non si spicchi [...]

Per meglio vedere il procedere del lavoro di bulino è usuale strofinare l'intaglio con carbone di salice o nocciolo, bagnandolo con un po' d'acqua o saliva; alla fine, dunque, l'opera risulterà «unticcia e lorda» e occorrerà lavarla, bollendola in una liscivia di cenere. Asciugata che sia, nelle cavità ottenute si dispongono gli smalti dei diversi colori «sottilissimamente», dando quella che è detta «prima pelle». Se l'oggetto va smaltato anche sul rovescio oppure è a tuttotondo, per evitare che lo smalto cada prima della cottura, lo si attacca con una sorta di tenuissima colla ottenuta mettendo a bagno per una notte dei semi di pera in poca acqua. Posta l'opera su una lastra di ferro (da maneggiare con pinze simili alle molle da camino), finalmente la si mette nel forno, dapprima presso la bocca in modo che si scaldi lentamente, poi verso il centro. Appena «lo smalto comincia a muovere» e prima che sia interamente fuso, lo si estrae lentamente, in modo che non si raffreddi bruscamente[8]. Una volta freddo, gli si dà la «seconda pelle», cioè una seconda quantità di polvere, e di nuovo lo si mette nel forno come la prima volta, aumentando alquanto la temperatura. E, occorrendo, si ripete l'operazione una terza volta, fino a tanto che l'opera lo richieda. Infine si spiana con *frassinelle,* pietre arenarie di grana molto fine, e lo si lucida a mano con tripoli. Altrimenti, più spicciativamente, lo si può rimettere nel forno ancora una volta per un'ultima fusione che lo renderà lucido; questo sistema è più spedito, ma l'opera risulta meno compatta, poiché alcuni smalti si ritirano e possono lasciare sottili fessure.

Sia il Monaco Teofilo che il Cellini sono orafi e smaltano solo oggetti d'oro, d'argento o di metallo dorato. S'incon-trano però anche oggetti di rame e persino d'acciaio decorati con smalto. Nell'Europa Occidentale non ne conosciamo, mentre è noto che nei Balcani si smaltò talvolta qualche particolare di fornimenti di armi bianche; lo smalto, però, vi fu talvolta contraffatto con vernici. Come si è detto, lo smalto fu abbastanza usato in Persia per oggetti di vari generi, tra cui anche armi, e un paio di *khanjar* (pugnali) persiani che abbiamo potuto esaminare hanno fodero e fornimenti di rame smaltato a *champlevé* (fig. 12.02). La base in rame è scavata la-

[7] CELLINI *Oreficeria,* III, *Dell'arte dello smaltare.*

[8] Alcuni smalti, come in particolare il rosso trasparente («roggio» secondo il Cellini) richiedono una più complessa procedura di raffreddamento. Quello esposto sopra è il procedimento più ordinario.

sciando sottili divisioni secondo il motivo; il fondo irregolare mostra i segni del bulino (si ritiene per consentire una miglior presa allo smalto), alcune pareti sono verticali, altre lasciano una cavità concava. Le cavità sono riempite di smalto bianco non traslucido, sembra a più riprese, cotte ogni volta; sull'ultima pelle del bianco i particolari dei fiori sono dipinti con grande finezza in vari colori. I setti sono dorati a *koftgari*[9] e la doratura sembrerebbe applicata dopo lo smalto (ma non ne siamo del tutto certi). Questa, dunque, sembra una forma di smalto *champlevé* dipinto.

In India hanno una certa diffusione fornimenti d'argento smaltati in vari colori, ma si trovano anche fornimenti d'acciaio e persino lame decorate a smalto *champlevé* direttamente sull'acciaio. In un esemplare esaminato[10] lo smalto, di colore verde azzurro, è traslucido e uniforme e a occhio nudo pare un'azzurratura, sulla quale risaltano i caratteri arabi dorati a *koftgari* che formano la decorazione. Esaminando a forte ingrandimento, tuttavia, si osserva che la presunta azzurratura è minutamente frammentata e in qualche punto è caduta: si deve allora dedurre che non si tratta di azzurratura ma di smalto con un fine *craquelé* dovuto alla sua natura vetrosa. Il tallone della lama è decorato da un'iscrizione araba a risparmio ricavata a bulino e sembra probabile che qui, invece, la decorazione risaltasse in color acciaio contro l'oro applicato sul fondo abbassato e fittamente punteggiato, dal momento che non si scorgono resti di smalto[11].

In epoca più recente (XIX secolo) lo smalto si trova saltuariamente anche nel Siam (Thailandia) su qualche sciabola da presentazione. È uno smalto *cloisonné,* policromo, perlopiù traslucido, e negli esemplari più sontuosi vi sono incastonate o annegate minute gemme[12].

Almeno sugli oggetti occidentali lo *champlevé* (fig. 12.01) si distingue abbastanza facilmente dalle altre varietà poiché fra le aree smaltate mostra particolari in metallo di dimensioni e forme molto varie e spesso abbastanza estesi, come visi e mani delle figure, parti di stemmi e simili. Al contrario, nel *cloisonné* i setti sono generalmente sottili e di larghezza uniforme appunto perché si ottengono con una laminetta metallica.

Esistono altre varietà di smalto, come lo *smalto dipinto,* in cui si stende un fondo uniforme di smalto sul quale la decorazione viene dipinta con altri smalti di più colori. È tecnica raffinata e minuziosa, non troppo rara in epoca tarda su spade e sciabole da presentazione[13]. La tecnica a *bassetaille,* invece, richiede una pasta vitrea trasparente e di colore non molto intenso, poiché la decorazione viene ricavata a bulino sul fondo metallico alla maniera di un vero bassorilievo. La descrizione fornita dal Cellini e riportata sopra potrebbe anche adattarsi a uno smalto di questo tipo, se non fosse per il fatto che egli nomina smalti di numerosi colori, «incarnato, verde, rosso, pagonazzo, tanè, azzurro e bigio, e cappa di frate [...] acqua marina [...] roggio», quali appunto si richiedono nello *champlevé* per creare le decorazioni, ma comunemente non si usano nel *bassetaille.* Di questi, poi, solo uno (il «roggio») è sicuramente trasparente, mentre altri, come il rosso e il «cappa di frate» (un marrone), sono certamente opachi. Esempi di smalto *bassetaille* su armi, però, non ci sono noti[14].

Il niello

Per qualche verso il *niello* è simile allo smalto e anch'esso è tecnica da orafi. Il nome deriva dal latino *nigellum,* che potremmo tradurre come «neretto». È una miscela di solfuri di rame, argento e piombo di colore dal grigio bluastro scuro al nero secondo la composizione, di consistenza quasi vetrosa quando è fredda (senza però essere realmente vetrosa come uno smalto), ma facilmente fusibile, con la quale si riempiono i solchi tracciati a bulino sul metallo prezioso, facendoli così risaltare sul fondo lucido. Il niello, infatti, viene usato solo «in argento o in oro, perché in altro metallo non si niella», come dice il Cellini[15].

Proprio perché è tecnica da gioiellieri, il niello non è frequente, soprattutto sulle armi, ma qualche esemplare s'incontra o se ne ha notizia per altra via. Si conosce l'esistenza di un'opera del Dürer del 1519, un medaglione del diametro di 37 millimetri, che dalla corrispondenza dell'autore si sa essere stato d'oro e che si ritiene fosse destinato a decorare il pomo di una spada, forse dell'imperatore Massimiliano I. Secondo ogni probabilità ta-le spada non fu mai costruita poiché Massimiliano morì proprio in quell'anno. Dell'opera, ora perduta, rimane tuttavia la stampa su carta, nota come *Crocifissio-*

---

[9] Oltre quello illustrato, l'Armeria Reale di Torino possiede un secondo *khanjar,* catalogo H 188, con firma non letta e data 1230 a.H. (1815 d.C.). In diverse collezioni si conoscono vari *khanjar* simili.

[10] Torino, Armeria Reale, catalogo G 340: l'oggetto è un *talwar* (sciabola) fabbricato nell'arsenale a Seringapatam, di Tipu, sultano del Mysore, nell'India Meridionale, e datato 1221 a.M. (dell'era Mauludi, ossia dalla nascita di Maometto), corrispondente al 1792 d.C. Cfr. DONDI 2001b, scheda 27.

[11] Una decorazione simile, in acciaio su fondo d'oro, si trovava forse anche sulla lama, probabilmente persiana ma proveniente da Zanzibar, della *kiliç* (sciabola) catalogo U 5 della medesima Armeria Reale; cfr. *supra* fig. 07.16.

[12] Torino, Armeria Reale, catalogo G 386: sciabola presentata da Rama V, re del Siam, a Umberto I, re d'Italia, circa nel 1897. Una sciabola simile, meno ricca, decorata con doratura a foglia e smalti, è posseduta dal Museo Siamese di Cagliari, inventario 1174.

[13] A Dresda, Historisches Museum (GG 360), si trova un archibugio di Ch. Herold, di Dresda, del 1669, con la mascherina del rotino così decorata, ma è l'unico esempio che siamo in grado di fornire.

[14] Questo non è del tutto vero. Nella cosiddetta «parure del kedivè» (Torino, Armeria Reale), composta di carabina, due pistole e *kiliç* (sciabola, catalogo U 29), donata nel 1865 da Ismail Pascià, kedivè d'Egitto, al principe Umberto, poi Umberto I, re d'Italia, la *kiliç* porta sul pomo un medaglione appunto in smalto a *bassetaille.* Il materiale vetroso è di un colore tenuissimo e il fondo della cavità è lavorato con un disegno decorativo formante una sorta di ventaglio.

[15] CELLINI *Oreficeria,* I, *Dell'arte del niello.*

ne rotonda[16]. Fra Quattro e Cinquecento il niello è di moda in Italia e altrove in Europa e si conoscono coltelli da tavola fiorentini con manico d'avorio o di legno con cappa d'argento a niello[17].
Nielli di qualità molto più bassa, spesso addirittura grossolani, si trovano sui fornimenti e le decorazioni in argento di armi bianche e da fuoco sette-ottocentesche del Dagestan e di qualche altra area caucasica.

In Occidente il niello è noto da molto tempo: nel XII secolo il solito Monaco Teofilo[18] ne parla già, mentre nel Cinquecento escono i trattati del Biringuccio e del Cellini, che anch'essi lo illustrano, fornendo ricette. Per ottenerlo si fondono insieme argento, rame e piombo, che poi si fanno reagire con lo zolfo. Ogni artista se lo produce, poiché neanche al tempo del Cellini viene venduto già pronto; ognuno, dunque, ha la sua ricetta e vi saranno anche state «scuole» regionali, ma se il tedesco Teofilo e l'italiano Cellini possono essere considerati rappresentativi, nei quattro secoli che li separano si osserva un'inversione di tendenza: mentre il Monaco Teofilo suggerisce di abbondare con l'argento e scarseggiare col piombo, il Cellini consiglia di fare l'opposto: una sola parte d'argento, due di rame e ben tre di piombo. Identica a quella del Cellini è la ricetta fornita dal Biringuccio[19] (che tuttavia non è orafo ma metallurgista). Per la preparazione, però, i suggerimenti differiscono solo nei particolari.

Materiale	Teofilo 1140 parti	Cellini 1568 once	Biringuccio 1540 parti
argento	2 (4)	1	1
rame	1 (2)	2	2
piombo	½ (1)	3	3
zolfo	(giallo) alquanto	(nero) mezzo pugno	alquanto

Secondo il Cellini, in un crogiolo sulla forgia dapprima si fondono insieme l'argento e il rame. Quando siano fusi, si aggiunge il piombo (che rapidamente si scioglie, data la sua bassa temperatura di fusione) e si ritira dal fuoco. Con le molle si prende un carboncino e con esso si mescola per «incorporarli» bene, allontanando quel po' di schiuma che «il piombo per sua natura fa sempre». A parte si sarà preparata una boccia di terracotta, grande come un pugno e con bocca stretta che ci passi un dito, piena a metà di zolfo, «del più nero [...] benissimo pesto». Si versano i tre metalli fusi nella boccia, la si tura con «un poco di terra fresca», la si avvolge in uno straccio e la si «dimena continuamente», finché non sia fredda. Si spezza la boccia e se ne estrae la massa di niello che si è formata; lo si rifonde ancora due o tre volte in crogiolo mettendovi sopra un grano di borace finché sia uniforme e compatto, poi, freddo, lo si tritura sull'incudine o sul porfido, tenendolo dentro un tubo di ferro perché non schizzi all'intorno, fino alle dimensioni di grani di miglio («si usa dire nel-l'arte: smalto sottile e niello grosso») e lo si lava in acqua chiara.

Si prende l'oggetto d'oro o d'argento («perché in altro metallo non si niella», come abbiamo già riportato) inciso a bulino e, dopo averlo lavato bollendolo in una liscivia forte di cenere di quercia e averlo risciacquato in acqua «freschissima e nettissima» strofinando con un pennello, vi si distribuisce il niello tritato per lo spessore di «una costa di un coltelletto da tavola» grattandovi sopra un po' di borace e, depostolo su una lastra di ferro che distribuisca il calore e aiuti a maneggiarlo, si mette cautamente su un fuoco di «legnette» e «alcuni pochi carboncini», avendo cura di non scaldarlo troppo poiché finirebbe danneggiato. Con una minuscola spatola di ferro arroventata si fa in modo che il niello fuso entri in tutti i solchi e le cavità dell'oggetto inciso. Il niello formerà come una crosta nera che, una volta raffreddata, si limerà con una lima dolce, senza scoprire il metallo ma avvicinandocisi. Si riscalda ancora moderatamente l'oggetto sulle ceneri roventi e si liscia con un brunitoio d'acciaio temperato e con olio, premendo bene così da fare scomparire buchetti e spugnosità, e con un raschietto si termina di scoprire il metallo. Infine si lucida con polvere di tripoli e carbone di legna pesto, condotti con un pezzo di canna spianata dal lato del midollo[20]. In questo modo la delicata immagine ottenuta a bulino è resa visibile come un disegno nero sullo sfondo di metallo lucido.

La filigrana

La filigrana ha un grandissimo pregio: moltiplica il metallo prezioso; o così pare, almeno. Da questo punto di vista, ma solo da questo, è simile al traforo, che permette di occupare ampie superfici usando in realtà poco metallo, per via degli ampi spazi vuoti. Da altri punti di vista è invece l'opposto: il traforo si fa togliendo, la filigrana unendo tratti di filo opportunamente piegati. Per questo ha una certa diffusione nei Paesi orientali, a cominciare

[16] Tecnicamente la stampa di un niello non è diversa da quella di un'ordinaria incisione a bulino su rame e, prima di applicare il niello al metallo, questo può essere inchiostrato e impresso con un torchio calcografico. La stampa di un niello sul foglio non è che una prova dell'aspetto che verrà ad avere il gioiello finito o un controllo della completezza del lavoro. La stampa, però, mostrerà i particolari (specialmente scritte e firme) invertiti specularmene.

[17] Alcuni coltelli di questo tipo sono a Firenze, al Museo Nazionale del Bargello. Ne parla SALVATICI 2004. Alcuni hanno manico d'avorio con cappa d'argento a niello, in cui il fondo nero risparmia gli stemmi degli Altoviti e della parte guelfa; altri hanno manico di legno e cappa e base in argento niellato.

[18] TEOFILO 1140, l. III, cap. XXVIII, *De nigello*, e sgg.

[19] BIRINGUCCIO 1540, libro nono, cap. quarto, *Del arte del fabro orefice*.

[20] Il Monaco Teofilo consiglia anche di lucidare il niello col cerume delle orecchie:

Deinde tolle sepum de foramine auriculae tuae, et cum exterseris nigellum lineo panno subtili, per omnia linies et cum corio hyrcino siue ceruino leniter fricabis, donec omnino clarum fiat

(TEOFILO 1140, libro III, cap. XLI, *De poliendo nigello*)

dai Balcani. Sulle armi occidentali, invece, è rara, ma talvolta la si trova persino su qualche arma difensiva, come la famosa armatura[21] di Enrico VIII, probabile opera di armorari italiani attivi in Inghilterra attorno al 1514, in cui l'orlo del tonello porta alternamente le lettere H (per Henry) e K (per Katherine), ottenute per fusione, legate da volute intrecciate di grossa filigrana, il tutto d'ottone.

Esistono due varietà di filigrana: la *filigrana applicata,* in cui un filo metallico viene saldato su una superficie, di quello stesso o di un altro metallo (per esempio, filo d'oro su argento dorato), e un'altra varietà in cui il filo non è sostenuto da alcuna superficie, ma forma una sorta di rete «trasparente» con le maglie saldate tra loro secondo il motivo decorativo progettato. Le tecniche di esecuzione non sono molto diverse, ma la seconda è di fattura più delicata.

Qualunque sia il metallo usato e il tipo di filigrana prescelto, il primo passaggio è la produzione del filo, che nell'epoca in discussione si ottiene ormai sempre mediante trafilatura, come si è detto nel parlare della produzione delle maglie[22]. Spesso si usano fili di diametri diversi (il Cellini[23] parla di tre o quattro varietà), talvolta ritorti a cordoncino, di rado propriamente intrecciati. Con due paia di pinzette, piccole ma robuste quanto occorre, si curva il filo secondo i motivi, lo si taglia di misura con una specie di piccolo scalpello e lo si dispone sulla superficie metallica, incollandovelo con gomma adragante disciolta in acqua. Di mano in mano che si è completata una parte e mentre la colla è ancora fresca, vi si pone sopra un po' di saldatura, ossia del metallo del genere di quello della filigrana (oro, argento, ottone o altro), in una lega che però fonda a temperatura più bassa di quella dei fili, saldatura che va ridotta in limatura e mescolata a borace.
Terminato il montaggio (per così dire), si dispone l'opera su una piastra di ferro e la si avvicina alla bocca del forno, operando cautamente «perché il troppo caldo ti faria muovere quei fili che tu avessi tessuti». E «si soccorre il fuoco» con qualche legnetto, col piccolo mantice che usano gli orefici ed eventualmente «con un poco di crusca grossa (ché anco quella, quando l'è adoperata al suo tempo, la fa molto bene)». Al termine, per «purgarli dal borace», i lavori in argento si bollono per un quarto d'ora in una soluzione di tartaro delle botti e sale, mentre quelle d'oro si coprono di sale e si mettono a bagno per un giorno e una notte in aceto forte.

Le opere che non devono avere una base di lamiera metallica si costruiscono in modo simile su una base di ferro coperta con un sottile strato di «luto», una varietà del *lutum sapientiae,* impasto di terra sottile, cimatura di panni e tripoli. Questo impedisce ai fili di saldarsi alla base e alla fine la rete di filigrana potrà essere separata dal ferro senza difficoltà. In questo come nell'altro tipo, il disegno di filo potrà essere arricchito con granelli di metallo («granaglia») ottenuti fondendo una porzione di quel medesimo metallo e gettandolo fuso in un recipiente contenente polvere di carbone. I granelli potranno ulteriormente essere rifiniti a bulino.

[21] Museum of the Royal Armouries, Leeds, n. II.5. Cfr. anche DUFTY 1968, plates I, XIV, XV ecc.
[22] Cfr. *supra* cap. 2.
[23] Cellini *Oreficeria,* cap. II, *Il lavorar di filo.*

Fig.12.01

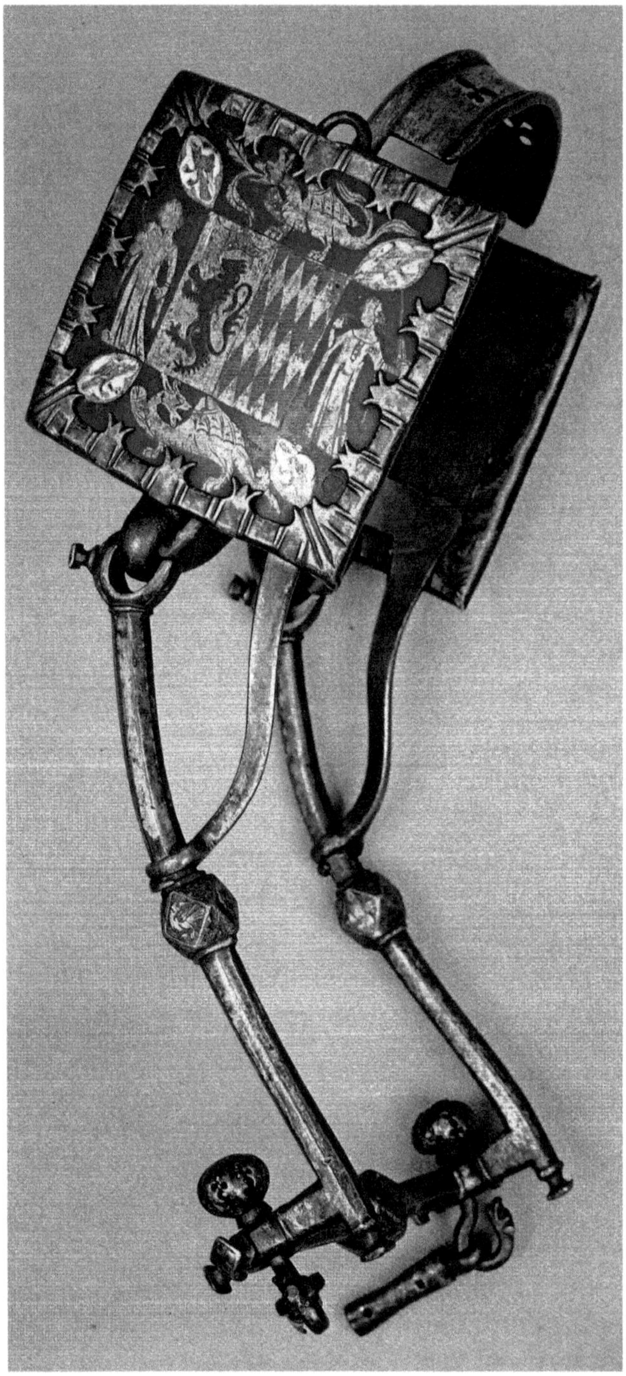

Morso da cavallo della sposa (di famiglia Grimaldi) di Angelo Acciaiuoli; Limoges (Francia), metà del secolo XIV. In ferro e rame dorato a fuoco con grandi borchie a smalto *champlevé* nei colori rosso, bianco, azzurro e nero, tutti opachi, su rame dorato (Torino, Armeria Reale, D 58. Foto Chomon Perino)

Fig.12.02

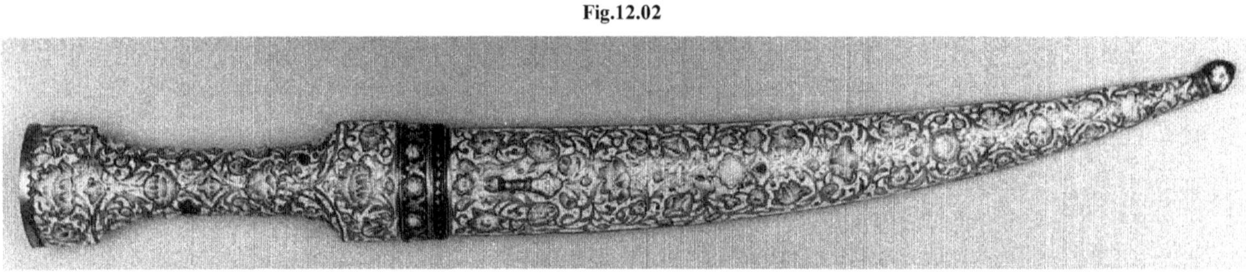

Khanjar (pugnale); Persia, firmato dallo smaltatore Haziz e datato a.H. 1205 (1790-1791 d.C.). Impugnatura e fodero sono in rame dorato a *koftgari* e smaltato a *champlevé* con particolari nei colori blu, carminio, giallo e grigio dipinti sul fondo bianco. I setti molto sottili e uniformi di questo smalto non mostrano i caratteri tipici dello *champlevé,* e anche per il resto si tratta di una forma ibrida con lo smalto dipinto (Torino, Armeria Reale, H 187. Foto Chomon Perino)

Fig.12.03

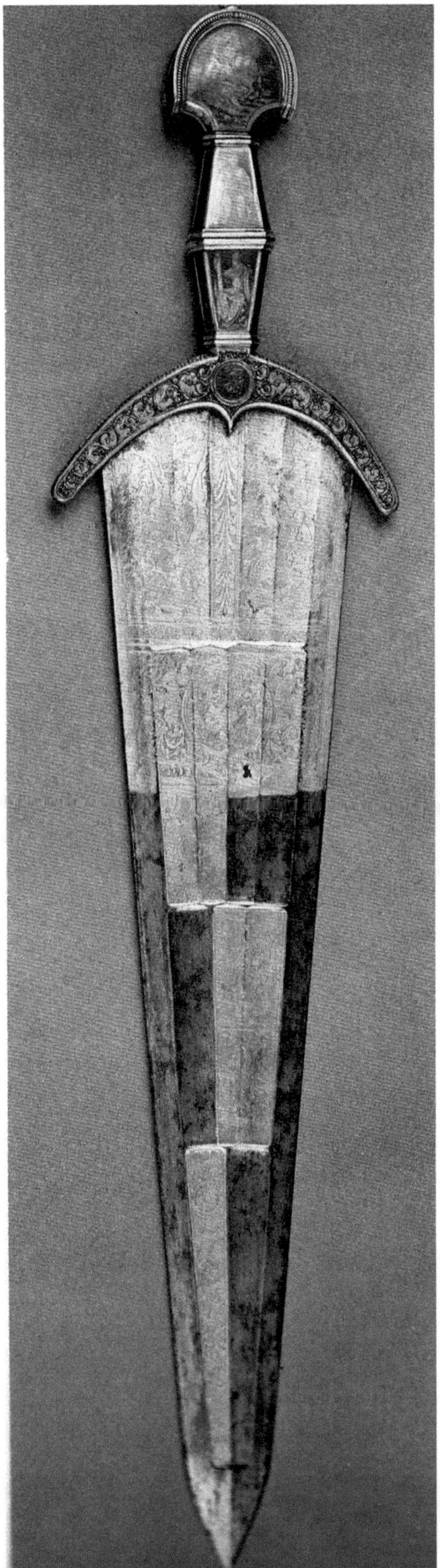

Ferrara, circa 1490-1510, cinquedea con lama decorata all'acquaforte e dorata a fuoco ed elsa a filigrana

Fig.12.04

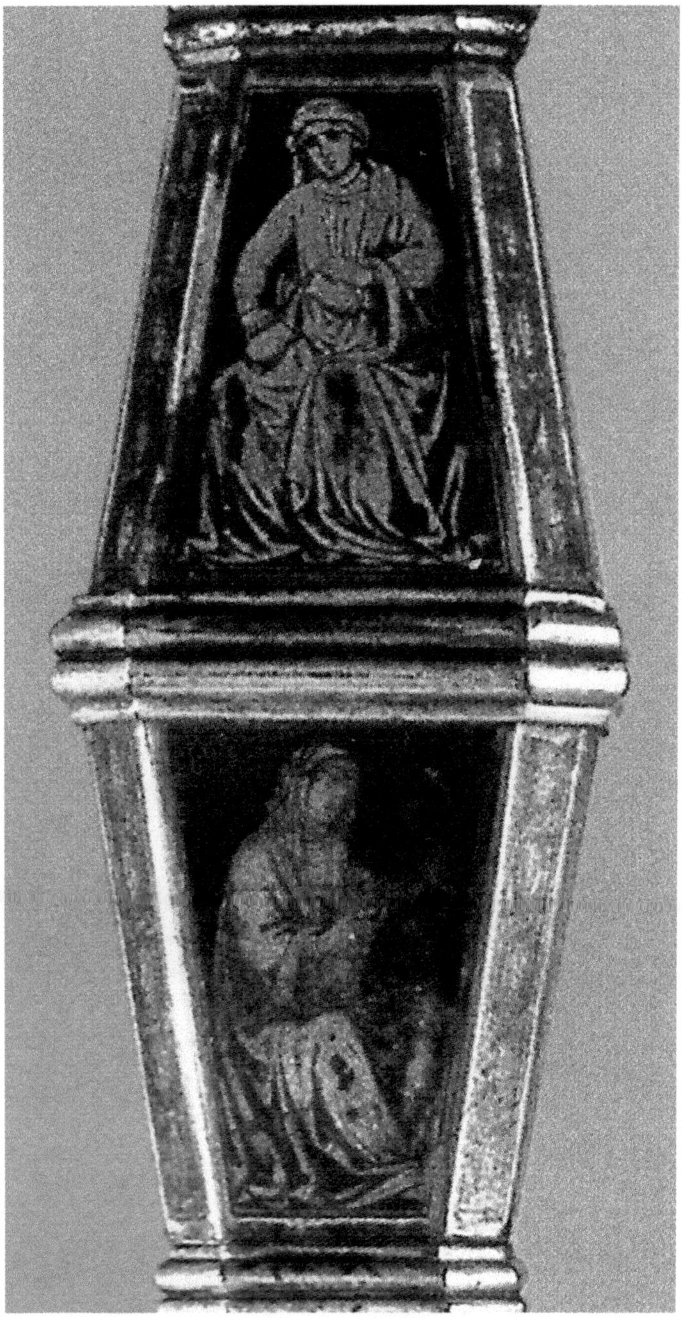

Particolare dell'impugnatura in argento a niello, opera di orafo veneto, circa 1825-1830 (Torino, Armeria Reale, H7. Foto Chomon Perino)

Fig.12.05

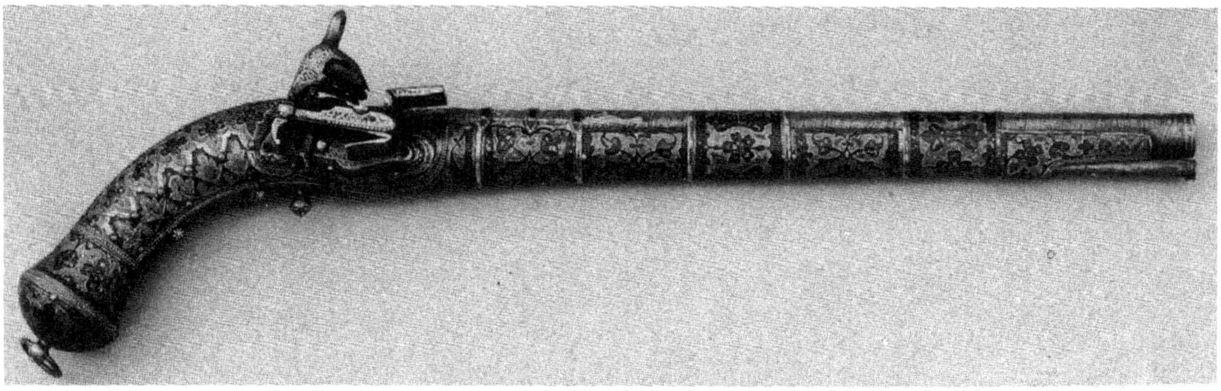

Pistola a pietra focaia (una del paio); Dagestan, secolo XVIII (?). La canna è a tortiglione, decorata con rilievi e con oro. La cassa è coperta d'argento decorato a niello (Torino, Armeria Reale, cat. N 59. Foto Chomon Perino)

Fig.12.06

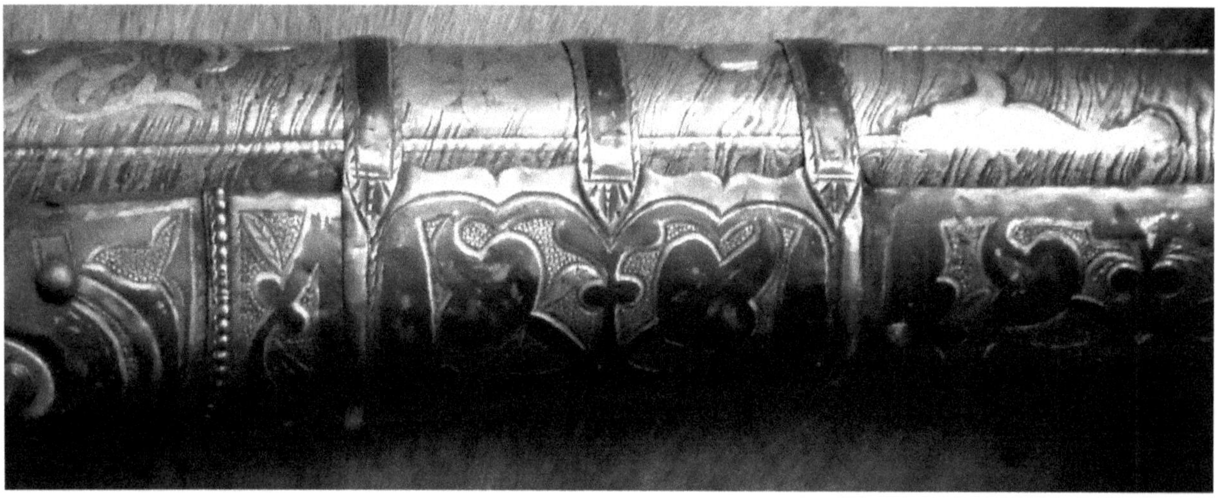

Particolare della cassa della pistola della fig. 12.05: è coperta di lamina d'argento incisa a bulino e niellata (Foto Chomon Perino)

Fig.12.07

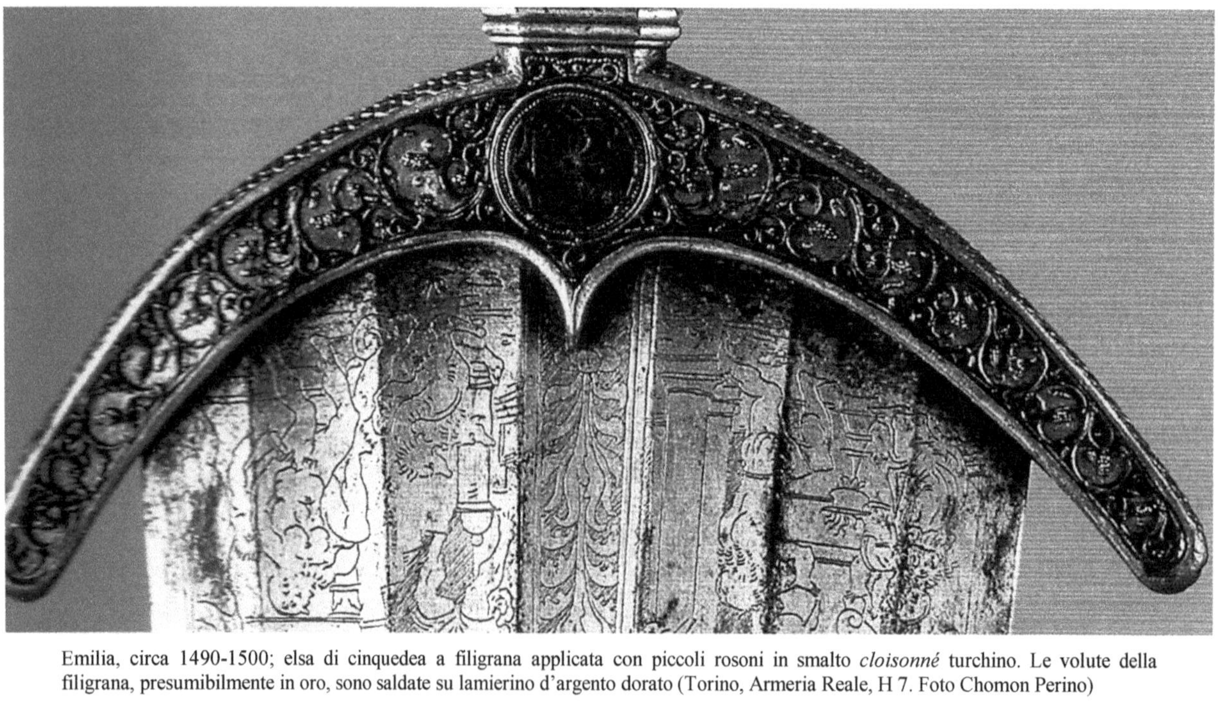

Emilia, circa 1490-1500; elsa di cinquedea a filigrana applicata con piccoli rosoni in smalto *cloisonné* turchino. Le volute della filigrana, presumibilmente in oro, sono saldate su lamierino d'argento dorato (Torino, Armeria Reale, H 7. Foto Chomon Perino)

CAPITOLO 13

Tecniche Accessorie

Saltuariamente su armi e armature si applicarono anche altre tecniche: si sa che ad una cert'epoca per gli spadini furono di moda le impugnature di porcellana, mentre un po' in tutti i tempi certi fornimenti furono opera di orefici e gioiellieri, tutti settori che in questa ricerca abbiamo trascurato. Meno saltuario fu l'uso della fusione, con la quale si ottennero talvolta fornimenti di bronzo per spade da presentazione[1], e poi in gran numero fibbie in ottone per le armature e più tardi, a partire dal Seicento ma specialmente nei secoli successivi, parti di armi da fuoco come sottomano e contropiastre, talvolta di una certa ricercatezza, anche se non proprio di alta qualità. E, soprattutto dal Settecento, fornimenti di armi bianche da truppa (fig. 07.11), in genere, però, di modesto valore decorativo. Anche delle varie tecniche di fusione e colata, tuttavia, non ci si occuperà, poiché la lavorazione delle leghe del rame (bronzi, ottoni) esula dagli intendimenti di questo studio, mentre l'unica lega di ferro che fonda a una temperatura abbastanza bassa, e che dunque potesse anche in passato essere colata, è la ghisa, inadatta alle armi portatili, come si è già detto, e non usata per prodotti ricercati.

Un certo numero di armi difensive fu decorato con particolari applicati e la pratica risale a prima del Quattrocento. Se ne conoscono diversi esemplari, dall'armatura di un castellano di Matsch[2], milanese circa del 1380-1390, con lame forbite e bordate di liste dorate con iscrizioni a bulino, alla barda, ancora milanese circa del 1450-1460, con bordi e altre decorazioni in ottone e alla testiera da cavallo con bordo dentellato in metallo dorato, di identica epoca e provenienza[3]. Anche Oltralpe si trovano analoghe testimonianze, come il bracciale da *Kolbenturnier,* o torneo col bastone, con piccoli bordi d'ottone dorato formanti un cordone accompagnato da gigli, prodotto da L. Helmschmid di Augsburg nel 1486[4], o le varie armature «gotiche» di simile datazione e decorazione[5]. Abbastanza note sono le celate alla veneziana da pompa largamente ornate di metallo sbalzato e dorato sovrapposto al velluto che copre l'acciaio. In seguito l'adozione di tecniche che permettono di ornare direttamente l'acciaio fa sì che queste decorazioni in materiali estranei siano praticamente abbandonate. Ricompariranno non frequentemente dalla fine del Cinquecento e nel Seicento, quando l'arma difensiva sarà ormai in decadenza, talvolta in oggetti di discreta raffinatezza, come il gioco di borgognotta e brocchiere che attorno al 1608-1609 Gasparo Mola produce per Cosimo II di Toscana, talvolta in esecuzioni meno curate[6].

L'applicazione di un metallo su un altro metallo non sempre si adatta bene ad altri tipi di armi, ma qualcosa si trova, soprattutto nei Paesi tedeschi. Sulle armi da fuoco a ruota una mascherina traforata in metallo, più o meno estesa, si ritrova con discreta frequenza almeno dall'ultimo quarto del Cinquecento. A Dresda Georg Gessler, fra altre cose di gusto analogo, attorno al 1614 produce un paio di pistole a ruota con cartella di un azzurro smagliante sulla quale sono applicati decori traforati in ottone dorato di alta qualità, e qualcosa di simile si trova tra le opere di Marx Götersdorfer, di Linz, in Austria, qualche anno prima; ma non sono gli unici. In Italia sono note numerose alabarde dell'inizio del Seicento con medaglioni d'ottone, generalmente ovali e raffiguranti teste galeate, di qualità però molto scadente, talvolta accompagnati da piccole piastrine incise e traforate, anch'esse d'ottone. È nota una partigianetta, forse veneziana del tardo secolo XVII, molto lussuosa, con asta ricoperta di velluto e grande nappa, il ferro coperto in gran parte di lamina d'ottone sbalzata e dorata di qualità non eccelsa (fig. 13.03). In epoca tardissima si trovano alabardine come quelle del Corpo dei Veterani dell'Esercito Napoletano: sono armi ottocentesche e il piccolo serto d'alloro in bronzo che portano, è fissato con viti, sistema del tutto moderno.

[1] È di bronzo il bellissimo fornimento (elsa e pomo) di spada fatto da Andrea Briosco detto «il Riccio», di Padova, ma a lungo attribuito a Donatello, montato su lama e impugnatura recenti e ora a Torino, Armeria Reale, C 79bis. Cfr. BERTOLOTTO 1982a.

[2] Castello di Churburg, 13 e 364.

[3] Rispettivamente Vienna, Historischesmuseum, 505, e Vienna, Hofjagd- und Rüstkammer, A 187.

[4] Vienna, Hofjagd- und Rüstkammer, A 79.

[5] Vienna, Hofjagd- und Rüstkammer, A 60 e altre.

[6] La borgognotta e il brocchiere di Cosimo II sono a Firenze, al Museo del Bargello, M.760 e M.761. Un'armatura, un paio di borgognotte, un brocchiere e qualche altro esemplare, prodotti ad Augsburg tra la fine del Cinquecento e i primi anni del Seicento si trovano a Dresda, allo Historisches Museum.

Fig. 13.01

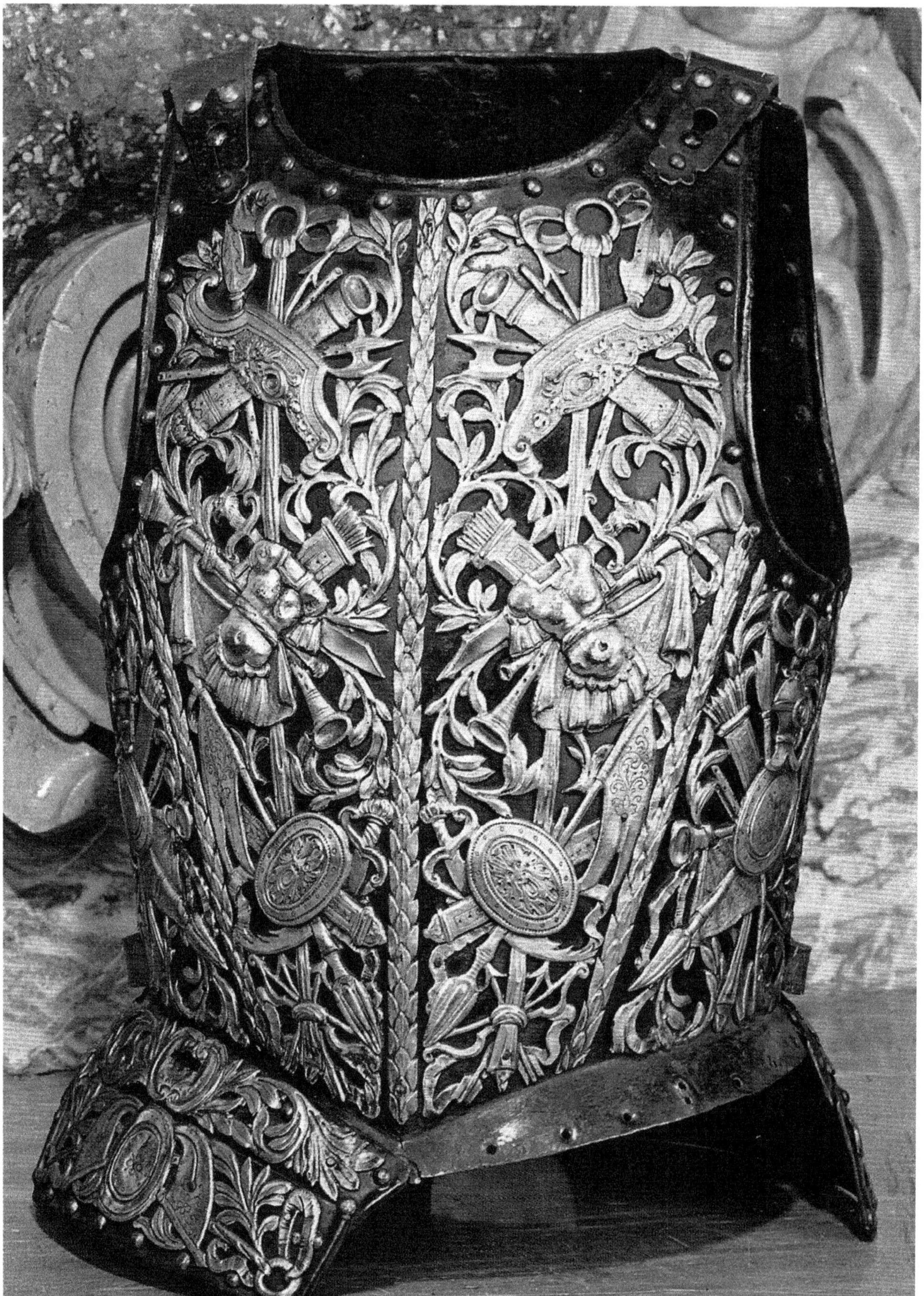

Resti di un corsaletto da parata proveniente dalla Casa dei conti di Carmagnola; Italia Settentrionale (?), fine del secolo XVII. Sull'acciaio azzurrato, molto leggero, è applicata mediante piccoli rivetti una ricca decorazione in rame cesellato e dorato (Torino, Armeria Reale, C 36 e C 225, oltre la testiera D 25. Foto Chomon Perino)

Fig. 13.02

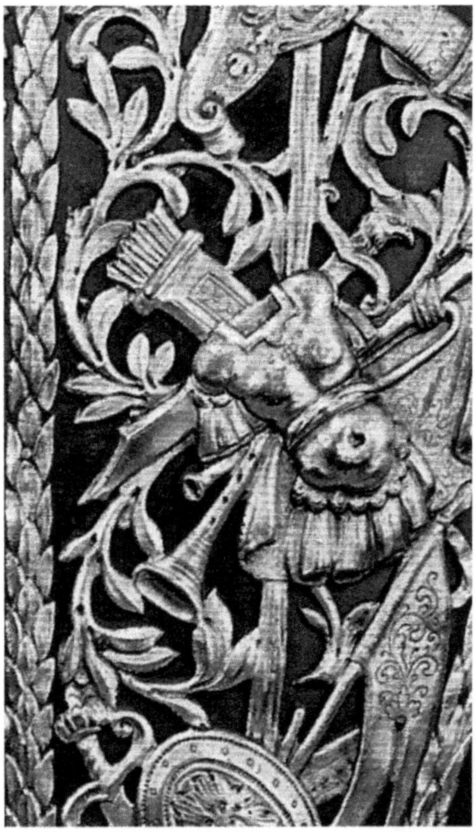

Particolare della fig. 13.01

. Fig. 13.03

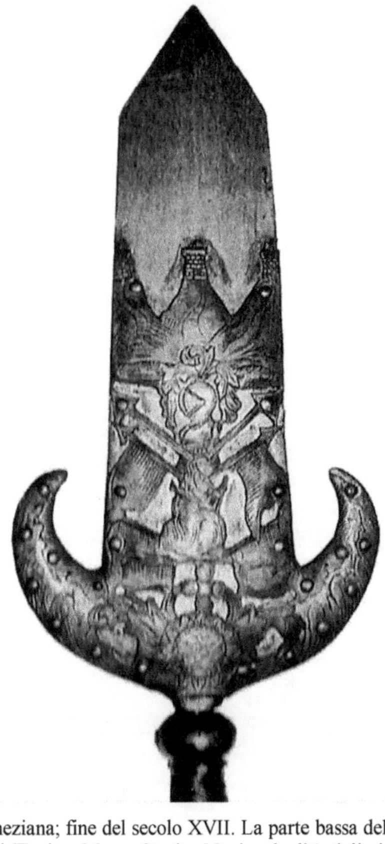

Partigianetta da ufficiale, probabilmente veneziana; fine del secolo XVII. La parte bassa del ferro è coperta di lamiera d'ottone sbalzata, traforata e dorata, fissata con piccoli ribattini (Torino, Museo Storico Nazionale d'Artiglieria, J.130/5221, vecchia numerazione. Foto R. Chiaramonte)

Bibliografia

Fonti

Agricola 1563 (1980)
G. Agricola, *Opera di Giorgio Agricola de l'arte de metalli partita in XII libri ecc., in Basilea per Hieronimo Frobenio et Nicolao Episcopio*, 1563, edizione anastatica s.l., s.d. (1980 ca.), della prima traduzione italiana ad opera di Michelangelo Florio del *De re metallica* del tedesco Georg Bauer)

Aldrovandi s.d.
U. Aldovrandi, *Ulyssis Aldrovandi Patricii Bononiensis Museum Metallicum in libros IIII distributum etc.*, *Bononiae*, Bologna s.d.

Amman 1590
J. Amman, *Stände und Handwerke*, ca. 1590

Andreani 1920
I. Andreani, *Il fabbro*, Hoepli, Milano 1920

Armenini 1586 (1988)
G. B. Armenini, *De' veri precetti della pittura*, Ravenna 1586, edizione Einaudi, Torino 1988

Baldinucci 1681
F. Baldinucci, *Vocabolario toscano dell'arte del disegno*, Firenze 1681

Bauer 1563
G. Bauer, *supra* Agricola 1563

Biringuccio 1540 (1977)
V. Biringuccio, *De la pirotechnia*, Venezia 1540, edizione anastatica a cura di A.Carugo, Il Polifilo, Milano 1977

Bosse 1645
A. Bosse, *Traicté des manieres de graver en taille douce sur l'airin par le moyen des Eaux Fortes, et des Vernix Durs & Mols, Ensemble de la facon d'en Imprimer les Planches & d'en Construire la Presse, & autres choses concernans lesdits Arts, par A.B., Graveur en Taille Douce, à Paris chez ledit Bosse, en l'Isle du Palais, à la Rose rouge, deuant la Megisserie, MDCXLV*, Paris 1645

Bosse 1758
A. Bosse, *De la maniere de graver à l'eau forte et au burin, et de la gravure en maniere noire etc., Nouvelle édition, augmentée etc., enrichie etc., à Paris, rue Dauphine, chez Charles Antoine Jombert, Libraire de l'Artillerie & du Génie, à l'Image Notre-Dame, MDCCLVIII*, testo riveduto da Cochin, Paris 1758

Burgkmair 1553
H. Burgkmair d. Ä. & d. J., *Turnier-Buch*, ca. 1553, manoscritto pubblicato nel 1853 dal von Hefner Alteneck, ripubblicato Lengerich, 1980

Cabanie 1932
H. Cabanie, *Manuel de coutellerie*, Baillière et Fils, Paris 1932

Cellini *Oreficeria-Scultura*
B. Cellini, *I trattati dell'oreficeria e della scultura*, 1568, in *Opere di B. Cellini*, Torino 1980

Cellini *Vita*
M. G. Cellini, *La vita di Benvenuto di M. Giovanni Cellini fiorentino scritta (per lui medesimo) in Firenze*, 1558-1566, in *Opere di B. Cellini*, Torino 1980

Cennini 1398
C. Cennini, *Libro dell'Arte*, Padova (?) 1398

Crivelli 1821 (1963)
A. Crivelli, *Sull'arte di Fabbricare le sciabole di Damasco*, Milano 1821, edizione anastatica a cura di C. Panseri, Milano 1963

Della Porta 1607
G. B. Della Porta, *Io. Baptistae Portae Neapolitani Magiae Naturalis libri viginti, Francofurti MDCVII*, Frankfurt am Main 1607

d'Embser 1732 (2007)
G. B. d'Embser, *Compendio della grand'arte d'Artiglieria (1732)*, ms. pubblicato e annotato da G. Dondi, 2 voll., Roberto Chiaramonte Editore, Collegno 2007

***Encyclopédie* 1777**
D. Diderot, J.B. Le Rond d'Alembert, *Encyclopédie*, Paris 1758-1788

Filarete 1461 (1978)
A. Averlino, detto il Filarete, *Trattato di architettura* (ms. circa 1461), Il Polifilo, Milano 1978

Gaya 1678 (1911)
L. de Gaya, *Traité des Armes, des Machine de Guerre, des Feux D'Artifices, des Enseignes et Des Instrumens Militaires Par Le S.r de Gaya*, Paris 1678, edited by Charles Ffoulkes, London 1911

Gill 1830
T. Gill, *Gill's technological and microscopic repository*, vol. VI, London 1830

Jaquinet 1660
C. Jaquinet, *Plusieurs models des plus nouvelles manieres qui sont en usage en l'Art d'Arquebuzerie et ses ornements les plus convenables le tout tiré des ouvrages de Thuraine et le Hollandois Arquebuziers ordinaires de Sa Majesté et gravé par Jaquinet, et se vend le present liure chez les Autheurs avec privilege 1660*, Paris 1660

Mattioli 1544
P.A. Mattioli, *Materia medica di P. Dioscoride Anazarbeo*, Venezia 1544

Petrini 1642 (1962)
A. Petrini, *Arte fabrile ecc.*, manoscritto pubblicato a cura di A. Gaibi in «Armi Antiche. Bollettino dell'Ac-cademia di San Marciano», 1962, pp. 111 sgg.

Scuola Sup. Fanteria 1886
Scuola Normale Superiore di Fanteria, *Appunti sulla riparazione alle armi portatili presso i Corpi di Fan-*

teria, Parte 1^a e 2^a , Secondo Corso 1886, Parma 1886

***Stuttgarter* 1548 (1980)**

Das Stuttgarter Harnisch-Musterbuch 1548-1563, a cura di C. Becher, O. Gamber, W. Irtenkauf, Kunsthistorische Sammlungen, A.Schroll, Wien 1980

TEOFILO 1140 (1986)

THEOPHILUS, *De diversis artibus - The Various Arts*, edited and translated by C. R. Dodwell, Clarendon Press, Oxford 1986

TOSATTI 1991

B. S. TOSATTI (a cura di), *Il Manoscritto Veneziano. Un manuale di pittura, e altre arti [...] del Quattrocento*, Acanthus, Carma S.r.l., Cassina de Pecchi - Milano 1991

TOZZI 1714 (2000)

A. TOZZI, *Il trattato di archibuseria di Giovanni Antonio Tozzi (1714)*, edizione a cura di Carlo de Vita, Czerny's Int. Auction House S.r.l., Sarzana 2000

VASARI 1550 (1986)

G. VASARI, *Le Vite de' più eccellenti architetti, pittori, et scultori italiani, da Cimabue, insino a' tempi nostri, descritte in lingua Toscana da Giorgio Vasari, Pittore Aretino. Con una sua utile & necessaria introduzione a le arti loro*, Firenze 1550, edizione Einaudi, Torino 1986

Studi

ABBIATICO-LUPI-VACCARI 1976

M. ABBIATICO, G. LUPI, F. VACCARI, *Grandi incisioni su armi d'oggi*, Firenze 1976

ALEXANDER 1985

D. G. ALEXANDER, *Decorated and Inscribed Mail Shirts in the Metropolitan Museum*, in «Waffen-und Kostümkunde», 1, 1985

ALLEVI 1998

P. ALLEVI, *Museo d'Arti Applicate di Milano*, Milano 1998

ANGELUCCI 1869

A. ANGELUCCI, *Documenti inediti per la storia delle armi da fuoco italiane*, vol. I, parte I, Torino 1869

ANGELUCCI 1890

A. ANGELUCCI, *Catalogo dell'Armeria Reale*, Torino 1890

ANGIER 1936

R. H. ANGIER, *Firearm Blueing and Browning*, London 1936

***Armi a ruota* 2006**

Le armi da fuoco a ruota nella prima metà del XVII secolo tra la Valle Trompia e Brescia, Brescia 2006

Armi ed eserciti 1966

Armi ed eserciti nella storia universale, Vol. II, *Tardo Medioevo ed Età Moderna,* Torino 1966

***Armi estensi* 1986**

Le armi degli Estensi. La collezione di Konopiste, Milano 1986

ASHDOWN 1925 (1975)

CH. H. ASHDOWN, *Armour and Weapons in the Middle Ages*, London 1925, edizione anastatica London 1975

BARALDI 1979

E. BARALDI, *Lessico delle ferriere «catalano-liguri»; fonti e glossario*, in «Quaderni del Centro di studio sulla storia della tecnica del C.N.R.», 2, 1979

BAUER 1979

W.P. BAUER, *A scientific examination of the applied decoration on two Indian swords*, in R. ELGOOD (a cura di), *Islamic Arms and Armour*, London 1979

BERTOLOTTO 1982a

C. BERTOLOTTO, *Medioevo e primo Rinascimento*, in MAZZINI 1982, pp. 59-71

BERTOLOTTO 1982b

C. BERTOLOTTO, *Dal Seicento all'Ottocento*, in MAZZINI 1982, pp. 94-107

BIANCHI BARRIVIERA 1984

L. BIANCHI BARRIVIERA, *L'incisione e la stampa originale. Tecniche antiche e moderne*, Vicenza 1984

BLACKMORE 1965

H. L. BLACKMORE, *Guns and Rifles of the World*, London 1965

BLACKMORE 1972

H. L. BLACKMORE, *Hunting Weapons*, New York 1972

BLAIR 1972

C. BLAIR, *European Armour*, London 1972

BLAIR 1974

C. BLAIR, *Arms, Armour and Base-Metalwork [at Waddesdon Manor]*, Fribourg 1974

BLAIR 1988-89

C. BLAIR, *Simon and Jacques Robert and some early Snaphance locks*, in «Armi Antiche, Bollettino dell'Accademia di San Marciano», 1988-89, pp. 33-88

BLAIR *ET A.* 1979

C. BLAIR E ALTRI, *Enciclopedia ragionata delle armi*, Milano 1979

BLAIR-BOCCIA 1982

C. BLAIR, L. G. BOCCIA, *Armi e armature*, in «I quaderni dell'antiquariato», 1982

BOCCIA 1967a

L. G. BOCCIA, *L'arte dell'armatura in Italia*, Milano 1967

BOCCIA 1967b

L. G. BOCCIA, *Nove secoli di armi da caccia*, Firenze 1967

BOCCIA 1975a

L. G. BOCCIA, *Armi bianche italiane*, Milano 1975

BOCCIA 1975b

L. G. BOCCIA, *Il Museo Stibbert a Firenze. Volume terzo: l'armeria europea*, 2 voll., Milano 1975

BOCCIA 1980

L. G. BOCCIA, *L'antica produzione di armi in Lombardia*, e *L'armatura lombarda tra il XIV e il XVII secolo*, in L.G. BOCCIA, F. ROSSI, M. MORIN, *Armi e armature lombarde*, Milano 1980

BOCCIA 1982a

L. G. BOCCIA, *Armi difensive dal Medioevo all'Età Moderna. Dizionario terminologico*, Ministero per i Beni Culturali e Ambientali. Istituto Centrale per il Catalogo e la Documentazione, Roma 1982

Boccia 1982b

L. G. Boccia, *Progetti e modelli di spade tra i disegni degli Uffizi*, in K. Stüber e H. Wetter (a cura di), *Blankwaffen - Armi bianche (Festschrift Hugo Schneider)*, Zürich 1982

Boccia 1982c

L. G. Boccia, *Le armature di S. Maria delle Grazie di Curtatone di Mantova e l'armatura lombarda del '400*, Busto Arsizio 1982

Boccia 1984

L. G. Boccia, *Armi antiche delle raccolte civiche reggiane*, Reggio Emilia 1984

Boccia 1989

L. G. Boccia, *L'oploteca del Museo Nazionale di Ravenna. Tre secoli di armi antiche*, Ravenna 1989

Boccia 1995

L. G. Boccia, *Armi portatili*, premessa e schede di catalogo in: *Col ferro, col fuoco*, Catalogo della mostra, Torino, Museo Storico Nazionale d'Artiglieria, Milano 1995

Boccia 1996

L. G. Boccia, *Armi d'attacco, da difesa e da fuoco. La collezione d'armi del Museo d'Arte Medievale e Moderna di Modena*, Modena 1996

Boccia-Coelho 1975

L. G. Boccia, E. T. Coelho, *Armi bianche italiane*, Milano1975

Boccia-Godoy 1985

L. G. Boccia, J. A. Godoy, *Museo Poldi Pezzoli, Armi europee dal medioevo all'età moderna*, Milano 1985

Boccia-Godoy 1987

L. G. Boccia, J. A. Godoy, *La armadura del prìncipe Emanuele Filiberto de Saboya (1588-1624)*, in «Rea-les Sitios», 93, 1987, pp. 57-68

Boccia-Godoy 1992

L. G. Boccia, J. A. Godoy, *Les armures de la garde de Cosino I et Francesco I de Médicis*, in «Genava», XL, 1992

Bosi 1836

G. Bosi, *Bollettino delle cognizioni industriali dilettevoli e scientifiche redatto dal Dottor Giuseppe Bosi*, Bologna 1836

Brecciaroli-Rossi 1993

L. Brecciaroli, P. Rossi, *La fucina di Vulcano. Metalli del Piemonte antico*, Mostra al Museo di Antichità, Torino, 1993

Brooker 2007

R. Brooker, *Landeszeughaus Graz, Austria. Radschloss Sammlung / Wheellock Collection*, Graz 2007

Brown 1907 (1996)

G. B. Brown, *Le tecniche artistiche*, tr. it. da *Vasari on Technique*, London 1907, Vicenza 1996

Brown 1980

M.L. Brown, *Firearms in Colonial America*, Washington DC 1980

Bruhn 1982

A. Bruhn de Hoffmeyer, *Arms and Armour in Spain. A Short Survey*, II, Jarandilla 1982

Burgess 1953

E. M. Burgess, *The Mail-maker's Technique*, in «The Antiquaries Journal», 1953, pp. 48-55

***Burgunderbeute* 1969**

Die Burgunderbeute und Werke burgundischer Hofkunst,
catalogo dell'esposizione di Berna, Bern 1969

Buttin 1933

F. Buttin, *Catalogue de la collection d'armes anciennes européennes et orientales de Charles Buttin*, Rumilly 1933

Buttin 1960

C. Buttin, *La forge des lames*, in «Revue Générale de la Coutellerie», 1960

Calamandrei 2003

C. Calamandrei, *Meccanismi d'accensione*, Sesto Fiorentino 2003

Cambin 1987

G. Cambin, *Le rotelle milanesi. Giornico 1478*, Società Svizzera di Araldica, Biblioteca Cantonale e Universitaria, Fribourg 1987

Campa 1975

R. Campa, *La guerra e il processo di trasformazione tecnologica*, Accademia Nazionale dei Lincei, Roma 1975

Capwell 2007

T. Capwell, *The Real Fighting Stuff. Arms and Armour at Glasgow Museums*, Glasgow 2007

Chadwick 1965

R. Chadwick, *La lavorazione dei metalli*, in Singer *et a.*, vol. 5, Torino 1965

Cipolla 1983

C.M. Cipolla, *Vele e cannoni*, tr. it. da *Guns and Sails in the Early Phase of European Expansion*, London 1965, Bologna 1983

Coghlan 1961

H. H. Coghlan, *Utensili e armi di metallo*, in: Singer *et a.*, vol. 1, Torino 1961

Collura 1980

D. Collura, *Museo Poldi Pezzoli. Armi e armature*, Cataloghi del Museo Poldi Pezzoli, Milano 1980

Conta 1977

M.R. Conta, *Armi e armature in Piemonte nella prima metà del secolo XV (dagli inventari dei castelli dei principi d'Acaia)*, in «Studi Piemontesi», 1977

Curtis 1978

H. M. Curtis, *2500 Years of European Helmets*, North Hollywood 1978

De Consoli 1999

C. De Consoli, *Al soldo del duca. L'amministrazione delle armate sabaude (1560-1630)*, Trino 1999

De Vita 1983

C. De Vita, *Armi bianche dal Medioevo all'Età Moderna. Dizionario terminologico*, Firenze, 1983

DI CARPEGNA 1968
N. DI CAPEGNA, *Armi da fuoco della Collezione Odescalchi*, Roma 1968
DI CARPEGNA 1969
N. DI CAPEGNA, *Antiche armi dal sec. IX al XVIII già Collezione Odescalchi*, Roma 1969
DI MACCO 1982
M. DI MACCO, *"Rotelle, brocchieri [ecc.]" Acquisti e acquisizioni per l'Armeria di Carlo Alberto*, in MAZZINI 1982, pp. 72-85
DONDI 1974
G. DONDI, *Sulla beidana [arma delle Alpi Occidentali]*, in «Armi Antiche, Bollettino dell'Accademia di San Marciano», 1974
DONDI 1976
G. DONDI, *Del roncone, del pennato e del cosiddetto scorpione. Loro origini*, in «Armi Antiche. Bollettino dell'Accademia di San Marciano», 1976
DONDI 1979
G. DONDI, *Un corsaletto da barriera di Carlo Emanuele I di Savoia*, in «Armi Antiche, Bollettino dell'Accademia di San Marciano», 1979
DONDI 1980
G. DONDI, *La collezione Vidua di armi orientali all'Armeria Reale di Torino*, in «Armi Antiche, Bollettino dell'Accademia di San Marciano», 1980
DONDI 1981a
G. DONDI, *Armures de Pompeo della Cesa à l'Armeria Reale de Turin*, in «Proceedings of the Ninth Triennial Congress», International Association of Museums of Arms and Military History, New York, 1981
DONDI 1981b
G. DONDI, *Inventario delle armi*, in G. FOSSATI, G. DONDI, *Il Museo Siamese Cardu. Inventario*, Comune di Cagliari 1981
DONDI 1982
G. DONDI, *Armi da fuoco cinesi*, in «Studi di storia delle arti. Rivista annuale dell'Istituto di Storia dell'Arte dell'Università di Genova», 4, 1982
DONDI 1987
G. DONDI, *Le armi della Raccolta Morbio*, in M. L. TOMEA (a cura di), *Museo Novarese*, Novara 1987
DONDI 1998a
G. DONDI, *Armi siamesi, originalità e influenze esterne*, in «Armi Antiche, Bollettino dell'Accademia di San Marciano», 1998
DONDI 1998b
G. DONDI, *Armi del Sudest Asiatico*, in *Museo d'Arte Siamese Stefano Cardu, Cagliari. Guida*, Assessorato alla cultura, Comune di Cagliari 1998
DONDI 2000
G. DONDI, *Armi e insegne*, in T. RICARDI DI NETRO, L.C. GENTILE (a cura di), *"Gentiluomini Cristiani e Religiosi Cavalieri". Nove secoli dell'Ordine di Malta in Piemonte*, Milano 2000, pp. 119-121
DONDI 2001
G. DONDI, *Gli splendidi acciai. Cenni sulla decorazione delle armi islamiche. Saggi e schede* in P. VENTUROLI (a cura di), *Ferro, oro, pietre preziose ... Le armi orientali dell'Armeria Reale di Torino*, Catalogo del-l'Esposizione, Torino 2001
DONDI 2002
G. DONDI (a cura di), *Primo Supplemento al Catalogo Angelucci [dell'Armeria Reale di Torino]*, in «Armi Antiche, Bollettino dell'Accademia di San Marciano», 2002
DONDI 2005
G. DONDI, *Armi in asta europee del Museo Storico Nazionale d'Artiglieria di Torino*, Collegno 2005
DONDI-CARTESEGNA 1982a
G. DONDI, M. CARTESEGNA, *Schede critiche di catalogo e repertorio iconografico [di 390 armi]*, in F. MAZZINI (a cura di), *L'Armeria Reale di Torino*, Busto Arsizio 1982
DONDI- CARTESEGNA 1982b
G. DONDI, M. CARTESEGNA, *I buttafuori, alias brandistocchi, dell'Armeria Reale di Torino*, in K. STÜBER e H. WETTER (a cura di), *Blankwaffen - Armi bianche (Festschrift Hugo Schneider)*, Zürich 1982
DONDI-CARTESEGNA 1982c
G. DONDI, M. CARTESEGNA, *Commercio, truffe e falsi tra Occidente e Oriente*, in «Armi Antiche. Bollettino del-l'Accademia di San Marciano», 1982
DONDI-ERICHSEN 1980
G. DONDI, J. ERICHSEN, *Schede di cinque armi della «scuola di Monaco»*, in *Um Glauben und Reich. Kurfürst Maximilian I*, Catalogo della Mostra, München 1980
DONDI-FOSSATI 1972
G. DONDI, G. FOSSATI, *Il Museo Siamese di Cagliari*, in «Armi Antiche, Bollettino dell'Accademia di San Marciano», 1972
DÜRIEGL 1986
G. DÜRIEGL, *Wehrhafte Stadt. Das Wiener Bürgerliche Zeughaus im 15. und 16. Jahrhundert*, Wien 1986
DUFTY 1968
R. DUFTY, *European Armour in the Tower of London*, H. M. Stationery Office, London 1968
DUFTY 1974
R. DUFTY, *European Swords and Daggers in the Tower of London*, H. M. Stationery Office, London 1974
***Dutch Guns* 1996**
Dutch Guns in Russia in the Moscow Kremlin Armoury, Moscow Historical Museum, Hermitage St Petersburg, Gatchina Palace Museum, Rijksmuseum, Amsterdam, 1996
DUVAL-KARCHESKI 1984
C. DUVAL, W. KARCHESKI, JR., *Medieval and Renaissance Splendor. The John and Mable Ringling Museum of Art*, Catalogo dell'Esposizione, Sarasota 1984
EDGE-PADDOCK 1988
D. EDGE E J.M. PADDOCK, *Arms and Armour of the Medieval Knight*, London 1988
ELGOOD 1979
R. ELGOOD (a cura di), *Islamic Arms and Armour*, London 1979

ELGOOD 1994

R. ELGOOD, *The Arms and Armour of Arabia in the 18th-19th and 20th centuries*, Aldershot 1994

ELGOOD 1995

R. ELGOOD, *Firearms of the Islamic World in the Tareq Rajab Museum, Kuwait*, London 1995

ELGOOD 2004

R. ELGOOD, *Hindu Arms and Rituals. Arms and Armour from India. 1400-1865*, Delft and Chicago 2004

ESTRUCH 1896 (1976)

J. ESTRUCH Y CUMELLA, *Museo-Armeria de D. José Estruch y Cumella*, Barcelona 1896, edizione anastatica, Barcelona 1976

FFOULKES 1909

C. FFOULKES, *Armour & Weapons*, Oxford 1909

FFOULKES 1912 (1988)

C. FFOULKES, *The Armourer and his Craft*, London 1912, riedizione NewYork 1988

FIGIEL 1991

L. S. FIGIEL, *On Damascus Steel*, Atlantis 1991

FINO 1964

J. F. FINO, *Notes sur la production du fer et la fabrication des armes en France au Moyen-age*, in «Gladius», III, 1964

FORBES 1961

R. J. FORBES, *Chimica, culinaria, cosmetica*, in SINGER *ET A.*, vol. 1, Torino 1961

FORBES 1962

R. J. FORBES, *Metallurgia. Energia motrice. Ingegneria idraulica e impianti sanitari*, in SINGER *ET A.*, vol. 2, Torino 1962

FRANCO-GATTI s.d.

F. FRANCO, V. GATTI, *Appunti sulle tecniche dell'incisio-ne*, edizione della Regione Piemonte, Assessorato alla Cultura e Accademia Albertina di Belle Arti di Torino, s.d. (1980 ca.)

FRANGIONI 1978

L. FRANGIONI, *I tipi della «merce» e i loro mercati*, e *Un'industria d'arte per le armature e le armi*, in *Artigianato lombardo*, Cassa di Risparmio delle Provincie Lombarde, Milano 1978, vol. 2, pp. 14-65

FRANGIONI 1981

L. FRANGIONI, *Una cotta di maglia milanese a Firenze sulla fine del Trecento*, in «Armi Antiche, Bollettino dell'Accademia di San Marciano», 1981

FRANGIONI 1995

L. FRANGIONI, *Produzione e commercio degli speroni nella seconda metà del Trecento: il contributo dell'Archivio Datini di Prato*, in «Armi Antiche, Bollettino dell'Accademia di San Marciano», 1995

FRANZOI 1990

U. FRANZOI, *L'Armeria del Palazzo Ducale a Venezia*, Venezia 1990

GAIBI 1961

A. GAIBI, *L'armatura del Re Sole e gli ultimi armaroli bresciani*, in «Armi Antiche, Bollettino dell'Accademia di San Marciano», 1961

GAIBI 1963

A. GAIBI, *L'arte bresciana delle armature*, in «Armi Antiche, Bollettino dell'Accademia di San Marciano», 1963

GAIBI 1968

A. GAIBI, *Le armi da fuoco portatili italiane dalle origini al Risorgimento*, Milano 1968

GARDNER 1898

J. S. GARDNER, *Foreign Armour in England*, London 1898

GATTI 1980

L. GATTI, *Maestri e garzoni nella società genovese fra XV e XVI secolo*, in «Quaderni del Centro di studio sulla storia della tecnica del C.N.R.», 4, 1980

GELLI-MORETTI 1903

J. GELLI, G. MORETTI, *Gli armaroli milanesi. I Missaglia e la loro casa*, Milano 1903, edizione anastatica a cura dell'Accademia di San Marciano, Torino 2008

GESSLER 1928

E. A. GESSLER, *Schweizerisches Landesmuseum Zürich. Führer durch die Waffensammlung*, Zürich, 1928

GIRAUD 1895

J. B. GIRAUD, *La Boutique et le Mobilier d'un Fourbisseur lyonnais en 1555, par J. B. G., conservateur des Musées Archéologiques de la ville de Lyon*, Lyon 1895

GIRAUD 1896

J. B. GIRAUD, *Les Épées de Bordeaux. Archéologie comparée des Industries du fer dans la Biscaye française, le pays de Guyenne & le duché de Savoie etc.*, Lyon 1896

GIRAUD 1897a

J. B. GIRAUD, *La Boutique de Jean de Vouvray, armurier à Tours en 1512. Les Armuriers français et étrangers en Touraine*, Lyon 1897

GIRAUD 1897b

J. B. GIRAUD, *Documents sur l'importation des Armes italiennes à Lyon à l'époque de la Renaissance*, Lyon 1897

GIRAUD 1897c

J. B. GIRAUD, *Inventaire des Epées & Dagues du comte de Salm, conservées dans l'Hôtel de Salm à Nancy, 1614*, Lyon 1897

GIRAUD 1899a

J. B. GIRAUD, *Supplément aux Documents sur l'importation des Armes italiennes à Lyon, suivi des Tables*, Lyon 1899

GIRAUD 1899b

J. B. GIRAUD, *Une Armure de joute en 1514. Comptes de l'Ecurie de François d'Angoulême*, Lyon 1899

GIRAUD 1899c

J. B. GIRAUD, *Armerie des ducs de Lorraine en 1629*, Lyon 1899

GODOY 1987a

J. A. GODOY, *Dos armaduras de Eugui para el Rey Felipe III (1598-1621)*, in «Reales Sitios», 94, 1987, pp. 37-44

GODOY 1987b
J. A. GODOY, *Notes sur quelques armures du «Maestro del Castello»*, in «Genava», XXXV, 1987
GODOY 1992
J. A. GODOY, *La Real Armeria [de Madrid]*, in *Tapices y Armaduras del Renacimiento, Joyas de las Colecciones Reales*, Catalogo dell'Esposizione, Barcelona 1992
GODOY 1993
J. A. GODOY, *Armes à feu. XVe-XVIIe siècle. Catalogue du Musée d'art et d'histoire, Genève*, Genève 1993
GODOY-LEYDI 2003
J. A. GODOY, S. LEYDI, *Parures triomphales. Le maniérisme dans l'art de l'armure italienne*, Catalogo dell'Esposizione, Musées d'Art et d'Histoire de Genève, Genève 2003
GOGAN 1999
A. GOGAN, *Fighting Iron. A Metals Handbook for Arms Collectors*, Lincoln 1999
GONELLA 1914
E. GONELLA, *Il Museo Nazionale d'Artiglieria di Torino*, Roma, 1914
GRANCSAY 1961
S. V. GRANCSAY, *Catalogue of Armor. The John Woodman Higgins Armory*, Worcester Mass., 1961
GRANCSAY 1970
S. V. GRANCSAY, *Master French Gunsmiths' Designs of the XVII-XIX Centuries*, New York 1970
HALL 1963
A. R. HALL, *Tecnologia militare*, in SINGER *ET A.*, vol. 3, Torino 1963
HAYWARD 1963
J. HAYWARD, *Les armes à feu anciennes*, 2 voll., Fribourg 1963
HAYWARD 1969
J. HAYWARD, *Sculpture in Armour*, in *Atti del I Congresso Internazionale degli Amatori di armi antiche*, Torino 1965, Accademia di San Marciano, Torino 1969
HAYWARD 1980
J. HAYWARD, *L'Armeria del Castello di Monselice*, Vicenza 1980
HAYWARD 1982
J. F. HAYWARD, *Designs for Small Swords*, in K. STÜBER e H. WETTER (a cura di), *Blankwaffen - Armi bianche (Festschrift Hugo Schneider)*, Zürich 1982
HELD 1960
R. HELD, *La storia delle armi da fuoco*, New York-Firenze 1960
HELD 1976
R. HELD, *Una rassegna di 162 armi antiche ed oggetti attinenti ecc.*, Lugano-Firenze 1976
HELD 1979
R. HELD (a cura di), *Art, Arms and Armour. An International Anthology*, Chiasso 1979
HELD 1989
R. HELD, *70 interessanti armi da fuoco nel Museo delle Armi Antiche di San Marino*, Nottinghamshire 1989
HELD 1996
R. HELD, *L'estinzione di un superbo patrimonio culturale italiano ad opera della legge italiana: un meditato appello ai governanti*, Aslockton, Notts. 1996
HOLSTEIN 1931
P. HOLSTEIN, *Contribution à l'étude des armes Orientales*, 2 voll., Paris 1931
HRBATÝ 2006
S. HRBATÝ, *Chladná krása plátové zbroje (The cold beauty of the plate armour)*, Králov   é 2006
JANATA 1966
A. JANATA, *Zur Typologie chinesischer Stangenwaffen*, in «Archiv für Völkerkunde», Verein «Freunde der Völ-kerkunde», 1966
JARLIER 1976-78
P. JARLIER, *Répertoire d'arquebusiers et de fourbisseurs français*, Saint Julien du Sault 1976 e 1978
JARNUSZKIEWICZ 1973
C. JARNUSZKIEWICZ, *Szabla Wschodnia i jej Typy Narodowe*, Londyn 1973
JOHANNSEN 1953
O. JOHANNSEN, *Geschichte des Eisens*, Düsseldorf 1953
KOMAROV-MIRONOVA 1993
Y. A. KOMAROV, O. Y. MIRONOVA, *Il cerimoniale militare. L'arte degli armaioli russi dal XVI al XVIII secolo*, in *Tesori dal Cremlino*, Catalogo della Mostra, Mosca e Torre Canavese, Torino 1993
KOPP-REINHART 1972
P. KOPP, C. REINHART, *Valentin Sauerbrey in Basel, 1846-1881*, Basel 1972
KÖTSCHAU 1915
C. KÖTSCHAU, *L'impiego dei metalli per corazze ed armi*, in H. KRÄMER (a cura di), *L'uomo e la Terra*, vol. 6, Milano 1915, pp. 195 - 282
LABARTE 1873
J. LABARTE, *Histoire des arts industriels au moyen age et dans la Renaissance*, 3 voll., Paris 1873
LACROIX 1873
P. LACROIX, *Vie militaire et religieuse au Moyen Age et à l'époque de la Renaissance*, Paris 1873
LA ROCCA 1984
D. J. LA ROCCA, *Kienbusch Centennial*, Philadelphia Museum of Art, Philadelphia 1984
LAVIN 1965
J. D. LAVIN, *A History of Spanish Firearms*, New York 1965
LE GOFF 1970
J. LE GOFF, *Travail, techniques et artisans dans les systèmes de valeur du haut moyen age (Vème-Xème siècles)*, in *Artigianato e tecnica nella società dell'alto medioevo occidentale*, Atti del Convegno di Spoleto 2-8 aprile 1970, Centro Italiano di Studi sull'Alto Medioevo, 2 voll., Spoleto, 1971
LEVA PISTOL 1973
M. LEVA PISTOL, *Lavorazione dei metalli*, in MALTESE 1973, pp. 171-200
LEWERKEN 1989
H. W. LEWERKEN, *Kombinationswaffen des 15.-19. Jahrhunderts*, Berlin 1989

Lugosi-Temesváry 1988
J. Lugosi, F.Temesváry, *Kardok*, Budapest 1988
Lugosi-Temesváry 1989
J. Lugosi, F. Temesváry, *Pisztolyok. Zrínyi Katonai Kiadó*, Budapest 1989
Lugs 1956
J. Lugs, *Handfeuerwaffen. Systematischer Überblick etc.*, 2 voll., Praha 1956
Lumsden s.d.
E.S. Lumsden, *The Art of Etching*, New York s.d.
Mac Carthy 1984
M. Dugue Mac Carthy, *Soldats du Roi. Les Armées de l'Ancien Régime (1610-1789)*, Musée de l'Armée, Paris, 1984
Maltese 1973
C. Maltese (a cura di), *Le tecniche artistiche*, Milano 1973
Mann 1940
J. G. Mann, *The Etched Decoration of Armour. A Study in Classification*, from the Proceedings of the British Academy, London 1940
Mann 1961
J. G. Mann, *The master of the snails and dragon-flies*, in «Waffen und Kostümkunde», 1, 1961
Mann 1962
J. G. Mann, *European Arms and Armour. Wallace Collection Catalogues*, 2 voll., London 1962
Maryon 1962
H. Maryon, *Arte del metallo*, in Singer *et a.*, vol. 2, Torino 1962
Maryon-Plenderleith 1961
H. Maryon, H. J. Plenderleith, *Arte del metallo*, in Singer *et a.*, vol. 1, Torino 1961
Mazzini 1982
F. Mazzini (a cura di), *L'Armeria Reale di Torino*, Busto Arsizio 1982
Melikian Shirvani 1982
A.S. Melikian Shirvani, *An English Sword with Ottoman Blade*, in K. Stüber e H. Wetter (a cura di), *Blankwaffen - Armi bianche (Festschrift Hugo Schneider)*, Zürich 1982
Merlo 2009
M. Merlo, *Funzione di modelli grafici sulle armi fra XVI e XVII secolo*, in «Armi Antiche, Bollettino dell'Accademia di San Marciano», 2009
Miller 1982
Y. Miller, *Russian Arms and Armour*, Leningrad 1982
***Montjuïc* 2002**
Guía del Museo Militar de Montjuïc, Barcellona 2002
Morin 1982
M. Morin, *Armi antiche [da fuoco]*, Milano 1982
Müller 1979
H. Müller, *Gewehre, Pistolen, Revolver*, Leipzig-Dresden 1979
Müller 1991
H. Müller, *Das Heerwesen in Brandenburg und Preussen von 1640 bis 1806. Die Bewaffnung*, Brandenburgisches Verlagshaus, Berlin 1991
Müller-Kölling 1981
H. Müller, H. Kölling, *Europäische Hieb- und Stichwaffen aus der Sammlung des Museums für Deutsche Geschichte*, Berlin 1981
Müller-Kunter 1984
H. Müller e F. Kunter, *Europäische Helme aus der Sammlung des Museums für Deutsche Geschichte*, Berlin 1984
Nickel s.d.
H. Nickel, *The Art of Chivalry*, New York s.d.
Norman 1980
A. V. B. Norman, *The Rapier and Small-Sword. 1460-1820*, London 1980
Oakeshott 1980
E. Oakeshott, *European Weapons and Armour*, London 1980
Pant 1970
G. N. Pant, *Indian Weapons and Warfare*, New Delhi 1970
Pant 1980
G. N. Pant, *Indian Arms and Armour*, 2 voll., New Delhi 1980
Panvini Rosati 1970
F. Panvini Rosati, *La tecnica monetaria altomedievale*, in *Artigianato e tecnica nella società dell'alto medioevo occidentale*, Atti del Convegno di Spoleto 2-8 aprile 1970, Centro Italiano di Studi sull'Alto Medioevo, 2 voll., Spoleto 1971
Patria 1972
E. Patria, *Papacino d'Antoni artigliere ad Exilles al tempo della battaglia dell'Assietta*, in «Armi Antiche. Bollettino dell'Accademia di San Marciano», 1972
Pelaez Valle 1986
J.M. Pelaez Valle, *Comentarios metalurgicon a la tecnologia de procesos de elaboracion del acero de las espadas de Toledo descritas en el documento de Palomares de 1772*, in «Gladius», 1986
Perina-Rossi 1992
C. Perina, F. Rossi, *Un ritratto in arme di Vincenzo I Gonzaga*, Mantova 1992
Peterson 1970
H. Peterson, *Daggers and Fighting Knives of the Western World*, New York 1970
Pfaffenbichler 1992
M. Pfaffenbichler, *Armourers*, London 1992
Post 1957
P. Post in collaborazione con A. von Reitzenstein, voce *Eisenätzung* in *Reallexikon zur deutschen Kunstgeschichte*, 1957
Puraye 1967
J. Puraye, *Il damasco*, in «Armi Antiche, Bollettino dell'Accademia di San Marciano», 1967
Puype 1981
J. P. Puype, *Blanke Wapens. Nederlandse slag- en steekwapens sind 1600*, Lochem 1981

Pyhrr 1988
S. W. Pyhrr, *The Elector of Brandenburg's Hunting Sword*, in «Metropolitan Museum Journal», 1988, pp. 193-200
Pyhrr 1989
S. W. Pyhrr, *European Armor from the Imperial Ottoman Arsenal*, in «Metropolitan Museum Journal», 1989, pp. 85-116
Pyhrr 2000
S. W. Pyhrr, *European Helmets, 1450-1650. Treasures from the Reserve Collection*, The Metropolitan Museum of Art, New York 2000
Pyhrr-Godoy 1998
S. W. Pyhrr, J. A. Godoy, *Heroic armor of the Italian Renaissance. Filippo Negroli and his contemporaries*, Catalogo dell'Esposizione, The Metropolitan Museum of Art, New York 1998
Pyhrr-La Rocca-Breiding 2005
S. W. Pyhrr, D. J. La Rocca, D. H. Breiding, *The Armored Horse in Europe. 1480-1620*, The Metropolitan Museum of Art, New York 2005
Pyhrr-La Rocca-Ogawa 2002
S. W. Pyhrr, D. J. La Rocca, M. Ogawa, *Arms and Armor. Notable Acquisitions 1991-2002*, The Metropolitan Museum of Art, New York 2002
Quintana Lacaci 1987
G. Quintana Lacaci, *Armería del Palacio Real de Madrid*, Barcelona 1987
Rawson 1968
P.S. Rawson, *The Indian Sword*, London 1968
Re 2007
M. Re, *Primi appunti sul fucile civile genovese*, in «Armi Antiche, Bollettino dell'Accademia di San Marciano», 2007
Reibold-Paufler *et a.* 2006
M. Reibold, P. Paufler, A. A. Levin, W. Kochmann, N. Pätzke, D. C. Meyer, *Carbon Nanotubes in an Ancient Damascus Sabre*, in «Nature», 444, 2006, p. 286
Reitzenstein 1964
A. von Reitzenstein, *Der Waffenschmiede. Vom Handwerk der Schwertschmiede, Plattner und Büchsenmacher*, München 1964
Reverseau 1982a
J. P. Reverseau, *Les armures des rois de France au Musée de l'Armée*, Paris, 1982
Reverseau 1982b
J.P. Reverseau, *Musée de l'Armée, Paris. Les armes et la vie*, Paris 1982
Reverseau 1985
J. P. Reverseau, *Cabinet des armes de Louis XIII*, Paris 1985
Reverseau 2006
J. P. Reverseau, *Musée de l'Armée. Armes et armures anciennes*, Dijon 2006
Rossi 1997
P. Rossi, *La nascita della scienza moderna in Europa*, Roma-Bari 1997
Rossi-di Carppegna 1969
F. Rossi, N. di Carpegna, *Armi antiche dal Museo Civico Marzoli*, Milano 1969
Rybakov *et a.* 1962
B. A. Rybakov *et a.*, *Le Kremlin de Moscou. Palais des Armures*, Moscou 1962
Salamon 1961
F. Salamon, *Il conoscitore di stampe*, Torino 1961
Salomone s.d.
G. Salomone, *La preparazione e l'impiego delle colle e dei mastici*, Torino s.d. (1928 ca.)
Salvatici 2004
L. Salvatici, *Due antichi fiorentini per la storia dei coltelli*, in «Diana Armi», agosto 2004, pp. 140-145
Scalini 1979
M. Scalini, *The Weapons of Lorenzo de' Medici etc.*, in R. Held (a cura di), *Art, Arms and Armour. An International Anthology*, Chiasso 1979
Scalini 1987
M. Scalini, *Armature all'eroica dei Negroli*, Firenze 1987
Scalini 1989
M. Scalini, *Armi e armati. Arte e cultura delle armi nella Toscana e nell'Italia del tardo Rinascimento dal Museo Bardini e dalla Collezione Corsi*, Catalogo dell'E-sposizione, Cracovia-Firenze 1989
Scalini 1990
M. Scalini, *Armature da Cosimo I a Cosimo II de' Medici*, Firenze 1990
Scalini 1992
M. Scalini, *Capolavori a sbalzo per i Medici: Cellini e altri maestri*, Firenze 1992
Scalini 2007
M. Scalini, *A bon droyt. Spade di uomini liberi, cavalieri e santi*, Cinisello Balsamo 2007
Schedelmann 1965
H. Schedelmann, *Der Waffensammler. Gefælschte Prunkwaffen*, in «Waffen und Kostümkunde», 2, 1965, pp. 124-132
Schneider 1975
H. Schneider, *Hand und Faustfeuerwaffen. 1540-1820*, Bern 1975
Schneider 1980
H. Schneider, *Waffen im Schweizerischen Landesmuseum. Griffwaffen I*, Zürich 1980
Schöbel 1975
J. Schöbel, *Armes d'apparat. Armes et armures du Musée Historique de Dresde*, Fribourg-Paris 1975
Schöbel 1976
J. Schöbel, *Jagdwaffen und Jagdgerät des Historischen Museums zu Dresden*, Berlin, 1976
Seitz 1968
H. Seitz, *Blankwaffen*, 2 voll., Braunschweig, 1968
Seyssel 1840
V. Seyssel d'Aix, *Armeria antica e moderna di S. M. Carlo Alberto*, Torino 1840
Singer *et a.* 1961/1965
C. Singer *et a.* (a cura di), *Storia della tecnologia*, 5 voll., Torino 1961-1965

SMITH-FORBES 1963
C. S. SMITH, R. J. FORBES, *Metallurgia e assaggio*, in SINGER *ET A.* 1961/1965, pp. 29-76
SOGLIANI 1995
F. SOGLIANI, *Utensili, armi e ornamenti di età medievale da Montale e Gorzano*, Modena 1995
SOLA s.d.a
N. SOLA, *Prodotti per pulire e lucidare i metalli*, Torino s.d. (1950 ca.)
SOLA s.d.b
N. SOLA, *Lucidi, grassi e creme per calzature, cere per pavimenti e mobili ecc.*, Torino s.d. (1950 ca.)
SOLER DEL CAMPO 2006
A. SOLER DEL CAMPO, *Catálogo de arcabucería madrileña (1687-1833). Real Armería de Madrid*, Madrid 2006
SOUTHWICK 1982
L. SOUTHWICK, *The Price Guide to Antique Edged Weapons*, Woodbridge, Suffolk 1982
SPANTIGATI 1982
C. SPANTIGATI, *Le armi della scuola di Monaco e i problemi della loro decorazione*, in MAZZINI 1982, pp. 86-93
SPITZLBERGER 1975
G. SPITZLBERGER, *Landshuter Plattnerkunst. Ein Überblick*, Landshut 1975
STERRANTINO 1999
F. STERRANTINO, *Esame metallografico di una canna piemontese da fucile modello 1752*, in «Armi Antiche. Bollettino dell'Accademia di San Marciano», 1999
STERRANTINO 2002
F. STERRANTINO, *Le armi da fuoco del vecchio Piemonte. L'armamento portatile, 1683-1799*, Accademia di San Marciano, Torino 2002
***Swords* 1989**
M. D. COE, P. CONNOLLY, A. HARDING, V. HARRIS, D.J. LAROCCA, T. RICHARDSON, A. NORTH, CH. SPRING, F. WILKINSON, *Swords and Hilt Weapons*, London 1989
TATTON 1896
E. OF TATTON, *Indian and Oriental Armour*, 1896, ristampa Harrisbourg Penn. 1968
TAYLOR-SINGER 1962
E. S. TAYLOR, C. SINGER, *La chimica industriale nel periodo prescientifico*, in SINGER *ET A.*, vol. 2, Torino 1962
TEMESVÁRY 1980
F. TEMESVÁRY, *A sárvári Nádasdy Ferenk Múzeum fegyvergyűjteménye*, Budapest 1980
TEMESVÁRY 1982
F. TEMESVÁRY, *Waffenschätze Prunkwaffen*, Budapest 1982
TEMESVÁRY 1983
F. TEMESVÁRY, *Arms and Armour*, Budapest 1983
TEMESVÁRY 1988
F. TEMESVÁRY, *Pistolen. Feuerwaffen des Ungarischen Nationalmuseums, I*, Budapest 1988
TERENZI 1966
M. TERENZI, *Ett par pistolpipor av Daniel Sadeler*, in «Review of the Swedish Arms and Armour Society», X, 1966, pp. 9-25
THOMAS 1977
B. THOMAS, *Gesammelte Schriften zur Historischen Waffenkunde*, 2 voll., Graz 1977
THOMAS 1978
B. THOMAS, *L'armatura da guerra e torneo B2 dell'Armeria Reale di Torino*, in «Armi Antiche. Bollettino dell'Accademia di San Marciano», 1978
THOMAS s.d.
B. THOMAS, *Wegweiser durch dasVorarlberger Landesmuseum. Waffen*, Bregenz s.d. (1980 ca.)
THOMAS 1982
B. THOMAS, *Hans Schmidt von und zu Helding, der "kunstreiche" Büchsenschäfter von Verlach*, Klagenfurt 1982
THOMAS- BOCCIA 1970
B. THOMAS, L. G. BOCCIA, *Österreichische Florenzhilfe. Waffen*, Wien 1970
THOMAS-GAMBER 1954
B. THOMAS, O. GAMBER, *Die innsbrucker Plattnerkunst*, Innsbruck 1954
THOMAS-GAMBER 1957a
B. THOMAS, O. GAMBER, *L'arte milanese dell'armatura*, in *Storia di Milano*, vol. XI, Milano 1957, pp. 697-841
THOMAS-GAMBER 1957b
B. THOMAS, O. GAMBER, voce *Eisenbläuung*, in *Reallexikon zur deutschen Kunstgeschichte*, 1957
THOMAS-GAMBER 1976
B. THOMAS, O. GAMBER, *Katalog der Leibrüstkammer (I Teil)*, Kunsthistorisches Museum, Wien 1976
THOMAS-GAMBER 1990
B. THOMAS, O. GAMBER, *Katalog der Leibrüstkammer. II. Teil: Der Zeitraum von 1530 bis 1560*, Kunsthistorisches Museum, Wien-Busto Arsizio 1990
TROSO 1988
M. TROSO, *Le armi d'asta delle fanterie europee (1000-1500)*, Novara, Novara 1988
UCCELLI 1945
A. UCCELLI, *Storia della tecnica dal medioevo ai nostri giorni*, Milano 1945
VENTUROLI 2001
P. VENTUROLI (a cura di), *Ferro, oro, pietre preziose*, Torino 2001
VENTUROLI 2002
P. VENTUROLI (a cura di), *Arma virumque cano. Le armi preistoriche e classiche dell'Armeria Reale di Torino*, Torino 2002
VIANELLO 1966
G. VIANELLO, *Armi e armature orientali*, Milano 1966
VITAL-WEIBEL 1985
N. VITAL, B. WEIBEL, *Das Alte Zeughaus Solothurn. L'ancien arsenal de Soleure*, Solothurn, 1985
VLĂDESCU –KÖNIG-POPA 1973
C. VLĂDESCU, C. KÖNIG, D. POPA, *Arme ĭn Muzeele din Romănia*, Bucureşti 1973

WEGNER 1957
W. WEGNER in collaborazione con G. SAUR, voce *Eisenradierung* in *Reallexikon zur deutschen Kunstgeschichte*, 1957
WHITE 1967
L. WHITE JR., *Tecnica e società nel Medioevo*, Milano 1967
WILLIAMS 1977
A. R. WILLIAMS, *Methods of manufacture of swords in Medieval Europe: illustrated by the metallography of some examples*, in «Gladius», XIII, 1977, pp. 75-101
WILLIAMS 1979a
A. R. WILLIAMS, *On the Manufacture of Armor in Fifteenth Century Italy by Six Helmets in The Metropolitan Museum of Art*, in «Metropolitan Museum Journal», 13, 1979, p.131
WILLIAMS 1979b
A. R. WILLIAMS, *A Technical Note on some Armour of King Henry VIII and his Contemporaries*, Society of Antiquaries of London, London 1979
WILLIAMS 1980
A. R. WILLIAMS, *The Manufacture of Mail in Medieval Europe: A Technical Note*, in «Gladius», XV, 1980
WILLIAMS 1986a
A. R. WILLIAMS, *Fifteenth century armour from Churburg. A metallurgical study*, tr. it., in «Armi Antiche, Bollettino dell'Accademia di San Marciano», 1986
WILLIAMS 1986b
A. R. WILLIAMS, *The knight and the blast furnace*, in «Historical Metallurgy», 1986
WILLIAMS 1987
A. R. WILLIAMS, *Italian Armour of the 16th century in the Royal Armoury of Turin. A metallurgical note*, tr. it, in «Armi Antiche, Bollettino dell'Accademia di San Marciano», 1987
WILLIAMS 1991
A. R. WILLIAMS, *Italian Armour and Cosimo dei Medici*, in «The Journal of the Arms and Armour Society», 1991
WILLIAMS 2009
A. R. WILLIAMS, *A Metallurgical Study of some Viking Swords*, in «Gladius», XXIX , 2009, pp. 121-184
WILLIAMS-DE REUCK 1995
A. R. WILLIAMS, A. DE REUCK, *The Royal Armoury at Greenwich, 1515-1649: a History of its Technology*, Royal Armouries, London 1995
YUMOTO 1958
J. M. YUMOTO, *The Samurai Sword*, Rutland-Tokyo 1958
ZINONI 2003
G. ZINONI, *Vivere il ferro. Materiali per una storia della siderurgia bresciana in epoca moderna*, in «Quaderni della Fondazione Luigi Micheletti, Brescia», 14, 2003
ŻYGULSKI 1975
Z. ŻYGULSKI, *Bron w dawnej polsce*, Warszawa 1975

Ringraziamenti

Nonché ricordarli tutti, è difficile anche il mettere in qualche ordine i nomi degli Amici che, anche a loro insaputa, mi hanno aiutato in questa ricerca nel corso di molti anni.

All'Armeria Reale di Torino da sempre trovo la massima disponibilità e con piacere ringrazio coloro che si sono succeduti alla direzione di essa: Claudio Bertolotto, Fulvio Cervini e Alessandra Guerrini. Disponibilità, aiuto e amicizia che ho continuamente trovato anche nell'impagabile Signor Santo Maccarrone.

Non minore disponibilità e amicizia ho incontrato al Museo Storico Nazionale d'Artiglieria, del quale volentieri ringrazio i Direttori che si sono succeduti negli ultimi tempi, col. Russo, t.col. Moressa e col. Vinci, insieme al maresciallo Enrico Galletti e, in passato, al maresciallo Regis.

Grande giovamento ho avuto dai ripetuti colloqui con il Signor Andrea Bruno, magistrale restauratore di armi antiche.

Non meno utile si è dimostrata la frequentazione dei laboratori dei Signori Cosimo e soprattutto Dante Di Lilla, attuali rappresentanti di una famiglia che da più di tre secoli esprime Maestri orafi e argentieri provetti e fantasiosi.

La più che quarantennale amicizia con il Professor Francesco Franco, già Docente di tecniche dell'incisione all'Accademia Albertina di Torino, e con la Professoressa Lea Gyarmati, acquafortista raffinatissima, e la cortesia mostrata nel mettermi a disposizione il loro studio, mi ha consentito non solo di chiarire i procedimenti, ma anche di provarne qualcuno.

La Dottoressa Maria Laura Tomea, già Direttore dei Musei Civici di Novara, merita la mia gratitudine per avermi messo a disposizione importanti testi di difficile reperimento.

In varie circostanze il Professore Mario Castiglioni, già Docente di Chimica generale e inorganica all'Università di Torino, mi ha chiarito questioni tecniche per me abbastanza oscure: gli errori che possono esserci nel testo che precede sono però tutti miei!

I gentilissimi Amici Roberto Gobetti e Dottor Marco Re mi sono stati larghi di notizie di grande importanza.

Con la grande cortesia che lo distingue il Signor Roberto Chiaramonte mi ha consentito di usare fotografie da lui eseguite.

Il mio più vivo ringraziamento vada anche ai numerosi Soci dell'Accademia di San Marciano, di Torino, che nel corso degli anni hanno frequentato gl'incontri mensili. I dibattiti di quelle serate si sono sempre dimostrati fruttuosi.

Un ultimo ricordo riservo allo scomparso Amico Francesco Sterrantino, noto studioso di armi antiche, e alle epiche contese che ci hanno diviso e unito.

> Quando si ammirano certe opere d'arte squisite di umili artigiani del passato e si sa quanto misere fossero le retribuzioni economiche, non si può non ammettere che anche elementi «intangibili» e non misurabili quali il gusto della creazione, l'amore per il proprio lavoro, l'orgoglio della propria abilità e l'amor proprio, quando esistono, rendono possibili miracoli.
>
> (C. M. Cipolla, *Storia economica dell'Europa preindustriale,* Bologna 1994)

www.ingramcontent.com/pod-product-compliance
Lightning Source LLC
LaVergne TN
LVHW072256300926
849160LV00018B/1682